国家自然科学基金项目(NO:41772337)资助

Jichang Gongcheng Shiyan Jiance yu Jiance Shouce

机场工程试验检测与监测手册

《机场工程试验检测与监测手册》编写组　编著

人民交通出版社股份有限公司

China Communications Press Co.,Ltd.

内 容 提 要

　　本书是一部在机场工程试验检测与监测领域实用性的工具书。全书所述内容,是在丰富工程实践的基础上,系统总结成功经验,集成规范与实际操作,融合成熟技术与方法创新。本手册由上篇和下篇共八章组成。上篇为机场工程试验检测与监测综述,内容包括:绪论、机场工程试验检测工作要求与管理、机场工程施工各阶段试验检测项目。下篇机场工程试验检测与监测技术方法,内容包括:土基试验检测、基层试验检测、水泥混凝土面层试验检测、沥青混凝土面层试验检测、机场岩土工程监测,主要分析论述各阶段相应项目的具体实施方法。

　　本书是从事机场工程试验检测与监测技术人员的必备工具书,是相关勘察、设计、监理、施工等工程技术人员的实用书籍,亦可为相关专业的科研人员及高等院校师生参考使用。

图书在版编目(CIP)数据

机场工程试验检测与监测手册/《机场工程试验检测与监测手册》编写组编著. — 北京：人民交通出版社股份有限公司, 2019.1

ISBN 978-7-114-15152-1

Ⅰ. ①机… Ⅱ. ①机… Ⅲ. ①机场—建筑工程—工程试验—检测—手册 ②机场—建筑工程—监测—手册 Ⅳ. ①TU248.6-62

中国版本图书馆 CIP 数据核字(2018)第 272993 号

书　　名：机场工程试验检测与监测手册
著 作 者：《机场工程试验检测与监测手册》编写组
责任编辑：李 沛 卢 珊
责任校对：刘 芹
责任印制：张 凯
出版发行：人民交通出版社股份有限公司
地　　址：(100011)北京市朝阳区安定门外外馆斜街 3 号
网　　址：http://www.ccpress.com.cn
销售电话：(010)59757973
总 经 销：人民交通出版社股份有限公司发行部
经　　销：各地新华书店
印　　刷：北京市密东印刷有限公司
开　　本：787×1092　1/16
印　　张：27.25
字　　数：662 千
版　　次：2019 年 1 月　第 1 版
印　　次：2019 年 1 月　第 1 次印刷
书　　号：ISBN 978-7-114-15152-1
定　　价：80.00 元

(有印刷、装订质量问题的图书,由本公司负责调换)

《机场工程试验检测与监测手册》
编　写　组

编 写 组 长:周虎鑫　黄晓波

总 　策 　划:周立新

编写组成员:于维新　马新岩　王　缙　王崇宇　王新志

　　　　　　孔　愚　叶　松　田松伟　史海瑞　皮　进

　　　　　　朱冀军　许升元　孙立功　李　强　李丽伟

　　　　　　李建华　吴　双　吴晓燕　汪国权　张　超

　　　　　　张　飞　张汉仁　陆　勇　苗　瑞　林　建

　　　　　　周正飞　周立新　周虎鑫　孟新秋　查　伟

　　　　　　项志华　郑宇昊　顾强康　郭　彬　郭　磊

　　　　　　黄　斌　黄晓波　韩黎明　焦念坤　曾志军

　　　　　　(按照姓氏笔画排序)

统　　　稿:周立新

校　　　对:黄晓波

前言 QIANYAN

在机场工程建设中,试验检测与监测工作是机场工程设计、施工、监理等技术管理中的一个重要组成部分,同时也是工程质量控制和竣工验收评定工作中不可缺少的一个重要环节。通过试验检测能充分合理利用材料、推广应用新技术和新工艺、有效控制施工过程、科学评定工程质量、分析和评价安全状态,并为上层决策提供客观依据。因此,机场工程试验检测与监测对于提高工程质量、确保施工安全、降低工程造价、提高咨询与决策水平、推动机场工程技术进步,起到极为重要的作用。

机场工程试验检测与监测技术是一门正在发展的新兴学科,它融合了试验检测与监测基本理论、测试操作技能以及机场工程相关学科基础知识,是工程设计参数、施工质量控制、竣工验收评定、咨询与决策管理的主要依据。随着我国经济的快速发展,对航空运输业的需求愈加强烈,机场建设随之进入蓬勃发展的时代。机场工程建设的试验检测与监测,其重要性不言而喻。目前,我国机场工程建设领域,还缺乏一本全面介绍试验检测与监测的工具书。周虎鑫博士长期从事我国机场工程建设的技术工作,在三十余年间,作为主持人或参加人,先后完成了浙江宁波机场、浙江温州机场、上海崇明空军机场、云南丽江机场、云南大理机场、云南西双版纳机场、贵阳龙洞堡机场(二期)、福建三明机场(原场址)、福建霞浦机场、四川攀枝花机场、重庆黔江机场、贵州兴义机场、新疆克拉玛依机场、新疆且末机场、湖北武汉空军新机场、广西河池机场、黑龙江鸡西机场、航母训练基地机场、济南空军新机场、贵州毕节机场、延安军民合用迁建机场等二十多个机场的设计、试验段、试验检测、岩土监测等技术工作;作为课题负责人,主持完成了软土地基、高填方地基、盐渍土地基、膨胀土地基、复杂岩溶地基、深挖高填湿陷性黄土地基等修筑机场道面对策研究的多个科研项目,并获得了多个奖项。在长期的工程实践与课题研究中,周虎鑫博士所领导的团队在机场工程试验检测与监测方面积累了丰富的经验。在积累工程实践、总结成功经验、集成规范与实际操作、融合成熟技术与方法创新的基础上,该团队编写了《机场工程试验检测与监测技术手册》,以期为广大机场工程建设者提供一本实用有效的工具书;为试验检测与监测领域提供一份机

1

场工程专业的指导性文件;为机场工程的技术进步起到重要的推动作用。

本书由上篇和下篇共八章组成。上篇为机场工程试验检测与监测综述,内容包括:绪论、机场工程试验检测工作要求与管理、机场工程施工各阶段试验检测项目。上篇主要对机场工程试验检测与监测进行了综合性论述:在对机场工程试验检测与监测目的和意义进行阐述的基础上,分析论述了机场工程试验检测工作要求与管理,包括工作任务、机构的基本要求、工地试验室的建设、工作制度、工作细则、对外协调以及两个实例;此外,按照机场施工先后顺序,就土基试验段、土基正式施工、基层施工、面层施工、竣工验收各阶段验检测的项目及要求进行分析论述。下篇机场工程试验检测与监测技术方法,内容包括:土基试验检测、基层试验检测、水泥混凝土面层试验检测、沥青混凝土面层试验检测、机场岩土工程监测,主要分析论述各阶段相应项目的具体实施方法(实施细则)。

本书是《机场工程试验检测与监测技术手册》编写组共同努力的结果,编写内容分工如下:

编写具体筹备与策划由周虎鑫、黄晓波、周立新负责;第1章由黄晓波、周立新编写;第2章由周立新、吴双编写;第3章由周立新编写;第4章4.1、4.3、4.4节由吴双、黄晓波编写;第4章4.2节由黄斌编写;第4章4.5节由黄晓波、陆勇编写;第5章由查伟编写;第6章6.1、6.5节由李建华、苗瑞编写;第6章6.2、6.3节由李建华、孟新秋编写;第6章6.4、6.6节由吴双、史海瑞编写;第7章由孟新秋、陆勇编写;第8章由田松伟、史海瑞编写。

本书的编写组成员:马新岩、王缙、王崇宇、王新志、孔愚、叶松、皮进、朱冀军、许升元、孙立功、李强、李丽伟、吴晓燕、汪国权、张超、张飞、张汉仁、林建、周正飞、项志华、郑宇昊、顾强康、郭彬、郭磊、韩黎明、焦念坤、曾志军(按照姓氏笔画排序)等同志在编稿的计划、统筹、审查、组织、协调等方面也付出了大量的辛勤劳动。

在本书在编写过程中,参考了大量的文献资料,虽然已经尽可能地列出,但是难免有疏漏,在此也向这些文献资料的作者表示感谢。国家自然科学基金项目(NO:41772337)对本书的撰写提供了资助,特表示感谢。

限于编者水平有限,在本书中难免会出现许多不足和错误之处。笔者谨希望本书能对相关工程技术人员、科研人员及高等院校师生今后的工作有所启迪、有所帮助,促进我国机场工程试验检测与监测向更高水平发展。恳请各位读者对本书的不足和错误不吝指教。

作　者

2018年10月

目录 MULU

上 篇

机场工程试验检测与监测综述

第1章　绪　　论

1.1　概述

在机场工程建设中,质量是工程建设的生命。任何一个部位、任何一个施工过程中的工序出现了质量问题,都可能会给工程整体质量带来严重的后果,并直接影响机场工程的使用性能,更为甚者,将导致返工,造成巨大的经济损失。

在机场工程建设中,如何保证项目建设工程不出或少出工程质量问题,是业主、监理、施工和检测单位共同关注的焦点。

为了保证机场工程的施工质量,参与建设的业主、勘察设计、监理、施工、检测与监测单位应相互配合、各尽其责,严格按照合同文件、设计文件和各类规范标准,共同建造出质量优质、使用安全、性能耐久、运营高效的品牌工程。

在"十三五"期间,我国将建设北京新机场、成都新机场、青岛新机场、厦门新机场,以及五六十个支线机场、大量通用机场。其建设任务是非常艰巨的。

为适应这一需求,民航主管部门也加快了各种标准规范的修订、完善和补充,如《民用机场勘测规范》(MH/T 5025—2011)、《机场飞行区岩土工程设计规范》(MH/T 5027—2013)、《民用机场高填方工程技术规范》(MH/T 5035—2017)等。作为机场工程建设的试验检测与监测,土基、填料、材料、面层和结构等检测的重要性不言而喻,而目前我国机场建设领域,还缺乏一本全面介绍地基检测、材料检测和结构检测的工具书。为使广大读者及机场工程建设者尽快熟悉、应用新的规范标准,填补上述空白,编者编写了《机场工程试验检测与监测手册》,作为指导性文件,以期对机场建设有一定指导意义。

本手册分上篇和下篇,共由8章组成。上篇为机场工程试验检测与监测综述,包括绪论、机场工程试验检测工作要求与管理、机场工程施工各阶段试验检测项目三部分内容。下篇机场工程试验检测与监测技术方法包括土基试验检测、基层试验检测、水泥混凝土面层试验检测、沥青混凝土面层试验检测、机场岩土工程监测五部分内容。

1.2　机场工程试验检测目的与意义

试验检测工作是工程质量管理的一个重要组成部分,是工程质量科学管理的重要手段。客观、准确、及时的试验检测数据是工程实践的真实记录,是指导、控制和评定工程质量的科学依据。

试验检测目的和意义如下:

（1）用定量的方法，对施工处理后的地基，科学地鉴定其质量是否符合国家质量标准和设计文件的要求，做出接收或拒收的决定，保证工程所用材料都是合格产品。这是控制施工质量的主要手段。

（2）对施工全过程，进行质量控制和检测试验，保证施工过程中的每个部位、每道工序的工程质量均满足有关标准和设计文件的要求。这是提高工程质量、创优质工程的重要保证。

（3）通过各种试验试配，经济合理地选用原材料，为工程取得良好的经济效益打下坚实的基础。

（4）对于新材料、新工艺、新技术，通过试验检测和研究，鉴定其是否符合国家标准和设计文件的要求，为完善设计理论和施工工艺积累实践资料，为推广和发展新材料、新工艺、新技术做贡献。

（5）试验检测是评价工程质量缺陷、鉴定和预防工程质量事故的手段。通过试验检测，为质量缺陷或质量事故判定提供实测数据，以便准确判定其性质、范围和程度，合理评价事故损失，明确责任，从中总结经验吸取教训。

（6）分项工程、分部工程、单位工程完成后，均要对其进行抽检，以便进行质量等级的评定。

（7）为竣工验收提供完整的试验检测证据，保证向业主交付合格工程。

（8）试验检测工作集试验检测基本理论、测试操作技能和机场工程相关学科的基础知识于一体，是工程设计参数、施工质量控制、工程验收评定、养护管理决策的主要依据。

1.3　机场工程监测目的与特点

变形监测是对被监测的对象或物体（简称变形体）进行测量以确定其空间位置及内部形态随时间的变化特征。变形监测又称变形测量或变形观测。变形监测是掌握工程工作性态的基本手段，监测的成果不仅可以反映构筑物的工作性态，同时还能反馈给主管、设计、施工部门，以控制和调节构筑物的荷载。由于机场在国民经济中的重要性，其安全问题受到普遍的关注，政府和地方部门对监测工作都十分重视，因此绝大部分的机场都实施了监测工作。对机场进行变形监测的主要目的有以下几个方面：

（1）分析和评价机场的安全状态

变形观测是随着工程建设的发展而兴起的一门年轻学科。由于工程地质、外界条件等因素的影响，机场在施工和运营过程中都会产生一定的变形。这种变形常常表现为地基的整体或局部发生沉陷、倾斜、扭曲、裂缝等。如果这种变形在允许的范围以内，则认为是正常现象。如果超过了一定的限度，就会影响机场的正常使用，严重时还可能危及机场的安全。

（2）验证设计参数

变形监测的结果也是对机场设计数据的验证，为改进设计和科学研究提供资料。这是由于人们对自然的认识不够全面，不可能对影响机场安全的各种因素都进行精确计算，设计中往往采用一些经验或近似简化的方式。对正在兴建或已建工程的安全监测，可以验证设计的正确性，修正不合理的部分。

（3）反馈设计施工质量

变形监测不仅能监视机场的安全状态，而且对反馈设计施工质量起到重要作用。

（4）研究正常的变形规律和预报变形的方法

由于人们认识水平的限制，对许多问题的认识都有一个由浅入深的过程，而机场由于地形地貌、施工模式、地质条件的不同，其变形特征和规律存在一定的差异。因此，对机场进行监测，从中获取大量的安全监测信息，并对这些信息进行系统的分析研究，可寻找出变形的基本规律和特征，从而为机场的安全、预报构筑物的变形趋势提供依据。

变形监测与常规的测量工作相比，既有相同点，又有不同的特点和要求。具体来说，变形监测具有以下特点：

（1）周期性重复观测

变形观测的主要任务是周期性地对观测点进行重复观测，以求得其在观测周期内的变化量。周期性是指观测的时间间隔是固定的，不能随意更改；重复性是指观测的条件、方法和要求等基本相同。

为最大限度地测量出建筑物的变形特征数据，减小测量仪器、外界条件等引起的系统性误差影响，每次观测时，测量人员、仪器、作业条件等都应相对固定。

（2）精度要求高

在通常情况下，为了准确地了解变形体的变形特征和变形过程，需要精确地测量变形体特征点的空间位置，因此，变形监测的精度要求一般比常规工程测量的精度要求高。

另外，由于变形监测点大多布设在变形体上，它是根据构筑物的重要性及其地质条件等布设的，变形体的形状特征决定了监测点的空间分布特征，同时也决定了监测网的形状特征。由于许多工程建筑物呈狭长的条状分布，测量人员无法按照常规测量那样考虑测点的网形。这给测量工作及测量的精度带来一定的影响。

（3）多种观测技术的综合应用

随着科学技术的发展和进步，变形监测技术也在不断丰富和提高。相对而言，变形监测的技术和方法较常规大地测量的技术方法更为丰富。目前，在变形监测工作中，通常用到的测量技术包括以下几个方面：

①常规大地测量方法。大地测量方法是变形监测的传统方法，主要包括三角测量、水准测量、交会测量等。该类方法的主要特征是可以利用传统的大地测量仪器，理论和方法成熟，测量数据可靠，观测费用相对较低。但该类方法也有很大的缺陷，主要表现在观测所需要的时间长，劳动强度高，观测精度受到观测条件的影响较大，不能实现自动化观测等。因此，该类方法在快速、实时、高精度等要求的场合下，其应用受到一定的限制。

②专门的测量方法。在某些只需要监测某些特定位移特征量的场合，可以采用专门的测量方法，如利用视准线、引张线测量方法等。

③自动化监测方法。变形监测的自动化是监测工作的发展方向。目前，大多数重大工程的主要监测工作都实现了自动化监测。这不仅提高了测量速度，降低了测量作业的劳动强度，而且对实时监控建筑物的安全、提高测量精度等都有着重要的意义。自动化监测除了需要布设自动监测的传感器外，还要建立测量控制和数据传输的通信网络，以及进行数据采集、传输、管理、分析等的计算机软件系统。目前，该项技术已进入实用阶段，但还有许多技术问题需要

进一步研究。

④摄影测量方法。在利用变形监测点监测变形体的变形特征时,由于测点的数量有限,有时难以反映变形体的细节和全貌,特征信息不够全面。而采用摄影测量方法则可以对变形体的变形特征信息全面地进行采集,具有快速、直观、全面的特点。该方法已广泛应用于高边坡、滑坡等的监测工作。但该方法也存在一定的缺陷,主要是测量的精度相对较低,对于高精度要求的监测工作还需要进一步研究。

⑤GPS 等新技术的应用。GPS 在许多领域都有成功的应用。在变形监测领域,该技术的应用研究也是一个热点课题。它可以实现高精度、全天候的实时监测,较常规的大地测量方法有许多独特的优点。该技术的成功应用,不仅减轻了测量作业的劳动强度,而且实现了监测工作的自动化,特别是该方法受观测条件的影响较小,从而可保证测量数据的连续性和完整性。另外,应用于变形监测的新技术还有 CT 技术、光纤技术、测量机器人技术等。这些高新技术的成功应用,将大大提高变形监测的整体水平。

(4)监测网着重于研究点位的变化

变形监测工作主要关心测点的点位变化情况,而对测点的绝对位置并不过多关注,因此,在变形监测中,常采用独立的坐标系统。虽然坐标系可以根据工程需要灵活建立,但坐标系统一经建立一般不允许更改,否则,监测资料的正确性和完整性就得不到保证。

第2章 机场工程试验检测工作 要求与管理

2.1 机场工程试验检测工作任务

一般来说,以试验检测服务对象所要达到的目的来分类,试验检测可分为以下几种:

(1)作为学术研究手段进行的试验检测;

(2)作为设计参数依据进行的试验检测;

(3)作为工程质量控制检查或质量保证进行的试验检测;

(4)作为竣工验收评定进行的试验检测;

(5)作为积累技术资料进行的管理或后评估试验检测;

(6)作为工程质量事故调查分析进行的试验检测。

在机场工程试验检测中,重点是第(2)、(3)、(4)项。

第(2)项作为设计参数依据进行的试验检测,在机场工程中主要体现在试验段中的试验检测。由于每一个机场工程建设项目,均有其特殊性与唯一性,虽然相互之间存在参考价值,但无普遍适用标准。因此,多数机场先行开展试验段进行相关研究,在试验段中开展各类试验检测,为整体设计提供各项技术参数和实施依据。

第(3)项作为工程质量控制检查或质量保证进行的试验检测,在机场工程中主要体现在对机场施工的全过程进行质量控制和试验检测,保证施工过程中的每个部位、每道工序的工程质量,均满足有关标准和设计文件的要求,提高工程质量、创优质工程。

第(4)项作为竣工验收评定进行的试验检测,在机场工程中主要体现在为竣工验收提供完整的试验检测证据,保证向业主交付合格工程。

综上所述,机场工程试验检测的最主要工作任务是提供设计参数、质量控制检查、竣工验收评定。

2.2 机场试验检测机构的基本要求

从目前在机场工程中已开展的试验检测情况来看,机场试验检测机构主要分两大类:一类是施工单位自行建立的试验室;另一类是由建设方委托的第三方试验检测机构。

1)施工单位自行建立的试验室

施工单位自行建立的试验室主要是为本单位所承担的工程任务提供试验检测服务,其职责是:对机场工程中的原材料、土方作业的成品、道面结构(试块强度)等进行自检试验,提出自检报告,作为申请监理检查验收的依据。

(1)施工单位自行建立的试验室只为本单位承担的施工任务而服务,不得对外为其他施工单位提供服务。

(2)施工单位自行建立的试验室不能代替第三方试验检测。

(3)一般情况下,施工单位自行建立的试验室主要承担机场工程中相对常用、易于操作的试验检测项目,如压实度、试块的抗压强度和抗折强度等;对于特殊、复杂、需要专业设备的试验项目,如固体体积率、载荷试验、面波回弹模量、反应模量等,则需要委托有相应资质和能力的试验检测机构完成。

一方面,可以避免施工单位自行建立试验室的"大而全",减轻物力、财力上的大项支出及专业技术人员的高要求;另一方面,特殊、复杂的试验由有资质和能力的试验检测机构开展,能够充分保证操作的规范性、数据的准确性。

(4)在早期的机场工程建设中,对于施工单位自行建立的试验室开展"自检"一般无资质要求。但是,随着机场工程建设中施工要求的规范化、质量监督的高标准、资料数据的合法有效性等越来越广泛的深入发展,在现阶段,对机场工程开展"自检"的试验检测机构必须是具有计量认证(CMA)的试验检测机构。

《中华人民共和国计量法》规定:为社会提供公证数据的产品检验机构,必须经省级以上人民政府计量行政部门对其计量检定、测试能力和可靠性考核合格。这种考核称为计量认证(CMA)。计量认证(CMA)是我国通过计量立法,对为社会出具公证数据的检验机构(试验室)进行强制考核的手段,也可以说是具有中国特色的政府对实验室的强制认可。产品质量检验机构经计量合格后,提供的数据即具有法律效力,可作为公证数据,用于贸易出证、产品质量评定和成果鉴定有法律效力。

2)第三方试验检测机构

第三方试验检测机构受建设方委托,在合同授权范围内,按照设计文件的技术要求开展试验检测工作。

(1)在机场工程中,第三方试验检测机构需要具备相应的技术能力。其基本要求如下:

①具有法人资格并通过计量认证(CMA)的试验检测机构。

②计量认证的项目参数能够满足机场工程试验检测的需要。

③具备丰富的机场试验检测工作业绩和经验。

(2)第三方试验检测机构作为独立的专业机构,是根据合同履行自己权利和义务的服务方,需要按照独立自主原则开展试验检测活动。

(3)第三方试验检测机构运用自己的技术、方法、手段并根据合同独立地开展工作,及时提供试验检测成果与报告,对其真实性负责,以确保工程质量完全处于受控状态。

(4)试验检测单位不仅是为建设方提供技术服务的一方,还应当成为建设方与承建商之间公正的第三方,要独立公正地维护建设方与承建商双方的合法权益。

(5)试验室必须与建设方、监理方密切配合,在工作中既要严格遵守合同、坚持原则,又要沟通协调、相互配合。

2.3　机场工地试验室的建设

2.3.1　位置环境

为保证试验检测工作的独立性,为试验检测人员创造良好的工作环境,工地试验室应有相对独立的活动场所,在选址时应充分考虑安全、环保、交通便利、水电通信及工程质量管理要求等因素。

(1)活动场所:机场工地试验室的位置应选择在工程场地范围内或附近位置,因地制宜,具有相对独立的活动场所,便于试验检测工作的开展和集中管理。

(2)安全性:机场工地试验室的位置选择应保障充分的安全性,避开气象灾害、地质灾害易发区,避开电力、管线、易燃、易爆等存在安全隐患的区域。

(3)交通条件:试验室的周边应有充分的交通便利条件,以保证试验检测相关人员与工地联系、搬运仪器设备、取样和送样的便利、快捷。

(4)水、电、通信:试验室需要具有良好的给排水条件,同时电力满足设备负荷需求,保证通信畅通,使信息交换和协作顺畅,以保证试验室工作正常开展。

(5)环保:避开污染企业、垃圾处理厂等易产生干扰的区域;避开噪声、振动、电磁体、固液废物等有污染源的区域。

2.3.2　房建设置

工地试验室应根据工作、生活、院落及周围所需面积,合理利用原有地形、地貌、地物和空间以及现有的设施等,进行合理规划,满足试验检测工作需要和标准化建设。

(1)功能分区:应将工作区和生活区分开设置,工作区总体可分为功能室、办公室和资料室。各功能室应独立设置,并根据不同的试验检测项目配置满足要求的基础设施和环境条件。

(2)面积规模:应充分根据试验检测项目参数、工程规模、基础设施、仪器设备、功能需求等因素,综合确定各工作室面积的大小。

(3)平面布局:工地试验室应按照试验检测流程和工作相关性进行合理布局,保证样品流转顺畅,方便操作需要。

(4)互不干扰:应对造成相互干扰和影响的工作区域进行隔离设置,如有振动源的土工室与需要精密称量的化学室,相对湿度大于95%的标准养护室与资料室、办公室等,不宜相邻设置。

(5)建设条件:房间高度、门及走道宽度、防噪声和震动、通风和采光、消防设施等需求均应因地制宜、合理规划、充分考虑,以满足试验检测工作顺利开展的需要。

2.3.3　仪器设备

(1)设备需求:根据试验检测项目和参数、合同要求、检测规模和频率等因素,充分做好试验仪器设备的合理配置。设备的规格、型号、技术性能必须符合试验规程的要求。使用频率高的仪器设备在数量上应能满足周转需要。

（2）仪器设备布置：仪器设备布局应遵循操作便捷、便于维护保养、干净整洁的原则。

①根据功能室划分，集中、合理地摆放相关仪器设备，保证一定的操作空间和距离，且布局合理，尽量减少人流、物流的交叉，避免相互干扰。

②按照试验检测工作流程，同一试验检测项目或参数所使用的仪器设备应就近摆放在同一或相邻功能室，方便现场操作和管理。

③重型的、需要固定在基础上的、容易产生振动的仪器设备，不得在楼上摆放；通过基础固定安装的以及有后盖、有在背面操作、有散热排气要求的仪器设备，与墙至少保持50cm距离。

④为方便操作，一些小型仪器设备应摆放在操作台上面，仪器设备的控制器（分体式）应放在操作台上或按尺寸定制的搁物架上，严禁摆放在仪器设备、其他物体及地板上。

⑤对工作环境有特殊要求的仪器设备应合理摆放。如部分仪器应放置在干燥区域，保证在相对湿度小于或等于50%的条件下进行试验；沸煮箱应隔离放置，避免影响环境温湿度；高温炉应放置在对环境温度要求不高、对周围仪器设备设施的功能不产生影响的功能室。

⑥贵重的小型外检仪器设备应在外检室中专柜存放，专人管理。

（3）验收、安装和调试。

①验收：如果需要新购仪器设备，应按照采购验收程序，购置符合要求的仪器设备，授权负责人、设备管理员及相关人员应共同进行验收，填写验收记录，建立仪器设备档案。

②安装：按照使用说明书、试验规程等的要求和操作步骤，由仪器设备供应方的专业人员或试验室设备管理人员对仪器设备进行正确安装与调试，并满足安全、环保等要求。

设备必须放置或安装在坚实、稳固的案台或基座上，并保持水平（水准泡严格居中）状态，确保仪器设备使用安全和使用效果。凡带脚螺孔的设备，都要砌筑台座，在设备安装就位、调平后用脚螺栓固定。台座高低以方便操作人员操作为宜，高大设备应对地基进行必要的处理。设备安装应考虑所有设备的平面布局，既要方便使用、保养、维修，还要彼此不受干扰，起动或使用时有震动的设备应远离精密设备，还应考虑仪器的朝向、电源、水源等。

③调试：仪器安装好后，应及时进行调试。在调试前必须熟读设备使用说明书，并对照仪器弄清每个按键的功能，以免因操作不当损坏仪器，甚至危及人身安全。接通电源前，首先检查电源电压是否符合设备使用要求，再按说明书规定的操作步骤逐步操作试运行，如发现异常应立即停机，待查明原因后方可再试运行。

测试内容包括加热效果、温度及时间控制效果、机械性能等。对调试中发现的问题要及时与供货商或生产厂家联系。

大型或精密设备的验收、安装、调试全过程应有生产厂商或设备供应商参与，并负责人员培训，设备用户只检查验收。设备到位后，及时通知厂家或代理商派员安装调试，并进行必要的人员培训。用户单位在调试完毕后组织专家检查验收，以决定接收或拒收。

2.3.4 办公及标牌设施

（1）办公设施

工地试验室应配备必要的办公及标牌文化设施，办公环境应保持整洁、干净、舒适、通风和采光良好。

①办公室应配备办公桌椅、文件柜、计算机、打印机、复印机、空调等办公设备,具备上网条件,为试验检测人员提供良好的工作环境。

②资料室应配备一定数量的金属文件柜,布置摆放整齐,并采取防火、防盗、防潮、防蛀等措施。

③有条件的工地试验室可设立小型会议室,配备会议桌椅、多媒体放映等办公设施。

(2)标牌设施

标牌、标志制作材料应结实、不易变形且可重复利用;标牌颜色和字体应考虑整体和视觉效果,既要美观大方、整体协调,同时可兼顾企业文化要求。

①工地试验室的标牌、标志主要包括:单位名称牌匾、各工作室门牌、组织机构框图、岗位职责、管理制度和操作规程等上墙图框,安全、环保标志,各类明示标志等。

②工地试验室应在大门口或中心位置悬挂单位名称铜制牌匾;各工作室应设置醒目的门牌,宜固定在门或门侧墙的上方。

③办公室应悬挂组织机构框图、岗位职责、主要管理制度等图框,功能室应悬挂主要仪器设备的操作规程等图框。

④样品室应悬挂材料标牌,内容包括样品名称、规格型号、产地等信息。

⑤对有安全和环境条件要求的区域、功能室,如试验检测工作区域、有毒有害气体、消防设施、废旧物品存放区等,宜设置醒目的安全、环保等标志。

⑥在工地试验室院内、外墙上制作与行业管理、项目建设和企业文化元素相结合,简捷、美观的宣传标牌、标语。

⑦在院内可设立公告栏,内容包括与质量管理、廉政建设等相关的法律法规、信息发布、先进事迹等。

2.3.5　人员配置

(1)人员数量:工地试验室应根据工程内容、规模、工期要求和工作距离等因素,科学合理地配备试验检测人员数量,确保试验检测工作正常、有序开展。一般情况下,可以根据合同段工程规模、工期要求、施工组织计划、工程所在地一般气候特点等信息估算配备人员数量。

(2)专业配置:所有试验检测人员均应持证上岗,试验检测人员的专业应配置合理,能涵盖工程涉及的专业范围和内容。

(3)岗位能力:

①授权负责人应掌握一定的管理知识,有较丰富的管理经验,能够合理、有效地利用试验室配备的各种资源;熟悉质量管理体系,具有较好的组织协调、沟通以及解决和处理问题的能力。

②试验检测工程师应具有审核报告的能力,能够正确使用标准、规范、规程等对试验检测结果进行分析、判断和评价,具有异常试验检测数据的分析判断和质量事故处理能力。

③试验检测员应熟练掌握专业基础知识、试验检测方法和工作程序,能够熟练操作仪器设备,规范、客观、准确地填写各种试验检测记录和报告。

④设备管理员应熟悉试验检测仪器设备的工作原理、技术指标和使用方法,具备对仪器设备故障产生的原因和试验检测数据准确性的分析判断能力,具有仪器设备简单维修、维护保养

的专业知识和能力。

⑤样品管理员应掌握一定的质量管理基础知识,熟悉样品管理工作流程,能够严格执行样品管理制度,对样品的整个流转过程进行有效控制,确保试验检测工作顺利进行。

⑥资料管理员应熟悉国家、行业和建设项目有关档案资料管理的基础知识和要求,能够严格执行档案资料管理制度,及时、规范地完成资料填写、汇总和整理归档等工作。

⑦工地试验室由于人员数量配备较少,试验检测人员只要具备相应能力,即可兼职设备、样品、资料管理员等岗位。

2.4 试验检测工作制度

工作制度是否健全,制度能否坚持贯彻执行,反映了一个单位的管理水平。对质检机构来说,它必然会影响到检测工作的质量。为了保证检测质量,从全面质量管理的观点出发,应对影响检测结果的各种因素(包括人的因素和物的因素)进行控制。作为一个机场试验检测机构要建立完善的工作制度。

2.4.1 组织机构

应建立完善的组织机构,通过组织机构框图和岗位职责描述表明各部门、各岗位的职责和相互关系。

(1)为表明工地试验室的隶属关系和各工作室之间的关系,绘制内部和外部组织机构框图。用方框表示各管理单位、岗位或相应的工作室,用箭头表示管理的指向,通过箭头将各方框连接起来,明确各管理单位、岗位或工作室在组织机构中的地位及相互之间的关系。

(2)内部组织机构框图的内容根据工地试验室的特点、大小和职责等因素确定,包括工地试验室名称、授权负责人、各工作室等相互之间的组织结构关系。

(3)外部组织机构框图的内容表示工地试验室的地位和外部关系,实线表明与母体试验室等直接管理部门的关系,虚线表示与项目建设单位、质监机构等间接管理部门的关系。

2.4.2 岗位责任制

岗位责任制是一项重要制度,应明确组织机构框图中列出的各部门的职责范围和权限。各部门的职责范围应对"质量检测机构计量认证评审内容及考核办法"中规定的管理功能、技术功能全部覆盖,做到事事有人管。明确各部门的质量职责,明确各类人员的职责,尤其对检测中心负责人、技术负责人、质量负责人和各部门负责人、各项目负责人、计量检定负责人、检测报告签发人等,应明确其职责范围、权限及质量责任。

对计量检定人员和质量检测人员要根据其考核情况确定其检测工作范围。

1)各部门的岗位职责

(1)检测办公室

负责安排检测计划,对外签订检测合同;文件的收发及保管;检测报告的发送及登记;样品的收发保管及检后处理;检测仪器设备及标准件的购置;检测收费,财务管理;试验检测报告打印和资料复制;人事管理及保卫、安全、卫生、日常管理工作;制订各类人员的培训计划,组织人员考核。

（2）检测资料室

负责收集保管国内外用于试验检测的产品标准、检测规范、检测细则、检测方法和计量检定规程、暂行校验方法及专用设备鉴定资料；负责保管检测报告、原始记录；保管产品技术资料、设计文件、图纸及其他有关资料；保存抽样记录、样品发放及处理记录；保存全部文件及有关产品质量检测的政策、法令、法规。

（3）仪器设备室

负责计量标准器具的计量检定及日常维护保养；标准件的定期比对、保管、发放及报废；全部试验检测仪器设备的维修及保养等工作；检查各室的在用检测仪器或超过检定周期的仪器；新购置检测仪器设备的验收工作；保管试验检测仪器设备的维修、使用、报废记录；保管检测仪器设备的计量检定证书，保存试验检测仪器设备说明书；建立并保管检测仪器设备台账；大型精密设备的值班及日常维修；制订试验检测仪器设备检定周期表并付诸实施。

2）各类人员的岗位职责

（1）试验检测中心主任

贯彻执行上级有关的政策、方针、法规、条例和制度；确定本单位的方针和目标，决定本单位的发展规划和工作计划；对中心的检测工作计划完成情况及检测工作的质量负责；建立健全质量管理体系和质量保证体系，切实保证能公正地、科学地、准确地进行各类检测工作；协调各部门的工作，使之纳入全面质量管理的轨道；批准经费使用计划、奖金发放计划；批准检测报告；主持事故分析会和质量分析会；督促、检查各部门岗位责任制的执行情况；考核各类人员的工作质量；主管中心的人事工作及人员培训考核、提职、晋级工作；检查质量管理手册的执行情况，主持质量管理手册的制定、批准、补充和修改。

（2）试验检测技术负责人

在中心主任领导下，全面负责中心的技术工作；掌握本领域检测技术的发展方向，制订测试技术的发展计划；批准测试大纲、检测实施细则、检测操作规程、非标准设备和检测仪器的暂行校验方法；主持综合性非标准检测系统的鉴定工作；深入各试验检测室，随时了解并解决检测过程中存在的技术问题；组织各类人员的培训，负责各类人员的考核；签发检测报告。

（3）试验检测质量保证负责人

全面负责检测工作质量，定期向中心主任和技术负责人报告测试工作质量情况；负责质量事故的处理；负责检测质量争议的处理并向中心主任和技术负责人报告结果；制定质量政策及方针；检查各类人员的检测质量、工作质量；负责质量管理手册的贯彻执行。

（4）检测室主任

对本室工作全面负责；确定本室的质量方针及质量目标，组织完成各项试验检测任务；掌握本专业国内外的现状及发展趋势，根据需要和可能，提出新的检测方案；提出计量检测仪器设备的购置、更新、改造计划；提出计量检测仪器设备的维修、降级和报废计划；负责本室各类人员的技术培训和考核；对本室各类事故提出处理意见；审阅本室制定的检测大纲、检测细则；审阅各类检测报告及原始记录；考核本室人员的工作情况及质量状况；对本室人员晋级提出建议；负责本室的行政管理事务。

（5）试验检测人员

对各自负责的试验检测工作的质量负责；严格按照检测规范、检测大纲、实施细则进行各项检测工作，确保检测数据的准确、可靠；上报检测仪器设备的检定、维修计划，有权拒绝使用不合格检测仪器或超过检定周期的仪器；不断更新专业知识，掌握本专业检测技术及检测仪器的发展趋势和现状；按期填写质量报表，填写检测原始记录及检测证书；有权拒绝行政或其他方面的干预；有权越级向上级领导反映各级领导违反检测规程或对检测数据弄虚作假的现象；遵守试验室管理制度；按时填写仪器设备操作使用记录；严格遵守检测人员纪律。

（6）计量检定人员

正确使用计量标准器具、标准物质，并对它们按规定进行计量检定，以保证其具备良好的技术状态；执行计量技术法规及计量器具规程或暂行校验方法，切实执行互检、互审制度；确保检定数据、检定结论正确，原始记录和检定证书应用钢笔填写，字迹工整、内容完整、签名齐全；不断学习计量学知识，经常学习计量法规、规程，学习误差理论，更新知识，不断提高理论技术水平；检查各检测室在用检测仪器的周期计量制度的执行情况，有权制止使用不合格仪器和超检定周期的检测仪器，并将有关情况向上级报告；遵守各项工作制度。

（7）资料保管人员

严格遵守保密制度，不得随意复制散发检测报告，不得泄露原始数据，不得做损害用户利益的事；资料室规定的各类资料在入库时均应办理登记，登记应分类进行，入库手续齐全，送交人、整理人、接收人均应签名；对各类资料的分类应科学合理、便于查找，努力为检测人员做好技术服务工作；密切注意国内外有关检测工作的发展，随时收集最新的技术标准、检测规程、规范、细则、方法；对过期资料的销毁应严格履行报批手续，并造册登记入档；丢失检测资料应视质量事故处理，填写事故报告，并视情节轻重给予必要的处分；做好防火、防盗、防蛀工作，以防资料的损坏。

（8）样品保管人员

负责样品入库时的外观检查、封样标记完整性检查并清点数量，核实无误后，登记入库，入库登记本应有样品保管人员签字；样品应列架分类管理，未检、已检应有明显的标记，不同单位送交的样品应有区分标志；样品桶、样品箱、样品袋应清洁完好，不得用留有他物或未经清洗的用具存放样品；样品保管人员应将各类样品立账、设卡，做到账、物、卡三者相符；保存样品室的环境条件应符合该样品的储存要求，不使样品变质、损坏，不使其降低或丧失性能；样品的领取应办理手续，领取者和发放者都应检查样品是否完好并签名；样品的检后处理及备用样品的处理都应按有关规定办理手续，经办人及主管人员应签名；做好样品保管室的防火、防盗工作；样品的丢失按责任事故处理。

（9）其他各类人员

其他各类人员应按照各室领导的安排，严守岗位，忠于职守，对各自的工作质量负责；各类人员都要不断学习与本职工作有关的新知识、新技术，以适应工作的要求；各类人员都要树立"质量第一"的观点，不断增强质量意识；各类人员都要遵守本行业的职业道德，提高自己的素质。

2.4.3　计量标准器具、标准物质、检测仪器的管理制度

（1）计量标准器具

①计量标准器具是质检机构最高实物标准，只能用于量值传递，特殊情况必须用于产品质量检测时，须经试验检测中心领导批准。

②计量标准器具的计量检定工作、维护保养工作，由仪器设备室专人负责。

③计量标准器具的保存环境应满足其说明书的要求，应使其经常保持最佳状态。

④计量标准器具的使用操作人员必须经考核合格并取得操作证书。每次使用计量标准器具后均应做使用记录。

（2）标准物质

①标准物质是质检机构进行标定计量的工作基准，它也是一种标准器件。

②标准物质的购置由各使用单位提出申请，经中心主任批准后交办公室购买，不得购买无许可证的标准物质。

③标准物质的发放应履行登记手续。

④标准物质应按说明书（合格证）上规定的使用期限定期更换。

（3）检测仪器

①专管共用的检测仪器设备的保管人由中心确定，使用人在使用仪器设备前应征得保管人同意并填写使用记录。使用前后，由使用人和保管人共同检查仪器设备的技术状态，经确认以后，办理交接手续。

②专管专用的仪器设备的使用人即为保管人。仪器设备的保管人应参加新购进仪器验收安装、调试工作，填写并保管仪器设备档案，填写并保管仪器设备使用记录，负责仪器设备降级使用及报废申请等事宜。

③使用贵重、精密、大型仪器设备者，均应经培训考核合格，取得操作许可证。精密、贵重、大型仪器设备的安放位置不得随意变动，如确实需要变动，事先应征得仪器设备室的同意，重新安装后，应对其安装位置、安装环境、安装方式进行检查，并重新进行检定或校准。

④仪器设备保管人应负责所保管设备的清洁卫生，不用时，应罩上防尘罩。长期不用的电子仪器，每隔3个月应通电一次，每次通电时间不得少于半小时。

⑤检测仪器设备不得挪作他用，不得从事与检测无关的其他工作。仪器设备室除对所有仪器设备按周期进行计量检定外，还应对它们进行不定期的抽查，以确保其功能正常，性能完好，精度满足检测工作的要求。

⑥全部仪器设备的使用环境均应满足说明书的要求。有温度、湿度要求者，确保达到温度、湿度方面的要求。

（4）仪器设备的借用

①计量标准器具一律不出借，一般不能直接用于检测。

②中心内部仪器的借用，由各室自行商定，但仪器设备所有权的调动应经中心领导同意，并在设备技术档案上备案。

③外单位借用仪器设备应办理书面手续。

2.4.4 仪器设备购置、验收、维修、降级和报废制度

（1）计量标准器具的购置由仪器设备室提出申请，中心主任批准后交办公室办理。测试仪器设备、标准物质的购置计划由各检测室提出，仪器设备室审核，经中心主任批准后交办公室办理。

（2）计量标准器具、标准物质、仪器设备到货后，由仪器设备室组织验收。验收合格的仪器设备，由仪器设备室填写设备卡片，不合格的产品，由办公室联系返修或退货。

（3）测试仪器设备的维修由仪器设备室归口管理。各专业检测室根据检测仪器设备的技术状态和使用时间，填写仪器设备维修申请书，由仪器设备室在规定的时间内进行维修。

（4）在计量检定中发现仪器设备损坏或性能下降时，由仪器设备室直接进行维修，维修情况应填入设备档案。

（5）修理后的仪器设备均由仪器设备室按检定结果分别贴上合格（绿）、准用（黄）或停用（红）三种标志。其他人员均不得私自更改。

（6）材料试验机、疲劳试验机、振动台等试验设备的清洗和换油工作由各专业检测室的设备保管人负责，并在设备档案内详细记载。

（7）当检测仪器设备的技术性能降低或功能丧失、损坏时，应办理降级使用或报废手续。凡降级使用的仪器设备均应由各专业检测室提出申请，由仪器设备室确定其实际检定精度，提出使用范围的建议，经中心主任批准后实施。降级使用情况应载入设备档案。

（8）凡报废的仪器设备均应由各专业检测室填写"仪器设备报废申请单"，经仪器设备室确认后，由中心主任批准，并填入设备档案。已报废的仪器设备，不应存放在试验室内，其档案由资料室统一保管。

2.4.5 检测事故分析报告制度

（1）检测过程中发生下列情况时按事故处理：

①样品丢失，零部件丢失，样品损坏。

②样品生产单位提供的技术资料丢失或失密，检测报告丢失，原始记录丢失或失密。

③由于检测人员、检测仪器设备、检测条件不符合检测工作的要求，试验方法有误，数据差错，而造成的检测结论错误。

④检测过程中发生人身伤亡。

⑤检测过程中发生仪器设备损坏。

（2）凡违反上述各项规定所造成的事故均为责任事故，可按经济损失的大小、人身伤亡情况分成小事故、大事故和重大事故。

（3）重大或大事故发生后，应立即采取有效措施，防止事态扩大，抢救伤亡人员，并保护现场，通知有关人员处理事故。

（4）事故发生后3天内，由发生事故部门填写事故报告单，报告办公室。事故发生后5天内，由中心负责人主持，召开事故分析会，对事故的直接责任者作出处理，对事故作善后处理并制订相应的办法，以防类似事故发生。重大或大事故发生后一周内，中心应向上级主管部门补交事故处理专题报告。

2.4.6 技术资料文件的管理及保密制度

（1）技术资料的管理由资料室负责。

（2）长期保存的技术资料有：国家、地区、部门有关产品质量检测工作的政策、法令、文件、法规和规定；产品技术标准、相关标准、参考标准（国外和国内的）、检测规程、规范、大纲、细则、操作规程和方法（国外的、国内的或自编的）；计量检定规程、暂行校验方法；仪器设备说明书、计量合格证，仪器、仪表、设备的验收、维修、使用、降级和报废记录；仪器设备明细表和台账；产品检验委托书、设计文件及其他技术资料。

（3）定期保存的技术资料有：各类原始记录；各类检测报告；用户反馈意见及处理结果；样品入库、发放及处理登记本。其保管期不少于2年。

（4）长期保存的技术资料由资料室负责收集、整理、保存，其他各项技术资料由主管部门整理、填写技术资料目录，并对卷内资料进行编号由资料室装订成册。技术资料入库时应办理交接手续，统一编号填写资料索引卡片。

（5）检测人员需借阅技术资料，应办理借阅手续。与检测无关的人员不得查阅检测报告和原始记录。检测报告和原始记录不允许复制。

（6）资料室工作人员要严格为用户保守技术机密，否则以违反纪律论处。

（7）超过保管期的技术资料应分门别类造册登记，经中心主任批准后才能销毁。

2.4.7 检测样品的管理制度

（1）样品的保管制度

①样品保管室由办公室指定专人负责。

②样品到达后，由办公室所指定的负责人会同有关专业室共同开封检查，确认样品完好后，编号入样品保管室保存，并办理入库登记手续。

③样品上应有明显的标志，确保不同单位和同类样品不致混淆，确保未检样品与已检样品不致混杂。

④样品保管室的环境条件应符合该样品必需的保管要求，不致使样品变质、损坏、丧失或降低其功能。

⑤样品保管室应做到账、物、卡三者相符。

⑥检测时由专业室填写样品领取单，到样品保管室领取样品，并会同样品保管员办理手续。

（2）样品的检后处理

①检测工作结束，检测结果经核实无误后，应将样品送样品保管室保管，需保留样品的立即通知送检单位前来领取。

②检后产品的保管期一般为申诉有效期后的1个月。若过期无人领取，则作无主物品处理。

③破坏性检测后的样品，确认试验方法、检测仪器、检测环境、检测结果无误后，才准撤离试验现场。除用户有特殊要求，一般不再保存。不管是以哪种方式处理，均应办理处理手续，处理人应签字。

2.4.8　试验室行政管理制度

（1）试验室是进行检测、检定工作的场所，必须保持清洁、整齐、安静。

（2）试验室内禁止随地吐痰、吸烟、吃东西。禁止将与检测工作无关的物品带入试验室，工作人员不得在恒温恒湿室内喝水，禁止用湿布擦地，禁止开启门窗。

（3）要换鞋、换衣的试验室，不管任何人进入，都要按规定更换工作服、鞋。

（4）试验室应建立卫生值日制度，每天有人打扫卫生，每周彻底清扫一次，空调通风管每季度彻底清扫一次。

（5）下班后与节假日，必须切断电源、水源、气源，关好门窗，以保证试验室的安全。

（6）仪器设备的零部件要妥善保管，连接线、常用工具应排列整齐，说明书、操作手册和原始记录表等应专柜保管。

（7）带电作业应由两人以上操作，地面应采取绝缘措施。电烙铁应放在烙铁架上，电源线应排列整齐，不得横跨过道。

（8）试验室内设置消防设施、消火栓和灭火桶。灭火桶应经常检查，任何人不得私自挪动位置，不得挪作他用。

2.5　试验检测工作细则

2.5.1　实施细则

每项试验检测方法均应根据有关国家或部颁现行最新技术标准、操作规程和有关行业工作规范制定详细的实施细则。

（1）实施细则的制定

由于有些标准规定得不细，而有些试验检测操作人员有可能是新手，他们虽然已通过本单位的考核，但不一定熟练操作；更重要的是试验检测的工作就像工厂生产产品一样，每步都应该按工艺要求进行详细的实施。为此必须制定有关实施细则。

（2）实施细则的内容

①技术标准、规定要求、检测方法、操作规程等；

②抽样方法及样本大小；

③检测项目、被测参数大小及允许变化范围；

④检测仪器设备的名称、型号、量程、准确度、分辨率；

⑤检测人员组成和检测系统框图；

⑥对检测仪器的检查标定项目和结果；

⑦对检测仪器和样品或试件的基本要求；

⑧对环境条件等的检查及从保证计量检测结果可靠的角度出发，允许变化范围的规定；

⑨在检测过程中发生异常现象的处理办法；

⑩在检测过程中发生意外事故的处理办法；

⑪检测结果计算整理分析方法。

凡要求对整体工程项目或新产品进行质量判断的检测项目,均应进行抽样检测。凡送样检测的产品,检测结果仅对样品负责,不对整体产品质量作任何评价。

(3)实施细则的有关方法

①抽样方法为随机抽样。确定样本大小后,由委托试验检测单位提供编号进行随机抽样。原则上抽样人不得与产品直接见面,样本应在生产单位或使用单位已经检测合格的基础上抽取。特殊情况下,也允许在生产场所已经检测合格的产品中抽取。

抽样前,不得事先通知被检产品单位,抽样结束后,样品应立即封存,连同出厂检测合格证一并送往指定试验检测地点。

②样本大小的确定方法。凡产品技术标准中已规定样本大小的,按标准规定执行;凡产品技术标准中未明确规定样本大小的,按试验检测规程或相应技术标准中的方法确定;也可按百分比抽样方法进行。百分比抽样的抽样基数不得小于样本的 5 倍;在生产场所抽样时,当天产量不得小于均衡生产时的基本日均产量;在使用抽样时,抽样基数不得小于样本的 2 倍。

③样本确定后,抽样人应以适当的方式封存,由样本所在部门以适当的方式运往检测部门。运输方式应不损坏样本的外观及性能。样品箱、样品桶、样品的包装也应满足上述要求。

④抽样结束后,由抽样人填写样品登记表,登记表应包括:产品生产单位;产品名称、型号;样品中单件产品编号及封样的编号;抽样依据、样本大小、抽样基数;抽样地点;运输方式;抽样日期;抽样人姓名、封样人姓名。

⑤检测准确度确定方法可参照后面有关内容进行。

(4)注意事项

①对于比较重要的检测项目,若采用专用检测设备,应通过试验确定其检测数据的重复性。

②对于某些比较简单的试验检测项目,如果标准规定得很细,能满足上述要求,则可不必制定实施细则。

2.5.2 试验检测原始记录

(1)原始记录是试验检测结果的如实记载,不允许随意更改,不许删减。

(2)原始记录应印成一定格式的记录表,其格式根据检测的要求不同可以有所不同。

(3)原始记录表主要应包括:产品名称、型号、规格;产品编号、生产单位;检测项目、检测编号、检测地点;温度、湿度;主要检测仪器名称、型号、编号;检测原始记录数据、数据处理结果;检测人姓名、复核人姓名;试验日期等。

(4)记录表中应包括所要求记录的信息及其他必要信息,以便在必要时能够判断检测工作在哪个环节可能出现差错。同时根据原始记录提供的信息,在一定准确度内重复所做的检测工作。

(5)工程试验检测原始记录一般不得用铅笔填写,内容应填写完整,应有试验检测人员和计算校核人员的签名。

(6)原始记录如果确需更改,作废数据应画两条水平线,将正确数据填在上方,盖更改人印章。原始记录应集中保管,保管期一般不得少于 2 年。原始记录保存方式也可用计算机软盘。

(7)原始记录经过计算后的结果即检测结果必须有人校核,校核者必须在本领域有 5 年以上工作经验。校核者必须在试验检测记录和报告中签字,以示负责。校核者必须认真核对检测数据,校核量不得少于所检测项目的 5%。

2.5.3 试验检测结果的处理

(1)试验检测数据整理

试验检测结果的处理是试验检测工作中的一个重要内容。由于在试验检测中得到的数值都是近似值,而且在运算过程中,还可能要运用无理数构成的常数,因此,为了获得准确的试验检测结果,同时也为了节省运算时间,必须按误差理论的规定和数字修改规则截取所需要的数据。此外,误差表达方式反映了对试验检测结果的认识是否正确,也利于用户对试验检测结果的正确理解。由于目前尚未规定报告上必须注明不确定度,暂时可以不考虑。

①数据处理应注意:检测数据有效位数的确定方法;检测数据异常值的判定方法;区分可剔除异常值和不可剔除异常值;整理后的数据应填入原始记录的相应部分。

②检测数据的有效位数应与检测系统的准确度相适应,不足部分以"0"补齐,以便测试数据位数相等。

③同一参数检测数据个数少于 3 时用算术平均值法;测试个数大于 3 时,建议采用数理统计方法,求算代表值。

④测试数据异常值的判断,对于每一单元内检测结果中的异常值用格拉布斯(Grabbs)法;检测各试验室平均值中的异常值用狄克逊(Dixon)法。

这里要强调的是,对比检测是用 3 台与原检测仪器准确度相同的仪器对检测项目进行重复性试验。若检测结果与原检测数据相符,则证明此异常值是由产品性能波动造成的;若不相符,则证明此值是因仪器造成可以剔除。

(2)试验检测结果判断

在工程质量检验评定中,施工质量的不合格率是大家所关心的问题,由于所抽子样的数据都是随机变量,它们总是存在一定的波动。看到数据有一些变化,或某检测数据低于技术规定要求,就认为施工质量或产品有问题,这样的判断方法是不慎重的,也是缺乏科学根据的,因此很容易给施工带来损失。

2.6 机场工程试验检测工作对外协调

由于机场工程的试验检测往往在工地现场建立试验室,并开展试验检测任务(第三方试验检测),因此,试验检测工作的开展除上述内部的工作制度和工作实施细则的建立外,还需要外部的建设方(业主)和监理方的协调配合。

工程项目的试验检测单位和监理单位同属被建设方委托机构的现场派出机构,并对业主负责,接受建设方的监督和管理,在建设方合同授权范围内对共同的管辖标段履行监管职责,在工作中既要严格遵守合同,坚持原则,又要沟通协调、相互配合,不得相互推诿。试验室必须与建设方、监理方密切配合,在工作上达成共识,才能完成建设方交办的任务。

(1)与建设方的协调配合

①指定一名联系人,与业主建立积极、通畅的工作联系。

②在建设方合同授权范围内积极地对施工方试验室进行指导,保证工程质量水平。

③试验检测单位的服务对象是建设方,这种服务性的活动是严格按照合同和工程建设相关规定来实施的,是受法律约束和保护的。

④试验检测单位是直接参加项目建设的几方当事人之一,服从业主的监督和管理,与项目建设方是一种平等主体关系。试验检测单位作为独立的专业机构,是根据合同履行自己权利和义务的服务方,应按照独立自主原则开展试验检测活动,要运用自己的技术、方法、手段和根据合同独立地开展工作,及时提供试验检测成果与报告,并其对真实性负责,以确保工程质量完全处于受控状态。

⑤试验检测机构配合建设方或其授权的监理工程师全过程旁站承包人试验室的各项试验操作,并签认承包人的试验资料,必要时向业主或监理工程师汇报。

⑥试验检测单位不仅是为建设方提供技术服务的一方,还应当成为建设方与承建商之间公正的第三方,要独立公正地维护建设方与承建商双方的合法权益。

(2)与监理工程师的的协调配合

①与建设方和监理以及业主同意的其他工程有关方成立现场试验检测工作指挥协调小组,统一指挥协调试验检测服务工作。

②指定一名授权代表(试验室主任)与建设方、监理建立工作联系。

③服从建设方的监督与管理,对业主和监理提出的需要进行的专项试验检测工作坚决执行。

④当监理工程师对原材料及结构物质量有异议,在现场发现异常情况需要试验室从事抽样检验时,无条件进行试验检测及时完成检测任务并出具检测报告,并将结果及时报给监理工程师。

⑤当发生检验结果不符合标准或设计要求时,应先口头后书面通知监理工程师,并协助监理工程师进行原因分析。

⑥业主或承包人有外委试验检测,业主认为有必要时,派员参加送样见证。

此外,试验检测在业务上与监理工作是一种互补,双方互通信息是控制本合同段施工质量的最好方式。当出现检测工作争议时,应先达成共同意见后再实施相关的工作指令,并且在各自范围内对发出的工作指令进行跟踪检查,以保证各项工作落实到位,各种资料得到完整闭合。

以机场中一种常用典型的压实度检测项目为例,试验检测机构与监理相互协调配合的流程图如图2.6-1所示。

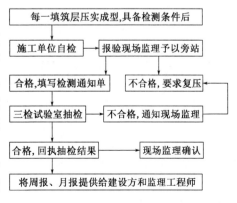

图2.6-1　现场检测流程示意图

2.7 机场工程试验室建设与管理实例1——芜湖三元通用机场

2.7.1 工地试验室环境设施

（1）位置环境

芜湖三元通用机场位于安徽省芜湖市芜湖县三元镇,机场等级为2A级。本期建设主要内容有:

①新建一条1 000m×30m的跑道。

②跑道两头各设一个掉头坪,掉头坪沿跑道方向长边65m,短边45m,宽20m。

③跑道东头设置一个校罗坪,尺寸为30m×30m。

④设置三条联络道,宽度均为8m,长度分别为30m、47.45m、30m。

⑤配套建设飞行区围界、排水设施。

⑥涉及试验检测参数见表2.7.1-1。

芜湖三元通用机场试验检测项目表 表2.7.1-1

序号	项 目	数量	单位	说 明
1	集料碱活性	2	组	
2	水泥常规	13	组	水泥物理试验、胶砂强度
3	混凝土细集料常规	5	组	筛分、表观密度、含泥量、轻物质含量
4	混凝土粗集料常规	5	组	筛分、压碎值、针片状含量
5	粗集料筛分	25	组	
6	级配碎石常规	24	组	筛分、压碎值
7	重型击实	3	组	
8	水泥稳定碎石常规	12	组	筛分、压碎值、液塑限
9	压实度	955	点	
10	反应模量	22	点	
11	固体体积率	178	点	
12	无侧限抗压强度	13	组	
13	平整度	240	处	3m直尺法,每处3尺
14	表面平均纹理深度	120	点	铺砂法
15	砂浆抗压	62	组	砂浆配合比设计
16	混凝土抗折	33	组	混凝土配合比设计

拟建机场位置及工地试验室位置,建设单位、监理单位驻地位置简图如图2.7.1-1所示。试验室项目驻地选址交通便利,距离机场工程现场距离适中满足试验检测任务需求。综合考虑安全、交通、水电通信、环保等因素,芜湖机场工地试验室设立在芜湖县三元镇中心小学院内。该小学虽已废弃,但楼宇建设保持完整,水电供应正常通信畅通,安全保护设施完备,距离施工现场约5km,距离建设单位、监理单位各方驻地约1km,交通便利,本次机场工程的前期施工作业队伍也曾多次以这里为项目驻地,且院内场地宽敞平整便于设备器材、检测样品的储运及检测工作的开展。

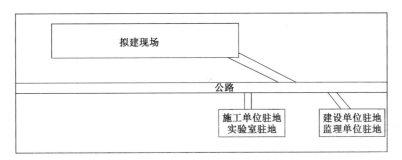

图 2.7.1-1　芜湖三元通用机场建设工程机场位置平面图

（2）房建设置

项目驻地校舍楼层数为二层,根据工作、生活需要,一层为工作区,二层为宿舍区。一层平面布置及院落布置如图 2.7.1-2 所示。

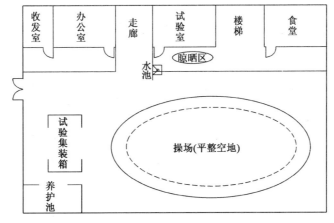

图 2.7.1-2　项目驻地一层平面布置图

为满足机场工地试验室正常运行的基本要求,需对项目驻地进行合理规划。

①功能分区:办公室设置在门口处,便于内外部人员工作的开展与协调。办公室兼具资料整理、档案存储、工作文件处理等功能,是日常工作的主体功能区。试验室设置在中部,考虑到试验设备的运行对工作及生活的影响,试验室左侧为走廊,右侧为去往二层的楼梯;且试验室门口为原有的水池,无须改造即可满足试验室的日常用水。

另外,考虑到混凝土相关试验的养护要求以及设备搬运条件,本次机场工地试验室设有一个试验集装箱,内装大型压力试验机、抗折试验机等设备,放置在混凝土试件养护池边场地平整处。这样布置一是便于试验试件短途搬运避免扰动损坏,二是便于试验设备搬运。

②面积规模:本次机场工程试验检测涉及参数约 40 项,包括土工、水泥、集料等材料试验和部分路基路面现场检测,具体试验检测项目见表 2.7.1-1。水泥、集料、土工等试验大多主要在试验室内做,试验室空间满足各项试验要求;混凝土配比设计由于试件较多,需求作业面大,且需要养护池养护,所以在距离养护池较近的试验集装箱里做混凝土的抗压抗折试验。综合统计各项试验设备作业面积及试验作业空间需求,本次机场工地试验室建设面积约 500m^2,满足试验检测工作正常开展的需求。

（3）仪器设备

根据试验检测项目和参数、合同要求、检测规模和频率等因素，充分做好试验仪器设备的合理配置。本次机场工地试验室配置仪器设备共计32台套，设备调运及采购到达试验室后进行验收、安装，建立仪器设备一览表和仪器设备档案，进行统一编号管理，并对计量设备进行委外检定校准，辅助工具进行核查调试。仪器设备一览表见表2.7.1-2。

仪器设备一览表   表2.7.1-2

序号	仪器编号	名称	型号	购置时间	存放地点	保管人
1	BTET-WHSY-001	液显压力试验机	5~2 000kN	2016.3.29	试验室	×××
2	BTET-WHSY-002	混凝土抗折抗压试验机	30t	2016.3.29	试验室	×××
3	BTET-WHSY-003	混凝土搅拌机	60L	2016.3.29	试验室	×××
4	BTET-WHSY-004	维勃稠度仪	—	2016.3.29	试验室	×××
5	BTET-WHSY-005	混凝土钻孔取芯机	—	2016.3.29	试验室	×××
6	BTET-WHSY-006	滴定仪	—	2016.3.29	试验室	×××
7	BTET-WHSY-007	灌砂筒	150	2016.3.29	试验室	×××
8	BTET-WHSY-008	烘箱	101-3A	2016.3.29	试验室	×××
9	BTET-WHSY-009	电动脱模器	LD-141	2016.3.29	试验室	×××
10	BTET-WHSY-010	重型击实仪	电动	2016.3.29	试验室	×××
11	BTET-WHSY-011	百分表	0~10mm	2016.3.29	试验室	×××
12	BTET-WHSY-012	电子天平	5 000g	2016.3.29	试验室	×××
13	BTET-WHSY-013	电子天平	2 000g	2016.3.29	试验室	×××
14	BTET-WHSY-014	电子秤	100kg	2016.3.29	试验室	×××
15	BTET-WHSY-015	电子秤	30kg	2016.3.29	试验室	×××
16	BTET-WHSY-016	石子分样筛	2.5~100mm	2016.3.29	试验室	×××
17	BTET-WHSY-017	砂分样筛	0.08~10mm	2016.3.29	试验室	×××
18	BTET-WHSY-018	针片状含量标准仪	—	2016.3.29	试验室	×××
19	BTET-WHSY-019	石子压碎指标测定仪	—	2016.3.29	试验室	×××
20	BTET-WHSY-020	游标卡尺	0~300mm	2016.3.29	试验室	×××
21	BTET-WHSY-021	水泥净浆搅拌机	NJ-160A	2016.3.29	试验室	×××
22	BTET-WHSY-022	水泥电动抗折仪	DKZ5000	2016.3.29	试验室	×××
23	BTET-WHSY-023	水泥标准稠度测定仪	—	2016.3.29	试验室	×××
24	BTET-WHSY-024	蒸煮箱	FZ-31	2016.3.29	试验室	×××
25	BTET-WHSY-025	水泥胶砂搅拌机	JJ-5	2016.3.29	试验室	×××
26	BTET-WHSY-026	胶砂试体成型振实台	ZS-15	2016.3.29	试验室	×××
27	BTET-WHSY-027	水泥负压筛析仪	FYS-150	2016.3.29	试验室	×××
28	BTET-WHSY-028	标准恒温恒湿养护箱	HBY-40A	2016.3.29	试验室	×××
29	BTET-WHSY-029	雷氏夹膨胀测定仪	—	2016.3.29	试验室	×××
30	BTET-WHSY-030	3m直尺	—	2016.3.29	试验室	×××
31	BTET-WHSY-031	人工铺砂仪	—	2016.3.29	试验室	×××
32	BTET-WHSY-032	坍落度仪	—	2016.3.29	试验室	×××

设备档案样式及内容如图2.7.1-3所示。

仪器编号	BTET-WHSY-028
型　号	HBY-40A

设 备 档 案

目录

序号	文件名称	有	无
1	仪器设备验收单		
2	仪器设备登记表		
3	产品合格证		
4	使用说明书		
5	仪器设备使用记录		

名　　称：　水泥混凝土恒温恒湿标准养护箱

使用单位：　北京泰斯特工程检测有限公司

建档日期：　2016 年　3 月　29 日

仪器设备验收单

BTET-4215d

部门：北京泰斯特工程检测有限公司芜湖三元机场试验室

仪器设备名称	水泥混凝土恒温恒湿标准养护箱		规格型号	HBY-40A
量程及精度	—		出厂编号	2195
生产厂家	无锡建仪		到货日期	2016.3.29
开箱验收记录	验收人	×××	验收日期	2016.3.29
	外观及外观质量	正常		
	产品合格证	有 √　无 □	份	页
	技术资料	有 □　无 □	份	页
	产品说明书	有 √　无 □	份	页
	零配件清单	有 □　无 □	份	页
	零配件是否齐全	齐全		
	其他资料	—		
安装调试情况	正常			
运行情况验收记录	运行良好			
	验收人：　　　　日期：			
备　注	(公司可与设备供应方、生产单位共同验收、安装调试，并煎好有关记录。)			

仪器设备登记表

设备名称	水泥混凝土恒温恒湿标准养护箱	管理编号	BTET-WHSY-028
规格/型号	HBY-40A	启用日期	2016.3.29
生产厂家	无锡建仪	出厂编号	2195
购置日期	2016.3.29	购置价格	9800
存放地点	试验室	管理人	×××
附件及备品配件			
名称	数量	名称	数量
水泥混凝土恒温恒湿标准养护箱	1		

备注：—

无锡建仪仪器机械有限公司
WUXI　JIANYI
INSTRUMENT & MACHINERY CO.,LTD
检 No.0037181 号

合 格 证
CERTIFICA OF INSPECTION

产品名称：DESCRIPTION	水泥混凝土恒温恒湿标准养护箱
型号规格：MODEL:	HBY-40A 型
制造编号：No:	2195
检验员：INSPECTED BY:	检验25
负责人：APPROVED BY:	
检验日期：DATE:	2016 年 3 月

使用前请仔细阅读使用说明书

环保型

HBY-40A
HBY-30 型水泥混凝土标准养护箱

使用说明书

无锡建仪仪器机械有限公司

图 2.7.1-3　设备档案样式及内容

根据试验项目的温湿环境要求,除液显压力试验机和混凝土抗折抗压试验机设置在试验集装箱内,其他设备均布置在试验室内,其中水泥净浆搅拌机、水泥标准稠度测定仪、蒸煮箱、水泥负压筛析仪、胶砂试体成型振实台、标准恒温恒湿养护箱、水泥电动抗折仪等需要稳定环境操作的设备布置在远离门口处的一个区域,且相近布置便于各个相关设备的接替使用操作;另外,要为水泥净浆搅拌机、水泥标准稠度测定仪设置工作台以便于试验操作。

混凝土搅拌机、石子压碎指标测定仪、砂石筛等量体比较大的试验设备布置在门口区域。这样便于原材料的搬运,且避免操作中对试验室内其他设备的影响及对试验室环境的保护。

仪器设备安置的同时在相应位置悬挂仪器设备使用记录,仪器设备使用记录样式及内容如图2.7.1-4所示。

_____年度仪器设备使用记录

BTET-4206b

部门:北京泰斯特工程检测有限公司芜湖三元机场试验室

仪器设备名称			规格型号			出厂编号	
最近检定校准日期			检定周期			设备编号	
使用记录							
序号	使用日期	试验起止时间	仪器设备状态		试验内容	样品编号	使用人	备注
			使用前	使用后				

注:当仪器设备正常时"仪器设备状态栏"以"√"表示,当不正常时以"×"表示,并在备注栏中写明不正常现象。

图2.7.1-4 仪器设备使用记录样式及内容

项目结束后仪器设备使用记录归入仪器设备档案留存。

(4)办公及标牌设施

结合本次机场工程实际情况,遵循工地试验室标牌、标志的制作和安装应标准、美观、经济适用和可重复利用的原则,试验室标牌共分3个类别。

①单位名称牌匾和仪器设备标识卡(图2.7.1-5)。

仪器状态标识卡		
设备状态颜色	设备编号	BTET-WHSY-001
	设备名称	液显压力试验机
	规格型号	5~2000kN
	技术状态	在用
	所属部门	芜湖三元机场试验室
	设备管理员	×××

图2.7.1-5 单位名称牌匾和仪器设备标识卡

②公司服务声明和试验检测人员职责及守则、管理规定等(图2.7.1-6)。

检测公正性和保密性声明

一、公司的检测工作以法律为准绳，以技术标准为依据，试验检测结果遵循以数据为准的判定原则，不受任何行政干预及其他因素和经济利益的影响。

二、公司的全体工作人员认真地对待各项试验检测工作，保证工作质量，做到一视同仁，秉公办事。

三、试验检测人员要坚持原则，实事求是，执行各项检测标准规范，客观正确地记录试验检测情况，不得伪造原始记录、弄虚作假。

四、全体人员不得与检测活动、数据和结果存在关联的利益关系。

五、全体人员不得参与任何对检测结果和数据的判断产生不良影响的商业或技术活动，保证工作的独立性和数据结果的诚信性。

六、全体人员不得与检测样品有竞争利益或有竞争利益关系产品的设计、研制、生产、供应、安装、使用或维护的活动。

七、全体工作人员要严格遵守各项保密制度，不得泄露所知悉的国家秘密、商业秘密和技术秘密，对委托单位的技术、商业秘密负有保密义务。

八、全体工作人员要严格遵守《工作人员守则》，廉洁奉公，严禁利用职权谋取私利。

九、全体工作人员应努力学习，提高业务水平，保证工作质量，当出现试验检测质量问题时，应本着实事求是、有错必纠的原则及时采取措施，避免给客户造成损失。

十、在检测活动中所知悉的国家秘密、商业秘密和技术秘密，客户提供的标准方法、技术要求和图纸、工艺要求等均列入合同和协议等与试验检测有关的所有文件及受检实物、检测结果，以及涉及国家和商业秘密的所有文件和信息均列入实验室保密范畴，由专人逐一登记控制列为其保守秘密，以保护客户所有权的完整性。

检测人员工作守则

一、认真学习、严格执行国家和地方关于试验检测活动的有关法律、法规和规章，自觉遵守公司有关检测工作的管理规定和质量管理体系的各项规定及要求。

二、努力钻研业务，掌握岗位技能，不断提高检测工作的质量和技术水平。客观、公正地出具检测结果，不弄虚作假，不参与任何有损于检测判断的独立性和诚信度的活动。

三、发扬团结协作，顾全大局的精神，积极做好业务工作和领导交给的其他任务。

四、热情为客户服务，提高服务质量。

五、维护客户正当的权益，保守机密。

六、不参与有悖公司公正性的活动，严禁利用工作职权谋取私利，自觉抵制商业贿赂行为。

七、不得与检测活动、数据和结果存在关联的利益关系。

八、不得参与任何对检测结果和数据的判断产生不良影响的商业或技术活动，保证工作的独立性和数据结果的诚信性。

九、不得参与和检测样品有竞争利益或有竞争利益关系产品的设计、研制、生产、供应、安装、使用或维护的活动。

十、检测人员在接到检测通知后应及时做出反应，在合理检测期内及时出具检测结果，承诺不因本身工作原因造成工期延误。

试验员岗位责任制

一、完成试验室下达的检测任务。

二、做好检验前的准备工作：检查样品，正确分样；校对仪器、设备量值、检查仪器、设备运转是否正常，环境条件是否符合标准要求。

三、严格按照受检产品的技术标准、检验操作规程及有关规定进行检验。

四、做好检验原始记录，指导监督工程作业，做到施工原始资料齐全、完整。严格按技术要求逐项做好记录。严格按标准要求正确处理检测数据，不得擅自取舍。

五、出具检验报告单，对检测数据的正确性负责，并按规定程序送审。

六、严格按操作规程使用仪器、设备，做到事前检查，事后维护保养、清理、加油，及认真填写"使用卡"。

七、严格执行安全制度，做到文明检验。离开岗位时检查水电源，防止事故发生。

八、认真钻研业务，努力学习新标准、新技术，提高检测水平。

试验室安全管理规定

一、划分安全责任区，各室负责人为本室安全责任人，负责本室安全管理。项目经理对本项目整体工作环境的安全负总责。

二、对试验人员进行安全教育，坚持"安全第一，预防为主"。

三、试验人员应熟悉仪器的安全操作规程，方可上岗工作。

四、试验人员应熟悉试验室配电装置，试验前做好仪器空载试运转，确认正常方可开机工作。

五、工作完毕应及时关闭电源，擦净仪器设备，方可离开岗位。

六、仪器设备发生故障，要及报告，查明原因，待检修好后，方可重新使用。

七、严格遵守国家环境保护工作的有关规定，不得随意排放废气、废水、废物。

八、实验室配备的消防器材，试验人员要通过学习并掌握使用方法。

九、实验室内不得使用明火，严禁抽烟。

十、严格遵守用电规程，下班前检查实验室的水、电、门窗是否关好。

图2.7.1-6　公司服务声明和试验检测人员职责及守则、管理规定

③重要仪器设备操作规程(图2.7.1-7)。

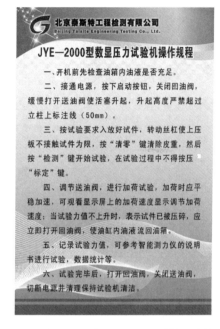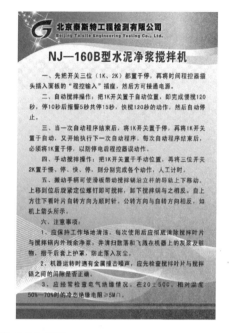

图 2.7.1-7　重要仪器设备操作规程

2.7.2　工地试验室人员配置

　　根据工程内容、规模、工期要求和工作距离等因素,机场工程试验检测项目按时间先后顺序包括土工试验、水泥试验、集料试验、混凝土试验、路基路面检测。试验检测项目虽然较多,但试验检测工作任务开展时间较分散,因此本次机场工地试验室配备 3 名试验检测人员。1 名试验检测室主任负责试验室的日常管理工作,2 名试验检测员负责各项试验检测任务。另外,结合工地试验室情况,一名试验检测员负责试验检测资料管理、仪器设备管理及样品管理;另一名试验检测员负责试验检测环境的监控与维护以及日常试验检测工作的质量监督,协助试验检测室主任实施质量体系的运作和管理。

　　(1)人员资格能力

　　试验检测室主任:具有相关工程试验检测工作经验,工程师职称,公路材料检测工程师执业资格证书,持证上岗。

　　试验检测员:具有相关工程试验检测工作经验,助理工程师职称,试验员、检测员证书,持证上岗。

　　(2)人员工作任务

　　试验检测室主任:试验室日常管理,对外协调,试验检测任务布置及监督,试验检测报告的审核。

　　试验检测员:负责日常试验检测任务并出具报告,配合试验检测室主任进行设备、样品、资料的管理及质量监督管理,维护试验室环境。

　　(3)人员培训考核

　　根据试验室内部管理规定,工地试验室人员要经过母体公司培训考核后发放内部上岗证书方可进行工地试验检测工作。本次机场工地试验室对 3 名试验检测人员进行土工试验、水泥常规试验检测、混凝土原材料试验、水泥稳定层试验、砂浆试验、路基路面试验等方面所有参数的技术培训(包括规范标准、仪器设备使用、试验数据处理等项目)并进行实操考核,同时进行试验室管理体系和质量管理体系的培训,全部合格后发放内部上岗证书。

培训记录、考核记录、内部上岗证书均存入人员档案备查,样式及内容如图 2.7.2-1 所示。

人员培训记录表
BTET-4203c

培训内容		学习时间	
		地点	
主讲人		组织者	
培训方式	□ 讲座　　□ 讨论　　□ 自学　　□ 宣贯 □ 参加培训班　□ 考核　　□ 其他		
培训体会和效果评价			
	评价人：　　　　评价日期：		
参加培训人员			

实操考核记录表
BTET-4203d

姓名		部门	
地点		时间	
实操项目			

	考核阶段	考核内容	评判	说明
实际操作考核	试验前准备		□ 正确 □ 基本正确 □ 一般 □ 不清楚	
	试验操作		□ 正确 □ 基本正确 □ 一般 □ 不清楚	
	试验结束	□ 试验数据的读取是否准确 □ 试验数据的记录是否准确 □ 试验结果的判定是否正确 □ 其他	□ 正确 □ 基本正确 □ 一般 □ 不清楚	
考核成绩评价				

考核人(签字)：　　　　　　年　月　日

内 部 上 岗 证 书

北京泰斯特工程检测有限公司

姓　名		性　别	
学　历		职　称	
所在部门		职　务	
【授权主要内容】			

序号	授权检测类别/检测项目		主要检测设备	批准人	批准日期
1	道桥材料	土 最大干密度			
		土 最佳含水率			
		岩石 毛体积(块体) 密度			
		岩石 含水率			
		最大干密度			
		最佳含水率			
		粗集料超粒径			
		粗集料针片状颗粒含量			
		集料 堆积密度			
		集料 含泥量	击实仪 筛筒 压力试验机 CBR 试验仪 电子天平 液塑限联合测定仪		
		集料 含水率			
		集料 密度			
		集料 泥块含量			
		集料 压碎值			
		集料 有机质(物) 含量			
		集料筛分(筛分析)			
		土 承载比(CBR)			
		土 含水率			
		土 环刀含水率			
		土 密度			
		无侧限抗压强度			
		细集料轻物质含量			

图 2.7.2-1　培训记录、考核记录、内部上岗证书样式及内容

2.7.3 工地试验室制度与管理

1）工地试验室制度

作为一个机场试验检测机构要建立完善的工作制度,本次工程各项工作制度如下:

（1）内部组织机构框图(图2.7.3-1)

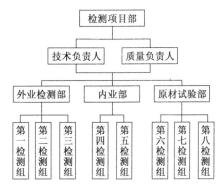

图2.7.3-1 内部组织机构框图

（2）岗位责任制度

①检测室主任:对本室工作全面负责;组织完成各项试验检测任务;掌握检测方案;确定计量检测仪器设备的购置、更新、改造计划;负责本室各类人员的技术培训和考核;对本室各类事故提出处理意见;审阅本室的检测大纲、检测细则;审阅各类检测报告及原始记录;考核本室人员工作情况及质量状况;负责本室的行政管理事务。

②试验检测人员:对各自负责的试验检测工作的质量负责;严格按照检测规范、检测大纲、实施细则进行各项检测工作,确保检测数据的准确、可靠;上报检测仪器设备的检定、维修计划,有权拒绝使用不合格检测仪器或超过检定周期的仪器;填写检测原始记录出具检测报告;有权拒绝行政或其他方面的干预;遵守试验室管理制度;按时填写仪器设备操作使用记录;严格遵守检测人员纪律。

③资料保管人员:严格遵守保密制度,不得随意复制散发检测报告,不得泄露原始数据,不得做损害用户利益的事;资料室规定的各类资料在入库时均应办理登记,登记应分类进行,入库手续齐全,送交人、整理人、接收人均应签名;对各类资料的分类应科学合理、便于查找;做好防火、防盗、防蛀工作,以防资料损坏。

④样品保管人员:负责样品入库时的外观检查、封样标记完整性检查并清点数量,核实无误后,登记入库,入库登记本应有样品保管人员签字;样品应列架分类管理,未检、已检应有明显的标记,不同单位送交的样品应有区分标志;样品桶、样品箱、样品袋应清洁完好,不得用留有他物或未经清洗的用具存放样品;样品保管人员应将各类样品立账、设卡,做到账、物、卡三者相符;保存样品的环境条件符合该样品的储存要求,不使样品变质、损坏,不使其降低或丧失性能;样品的领取应办理手续,领取者和发放者都应检查样品是否完好并签名;样品的检后处理及备用样品的处理都应按有关规定办理手续,经办人及主管人员应签名;做好样品保管室的防火、防盗工作;样品丢失按责任事故处理。

（3）仪器设备管理制度

①使用仪器设备前应征得保管人同意并填写使用记录。使用前后,由使用人和保管人共同检查仪器设备的技术状态,经确认以后,办理交接手续。

②仪器设备的保管人应参加新购进仪器验收安装、调试工作,填写并保管仪器设备档案,填写并保管仪器设备使用记录;负责仪器设备降级使用及报废申请等事宜,凡报废的仪器设备均应由各专业检测室填写"仪器设备报废申请单",经仪器设备室确认后,由中心主任批准,并填入设备档案。已报废的仪器设备,不应存放在试验室内,其档案由资料室统一

保管。

③仪器设备保管人应负责所保管设备的清洁卫生,不用时,应罩上防尘罩。长期不用的电子仪器,每隔三个月应通电一次,每次通电时间不得少于半小时。

④检测仪器设备不得挪作他用,不得从事与检测无关的其他工作。

仪器设备室除对所有仪器设备按周期进行计量检定外,还应对它们进行不定期的抽查,以确保其功能正常,性能完好,精度满足检测工作的要求。

⑤全部仪器设备的使用环境均应满足说明书的要求。有温度、湿度要求者,确保达到温度、湿度方面的要求。

⑥仪器设备均由仪器设备室按检定结果分别贴上合格(绿)、准用(黄)或停用(红)三种标志。其他人员均不得私自更改。

(4)样品管理制度

①样品到达后,由负责人会同有关专业室共同开封检查,确认样品完好后,编号入样品保管室保存,并办理入库登记手续。

②样品上应有明显的标志,确保不同单位和同类样品不致混淆,确保未检样品与已检样品不致混杂。

③样品保管室的环境条件应符合该样品必需的保管要求,不致使样品变质、损坏、丧失或降低其功能。

④样品保管室应做到账、物、卡三者相符。

⑤检测时由专业室填写样品领取单,到样品保管室领取样品,并会同样品保管员办理手续。

⑥检测工作结束,检测结果经核实无误后,应将样品送样品保管室保管,需保留样品的立即通知送检单位前来领取。

⑦检后产品的保管期一般为申诉有效期后的一个月。过期无人领取,则作无主物品处理。

⑧破坏性检测后的样品,确认试验方法、检测仪器、检测环境、检测结果无误后,才准撤离试验现场。除用户有特殊要求外,一般不再保存。不管是以哪种方式处理,均应办理处理手续,处理人应签字。

(5)资料管理制度

①保存的技术资料有:检测规程、规范、大纲、细则、操作规程和方法;仪器设备档案,仪器设备一览表;人员档案;各类原始记录;各类检测报告;公司及工地试验室资信文件,工程质量检测委托书、设计文件及其他技术资料、管理资料等。

②资料室负责收集、登记、整理、保存各项资料,资料入库时应办理交接手续,统一编号填写资料索引卡片。

③检测人员需借阅技术资料,应办理借阅手续。与检测无关的人员不得查阅检测报告和原始记录。检测报告和原始记录不允许复制。

④资料室工作人员要严格为用户保守技术机密,否则以违反纪律论处。

2)仪器设备管理

试验检测仪器设备的管理由仪器设备管理员负责,具体工作内容包括以下几项:

(1)新仪器设备购置。根据公司申购程序采购、验收、安装调试、检定、建立仪器设备档案、更新仪器设备一览表、建立仪器设备使用记录和维护记录、设置仪器设备标识卡。

（2）仪器设备的保管、日常维护与保养、功能及精度的核查确保满足试验检测工作需求。

（3）仪器设备的出入库登记管理。登记表如图 2.7.3-2 所示。

仪器设备出入库登记表

仪器设备出库				仪器设备入库				备注
日期	仪器设备名称及编号	仪器设备状态		借用人/保管人	日期	仪器设备状态		归还人/保管人
		正常	不正常			正常	不正常	

注:1. 在"正常"或"不正常"栏打"×",当在"不正常"栏打"×"时,同时应在"备注"内栏描述设备不正常的情况。

　　2. 当设备借给其他单位使用时,应将公司负责人批准的外借手续附表后,同时要在"备注"栏注明借用人的联系方式。

图 2.7.3-2　仪器设备出入库登记表

3）样品管理

工地试验室的样品管理对试验检测结果的准确性起着至关重要的作用。因此,样品管理工作必须做到如下内容:

（1）样品到达后,由样品管理员会同有关试验检测员共同开封检查,确认样品完好后,编号入样品保管室保存,并办理入库登记手续,设置样品标签,样品标签及样品出入库登记表如图 2.7.3-3 所示。

（2）样品保管室的环境条件应符合该样品必需的保管要求,不致使样品变质、损坏、丧失或降低其功能。

（3）检测时由试验检测员填写样品领取登记,到样品保管室领取样品,并会同样品保管员办理手续。

（4）检测工作结束,检测结果经核实无误后,应将样品送样品保管室保管,需保留样品的立即通知送检单位前来领取。

4）资料管理

（1）保管检测标准及规范、作业指导书、仪器设备操作规程。

（2）保管检测报告、原始记录、工程质量检测委托书、样品试验委托书。

（3）保管技术资料、设计文件、图纸及其他有关资料。

（4）保管人员档案、设备档案、公司及工地试验室资信文件。

每项试验检测方法应根据有关国家或部颁现行最新技术标准、操作规程和有关行业工作规范制定详细的实施细则。公司质量管理体系文件中编制有作业指导书,其中涵盖了所有此次工地试验检测项目的内容,参照作业指导书和现行规范,结合本次工程的检测方案实施各项检测工作。

北京泰斯特工程检测有限公司
样品标签

委托编号:＿＿＿＿＿＿＿＿＿＿＿＿＿

样品编号:＿＿＿＿＿＿＿＿＿＿＿＿＿

样品参数:＿＿＿＿＿＿＿＿＿＿＿＿＿

收样日期:＿＿＿＿＿＿＿＿＿＿＿＿＿

样品状态:□待检 □在检 □检毕 □留样

交接人:＿＿＿＿＿＿收样人:＿＿＿＿＿＿

样品入库/出库登记表
BTET-4228a

序号	样品入库					留样登记	样品出库		
	样品编号	样品名称、数量及规格	收样日期	登记人			出库样品/数量	出库日期	接样人

图 2.7.3-3　样品标签及样品出入库登记表

2.7.4　试验检测工作细则

(1)实施细则

每项试验检测方法应根据有关国家或部颁现行最新技术标准、操作规程和有关行业工作规范制定详细的实施细则。

由于有些标准规定得不细,而有些试验检测项目步骤较多,每步都应该按相关要求进行详细的实施,为此必须制定有关实施细则。而对于某些比较简单的试验检测项目,如果标准规定得很细,能满足上述要求时,可不必制定实施细则。本次工程制定的试验检测细则见表2.7.4-1。

试验检测实施细则统计表 表 2.7.4-1

序号	项 目	实施细则	原始记录表
1	压实度	压实度检测实施细则	土工击实原始记录表格、压实度(灌砂法)原始记录表格
2	固体体积率	固体体积率检测实施细则	固体体积率原始记录表格
3	反应模量	反应模量检测实施细则	反应模量检测记录表
4	水泥常规	水泥必试项目试验实施细则	水泥物理性能原始记录表、水泥胶砂强度试验检测记录表
5	混凝土抗压	混凝土抗压试验实施细则	水泥混凝土抗压试验记录表格
6	混凝土抗折	混凝土抗折强度试验实施细则	水泥混凝土抗折强度试验记录表格
7	粗集料筛分	粗集料筛分析试验实施细则	粗集料筛分试验检测记录表
8	粗集料压碎值	粗集料压碎值试验实施细则	粗集料压碎值试验检测记录表
9	粗集料针片状颗粒含量	粗集料的针片状颗粒含量试验实施细则	粗集料针片状颗粒含量检测记录表
10	粗集料含泥量及泥块含量	粗集料含泥量及泥块含量试验实施细则	粗集料含泥量泥块含量检测记录表
11	细集料筛分	细集料筛分析试验实施细则	细集料筛分试验检测记录表
12	细集料含泥量	细集料含泥量试验实施细则	细集料含泥量泥块含量检测记录表
13	表面平均纹理深度	道面构造深度检测实施细则	路基路面构造深度试验检测记录表
14	道面平整度	道面平整度检测实施细则	路基路面平整度试验检测记录表

(2)试验检测原始记录要求

①原始记录要如实记载,不允许随意更改,不许删减。

②原始记录应印成一定格式的记录表,其格式根据检测的要求不同可以有所不同,表中各项信息必须完整填写不许遗漏。

③工程试验检测原始记录一般不得用铅笔填写,内容应填写完整,应有试验检测人员和计算校核人员的签名。

④原始记录如果确需更改,作废数据应画两条水平线,将正确数据填在上方,盖更改人印章。原始记录应集中保管,保管期一般不得少于两年。原始记录也可用计算机软盘保存。

⑤原始记录经过计算后的结果即检测结果必须有人校核,校核者必须在本领域有 5 年以上工作经验。校核者必须在试验检测记录和报告中签字,以示负责。校核者必须认真核对检测数据,校核量不得少于所检测项目的 5%。本次工程主要试验检测项目原始记录表统计见表 2.7.4-1。

(3)试验检测结果的处理

①数据处理应注意:检测数据有效位数的确定方法;检测数据异常值的判定方法;区分可剔除异常值和不可剔除异常值;整理后的数据应填入原始记录的相应部分。

②检测数据的有效位数应与检测系统的准确度相适应,不足部分以"0"补齐,以便测试数据位数相等。

③求算代表值:同一参数检测数据个数少于 3 时,用算术平均值法;测试个数大于 3 时,建议采用数理统计方法。

④测试数据异常值的判断：对于每一单元内检测结果中的异常值用格拉布斯（Grabbs）法；检测各试验室平均值中的异常值用狄克逊（Dixon）法。

在工程质量检验评定中，施工质量的不合格率是大家所关心的问题，由于所抽子样的数据都是随机变量，它们总是存在一定的波动。看到数据有一些变化，或某检测数据低于技术规定要求，就认为施工质量或产品有问题，这样的判断方法是不慎重的，也是缺乏科学根据的，因此很容易给施工带来损失。工程质量检测过程在试验检测结果的基础上要结合实际工程情况进行结果判定。

2.8　机场工程试验室建设与管理实例2——岳阳三荷机场

2.8.1　环境要求

岳阳三荷机场拟建场地位于岳阳市岳阳楼区三荷乡，场地北部为三荷乡群贤村，场地南部为西塘镇。场地西邻县道 X029 及岳阳大道，场地内有水泥路与县道 X029 相连通。场地距岳阳市中心直线距离 19.6km，公路里程为 23km。场地地貌类型属丘陵地貌，山顶高程一般为78.2 ~ 96.6m，地形坡度为 20° ~ 25°，植被较发育。

场地山丘之间分布有水库、鱼塘及农田。由于岳阳三荷机场属于新建机场，需要将原地面上的房屋、植被、水库以及建筑物等进行处理之后，再在其上面进行标段的建设。所承接的是三标段的相关检测任务，三标段目前还处于土石方阶段，填方 1 426 867m³，挖方 193 387m³；试验检测项目主要有击实试验、压实度试验、土的液塑限试验、土的 CBR 试验等。初步计划于2016 年 12 月底完成土石方阶段。标段整体布置图如图 2.8.1-1 所示。

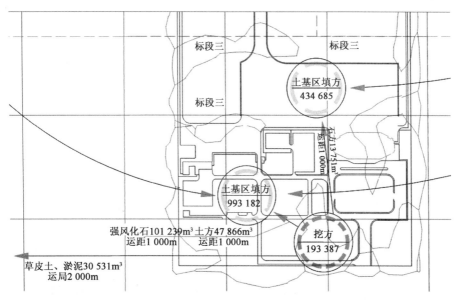

图 2.8.1-1　标段整体布置图

1）地理位置

在进场进行试验室建设时，标段内有居民，以及庄稼、植被、水库均未进行处理。在选择试验室位置方面除了需要考虑到这些因素，还需考虑活动场所、安全、交通、水电通信、环保及成本等因素，最后综合考虑将试验室选择在距标段东侧3km的一处民房，大体位置如图2.8.1-2所示。

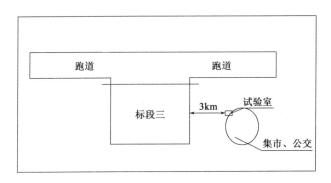

图2.8.1-2 试验室地理位置图

（1）活动场所

将试验室选择在距标段东侧3km的地方，主要由于这里有现成的可租住的民房，这样可以节约重新建设房屋所需的成本，并且可以达到试验室建设场所可活动性的条件，便于试验检测工作的开展和集中管理。该民房分为四层，第一层作为检测的试验室，这样可以满足一些大型仪器的搬运以及压力机等大型设备的安放。

（2）安全性

试验室建设在相对平整的地面上，由当地一所民房改建，设有独立的院落以及管线，并且可以充分保证能够避免电力、管线、易燃、易爆等安全隐患。

（3）交通条件

试验室的周边具有充分的交通便利条件，门口可以乘坐公交车到达岳阳市中心区域；并且距离试验室1km处有小型的市场以及超市，可以保证日常生活；距离三检试验室以及监理办公室均1km左右，方便汇报交流工作；距标段大概3km，并配有一辆皮卡车，以保证试验检测相关人员来往于工地进行取样和送样。

（4）水、电、通信

由于租住之前是民房，所以节约了安装水、电的时间，只需要将设备所需的三相电进行安装即可；同时也对网络进行了安装，以便于日后的信息交换和协作条件，保证试验室工作的正常开展。

（5）其他

试验室通风采光良好。

2）空间布局

根据工作、生活所需面积，对租住的房屋进行了合理的规划，以满足试验检测工作需要和标准化建设。

　　鉴于房屋分为四层,将仪器设备以及存放材料的分区放在了一楼,在试验室旁边设立了餐厅以及厨房;二楼为员工生活起居的地方;三楼为主要办公区,包括会议室和资料室;四楼为主要领导的会客室以及领导的起居场所。每个楼层均设立了卫生间和洗漱室,可以满足工地试验室所需的各项要求。试验室布局如图2.8.1-3所示。

　　3)内部建设

　　(1)仪器设备

　　根据试验检测的项目、合同要求以及检测规模和频率等因素,2016年只进行了土石方检测设备的进场,这样可以节省一部分试验室空间以及仪器设备的运输、保养、检定校准的费用。考虑到这些因素,一共进场仪器设备11台套,具体见表2.8.1-1。

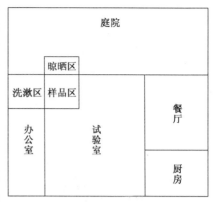

图2.8.1-3　试验室布局图

仪器设备一览表

表2.8.1-1

序号	仪器编号	仪器设备名称	规格型号	主要技术指标		购置时间	保管人
				测量范围	测量精度		
1	BTET-YYSH-001	多功能电动击实仪	BKJ-Ⅲ型	—	—	2016.3.17	×××
2	BTET-YYSH-002	电热鼓风干燥箱	101-3-E3型	—	—	2016.3.17	×××
3	BTET-YYSH-003	电动脱模器	LD-141型	—	—	2016.3.17	×××
4	BTET-YYSH-004	承载比试验仪	CBR型	最大压力3t	速度1mm/min	2016.3.17	×××
5	BTET-YYSH-005	路面材料强度试验仪	LQ-2型	—	—	2016.3.17	×××
6	BTET-YYSH-006	混凝土维勃稠度仪	HCY-A型	—	—	2016.3.17	×××
7	BTET-YYSH-007	TCS系列计重电子平台秤	TCS-100kg	100kg	20g	2016.3.17	×××
8	BTET-YYSH-008	电子计重天平(称)	JZC-(B)TSE-30/1	30kg	1g	2016.3.17	×××
9	BTET-YYSH-009	YP型电子天平	YP50001型	5kg	0.1g	2016.3.17	×××
10	BTET-YYSH-010	YP型电子天平	YP20002型	2kg	0.01g	2016.3.17	×××
11	BTET-YYSH-011	液塑限测定仪	FG-Ⅲ型	—	—	2016.3.17	×××

　　仪器设备布局应遵循操作便捷、便于维护保养、干净整洁的原则。

　　①将稍大型的仪器放置在门口,便于取回样品的检测;将天平等小型仪器设备放置在操作台上(操作台高76cm),便于操作;仪器设备的控制器(分体式)放在操作台上或按尺寸定制的搁物架上。试验室部分设备布置如图2.8.1-4所示。

　　②对于重型的、需要固定在基础上的、容易产生振动的仪器设备,均通过基础固定安装。

　　③试验室电源符合仪器设备安全使用要求,每台仪器设备配备了专用电源插座,水源符合试验用水要求。

　　④试验室周围无高频高压电源,无工业震源及其他污染。

⑤每台试验仪器设置台账,随时记录仪器设备使用、维修与保养情况。

⑥工地试验室产生的废水、废气、废渣均有专门的排放地点。

图 2.8.1-4　试验室部分设备布置图

验收:本项目采用的仪器均为新购置仪器,在购置前期,向公司递交了仪器设备申购表,经公司批准后方进行购置。当仪器设备运输到位后,授权负责人、设备管理员及相关人员应共同进行验收,填写验收记录,建立仪器设备档案。

安装与调试:按照使用说明书、试验规程等的要求和操作步骤,由仪器设备供应方的专业人员或试验室设备管理人员对仪器设备进行正确安装与调试。设备放置在坚实的台案上,并保持水平状态,确保仪器设备使用安全和使用效果。对大型设备地基进行必要的处理。设备安装考虑空间布局以及方便后期的维护保养,还要保证彼此不受干扰,以免因操作不当损坏仪器。

仪器设备安装调试结束后,需要对仪器设备进行检定校准。只有取得国家指定部门下发的仪器设备检定校准证书,该仪器设备才可以投入使用。

对检测结果的准确性和有效性有影响的所有仪器设备应有标明其状态,粘贴图 2.8.1-5 所示标识卡。主要有三色(绿色、黄色、红色)标签,标签的使用应符合下列规定:

绿色标签——合格证,表明设备经检定、校准(包括自校)达到设备设计的要求。

黄色标签——准用证,表明设备部分量程的准确度不合格或部分功能丧失,但可满足检测工作所需量程的准确度和功能要求。

红色标签——停用证,表明设备已损坏、检定/校准不符合要求或超过检定/校准周期。

功能正常但不必检定、校准的辅助设备应贴上公司专用的蓝色标签。

仪器状态标识卡		
设备状态颜色	设备编号	BTET-YYSH-001
	设备名称	多功能电动击实仪
	规格型号	BKJ-Ⅲ型
	技术状态	在用
	所属部门	岳阳三荷机场试验室
	设备管理员	×××

图 2.8.1-5　仪器设备标识卡

（2）上墙文件

工地试验室上墙文件主要包括：单位名称牌匾、各工作室门牌，以及检测人员工作守则、试验室安全管理规定、检测工作开展流程图、岗位职责和仪器设备的操作规程等。标牌的制作材料应结实、不易变形且可重复利用；标牌的布置需整体协调，同时达到美观的效果。

上墙文件的实例如图 2.8.1-6 所示。

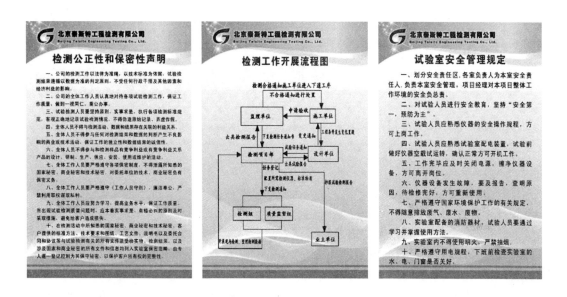

图 2.8.1-6　部分上墙文件示例

（3）环境卫生

办公室主要分为两个，一大一小：在试验室旁边设立了小办公室，放置了两张椅子、一张桌子，便于试验人员记录试验数据以及采集温湿度等办公环境条件信息；大办公室位于三层，配备了三套桌椅、两台打印机以及两个资料柜，并具备上网条件，为试验检测人员提供了良好的工作环境。

工地试验室还设立了会议室，方便项目部人员进行工作交流。

①办公环境保持整洁、干净、舒适，通风和采光良好。

②试验室配备灭火器等设备，保障试验环境的安全性。

③试验完毕对仪器设备进行归位，并清理打扫试验场地，保持环境卫生的整洁。

2.8.2　人员要求

1）人员简介

人员数量：根据合同段工程规模、施工组织计划以及工程所在地一般气候特点等因素，试验室共配备了 8 名试验检测人员，其中包括试验检测工程师 2 名、试验员 6 名（表 2.8.2-1）。其中一名试验检测工程师作为试验室负责人，另一名试验检测工程师作为质量负责人，一名试验员作为资料员，其他人员进行具体的试验分工。

试验检测人员一览表　　　　　　　　　　　　表 2.8.2-1

序号	职　务	姓　名	职　称	执业资质证或上岗证
1	项目负责人	×××	高级工程师	试验检测工程师
2	质量负责人	×××	工程师	试验检测工程师
3	资料员、设备管理员	××	助理工程师	试验员
4	试验员	××	助理工程师	试验员
5	试验员	××	助理工程师	试验员
6	试验员	×××	助理工程师	试验员
7	试验员	××	助理工程师	试验员
8	试验员	×××	助理工程师	试验员

专业配置:所有试验检测人员均持证上岗,并且均具备试验员资格证书,熟练掌握试验规程,能够独立完成试验检测项目的基本操作。针对该工程的特点,工地试验室在开工前对所有试验人员进行了岗位培训。

2)岗位责任制

(1)技术负责人

①负责技术文件、试验方案的编写与审批。

②负责对试验人员进行岗前培训并颁发上岗证书。

③负责解决投诉和质量争议中的有关技术问题。

④负责本项目部日常试验业务的管理,掌握项目部试验工作开展情况,解决日常检测工作问题,指导重点、难点试验检测项目。

⑤负责审批作业指导书、报告等技术文件。

(2)质量负责人

①组织开展质量体系文件的宣贯,保证质量体系的有效运行。

②编制质量体系内审计划并组织实施,对审核中发现的问题督促责任部门制订纠正措施,组织编写内部审核报告。

③负责质量申诉和投诉的受理和处理工作,并监督纠正措施的执行。

(3)试验员

①在试验室负责人的领导下,完成分管及临时交派的各项任务。

②对各自负责的试验检测工作的质量负责,严格按照检测规范、检测大纲、实施细则进行各项检测工作,确保检测数据的准确、可靠。

③在试验过程中,填写原始数据并保留。

④熟悉仪器设备安全操作规程,定期填写仪器设备的检定、维修计划。

⑤掌握仪器设备性能、用途,负责日常维护管理和清洁工作;遵守试验室管理制度,按时填写仪器设备操作使用记录。

(4)资料员(设备管理员)

①负责仪器设备的接收、检查及登记,并建立仪器设备档案。

②负责编制设备检定、校准计划。

③负责正确使用设备标识,保证在用仪器设备的正常及受控状态。

④定期对仪器设备进行日常维护、充电、保养。使所管仪器安装牢固、平稳、润滑良好,表面清洁、无油污,零配件齐全,运行良好。

⑤负责日常检测数据的统计,编制试验检测台账。

⑥负责出具试验检测报告,交与质量负责人和技术负责人审批;并将报告移交给其他相关部门。

⑦负责资料的归档,并负责归档资料的保密工作。

2.8.3　制度与管理要求

确定检测项目部的组织方式和各项管理工作的职责、权力及相互关系,以保持检测工作的客观性和公正性,防止商业贿赂,并保证管理职责的实施,从而保证管理体系的有效运行。

为保证各项工作的质量,项目部按照上级主管部门的管理要求建立与本工程试验检测活动范围相适应的,能够保证其公正性、独立性的管理体系,并明确质量方针、目标,规定了各部门、各岗位的职责,描述了管理体系中的过程、程序和相互关系,以保证管理体系的有效运行。

为保证质量体系的正常运行,项目部对文件的编制、审核、批准、标识、发放、保管、修订和废止等各个环节实施控制,以保证使用文件的现行有效。

项目部对影响检测质量的服务和供应品的选用、采购、验收、储存各个环节实施有效控制,以保证检测结果的质量。

为改进项目部的质量体系、提高检测工作水平,更好地为客户服务,项目部建立相应的程序,接受和处理来自客户或其他方面的申诉和投诉,以保证质量体系能持续、有效地运行。

对于偏离规定的不符合和可能造成不符合的潜在因素进行控制,必要时采取纠正、预防措施,以实现体系的持续、有效改进。

项目部建立能识别、收集、索引、存取、存档、存放、维护和清理质量记录和技术记录的程序。质量记录可以表明质量要求得到满足的程度,同时也为质量体系要素运行的有效性和为质量活动的可追溯性提供客观证据。客观、真实、准确、及时地做好质量记录是全体员工必须遵守的准则。

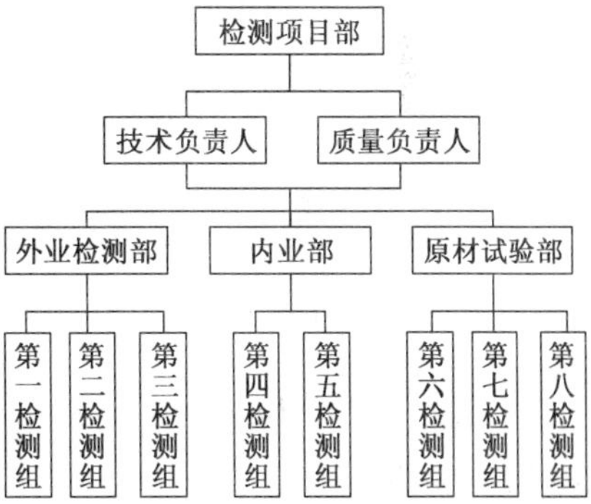

图 2.8.3-1　检测项目部组织机构框图

1)组织机构(图 2.8.3-1)

2)检测流程(图 2.8.3-2)

现场检测工作应严格按照检测方案及相关技术规范、规程、标准执行。所有检测项目由检测人员按规定进行自检,并填写检测质量检查记录,由技术负责人确认工作量符合纲要求后才可进行下一步检测工作。

现场试验、检测等各项工作中每一过程必须经过严格检验,做好各质量检查记录,经检验合格后方可进入下一工序,如发现过程不合格,除现场采取必要的纠正措施,在不合格项得到纠正之后应对其再次进行检验,以证实符合要求。在进行不合格项评审时,需要采取纠正措施的,填写纠正措施登记表,与不合格项有关的质量记录由技术负责人收集、整理,交项目部档案室保存。过程程序严格按不合格项控制程序和纠正和预防措施程序执行。

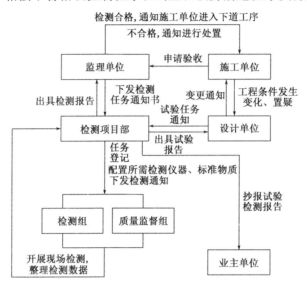

图 2.8.3-2　试验检测流程图

现场检测过程中,上级主管部门派质量监督检查组检查检测方案执行情况。对业主或设计单位提出的特殊要求由项目负责人、技术负责人、质量负责人同有关人员等成立专家小组予以分析解决,制订相应对策。

3)质量体系(图 2.8.3-3)

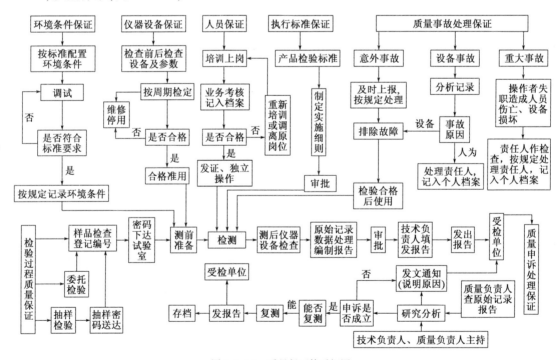

图 2.8.3-3　质量保证体系框图

42

项目部确定的质量目标为:检测产品合格率100%,客户申诉处理率100%。

(1)建立质量体系及质量监督机构:本工程的检测项目经理为工程质量的第一责任人,贯彻质量终身负责制。下设质量负责人对本项目涉及的质量问题进行监督、监控。

(2)完善岗位责任制,明确人员职责:根据质量管理要求,对各岗位人员进行质量教育,明确人员职责。所有检测人员执证上岗,配合业主质量监督部门,完善本工程项目总体质量体系。

(3)完善和优化检测方案:针对具体的设计方案、条件和设计要求,按照国家、军队、地方现行法律和法规的规定,经与设计人充分沟通后,完善和优化最终的检测方案。

(4)方案实施前技术交底:技术方案的贯彻、执行是质量保证的关键,直接影响到工程质量能否达到计划要求。为了不折不扣地执行标准、规范、技术方案,方案实施前需对现场检测人员进行技术交底,检测人员必须明白技术要求、工序流程、质量标准、安全措施等。检测人员需在技术方案实施单上签字认可,对于方案的实施负全部的责任。方案的实施由项目负责人直接指导、质量负责人执行监督。

4)管理技术要求

检测项目部对于检测过程中所涉及的影响检测数据和结果的人员、设施和环境、检测方法、设备和标准物质、量值溯源、样品处置、结果报告等各个因素进行过程控制,以保证检测结果的质量,从而保证质量管理体系的有效运行,贯彻质量方针,实现质量目标。

项目部对用于检测的设施及环境条件应加以控制,并确保环境条件不会对检测工作的质量产生不良影响,以保证检测工作的正常进行和结果的准确性。

检测方法是实施检测的技术依据,也是实施检测工作最重要的过程。使用合适的检测方法,是确保检测工作有效性的重要环节。

为了确保数据准确、可靠,项目部配置检测所要求的设备及软件、标准物质,保证所有在用设备处于受控状态,并得到良好的维护保养。

为了确保检测结果的准确性和有效性,对样品的接收、保管、流转和处置进行控制。

为保证检测工作的有效性,采取合理有效的质量控制方法,对检测过程进行监视、控制,及时发现问题,有针对性地采取纠正、预防措施,排除导致不合格、不满意的原因,以取得准确、可靠的数据和结果。

试验报告是项目部的最终产品,也是项目部中心工作质量的最终体现。为了保证报告准确、清晰、客观地表达检测结果,并包含足够完整的信息,对试验报告的编写、修改、审核、批准、存档等质量环节实施有效控制。

(1)仪器设备

参见表2.8.1-1。

(2)样品管理

①对工地试验室中的样品制定了相应的样品管理制度,对样品的取样、运输、标识、存储等全过程实施严格的控制和管理。

②样品的取样方法、数量应符合规范、工程要求,满足试验过程需要。取样应具有代表性,并有相应记录。

③样品应进行唯一性标识,确保在流转过程中不发生混淆且具有可追溯性。样品标识信

息应完整、规范(图 2.8.3-4)。

北京泰斯特工程检测有限公司
样品标签

委托编号:_____

样品编号:_____

样品参数:_____

收样日期:_____

样品状态:□待检 □在检 □检毕 □留样

交接人:_____ 收样人:_____

图 2.8.3-4 样品标识卡

④试验结束后,按照相关规定对试验样品进行处置;如需留样,样品的留存方法、数量、期限应符合相关规定,并做好留样记录。

(3)资料管理

①文件标准管理。由资料员收集补充新的规范及标准,建立有效文件清单,专柜保存,保证使用标准齐全有效。重要文件不得外借。

②设备档案管理。由资料员及设备管理员将主要仪器设备每台建立一份档案,包括开箱验收单、使用说明书、出厂合格证、检定校准证书或自校资料、仪器设备维护保养计划及使用记录一并保存。

③试验资料管理。由资料员专门进行负责,及时整理、分类归档,装订成册保管,无关人员不得翻阅。现场试验资料按照竣工文件以及存档资料进行分类。竣工文件需移交相关单位,归档资料一并带回公司进行存档。

2.8.4 试验检测工作细则

(1)实施细则

每项试验检测方法应根据有关国家或部颁现行最新技术标准、操作规程和有关行业工作规范制定详细的实施细则。

由于有些标准规定得不细,而有些试验检测操作人员有可能是新手,他们虽然已通过本单位的考核,但不一定很熟练,更重要的是试验检测的工作就像工厂生产产品一样,每步都应该按工艺要求进行详细的实施,为此必须制定有关实施细则。

凡要求对整体工程项目或新产品进行质量判断的检测项目,均应进行抽样检测。凡送样检测的产品,检测结果仅对样品负责,不对整体产品质量作任何评价。

对于比较重要的检测项目,若采用专用检测设备,应通过试验确定其检测数据的重复性。

对于某些比较简单的试验检测项目,如果标准规定得很细,能满足上述要求时,可不必制定实施细则。

(2)试验检测原始记录

①原始记录是试验检测结果的如实记载,不允许随意更改,不许删减。

②原始记录应印成一定格式的记录表,其格式根据检测的要求不同可以有所不同。

③原始记录表主要包括:产品名称、型号、规格;产品编号、生产单位;检测项目、检测编号、检测地点;温度、湿度;主要检测仪器名称、型号、编号;检测原始记录数据、数据处理结果;检测人姓名、复核人姓名;试验日期等。

④记录表中应包括所要求记录的信息及其他必要信息,以便在必要时能够判断检测工作在哪个环节可能出现差错。同时根据原始记录提供的信息,能在一定准确度内重复所做的检测工作。

⑤工程试验检测原始记录一般不得用铅笔填写,内容应填写完整,应有试验检测人员和计

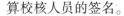

算校核人员的签名。

⑥原始记录如果确需更改,作废数据应画两条水平线,将正确数据填在上方,盖更改人印章。原始记录应集中保管,保管期一般不得少于 2 年。原始记录可用计算机软盘保存。

⑦原始记录经过计算后的结果即检测结果必须有人校核,校核者必须在本领域有 5 年以上工作经验。校核者必须在试验检测记录和报告中签字,以示负责。校核者必须认真核对检测数据,校核量不得少于所检测项目的 5％。

（3）试验检测结果的处理

试验检测结果的处理是试验检测工作中的一个重要内容。由于在试验检测中得到的数值都是近似值,而且在运算过程中,还可能要运用无理数构成的常数,因此,为了获得准确的试验检测结果,同时也为了节省运算时间,必须按误差理论的规定和数字修改规则截取所需要的数据。此外,误差表达方式反映了对试验检测结果的认识是否正确,也利于用户对试验检测结果的正确理解。由于目前尚未规定报告上必须注明不确定度,暂时可以不考虑。

①数据处理应注意:检测数据有效位数的确定方法;检测数据异常值的判定方法;区分可剔除异常值和不可剔除异常值;整理后的数据应填入原始记录的相应部分。

②检测数据的有效位数应与检测系统的准确度相适应,不足部分以“0”补齐,以便测试数据位数相等。

③同一参数检测数据个数少于 3 时用算术平均值法;测试个数大于 3 时,建议采用数理统计方法,求算代表值。

④测试数据异常值的判断,对于每一单元内检测结果中的异常值用格拉布斯（Grabbs）法;检测各试验室平均值中的异常值用狄克逊（Dixon）法。

这里要强调的是,对比检测是用三台与原检测仪器准确度相同的仪器对检测项目进行重复性试验。若检测结果与原检测数据相符,则证明此异常值是由产品性能波动造成的;若不相符,则证明此值是因仪器造成可以剔除。

在工程质量检验评定中,施工质量的不合格率是大家所关心的问题,由于所抽子样的数据都是随机变量,它们总是存在一定的波动。看到数据有一些变化,或某检测数据低于技术规定要求,就认为施工质量或产品有问题,这样的判断方法是不慎重的,也是缺乏科学根据的,因此很容易给施工带来损失。

第3章 机场工程施工各阶段试验检测项目

机场工程施工总体可分为土基施工阶段、基层施工阶段、面层施工阶段。各施工阶段均需进行相应的检测。各阶段的试验检测按照检测对象分类,见图3.0.1~图3.0.3。

图 3.0.1 机场土基施工检测分类　　　图 3.0.2 机场基层施工检测分类

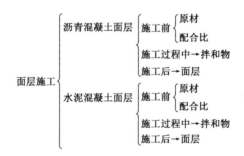

图 3.0.3 机场面层施工检测分类

除了上述土基试验段、土基正式施工、基层施工、面层施工阶段的试验检测,在竣工验收阶段也需要进行相应的试验检测工作。本章将分析各阶段试验检测的项目及要求,相应项目的具体实施方法(具体实施细则)将在下篇中加以论述。

3.1 土基试验段试验检测项目

在机场工程建设中,特别是在高填方机场的工程建设中,为获取各项设计参数和施工工艺,应先行开展试验段进行相关研究。试验段是针对高填方机场主要岩土工程问题,验证和完善设计方案,确定施工工艺、检测方法和检测标准等的现场试验工程。试验段工程绝大多数是针对机场工程的土基施工,因此,本节中将就土基试验段施工从原地基、填筑体、挖方区三个方面的试验检测项目、检测要求、检测频率加以分析。

需要说明的是,试验检测项目主要是针对各试验小区而确定的,挖方区主要是针对挖方后为覆土地基。表3.1-1～表3.1-3分别为土基试验段原地基、填筑体、挖方区施工前后试验检测项目及要求。

土基试验段原地基检测项目　　　　　　　　　表3.1-1

检测项目		检测点位及要求	检测频率	备　注
施工处理前	★重型击实试验	在涉及压实状态评价的土层中取代表性土样	每一主要土层不少于3组	
	★室内土工试验	试验小区平面内均匀布孔,每孔每米取原状样一次,取样深度大于地基处理深度	3孔/试验小区	见注2
	★标准贯入试验	每孔每米深度试验一次,一般可与上述原状土取样在同一钻孔进行,试验深度大于地基处理深度		主要针对黏性土、砂土
	★动力触探	每孔每米深度试验一次或可连续贯入,视情况可与上述原状土取样在同一钻孔进行,试验深度大于地基处理深度	3点/试验小区	主要针对碎石土
	★面波测试	试验位置为原地基表面,检测深度大于地基处理深度		
施工处理后	★室内土工试验	与施工处理前原状土取样相对应,每孔每米取原状样一次,取样深度大于地基处理深度	3孔/试验小区	处理前后两个孔位应在相近位置
	★压实度	主要是碾压、冲压处理的垫层,检验深度为整个施工层,若层厚较大(冲压层),则分层检测	3点/试验小区	填料为细粒土
	★固体体积率	主要是强夯、碾压、冲压处理的垫层,检测深度为整个施工层	3点/试验小区	填料为石料或土石混合料
	★标准贯入试验	与施工处理前的试验点相对应	3孔/试验小区	处理前后两个孔位应在相近位置
	★动力触探	与施工处理前的试验点相对应		
	★荷载试验	施工后表面	3点/试验小区	
	★面波测试	与施工处理前的试验点相对应	3点/试验小区	处理前后两个点位应在相近位置

注:1. ★为必做项目,☆为选做项目。
　　2. 室内土工试验一般评价指标包括:含水率、液塑限、干密度、孔隙比、压缩模量;涉及边坡稳定处理的宜提供抗剪强度;涉及工后沉降计算的应包括渗透性指标、固结参数等;其他特殊土指标根据处理目的确定。

土基试验段填筑体检测项目 表 3.1-2

检测项目		检测点位及要求	检测频率	备 注
施工前	★填料含水率	每一试验小区填料随机取样	5~10 点/试验小区	细粒土
	★取土区天然密度	每一主要土层(岩层)随机取点	每一主要土层(岩层)不少于 6 点	
	★填料重型击实试验	每一试验小区填料随机取样	2 组/试验小区	
	★填料颗粒分析试验	每一试验小区填料随机取样	3 点/试验小区	石料或土石混合料
	★填料 CBR	取土区每一主要土层随机取样	每一主要土层不少于 3 组	细粒土
	★面波	强夯试验小区,试验位置为虚填层表面,检测深度为虚填厚度	3 点/试验小区	强夯试验小区
施工中及施工后	★压实度	检验深度为整个施工层,若层厚较大(冲压层),则分层检测	对于碾压和冲压试验小区,按照对应参数每次检测 3 点;对于强夯试验小区,在施工完成后分层检测	细粒土
	★固体体积率	填筑体施工层厚度		石料或土石混合料
	★荷载试验	施工后表面	3 点/试验小区	
	★回弹模量	施工后表面	3 点/试验小区	
	★反应模量	施工后表面	3 点/试验小区	
	★K_{30}	施工后表面	3 点/试验小区	细粒土或小粒径粗粒土
	★现场 CBR	施工后表面	3 点/试验小区	
	★面波	强夯试验小区,施工后表面与施工处理前点相对应	3 点/试验小区	处理前后两个点位应相近

注:★为必做项目;☆为选做项目。

土基试验段挖方区检测项目 表 3.1-3

检测项目		检测点位	检测要求	备 注
施工前	★重型击实试验	挖方区浅表部土层中取代表性土样	2 组/试验小区	
	★室内土工试验	试验小区平面内均匀布孔,每孔每米取原状样一次,取样深度大于地基处理深度	3 点/试验小区	
	★面波	挖方后表面	3 点/试验小区	
施工后	室内土工试验	与施工处理前原状土取样相对应,每孔每米取原状样一次,取样深度大于地基处理深度	3 孔/试验小区处理	前后两个孔位应在相近位置
	★面波	挖方后表面	3 点/试验小区	

续上表

检测项目		检测点位	检测要求	备注
施工后	★压实度	挖方后地基设计高程下 0～0.8m 范围内	3 点/试验小区	细粒土
	★固体体积率		3 点/试验小区	石料、土石混合料
	★回弹模量	挖方后地基设计高程表面	3 点/试验小区	
	★反应模量	挖方后地基设计高程表面	3 点/试验小区	
	★现场 CBR	挖方后地基设计高程下 0～0.8m 范围内	3 点/试验小区	

注：★为必做项目；☆为选做项目。

3.2 土基正式施工试验检测项目

试验段的开展为正式施工提供了设计参数和施工工艺、质量控制与评价体系,指导了土基的正式施工。土基的正式施工试验检测项目及要求见表 3.2-1～表 3.2-3。

土基正式施工原地基检测项目　　　　　　　　　　　　　　　　表 3.2-1

检测项目		检测点位	检测要求	备注
施工前	★地基土体含水率	平面内均匀布孔	每 5 000～10 000m² 一孔	钻孔深度根据地基处理深度确定
	★地基土体颗粒分析			
	★重型击实试验	平面内取代表性土样	每 5 000～10 000m² 一点	
	☆标准贯入试验	检测深度大于地基处理深度,每孔每米深度检测一次	每 5 000～10 000m² 一点	
	☆面波测试	检测深度大于地基处理深度	每 5 000～10 000m² 一点	瑞利波法
施工后	★土体含水率	—	每 5 000～10 000m² 一孔	处理前后两个孔位应在相近位置
	★压实度	碾压层层厚的 2/3 处,或冲压层的中下部	民用机场每层 500～2 000m² 一点;军用机场每层每 500～1 600m² 取一点;湿软地段每层每 200～500m² 一点,不足 200m² 仍取一点	填料为细粒土或灰土
	★固体体积率	施工层厚度		填料为石料、土石混合料
	☆标准贯入试验	检测深度大于地基处理深度,每孔每米深度检测一次	每 5 000～10 000m² 一点	处理前后两个孔位应在相近位置
	☆动力触探	碎石墩体深度范围内,连续贯入	不应少于墩点数的 0.5%,且不应少于 3 点	用于强夯形成的碎石墩体的检测
	☆载荷试验	施工后的表层	每 5 000～10 000m² 一点	
	☆面波测试	施工后的表层,检测深度大于地基处理深度	每 5 000～10 000m² 一点	处理前后两个点位应在相近位置

注：★为必做项目；☆为选做项目。

土基正式施工填筑体检测项目 表 3.2-2

检测项目		检测点位	检测要求	备 注
施工前	★填料含水率	平面内取代表性土样	每 5 000 ~ 10 000 m² 一点	—
	★填料重型击实试验		每 5 000 ~ 10 000 m² 一点	—
	★填料颗粒分析实验		每 5 000 ~ 10 000 m² 一点	—
	★填料 CBR		每 5 000 ~ 10 000 m² 一点	—
施工过程中	★压实度	每一施工层中:碾压层厚的 2/3 处,或冲压层的中下部	民用机场每层 500 ~ 2 000 m² 一点;军用机场每层每 500 ~ 1 600 m² 取一点;湿软地段每层每 200 ~ 500 m² 一点	填料为细粒土或灰土
	★地表沉降	强夯/碾压/冲压一定遍数后	民用机场 10m × 10m ~ 20m × 20m 方格网控制;军用机场 400 ~ 1 600 m² 不少于一点,靶堤掩体沿轴线每 20 延米 1 点,并不少于 5 点	
	☆荷载试验	每填高 8 ~ 10m 后	每层每 10 000 m² 一点	
	☆K_{30}	每填高 8 ~ 10m 后	每层每 5 000 m² 一点	
施工后	★压实度	施工后表面	民用机场每层 500 ~ 2 000 m² 一点;军用机场每层每 500 ~ 1 600 m² 取一点;湿软地段每层每 200 ~ 500 m² 一点	填料为细粒土或灰土
	★固体体积率	填筑体施工层厚度		填料为石料或土石混合料
	☆荷载试验	施工后表面	每层每 10 000 m² 一点	
	☆回弹模量	施工后表面	每 5 000 m² 一点	—
	☆反应模量	施工后表面	每 5 000 m² 一点	—
	☆K_{30}	施工后表面	每层每 5 000 m² 一点	—
	☆现场 CBR	施工后表面 0 ~ 0.8m 范围内	每 5 000 m² 一点	—
	☆面波	施工后表面 0 ~ 0.8m 范围内	每 5 000 ~ 10 000 m² 一点	—
	★平整度	施工后表面	民用机场每 1 000 ~ 5 000 m² 一点;军用机场道坪土基每 400 m² 左右不少于一点	用 3m 直尺连续丈量 10 尺,取最大值

注:★为必做项目;☆为选做项目。

土基正式施工挖方区检测项目　　　　　　　　　表 3.2-3

检测项目		检测点位	检测要求	备注
施工后	★面波	挖方后表面	每 5 000m² 一点	
	★压实度	挖方后地基设计高程下0～0.8m 范围内	民用机场每层 500～2 000m² 一点；军用机场每层每 500～1 600m² 取一点；湿软地段每层每 200～500m² 一点	细粒土
	★固体体积率			石料、土石混合料
	☆回弹模量	挖方后地基设计高程表面	每 5 000m² 一点	
	☆反应模量	挖方后地基设计高程表面	每 5 000m² 一点	
	☆现场 CBR	挖方后地基设计高程下0～0.8m 范围内	每 5 000m² 一点	

注:★为必做项目;☆为选做项目。

3.3　基层施工试验检测项目

基层施工试验检测项目及要求见表 3.3-1、表 3.3-2。

基层施工前试验检测项目　　　　　　　　　表 3.3-1

检测项目			检测要求
原材料试验	水泥试验	★水泥细度	每批次进场检验一次，袋装每检验批代表数量不超过 200t，灌装不超过 500t。材料组成设计时测 1 个样品，料源或强度等级变化时重测。军用机场水泥至少 1 000～1 200t 一次
		★水泥标准稠度、凝结时间、安定性	
		★水泥胶砂强度	
	石灰试验	★有效钙氧化镁	每批次进场检验一次，每检验批代表数量不超过 200t。材料组成设计和生产使用时分别测 2 个样品，以后每月测 2 个样品。军用机场至少 1 600～2 000t 一次
	粉煤灰试验	★细度	每批次进场检验一次，每检验批代表数量不超过 200t。材料组成设计前测 2 个样品。军用机场至少 4 000～5 000t 一次
		★烧失量	
		☆比表面积	
		☆SiO₂、Al₂O₃、Fe₃O₄ 含量	
	集料	★含水率	每天使用前测 2 个样品。军用机场至少 5 000～10 000m³
		★颗粒分析	每种土使用前测 2 个样品，使用过程中每 2 000m³ 测 2 个样品。军用机场至少 5 000～10 000m³
		★液塑限	
		☆相对毛体积密度、吸水率	
		★压碎值	
		☆有机质和硫酸盐含量	
	配合比试验		材料组成设计时测 1 次，料源或强度等级变化时重做

注:1.基层配合比主要涉及试验:混合料重型击实试验、无侧限抗压强度试验、水泥/石灰剂量试验。
　　2.★为必做项目;☆为应做项目。

水泥/石灰稳定基层施工试验检测项目 表 3.3-2

	检测项目	检测点位	检测要求	备注
施工过程中	★混合料级配	铺筑现场	每 2 000m² 一次	现场取样,室内试验
	★集料压碎值	料场	异常时随时试验	现场取样,室内试验
	★混合料水泥/石灰剂量	铺筑现场	民用机场每 5 000m² 或每台班 1 次,至少 6 个样品;军用机场每 2 000m² 抽检一次	现场取样,室内试验
	☆混合料含水率、拌和均匀性	铺筑现场	异常时随时	现场观察
	★无侧限抗压强度试验	现场留样	民用机场每 2 000m² 不小于 6 个试件;军用机场每班不少于 6~9 个	—
施工后	★压实度	施工后表面	民用机场每 2 000m² 检查 3 次;军用机场每 2 000m² 检查 6 次以上且每班不少于 3 次	—
	★厚度	施工后表面	民用机场每 4 000m² 检查 6 个点;军用机场跑道每 100 延米不少于 2 处,其他不少于 1 处	挖坑或钻孔取芯
	★平整度	施工后表面	民用机场每 100 延米 3 处;军用机场每 500m² 不少于 1 处	用 3m 直尺连续丈量 10 尺,取最大值
	☆弯沉试验	施工后表面	每一评定段(不超过 1km)每跑道 40~50 个测点	—
	☆承载比	施工后表面	每 3 000m² 检查一次;根据观察,异常时随时增加试验	—
	☆回弹模量	施工后表面	根据设计确定	—

注:★为必做项目;☆为应做项目。

3.4 面层施工试验检测项目

面层施工分为水泥混凝土面层和沥青混凝土面层,其施工前后试验检测项目及要求见表 3.4-1~表 3.4-4。

水泥混凝土面层施工前试验检测项目 表 3.4-1

	检测项目		检测要求	备注
原材料试验	水泥试验	★水泥细度	每批次进场检验一次,袋装每检验批代表数量不超过 200t,灌装不超过 500t。机铺 1 500~2 000t 一批。军用机场每 1 000~2 000t 一次	小型机具 500t 一批
		★水泥标准稠度、凝结时间、安定性		
		★水泥胶砂强度		

续上表

检测项目			检测要求	备注
原材料试验	水泥试验	★比表面积	民用机场按产地、类别分别作一次,有变化时重做;军用机场每1 000~2 000t一次	小型机具500t一批
		★碱含量		
	细集料试验	★颗粒级配	机铺1 500~2 000t一批。军用机场每2 000~3 000m³一次	小型机具500~1 500t一批
		★密度、吸水率		
		★含泥量、泥块含量		
		★人工砂石粉含量		
		☆砂当量		
		★云母及轻物质含量	每批次进场检验一次	—
		★有机物含量		
		★三氧化硫		
		★氯盐含量		
		★坚固性试验		
	粗集料试验	★颗粒级配	机铺1 000~2 500m³一批。军用机场每4 000~5 000m³一次	小型机具1 000~1 500m³一批
		★密度及吸水率		
		★含泥量、泥块含量		
		★针片状、软弱颗粒含量		
		★压碎值		
		★坚固性		
		★有机质含量	每批次进场检验一次	—
		★三氧化硫		
		☆磨光值		
		☆磨耗值		
		★碱活性		
	水	★硫酸根含量	机铺2~5t一批。军用机场测一次	小型机具1~3t一批
		★氯离子含量		
		★可溶物、不可溶物含量		
		★pH值		
	外加剂试验	★氯离子含量	机铺2~5t一批。军用机场测一次	小型机具1~3t一批
		★减水率		
		★泌水率比		
		★抗压强度比		
	★水泥混凝土配合比试验		材料组成设计时测1次,料源或强度等级变化时重做	—

注:1. 面层水泥混凝土配合比主要涉及试验包括:混凝土坍落度试验、抗压强度试验、抗折强度试验、含气量试验、泌水率试验、表观密度试验、混凝土凝结时间试验等。

2. ★为必做项目;☆为应做项目。

沥青混凝土面层施工前试验检测项目 表 3.4-2

检测项目			检测要求	备注
原材料试验	沥青试验	★针入度、延度、软化点、闪点	每批次进场检验一次，每检验批代表数量不超过200t	—
		★含蜡量		
		★密度、溶解度、动力黏度		
		☆薄膜烘箱试验		
	细集料试验	★颗粒级配	机铺1500~2000t一批。军用机场每2000~3000m³一次，每批次进场检验一次	小型机具500~1500t一批
		★密度		
		★含泥量、泥块含量		
		★人工砂石粉含量		
		★砂当量		
		★塑性指数		
		★坚固性试验		
	粗集料试验	★颗粒级配	机铺1000~2500m³一批。军用机场每4000~5000m³一次	小型机具1000~1500m³一批
		★密度及吸水率		
		★含泥量、泥块含量		
		★针片状、软弱颗粒含量		
		★压碎值		
		★坚固性		
		★磨光值		
		★沥青与粗集料的粘附性试验		
★沥青混凝土配合比试验			材料组成设计时测1次，料源或强度等级变化时重做	—

注：1. 面层沥青混凝土配合比主要涉及试验包括：马歇尔稳定度试验、密度及理论最大相对密度试验、车辙试验、沥青含量试验、矿料级配试验、冻融劈裂试验等。

2. ★为必做项目；☆为应做项目。

水泥混凝土面层施工试验检测项目 表 3.4-3

检测项目		检测点位	检测要求	备注
施工过程中	☆拌和物含水率、拌和均匀性	铺筑现场	异常时随时测定	现场观察
	☆水灰比及稳定性	铺筑现场	每5000m³抽查一次，异常时随时测定	现场观察
	☆拌和物坍落度	铺筑现场	每工作班3次，异常时随时测定	现场观察
	☆拌和物含气量	铺筑现场	每工作班2次，有抗冻要求时不少于3次	—
	☆拌和物泌水率	铺筑现场	必要时测定	现场观察
	☆拌和物凝结时间	铺筑现场	每工作班至少1~2次	—

续上表

检测项目		检测点位	检测要求	备注
施工后	★水泥混凝土强度		民用机场每400m³成型1组28d试件;每1 000m³增做一组90d试件;留一定数量试件供竣工验收检验,每10 000m²钻一圆柱体。军用机场每天或每铺筑500m³混凝土,应同时制作两组抗折试件,每铺筑4 000～5 000m³混凝土增做一组抗折试件,且总数不应少于6组	现场成型,室内标准养护现场随机取样钻圆柱体进行劈裂试验作校核
	☆路面弯沉试验	施工后表面	根据设计确定	—
	☆摩擦系数	施工后表面	根据设计确定	—
	★构造深度	施工后表面	民用机场检查分块总数的10%;军用机场次日抽检,每个施工段不少于6块板,每块板测3点	每块抽查三点,布置在板的任意一对角线的两端附近和中间
	★厚度	施工后表面	民用机场检查分块总数的10%;军用机场随时检查	拆模后用尺量
	★平整度	施工后表面	民用机场分块总数的20%;军用机场每班抹面过程中随时检查,次日每个施工段最少抽测7处	一块板量三次,纵、横、斜随机取样,取一尺最大值

注:★为必做项目;☆为应做项目。

沥青混凝土面层施工试验检测项目　　　　　　　　表3.4-4

检测项目		检测要求	备注
施工过程中	★马歇尔稳定度、流值、空隙率	每台班一次	拌和场取样成型试验
	★沥青含量	每两台班一次	拌和场取样离心法抽提,射线法沥青含量测定仪随时检查
	★矿料级配试验	每台班一次	拌和场取样抽提后的矿料筛分
施工后	★压实度	每2 000m²针孔1～2次	以现场针孔试验为准,尽量利用灯坑钻孔试件,用核子密度仪随时检查
	☆路面弯沉试验	根据设计确定	—
	☆摩擦系数	跑道上面层全场取三个值(纵向)	摩擦系数仪
	★构造深度	每2 000m²一次	用填砂法
	★厚度	每2 000m²一次	针孔取样
	★平整度	随时	用3m直尺连续丈量10尺,取最大值

注:★为必做项目;☆为应做项目。

3.5 竣工验收试验检测项目

除了上述土基试验段、土基正式施工、面层施工阶段的试验检测,在竣工验收阶段也需要进行相应的试验检测工作。因此,将相关规范中关于机场工程验收的质量检验与评定标准列表如下,详见表 3.5-1 ~ 表 3.5-10。

民用机场土(石)方工程(端安全区、升降带平整区)质量检验与评定标准　　表 3.5-1

项　次	项　目	规定值或允许偏差	检 测 频 数	检 测 方 法
保证项目	压实度(%)	符合标准要求	每 25 000m² 一点	环刀法、灌砂法、蜡封法等方法
一般项目	平整度(mm)	符合标准要求	每 10 000m² 测一处,端安全区每 2 000m² 处	用 3m 直尺法测量
	高程(mm)	符合标准要求	每 100m 测量一断面,每断面 5 点	用水准仪测量

民用机场道面土基质量检验与评定标准　　表 3.5-2

项　次	项　目	规定值或允许偏差	检 测 频 数	检 测 方 法
保证项目	压实度(%)	符合标准要求	每层 5 000m² 一点	环刀法、灌砂法、蜡封法等方法或用竣工资料
一般项目	平整度(mm)	不大于 20	每 10 000m² 一处	用竣工资料或用 3m 直尺测量
	高程(mm)	+10,−20	每 100m 测量一断面,每断面 5 点(机坪测点间距 50m)	用竣工资料或用水准仪测量

军用机场土方工程竣工外形质量标准　　表 3.5-3

部　位	检查项目	质量标准或允许偏差	抽检点数	合 格 判 定	检验方法
道坪土基	高程(mm)	+10,−20	26	$d≤5$ 且最大偏差值 <20mm	水准仪
	平整(mm)	20	26	$d≤5$	3m 直尺
	宽度(m)	设计值 +0.50	7 ~ 11	平均值不小于规定值	尺丈量
土质地带	高程(mm)	±50	26	$d≤5$	水准仪
	宽度(m)	不小于设计	26	$d≤5$	尺丈量
	边坡	不陡于设计	26	$d≤5$	坡度尺
靶堤掩体	高程(mm)	±30	符合标准要求	合格率 70% 以上	水准仪
	顶宽	不小于设计	符合标准要求	合格率 70% 以上	尺丈量
	边坡	不陡于设计	符合标准要求	合格率 70% 以上	坡度尺
外观要求		表面坡向必须与设计一致,不得出现倒坡、封闭洼地及明显凹凸等现象			观察

注:d 为不合格点数。

道面基层质量检验与评定标准　　　　　　表 3.5-4

项　次	项　目	规定值或允许偏差	检　测　频　数	检　测　方　法
保证项目	压实度(%)	符合标准要求	每层 5 000m² 取一个测点	环刀法、灌砂法、蜡封法等方法或用竣工资料
	强度(半刚性基础)(MPa)	符合标准要求	每 15 000m² 一处	用竣工资料或钻孔取样
一般项目	厚度(mm)	符合标准要求	每 10 000m² 一处	用竣工资料或钻孔取样
	平整度(mm)	不大于 10	每 5 000m² 一处	用竣工资料或用 3m 直尺法测量
	高程(mm)	符合标准要求	每 50m 测量一断面,每断面 5 点(机坪测点间距 20m)	用竣工资料或用水准仪测量
	宽度	1/1 000	每 100m 测量一处	用竣工资料或用尺测量

军用机场道面基层竣工外形的质量标准与检验方法　　　　表 3.5-5

检查项目	层次	质量标准或允许偏差	抽检点数	合　格　判　定	检　验　方　法
平整度 (mm)	基层	10	26	$d \leqslant 5$	用 3m 直尺检查
	下基层	15	26	$d \leqslant 5$	
高程 (mm)	基层	+5, -10	26	$d \leqslant 5$ 且最大偏差值 $\leqslant +10mm$	用水准仪测量
	下基层	+10, -15	26	$d \leqslant 5$ 且最大偏差值 $\leqslant +20mm$	
厚度 (mm)	基层	-10	7~11	平均厚度≥设计值且最大偏差值 $\leqslant -15mm$	挖坑、尺量
	下基层	-15	7~11	平均厚度≥设计值且最大偏差值 $\leqslant -20mm$	
宽度 (m)	基层	设计值 +0.30	7~11	平均值不小于规定值	自中心线向两侧丈量
	下基层	设计值 +0.40	7~11	平均值不小于规定值	
外观		无粗细集料离析、"弹簧"、松散现象			观察

注:d 为不合格点数。

水泥混凝土面层(跑道、滑行道、联络道、机坪)质量检验与评定标准　　表 3.5-6

项　次	项　目	规定值或允许偏差	检　测　频　数	检　测　方　法
保证项目	抗折强度 (MPa)	符合标准要求	符合标准要求	水泥混凝土抗折强度试验方法采用小梁法
	板厚度(mm)	不小于设计厚度 -5	每 10 000m² 检一处	钻孔取芯或利用灯坑测量
	平整度(mm)	不大于 3	每 2 000m² 一处	3m 直尺法测量
	表面平均纹理深度(mm)	符合标准要求	每 4 000m² 一处	填砂法测量

项　　次	项　　目	规定值或允许偏差	检 测 频 数	检 测 方 法
一般项目	相邻板高差（mm）	不大于 2	每 2 000m² 一处	用尺测量
	纵、横缝直线性（mm）	不大于 10	每 4 000m² 一处	20m 长线拉直测量
	高程（mm）	±5	每 50m 测量一断面，每断面 5 点（机坪测点间距 20m）	用水准仪测量
	长度（跑道、平行滑行道）	1/7 000	沿中线测量全长	用经纬仪或激光测距仪等测量
	宽度	1/2 000	每 100m 测量一处	用尺测量
	预埋件、预留孔位置中心（mm）	±10	每件或孔一处	纵横两方向用尺测量

水泥混凝土面层（道肩、防吹坪）质量检验与评定标准　　　　　表 3.5-7

项　　次	项　　目	规定值或允许偏差	检 测 频 数	检 测 方 法
保证项目	抗折强度（MPa）	符合标准要求	符合标准要求	水泥混凝土抗折强度试验方法采用小梁法
	板厚度（mm）	不小于设计厚度 −5	每 50 000m² 一处	钻孔取芯或利用灯坑测量
一般项目	平整度（mm）	不大于 5	每 3 000m² 一处	3m 直尺法测量
	相邻板高差（mm）	不大于 3	每 3 000m² 一处	用尺测量
	纵横缝直线性（mm）	不大于 10	每 4 000m² 一处	20m 长线拉直测量
	高程（mm）	±5	每 100m 测量断面，每断面 2 点	用水准仪测量
	宽度	1/1 000	每 200m 测量一处	用尺测量

军用机场水泥混凝土道面面层竣工外形质量验收标准　　　　　表 3.5-8

检验项目	质量标准或允许偏差	抽检数量 n	合 格 判 定	检 查 方 法
厚度（mm）	代表值≥设计厚度 −5 且单个偏差≤ −10	7～11	代表值 = $\bar{x}$ − 1.01σ 或代表值 = $\bar{x}$ − $1.01s$	现场随机钻芯取样 σ 已知，n 取 7；σ 未知，n 取 11
平整度（mm）	3m 直尺：平均值为 3 且单尺最大值≤5	每批 26 点	不合格点数 $d≤5$	随机，沿纵向检测，每点连续测 6 尺，计算最大间隙平均值
	3m 平整度仪：$\sigma≤1.5$	每 100m 计算 σ，每批 26 点	不合格点数 $d≤5$	随机，3m 连续平整度仪沿跑道中线两侧检测，车速不大于 20km/h
施工缝邻板高差（mm）	3	每批 26 点	不合格点数 $d≤5$	300mm 直尺与塞尺在板边缘检查

续上表

检验项目	质量标准或允许偏差	抽检数量 n	合格判定	检查方法
接缝直线性（mm）	20	每批26点	不合格点数 $d \leq 5$	用20m长线拉直检查，取最大值
抗滑	纹理深度：设计值	每批26点	不合格点数 $d \leq 5$	随机
高程（mm）	±5	每批26点	不合格点数 $d \leq 5$	随机，水准仪
宽度（mm）	−20	每批11点	见注释	随机，尺量
长度		测道面纵轴线	符合设计要求	测距仪或全站仪
外观	无裂纹、断板、掉边掉角、麻面、孔洞、外来物、黏浆；表面纹理均匀，接缝顺直			

注：道面宽度合格判断标准为 $\bar{x} - 1.01s \geq$ 设计宽度 -0.02m。

沥青混凝土面层（跑道、滑行道、联络道、机坪）质量检验与评定标准　　表3.5-9

项　次	项　目	规定值或允许偏差	检测频数	检测方法
保证项目	压实度（%）	符合标准要求	每层8 000m² 一点，每一分部工程不少于10点	可利用灯坑取样
	厚度（mm）	上面层和总厚度均不小于设计厚度−3	每10 000m² 一处	钻孔取芯或利用灯坑测量
	平整度（mm）	上面层不大于3，中、底面层不大于5	每2 000m² 一处	上面层用3m直尺法，测量中、底面层用竣工资料
	表面平均纹理深度（mm）	符合标准要求	每4 000m² 一处	填砂法测量
	沥青用量（油石比）（%）	±3	每15 000m² 一处	取样抽提或用竣工资料
一般项目	集料级配	符合标准要求	每15 000m² 一处	取样抽提后筛分分析或用竣工资料
	高程（mm）	+5，−3	每50m测量一断面，每断面5点（机坪测点间距20m）	用水准仪测量
	长度（跑道、平行滑行道）	1/7 000	沿中线测量全长	用经纬仪或激光测距仪等测量
	宽度	1/2 000	每100m测量一处	用尺测量

沥青混凝土面层（道肩、防吹坪）质量检验与评定标准　　表3.5-10

项　次	项　目	规定值或允许偏差	检测频数	检测方法
保证项目	压实度（%）	符合标准要求	每层8 000m² 一点，每一分部工程不少于10点	可利用灯坑取样
	厚度（mm）	上面层和总厚度均不小于设计厚度−3	每50 000m² 一处	钻孔取芯或利用灯坑测量

续上表

项 次	项 目	规定值或允许偏差	检 测 频 数	检 测 方 法
一般项目	沥青用量(油石化)(%)	±0.3	每15 000m² 一处	取样抽提或用竣工资料
	集料级配	符合标准要求	每15 000m² 一处	取样抽提后筛分分析或用竣工资料
	平整度(mm)	不大于5	每3 000m² 一处	上面层用3m直尺法,测量中、底面层用竣工资料
	高程(mm)	±5	每100m测量一断面,每断面3点	用水准仪测量
	宽度	1/1 000	每200m测量一处	用尺测量

机场施工过程中为对施工效果和施工安全进行准确、实时的把握,需要进行岩土工程监测,主要包括水平位移、沉降和地表沉降、倾斜检测、土压力监测、孔隙水压力监测、拉应力监测、动应力监测等。

下　篇

机场工程试验检测与监测技术方法

第4章　土基试验检测

4.1　土的物理性质指标试验

4.1.1　土的含水率试验

(一)烘干法

1　依据和适用范围

1.1　本试验参照的标准为《公路土工试验规程》(JTG E40—2007)、《土工试验方法标准》(GB/T 50123—99)。

1.2　本试验方法适用于黏性土、砂性土和有机质土类。

2　仪器设备

2.1　烘箱:控制温度为105~110℃。

2.2　天平:最小分度值为0.1g、0.01g。

3　试验步骤

3.1　取有代表性试样,黏性土为15~30g,砂性土、有机质土和整体构造冻土为50g,放入称量盒内,盖上盒盖,称盒加湿土质量,精确至0.01g。

3.2　打开盒盖,将盒置于烘箱内,在105~110℃恒温下烘至恒重。烘干时间,对黏性土不得少于8h,对砂性土不得少于6h,对含有机质超过5%的土应将温度控制在65~70℃的恒温下烘至恒重。

3.3　将称量盒从烘箱中取出,盖上盒盖,放入干燥容器内冷却至室温,称干土质量,精确至0.01g。

4　数据整理

4.1　计算公式

含水率应按式(4.1.1-1)计算,精确至0.1%。

$$w = \left(\frac{m_0}{m_d} - 1 \right) \times 100 \tag{4.1.1-1}$$

式中:w——含水率(%);

m_0——湿土质量(g);

m_d——干土质量(g)。

4.2　记录表格(表4.1.1-1)

含水率试验记录（烘干法） 表4.1.1-1

工程编号＿＿＿＿＿＿＿＿＿＿＿　　　　　　　　　　取样桩号＿＿＿＿＿＿＿＿＿＿＿

取样深度＿＿＿＿＿＿＿＿＿＿＿　　　　　　　　　　样品描述＿＿＿＿＿＿＿＿＿＿＿

试验日期＿＿＿＿＿＿＿＿＿＿＿　　　　　　　　　　试验环境＿＿＿＿＿＿＿＿＿＿＿

试 验 者＿＿＿＿＿＿＿＿＿＿＿　　　　　　　　　　复 核 者＿＿＿＿＿＿＿＿＿＿＿

盒号				
盒质量(g)	(1)			
盒＋湿土质量(g)	(2)			
盒＋干土质量(g)	(3)			
水分质量(g)	(4)＝(2)－(3)			
干土质量(g)	(5)＝(3)－(1)			
含水率(%)	(6)＝(4)/(5)			
平均含水率(%)	(7)			

4.3 精密度和允许差

含水率试验应进行两次平行测定，取其算术平均值，允许平行差应符合表4.1.1-2的规定。

含水率测定的允许平行差值 表4.1.1-2

含水率(%)	允许平行差值(%)	含水率(%)	允许平行差值(%)
5 以下	0.3	40 以上	≤2
40 以下	≤1	对层状和网状构造的冻土	<3

5 报告

(1)土的鉴别分类和代号；

(2)土的含水率值。

(二)酒精燃烧法

1 依据和适用范围

1.1 本试验参照的标准为《公路土工试验规程》(JTG E40—2007)。

1.2 本试验方法适用于快速简易测定细粒土(含有机质的土除外)的含水率。

2 仪器设备

2.1 称量盒(定期调整为恒质量)。

2.2 天平:感量0.01g。

2.3 酒精:纯度95%。

2.4 滴管、火柴、调土刀等。

3 试验步骤

3.1 取代表性试样(黏质土5～10g,砂类土20～30g),放入称量盒内,称湿土质量m,准确至0.01g。

3.2　用滴管将酒精注入放有试样的称量盒中,直至盒中出现自由液面为止。为使酒精在试样中充分混合均匀,可将盒底在桌面上轻轻敲击。

3.3　点燃盒中酒精,燃至火焰熄灭。

3.4　将试样冷却数分钟,按本试验3.2、3.3的方法再重新燃烧两次。

3.5　待第三次火焰熄灭后,盖好盒盖,立即称干土质量 m_s,准确至0.01g。

4　数据整理

4.1　计算公式

含水率应按式(4.1.1-2)计算,精确至0.1%。

$$w = \frac{m - m_s}{m_s} \times 100 \tag{4.1.1-2}$$

式中: w——含水率(%),计算至0.1;

m——湿土质量(g);

m_s——干土质量(g)。

4.2　记录表格(同表4.1.1-1)

4.3　精密度和允许差

含水率试验应进行两次平行测定,取其算术平均值,允许平行差应符合表4.1.1-2的规定。

5　报告

(1)土的鉴别分类和代号;

(2)土的含水率值。

4.1.2　土的密度试验

(一)环刀法

1　依据和适用范围

1.1　本试验参照的标准为《公路土工试验规程》(JTG E40—2007)、《土工试验方法标准》(GB/T 50123—99)。

1.2　本试验方法适用于细粒土。

2　仪器设备

2.1　环刀:内径61.8mm、79.8mm,高度20mm。

2.2　天平:称量500g,最小分度值0.1g;称量200g,最小分度值0.01g。

3　试验步骤

3.1　环刀法测定密度:在环刀内壁涂一薄层凡士林,刀口向下放在土样上,将环刀垂直下压,并用切土刀沿环刀外侧切削土样,边压边削至土样高出环刀。根据试样的软硬,采用钢丝锯或切土刀整平环刀两端土样,擦净环刀外壁。

3.2　用天平称环刀和土的总质量。

4　数据整理

4.1　计算公式

$$\rho_0 = \frac{m_0}{V} \tag{4.1.2-1}$$

式中：ρ_0——试样的湿密度（g/cm³），计算至0.01g/cm³；

m_0——土样质量，环刀和土的总质量减去环刀质量（g）；

V——环刀容积（cm³）。

4.2 记录表格（表4.1.2-1）

密度试验记录（环刀法）　　　　　　　　　　　　　　　　　　表4.1.2-1

工程编号＿＿＿＿＿＿＿　　　　　　　　　　　　取样桩号＿＿＿＿＿＿＿

取样深度＿＿＿＿＿＿＿　　　　　　　　　　　　样品描述＿＿＿＿＿＿＿

试验日期＿＿＿＿＿＿＿　　　　　　　　　　　　试验环境＿＿＿＿＿＿＿

试　验　者＿＿＿＿＿＿＿　　　　　　　　　　　复　核　者＿＿＿＿＿＿＿

土样编号				
环刀号				
环刀容积(cm³)	(1)			
环刀质量(g)	(2)			
土样+环刀质量(g)	(3)			
土样质量(g)	(4)=(3)-(2)			
湿密度(g/cm³)	(5)=(4)/(1)			
含水率(%)	(6)			
干密度(g/cm³)	$(7)=\dfrac{(5)}{1+0.01\times(6)}$			
平均干密度(g/cm³)	(8)			

4.3 精密度和允许差

本试验应进行两次平行测定，取其算术平均值，其平行差值不得大于0.03g/cm³。

5 报告

(1)土的鉴别分类和状态描述；

(2)土的含水率值；

(3)土的湿密度（g/cm³）；

(4)土的干密度（g/cm³）。

(二)蜡封法

1 依据和适用范围

1.1 本试验参照的标准为《公路土工试验规程》（JTG E40—2007）、《土工试验方法标准》（GB/T 50123—99）。

1.2 本试验方法适用于易破裂土和形状不规则的坚硬土。

2 仪器设备

2.1 蜡封设备：应附熔蜡加热器。

2.2　天平:称量500g,最小分度值0.1g;称量200g,最小分度值0.01g。

3　试验步骤

3.1　从原状土样中,切取体积不小于$30cm^3$的代表性试样,清除表面浮土及尖锐棱角,系上细线称试样质量,准确至0.01g。

3.2　持线将试样缓缓浸入刚过熔点的蜡液中,浸没后立即提出,检查试样周围的蜡膜。当有气泡时应用针刺破,再用蜡液补平,冷却后称蜡封试样质量。

3.3　将蜡封试样挂在天平的一端,浸没于盛有纯水的烧杯中,称蜡封试样在纯水中的质量,并测定纯水的温度。

3.4　取出试样,擦干蜡面上的水分,再称蜡封试样质量。当浸水后试样质量增加时,应另取试样重做试验。

4　数据整理

4.1　计算公式

$$\rho_0 = \frac{m_0}{\dfrac{m_n - m_{nw}}{\rho_{wT}} - \dfrac{m_n - m_0}{\rho_n}}$$

(4.1.2-2)

式中:m_n——蜡封试样质量(g);

m_{nw}——蜡封试样在纯水中的质量(g);

ρ_{wT}——纯水在T℃时的密度(g/cm³);

ρ_n——蜡的密度(g/cm³)。

4.2　记录表格(表4.1.2-2)

密度试验记录(蜡封法)　　　　　　　　　　　　　　表4.1.2-2

工程名称＿＿＿＿＿＿＿＿　　　土样说明＿＿＿＿＿＿＿＿　　　试验日期＿＿＿＿＿＿＿＿

试验环境＿＿＿＿＿＿＿＿　　　试　验　者＿＿＿＿＿＿＿＿　　　复　核　者＿＿＿＿＿＿＿＿

土样编号	试件质量(g)	蜡封试件质量(g)	蜡封试件在水中的质量(g)	温度(℃)	水(的)密度(g/cm³)	蜡封试件体积(cm³)	蜡体积(cm³)	试件体积(cm³)	湿密度(g/cm³)
	(1)	(2)	(3)		(4)	$(5)=\dfrac{(2)-(3)}{(4)}$	$(6)=\dfrac{(2)-(1)}{\rho_n}$	$(7)=(5)-(6)$	$(8)=\dfrac{(1)}{(7)}$

4.3 精密度和允许差

本试验应进行两次平行测定,两次测定的差值不得大于 0.03g/cm³,取两次测值的平均值。

5 报告

(1)土的鉴别分类和状态描述;

(2)土的含水率值;

(3)土的湿密度(g/cm³);

(4)土的干密度(g/cm³)。

(三)灌水法

1 依据和适用范围

1.1 本试验参照的标准为《公路土工试验规程》(JTG E40—2007)、《土工试验方法标准》(GB/T 50123—99)。

1.2 本试验方法用于现场测定粗粒土和巨粒土的密度。

2 仪器设备

2.1 座板。

2.2 薄膜:聚乙烯塑料薄膜。

2.3 台秤。

2.4 储水筒。

2.5 其他:铁镐、铁铲、水准仪等。

3 试验步骤

3.1 根据试样最大粒径确定试坑尺寸,见表4.1.2-3。

试 坑 尺 寸　　　　　　　　　　　　　　　　　表 4.1.2-3

试样最大粒径(mm)	试坑尺寸(mm)	
	直径	深度
5~20	150	200
40	200	250
60	250	300
200	800	1 000

3.2 按确定的试坑直径画出坑口轮廓线。将测点处的地表整平,地表的浮土、石块、杂物等应予以清除,凹处用砂铺整。用水准仪检查地表是否水平。

3.3 将座板固定于整平后的地表。将聚乙烯塑料膜沿环套内壁及地表紧贴铺好。记录储水筒初始高度,拧开储水筒的注水开关,从环套上方将水缓缓注入,至刚满不外溢为止。记录储水筒水位高度,计算座板部分的体积。在保持座板原固定状态下,将薄膜盛装的水排至对该试验不产生影响的场所,然后将薄膜揭离底板。

3.4 在轮廓线内下挖至要求深度,将落于坑内的试样装入盛土容器内,并测定含水率。

3.5 用挖掘工具沿座板上的孔挖试坑,为了使坑壁与塑料薄膜易于紧贴,对坑壁需加以整修。

将塑料薄膜沿坑底、坑壁密贴铺好。

在往薄膜形成的袋内注水时,拉住薄膜的某一部位,一边拉松,一边注水,使薄膜与坑壁间的空气得以排出,从而提高薄膜与坑壁的密贴程度。

3.6　记录储水筒内初始水位高度,拧开储水筒的注水开关,将水缓缓注入塑料薄膜中。当水面接近环套的上边缘时,将水流调小,直至水面与环套上边缘齐平时关闭注水管,持续3～5min,记录储水筒内的水位高度。

4　数据整理

4.1　计算公式

4.1.1　细粒与石料应分开测定含水率,按式(4.1.2-3)求出整体的含水率:

$$w = w_f p_f + w_c(1 - p_f) \tag{4.1.2-3}$$

式中:w——整体含水率(%),计算至0.01;

w_f——细粒土部分的含水率(%);

w_c——石料部分的含水率(%);

p_f——细粒料的干质量与全部材料的干质量之比。

细粒料与石块的划分以粒径60mm为界。

4.1.2　按式(4.1.2-4)计算座板部分容积:

$$V_1 = (h_1 - h_2)A_w \tag{4.1.2-4}$$

式中:V_1——座板部分的容积(cm³),计算至0.01;

h_1——储水筒初始水位高度(cm);

h_2——储水筒内注水终了时的水位高度(cm);

A_w——储水筒断面面积(cm²)。

4.1.3　按式(4.1.2-5)计算试坑容积:

$$V_p = (H_1 - H_2)A_w - V_1 \tag{4.1.2-5}$$

式中:V_p——试坑容积(cm³),计算至0.01;

H_1——储水筒初始水位高度(cm);

H_2——储水筒内注水终了时的水位高度(cm);

A_w——储水筒断面面积(cm²);

V_1——座板部分的容积(cm³)。

4.1.4　按式(4.1.2-6)计算试样湿密度:

$$\rho = \frac{m_p}{V_p} \tag{4.1.2-6}$$

式中:ρ——试样湿密度(g/cm³),计算至0.01;

m_p——取自试坑内的试样质量(g)。

4.2　记录表格(表4.1.2-4)

密度试验记录(灌水法)

表 4.1.2-4

工程编号＿＿＿＿＿＿＿＿＿＿＿＿＿ 土 样 编 号＿＿＿＿＿＿＿＿＿＿＿＿＿

试坑深度＿＿＿＿＿＿＿＿＿＿＿＿＿ 试样最大粒径＿＿＿＿＿＿＿＿＿＿＿＿＿

试验日期＿＿＿＿＿＿＿＿＿＿＿＿＿ 试 验 环 境＿＿＿＿＿＿＿＿＿＿＿＿＿

试 验 者＿＿＿＿＿＿＿＿＿＿＿＿＿ 复 核 者＿＿＿＿＿＿＿＿＿＿＿＿＿

测　点			
座板部分注水前储水筒的水位高度 h_1（cm）	（1）		
座板部分注水后储水筒的水位高度 h_2（cm）	（2）		
储水筒断面面积 A_w（cm²）	（3）		
座板部分的容积 V_1（cm³）	（4）=［（1）-（2）］×（3）		
试坑注水前储水筒的水位高度 H_1（cm）	（5）		
试坑注水后储水筒的水位高度 H_2（cm）	（6）		
试坑容积 V_P（cm³）	（7）=［（5）-（6）］×（3）-（4）		
取自试坑内的试样质量 m_P（g）	（8）		
试样湿密度 ρ（g/cm³）	（9）=（8）/（7）		
细粒土部分含水率 w_f（%）	（10）		
石料部分含水率 w_c（%）	（11）		
细粒料干质量与全部干质量之比 p_f	（12）		
整体含水率 w（%）	（13）=（10）×（12）+（11）×［1-（12）］		
试样干密度 ρ_d（g/cm³）	（14）=$\dfrac{(9)}{1+w}$		

4.3　精密度和允许差

灌水法密度试验应进行两次平行测定,两次测定的差值不得大于 0.03g/cm³,取两次测值的平均值。

5　报告

(1)试样来源、外观描述;

(2)试样最大粒径(mm);

(3)试坑尺寸(cm);

(4)试样干密度 ρ_d(g/cm³)。

(四)灌砂法

1　依据和适用范围

1.1　本试验参照的标准为《公路土工试验规程》(JTG E40—2007)。

1.2　本试验法适用于现场测定细粒土、砂类土和砾类土的密度。试样的最大粒径一般不得超过15mm,测定密度层的厚度为150～200mm。

注：1.在测定细粒土的密度时,可采用 ϕ100mm 的小型灌砂筒。

2.如最大粒径超过 15mm,则应相应地增大灌砂筒和标定灌的尺寸,例如,粒径达 40～60mm 的粗粒土,灌砂筒和现场试筒的直径应为 150～200mm。

2　仪器设备

2.1　灌砂筒(图 4.1.2-1):金属圆筒(可用白铁皮制作)的内径为 100mm,总高 360mm。灌砂筒主要分两部分:上部为储砂筒,筒深 270mm(容积约 2 120cm³),筒底中心有一个直径 10mm 的圆孔;下部装一倒置的圆锥形漏斗,漏斗上端开口直径为 10mm,并焊接在一块直径 100mm 的铁板上,铁板中心有一直径 10mm 的圆孔与漏斗上开口相接。在储砂筒筒底与漏斗顶端铁板之间设有开关。开关为一薄铁板,一端与筒底及漏斗铁板铰接在一起,另一端伸出筒身外,开关铁板上也有一个直径 10mm 的圆孔。将开关向左移动时,开关铁板上的圆孔恰好与筒底圆孔及漏斗上开关相对,即三个圆孔在平面上重叠在一起,砂就可通过圆孔自由落下。将开关向右移动时,开关将筒底圆孔堵塞,砂即停止下落。

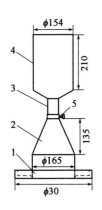

图 4.1.2-1　灌砂筒(尺寸单位:mm)
1-底盘;2-灌砂漏斗;3-螺纹接头;4-容砂瓶;5-阀门

2.2　金属标定罐:内径 100mm、高 150mm 和 200mm 的金属罐各一个,上端周围有一个罐缘。

注:如由于某种原因,试坑不是 150mm 或 200mm 时,标定罐的深度应该与拟挖试坑深度相同。

2.3　基板:一个边长 350mm、深 40mm 的金属方盘,盘中心有一直径 100mm 的圆孔。

2.4　打洞及从洞中取料的合适工具,如凿子、铁锤、长把勺、长把小簸箕、毛刷等。

2.5　玻璃板:边长约 500mm 的方形板。

2.6　饭盒(存放挖出来的试样)若干。

2.7　台秤:称量 10～15kg,感量 5g。

2.8　其他:铝盒、天平、烘箱等。

2.9　量砂:粒径 0.25～0.5mm、清洁干燥的均匀砂,20～40kg。应先烘干,并放置足够时间,使其与空气的湿度达到平衡。

3　仪器标定

3.1　确定灌砂筒下部圆锥体内砂的质量

3.1.1　在储砂筒内装满砂,筒内砂的高度与筒顶的距离不超过 15mm,称筒内砂的质量 m_1,准确至 1g。每次标定及而后的试验都维持该质量不变。

3.1.2　将开关打开,让砂流出,并使流出砂的体积与工地所挖试筒的体积相当(或等于标定罐的容积),然后关上开关,称量筒内砂的质量 m_5,准确至 1g。

3.1.3　将灌砂筒放在玻璃板上,打开开关,让砂流出,直到筒内砂不再下流时,关上开关,并小心地取走灌砂筒。

3.1.4　收集并称量留在玻璃板上的砂或称量筒内的砂,准确至 1g。玻璃板上的砂就是填满灌砂筒下部圆锥体的砂。

3.1.5　重复上述测量,至少三次,最后取其平均值 m_2,准确至 1g。

3.2 确定砂的密度

3.2.1 用水确定标定罐的容积 V。

(1)将空罐放在台秤上,使罐的上口处于水平位置,读计罐质量 m_7,准确至1g。

(2)向标定罐中灌水,注意不要将水弄到台秤或罐的外壁上;将一直尺放在罐顶,当罐中水面快接近直尺时,用滴管往罐中加水,直到水面接触到直尺,移去直尺,读记罐和水的总质量 m_8。

(3)重复测量时,仅需用吸管从罐中取出少量水,并用滴管重新将水加满到接触直尺。

(4)标定罐的体积 V 按式(4.1.2-7)计算:

$$V = \frac{m_8 - m_7}{\rho_w} \tag{4.1.2-7}$$

式中:V——标定罐的容积(cm^3),计算至0.01;

m_7——标定罐质量(g);

m_8——标定罐和水的总质量(g);

ρ_w——水的密度(g/cm^3)。

3.2.2 在储砂筒中装入质量为 m_1 的砂,并将灌砂筒放在标定罐上,打开开关,让砂流出,直到储砂筒内的砂不再下流时,关闭开关;取下灌砂筒,称筒内剩余砂的质量,准确至1g。

3.2.3 重复上述测量,至少三次,最后取其平均值 m_3,准确至1g。

3.2.4 按式(4.1.2-8)计算填满标定罐所需砂的质量 m_a:

$$m_a = m_1 - m_2 - m_3 \tag{4.1.2-8}$$

式中:m_a——砂的质量(g),计算至1;

m_1——灌砂入标定罐前,筒内砂的质量(g);

m_2——灌砂筒下部圆锥体内砂的平均质量(g);

m_3——灌砂入标定罐后,筒内剩余砂的质量(g)。

3.2.5 按式(4.1.2-9)计算量砂的密度 ρ_s:

$$\rho_s = \frac{m_a}{V} \tag{4.1.2-9}$$

式中:ρ_s——砂的密度(g/cm^3),计算至0.01;

V——标定罐体积(cm^3);

m_a——砂的质量(g)。

4 试验步骤

4.1 在试验地点,选一块约 $40cm \times 40cm$ 的平坦表面,并将其清扫干净。将基板放在此平坦表面上;如此表面的粗糙度较大,则将盛有量砂 m_5 的灌砂筒放在基板中间的圆孔上;打开灌砂筒开关,让砂流入基板的中孔内,直到储砂筒内的砂不再下流时关闭开关;取下灌砂筒,称筒内砂的质量 m_6,准确至1g。

4.2 取走基板,将留在试验地点的量砂收回,重新将表面清扫干净;将基板放在清扫干净的表面上,沿基板中孔凿洞,洞的直径为100mm。在凿洞过程中,应注意不使凿出的试样丢失,并随时将凿松的材料取出,放在已知质量的塑料袋内,密封。试洞的深度应与标定罐高度接近或一致。凿洞毕,称此塑料袋中全部试样的质量,准确至1g,减去已知塑料袋质量后,即

为试样的总质量 m_t。

4.3　从挖出的全部试样中取有代表性的样品,放入铝盒中,测定其含水率 w。样品数量:对于细粒土,不少于100g;对于粗粒土,不少于500g。

4.4　将基板安放在试洞上,将灌砂筒安放在基板中间(储砂筒内放满砂至恒量 m_1),使灌砂筒的下口对准基板的中孔及试洞。打开灌砂筒开关,让砂流入试洞内。关闭开关,小心取走灌砂筒,称量筒内剩余砂的质量 m_4,准确至1g。

4.5　如清扫干净的平坦的表面上,粗糙度不大,则不需放基板,将灌砂筒直接放在已挖好的试洞上。打开筒的开关,让砂流入试洞内。在此期间,应注意勿碰动灌砂筒。直到储砂筒内的砂不再下流时,关闭开关。仔细取走灌砂筒,称量筒内剩余砂的质量 m_4,准确至1g。

4.6　取出试筒内的量砂,以备下次试验时再用。若砂的湿度已发生变化或量砂中混有杂质,则应重新烘干、过筛,放置一段时间,使其与空气的湿度达到平衡后再用。

4.7　当试洞中有较大孔隙,量砂可能进入孔隙时,应按试洞外形,松弛地放入一层柔软的纱布,然后进行灌砂工作。

5　数据整理

5.1　计算公式

5.1.1　按式(4.1.2-10)、式(4.1.2-11)计算填满试洞所需要的砂的质量。

灌砂时试洞上放有基板的情况:

$$m_b = m_1 - m_4 - (m_5 - m_6) \tag{4.1.2-10}$$

灌砂时试洞上不放基板的情况:

$$m_b = m_1 - m_4' - m_2 \tag{4.1.2-11}$$

上述式中:　m_b——砂的质量(g);

m_1——灌砂入试洞前筒内砂的质量(g);

m_2——灌砂筒下部圆锥体内砂的平均质量(g);

m_4、m_4'——灌砂入试洞后,筒内剩余砂的质量(g);

$m_5 - m_6$——灌砂筒下部圆锥体内及基板和粗糙表面间砂的总质量(g)。

5.1.2　按式(4.1.2-12)计算试验地点土的湿密度:

$$\rho = \frac{m_t}{m_b} \times \rho_s \tag{4.1.2-12}$$

式中:ρ——土的湿密度(g/cm³),计算至0.01;

m_t——试洞中取出的全部土样的质量(g);

m_b——填满试洞所需砂的质量(g);

ρ_s——量砂的密度(g/cm³)。

5.1.3　按式(4.1.2-13)计算土的干密度:

$$\rho_d = \frac{\rho}{1 + 0.01w} \tag{4.1.2-13}$$

式中:ρ_d——土的干密度(g/cm³),计算至0.01;

ρ——土的湿密度(g/cm³);

w——土的含水率(%)。

5.2 记录表格(表4.1.2-5)

密度试验记录(灌砂法)

表4.1.2-5

工程名称_____　　土样说明_____　　取样桩号_____

取样位置_____　　试验日期_____　　试验环境_____

砂的密度_____　　试 验 者_____　　复 核 者_____

试洞中湿土样质量 m_t	灌满试洞后剩余砂质量 m_4、m_4'	试洞内砂质量 m_b	湿密度 ρ	含水率测定							干密度 ρ_d
				盒号	盒+湿土质量	盒+干土质量	盒质量	干土质量	水质量	含水率	
g	g	g	g/cm³		g	g	g	g	g	%	g/cm³

5.3 精密度和允许差

本试验须进行两次平行测定,取其算术平均值,其平行差值不得大于0.03g/cm³。

5 报告

(1)土的鉴别分类和状态描述;

(2)土的含水率 $w(\%)$;

(3)土的湿密度 $\rho(g/cm^3)$;

(4)土的干密度 $\rho_d(g/cm^3)$。

4.1.3 土的比重试验

(一)比重瓶法

1 依据和适用范围

1.1 本试验参照的标准为《公路土工试验规程》(JTG E40—2007)。

1.2 本试验法适用于粒径小于5mm的土。

2 仪器设备

2.1 比重瓶:容量100(或50)mL。

2.2 天平:称量200g,感量0.001g。

2.3 恒温水槽:灵敏度±1℃。

2.4 砂浴。

2.5 真空抽气设备。

2.6 温度计:刻度为0~50℃。

2.7 其他:如烘箱、蒸馏水、中性液体(如煤油)、孔径2mm及5mm筛、漏斗、滴管等。

2.8 比重瓶校正:具体操作参阅《公路土工试验规程》(JTG E40—2007)。

3 试验步骤

3.1 将比重瓶烘干,将15g烘干土装入100mL比重瓶内(若用50mL比重瓶,装烘干土约

12g)，称量。

3.2　为排除土中空气，将已装有干土的比重瓶，注蒸馏水至瓶的一半处，摇动比重瓶，土样浸泡20h以上，再将瓶在砂浴中煮沸，煮沸时间自悬液沸腾时算起，砂及低液限黏土应不少于30min，高液限黏土应不少于1h，使土粒分散。注意沸腾后调节砂浴温度，不使土液溢出瓶外。

3.3　如系长颈比重瓶，用滴管调整液面恰至刻度处（以弯月面下缘为准），擦干瓶外及瓶内壁刻度以上部分的水，称瓶、水、土的总质量。如系短颈比重瓶，将纯水注满，使多余水分自瓶塞毛细管中溢出，将瓶外水分擦干后，称瓶、水、土的总质量，称量后立即测出瓶内水的温度，准确至0.5℃。

3.4　根据测得的温度，从已绘制的温度与瓶、水的总质量关系曲线中查得瓶、水的总质量。如比重瓶体积事先未经温度校正，则立即倾去悬液，洗净比重瓶，注入事先煮沸过且与试验时同温度的蒸馏水至同一体积刻度处，短颈比重瓶则注水至满，按本试验3.3步骤调整液面后，将瓶外水分擦干，称瓶、水的总质量。

3.5　如系砂土，煮沸时砂粒易跳出，允许用真空抽气法代替煮沸法排除土中空气，其余步骤与本试验3.3、3.4相同。

3.6　对含有某一定量的可溶盐、不亲性胶体或有机质的土，必须用中性液体（如煤油）测定，并用真空抽气法排除土中气体。真空压力表读数宜为100kPa，抽气时间1～2h（直至悬液内无气泡为止），其余步骤同本试验3.3、3.4。

3.7　本试验称量应准确至0.001g。

4　数据整理

4.1　计算公式

4.1.1　用蒸馏水测定时，按式（4.1.3-1）计算比重：

$$G_s = \frac{m_s}{m_1 + m_s - m_2} \times G_{wt} \tag{4.1.3-1}$$

式中：G_s——土的比重，计算至0.001；

m_s——干土质量（g）；

m_1——瓶、水的总质量（g）

m_2——瓶、水、土的总质量（g）；

G_{wt}——t℃时蒸馏水的比重（水的比重可查物理手册），准确至0.001。

4.1.2　用中性液体测定时，按式（4.1.3-2）计算比重：

$$G_s = \frac{m_s}{m_1' + m_s - m_2'} \times G_{kt} \tag{4.1.3-2}$$

式中：G_s——土的比重，计算至0.001；

m_1'——瓶、中性液体的总质量（g）；

m_2'——瓶、土、中性液体的总质量（g）；

G_{kt}——t℃时中性液体比重（应实测），准确至0.001。

4.2　记录表格（表4.1.3-1）

比重试验记录(比重瓶法) 表 4.1.3-1

工程编号＿＿＿＿＿＿＿＿ 土样说明＿＿＿＿＿＿＿＿

试验日期＿＿＿＿＿＿＿＿ 试验环境＿＿＿＿＿＿＿＿

试 验 者＿＿＿＿＿＿＿＿ 复 核 者＿＿＿＿＿＿＿＿

试验编号	比重瓶号	温度(℃)	液体比重	比重瓶质量(g)	瓶、干土的总质量(g)	干土质量(g)	瓶、液的总质量(g)	瓶、液、土的总质量(g)	与干土同体积的液体质量(g)	比重	平均比重值
		(1)	(2)	(3)	(4)	(5)=(4)-(3)	(6)	(7)	(8)=(5)+(6)-(7)	$(9)=\frac{(5)}{(8)}\times(2)$	

4.3 精密度和允许差

本试验必须进行两次平行测定,取其算术平均值,以两位小数表示,其平行差值不得大于 0.02。

5 报告

(1)土的鉴别分类和代号;

(2)土的比重 G_s 值。

(二)虹吸筒法

1 依据和适用范围

1.1 本试验参照的标准为《公路土工试验规程》(JTG E40—2007)。

1.2 本方法适用于粒径大于或等于5mm的各类土,且其中粒径大于或等于20mm的土质量大于或等于总土质量的10%。

2 仪器设备

2.1 虹吸筒装置:由虹吸筒(图4.1.3-1)和虹吸管组成。

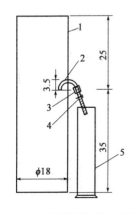

图 4.1.3-1 虹吸筒装置(尺寸单位:cm)
1-虹吸筒;2-虹吸管;3-橡皮管;4-管炎;
5-量筒

2.2 天平:称量1 000g,最小分度值0.1g。

2.3 量筒:容积应大于500mL。

2.4 其他:烘箱、温度计、孔径5mm及20mm筛等。

3 试验步骤

3.1 取代表性试样1 000～7 000g。将试样彻底冲洗,直至颗粒表面无尘土和其他污物。然后将试样浸在水中一昼夜取出,晾干(或用布擦干),称量。

3.2 注清水入虹吸筒,至管中有水逸出时停止注水。待管不再有水流出后,关闭管夹,将试样缓缓放入筒中,边放边搅,至无气泡逸出时为止,搅动时勿使水溅出筒外。称量筒质量。

3.3 当虹吸筒内水面平稳时开管夹,让试样排开的水通过虹吸管流入量筒,称量量筒与水的总质量。并测定量筒内水温,准确到 0.5℃。

3.4 取出试样烘至恒量,称烘干试样质量。

3.5 本试验称量准确至1g。

4 数据整理

4.1 计算公式

4.1.1 按式(4.1.3-3)计算比重:

$$G_s = \frac{m_s}{(m_1 - m_0) - (m - m_s)} \times G_{wt}$$ (4.1.3-3)

式中:G_s——土的比重,计算至0.01;

m_s——干土质量(g);

m_1——量筒与水的总质量(g);

m_0——量筒质量(g);

m——晾干试样质量(g);

G_{wt}——t℃时水的比重,准确至0.001。

4.1.2 按式(4.1.3-4)计算土料平均比重:

$$G_s = \frac{1}{\dfrac{P_1}{G_{s1}} + \dfrac{P_2}{G_{s2}}}$$ (4.1.3-4)

式中:G_s——土料平均比重,计算至0.01;

G_{s1}——粒径大于5mm土粒的比重;

G_{s2}——粒径小于5mm土粒的比重;

P_1——粒径大于5mm土粒占总质量的百分数(%);

P_2——粒径小于5mm土粒占总质量的百分数(%)。

4.2 记录表格(表4.1.3-2)

比重试验记录(虹吸筒法)　　　　　　　　　　　表4.1.3-2

工程编号＿＿＿＿＿＿＿＿＿　　　　　　　土样说明＿＿＿＿＿＿＿＿＿

试验日期＿＿＿＿＿＿＿＿＿　　　　　　　试验环境＿＿＿＿＿＿＿＿＿

试 验 者＿＿＿＿＿＿＿＿＿　　　　　　　复 核 者＿＿＿＿＿＿＿＿＿

野外编号	室内瓶号	温度(℃)	水的比重	烘干土质量(g)	风干土质量(g)	量筒质量(g)	量筒加排开水的质量(g)	排开水质量(g)	吸着水质量(g)	比重	平均值
		(1)	(2)	(3)	(4)	(5)	(6)	(7)	(8)	(9)	
								(6)-(5)	(4)-(3)	$\dfrac{(3)\times(2)}{(7)-(8)}$	

4.3　精密度和允许差

本试验必须进行两次平行测定,取其算术平均值,以两位小数表示,其平行差值不得大于0.02。

5　报告

(1)土的鉴别分类和代号;

(2)土的比重 G_s 值。

4.1.4　土的界限含水率试验

液限和塑限联合测定法

1　目的、依据和适用范围

1.1　本试验的目的是联合测定土的液限和塑限,用于划分土类、计算天然稠度和塑性指数,供机场工程设计和施工使用。

1.2　本试验参照的标准为《公路土工试验规程》(JTG E40—2007)。

1.3　本试验适用于粒径不大于0.5mm、有机质含量小于试样总质量5%的土。

2　仪器设备

2.1　液塑限联合测定仪(图4.1.4-1),锥质量为100g或76g,锥角30°。

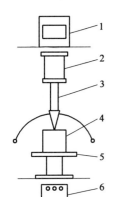

图4.1.4-1　液塑限联合测定仪
1-显示屏;2-电磁铁;3-带尺的圆锥仪;4-试样杯;5-升降座;6-控制开关

2.2　盛土杯:直径50mm,深度40～50mm。

2.3　天平:称量200g,感量0.01g。

2.4　其他:孔径0.5mm筛、调土刀、调土皿、称量盒、研钵、干燥器、吸管、凡士林等。

3　试验步骤

3.1　取有代表性的天然含水率或风干土样进行试验。如土中含粒径大于0.5mm的土粒或杂物时,应将风干土样用带橡皮头的研杆研碎或用木棒在橡皮板上压碎,过0.5mm的筛。

取0.5mm筛下的代表性土样200g,分开放入三个盛土皿中,加不同数量的蒸馏水,土样的含水率分别控制在液限(a点)、略大于塑限(c点)和两者的中间状态(b点)。用调土刀调匀,盖上湿布,放置18h以上。测定 a 点的锥入深度,对于100g锥应为20mm ± 0.2mm,对于76g锥应为17mm。测定 c 点的锥入深度,对于100g锥应控制在5mm以下,对于76g锥应控制在2mm以下。对于砂类土,用100g锥测定 c 点的锥入深度可大于5mm,用76g锥测定 c 点的锥入深度可大于2mm。

3.2　将制备的土样充分搅拌均匀,分层装入盛土杯,用力压密,使空气逸出。对于较干的土样,应先充分搓揉,用调土刀反复压实。试杯装满后,刮成与杯边齐平。

3.3　当用游标式或百分表式液限塑限联合测定仪试验时,调平仪器,提起锥杆(此时游标或百分表读数为零),锥头上涂少许凡士林。

3.4　将装好土样的试杯放在联合测定仪的升降座上,转动升降旋钮,待锥尖与土样表面刚好接触时停止升降,扭动锥下降旋钮,同时开动秒表,经5s时,松开旋钮,锥体停止下降,此时游标读数即为锥入深度 h_1。

3.5 改变锥尖与土的接触位置(锥尖两次锥入位置距离不小于1cm),重复本试验3.3、3.4步骤,得锥入深度 h_2。h_1、h_2 允许平行误差为0.5mm,否则,应重做。取 h_1、h_2 平均值作为该点的锥入深度 h。

3.6 去掉锥尖入土处的凡士林,取10g以上的土样两个,分别装入称量盒内,称取质量(准确至0.01g),测定其含水率 w_1、w_2(计算到0.1%)。计算含水率平均值 w。

3.7 重复本试验3.2~3.6步骤,对其他两个含水率土样进行试验,测其锥入深度和含水率。

3.8 用光电式或数码式液限塑限联合测定仪测定时,接通电源,调平机身,打开开关,提上锥体(此时刻度或数码显示应为零)。将装好土样的试杯放在升降座上,转动升降旋钮,试杯徐徐上升,土样表面和锥体刚好接触,指示灯亮,停止转动旋钮,锥体立刻自行下沉,5s时,自动停止下落,读数窗上或数码管上显示锥入深度。试验完毕,按动复位按钮,锥体复位,读数显示为零。

4 数据整理

4.1 在双对数坐标上,以含水率 w 为横坐标、锥入深度 h 为纵坐标,点绘 a、b、c 三点含水率的 h-w 关系曲线(图4.1.4-2)。连此三点,应呈一条直线(情况A)。如三点不在同一直线上(情况B),要通过 a 点与 b、c 点连成两条直线,根据液限(a 点含水率)在 h_p-w_L 关系曲线上查得 h_p,以此 h_p 再在 h-w 关系曲线的 ab 及 ac 两条直线上求出相应的两个含水率。当两个含水率的差值小于2%时,以该两点含水率的平均值与 a 点连成一条直线 ad。当两个含水率的差值不小于2%时,应重做试验。

4.2 液限的确定方法

4.2.1 若采用76g锥做液限试验,则在 h-w 关系曲线上查得纵坐标入土深度 h = 17mm 所对应的横坐标的含水率 w,即为该土样的液限 w_L。

4.2.2 若采用100g锥做液限试验,则在 h-w 关系曲线上查得纵坐标入土深度 h = 20mm 所对应的横坐标的含水率 w,即为该土样的液限 w_L。

4.3 塑限的确定方法

4.3.1 根据本试验4.2.1求出的液限,通过76g锥入土深度 h 与含水率 w 的关系曲线(图4.1.4-2),查得锥入深度为2mm所对应的含水率,即为该土样的塑限 w_p。

4.3.2 根据本试验4.2.2求出的液限,通过液限与塑限时入土深度的关系曲线(图4.1.4-3),查得 h_p,再由图4.1.4-2求出入土深度为 h_p 时所对应的含水率,即为该土样的塑限 w_p。查 h_p-w_L 关系图时,须先通过简易鉴别法及筛分法把砂类土与细粒土区别开来,再按这两种土分别采用相应的 h_p-w_L 关系曲线:对于细粒土,用双曲线确定 h_p 值;对于砂类土,则用多项式曲线确定 h_p 值。

若根据本试验4.2.2求出的液限,当 a 点的锥入深度在20mm ±0.2mm范围内时,应在 ad 线上查得入土深度为20mm处相对应的含水率,此为液限 w_L。再用此液限在 h_p-w_L 关系曲线(图4.1.4-3)上找出与之相对应的塑限入土深度 h'_p,然后到 h-w 关系曲线 ad 直线上查得 h'_p 相对应的含水率,此为塑限 w_p。

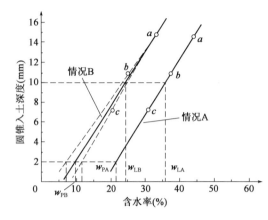

图 4.1.4-2　液塑限测定　　　　图 4.1.4-3　h_p-w_L 关系曲线

4.4　计算公式

4.4.1　塑性指数应按式(4.1.4-1)计算:

$$I_P = w_L - w_P \qquad\qquad (4.1.4-1)$$

式中:I_P——塑性指数;

　　　w_L——液限(%);

　　　w_P——塑限(%)。

4.4.2　液性指数应按式(4.1.4-2)计算:

$$I_L = \frac{w_0 - w_P}{I_P} \qquad\qquad (4.1.4-2)$$

式中:I_L——液性指数,计算至0.01。

4.5　记录表格(表4.1.4-1)

液塑限联合试验记录　　　　　　　　　　表 4.1.4-1

工程名称＿＿＿＿＿＿＿＿＿　　　　　　取土深度＿＿＿＿＿＿＿＿＿

土样编号＿＿＿＿＿＿＿＿＿　　　　　　土样说明＿＿＿＿＿＿＿＿＿

试验日期＿＿＿＿＿＿＿＿＿　　　　　　试验环境＿＿＿＿＿＿＿＿＿

试　验　者＿＿＿＿＿＿＿＿＿　　　　　复　核　者＿＿＿＿＿＿＿＿＿

试　验　次　数		1	2	3
锥入深度(mm)	h_1			
	h_2			
	$1/2(h_1 + h_2)$			
含水率	盒号			
	盒质量(g)			
	盒＋湿土质量(g)			
	盒＋干土质量(g)			
	含水率(%)			
液限 w_L(%)				
塑限 w_P(%)				
塑性指数 I_P				

4.6 精密度和允许差

本试验须进行两次平行测定,取其算术平均值,以整数(%)表示。其允许差值为:高液限土小于或等于2%,低液限土小于或等于1%。

5 报告

(1)土的鉴别分类和代号;

(2)土的液限 w_L、塑限 w_P 和塑性指数 I_P。

4.1.5 土的颗粒级配试验

(一)筛分法

1 目的、依据和适用范围

本试验法适用于分析粒径大于 0.075mm 的土颗粒组成。对于粒径大于 60mm 的土样,本试验方法不适用。

本试验方法参照的标准为《公路土工试验规程》(JTG E40—2007)。

2 仪器设备

2.1 标准筛:粗筛(圆孔):孔径为 60mm、40mm、20mm、10mm、5mm、2mm;细筛:孔径为 2.0mm、1.0mm、0.5mm、0.25mm、0.075mm。

2.2 天平:称量 5 000g,感量 5g;称量 1 000g,感量 1g;称量 200g,感量 0.2g。

2.3 振筛机。

2.4 其他:烘箱、筛刷、烧杯、木碾、研钵及杵等。

3 试验步骤

3.1 试样

从风干、松散的土样中,用四分法按照下列规定取出具有代表性的试样:

(1)最大粒径小于 2mm 的土 100 ~ 300g;

(2)最大粒径小于 10mm 的土 300 ~ 900g;

(3)最大粒径小于 20mm 的土 1 000 ~ 2 000g;

(4)最大粒径小于 40mm 的土 2 000 ~ 4 000g;

(5)最大粒径大于 40mm 的土 4 000g 以上。

3.2 对于无黏聚性的土

(1)按规定称取试样,将试样分批过 2mm 筛。

(2)将大于 2mm 的试样按照从大到小的次序,通过孔径大于 2mm 的各级粗筛,将留在筛上的土分别称量。

(3)2mm 筛下的土如数量过多,可用四分法缩分至 100 ~ 800g。将试样按照从大到小的次序通过孔径小于 2mm 的各级细筛,可用振筛机进行振摇。振摇时间一般为 10 ~ 15min。

(4)由最大孔径的筛开始,顺序将各筛取下,在白纸上用手轻叩摇晃,至每分钟筛下数量不大于该级筛余质量的1%为止。漏下的土粒应全部放入下一级筛内,并将留在各筛上的土样用软毛刷刷净,分别称量。

(5)筛后各级筛上和筛底土总质量与筛前试样质量之差,不应大于1%。

(6)如 2mm 筛下的土不超过试样总质量的10%,可省略细筛分析;如 2mm 筛上的土不超过试样总质量的 10%，可省略粗筛分析。

3.3 对于含有黏土粒的砂砾土

(1)将土样放在橡皮板上，用木碾将黏结的土团充分碾散，拌匀、烘干、称量。如土样过多时，用四分法称取代表性土样。

(2)将试样置于盛有清水的盆中，浸泡并搅拌，使粗细颗粒分散。

(3)将浸润后的混合液过 2mm 筛，边冲边洗过筛，直至筛上仅留下大于 2mm 以上的土粒为止。然后，将筛上洗净的砂砾风干称量，按以上方法进行粗筛分析。

(4)通过 2mm 筛下的混合液存放在盆中，待稍沉淀，将上部悬液过 0.075mm 洗筛，用带橡皮头的玻璃棒研磨盆内浆液，再加清水、搅拌、研磨、静置、过筛，反复进行，直至盆内悬液澄清。最后，将全部土粒倒在 0.075mm 筛上，用水冲洗，直到筛上仅留粒径大于 0.075mm 的净砂为止。

(5)将粒径大于 0.075mm 的净砂烘干称量，并进行细筛分析。

(6)将粒径大于 2mm 的颗粒及粒径为 2 ~ 0.075mm 的颗粒质量从原称量的总质量中减去，即为粒径小于 0.075mm 颗粒质量。

(7)如果粒径小于 0.075mm 颗粒质量超过总土质量的 10%，有必要时，将这部分土烘干、取样，另做密度计或移液管分析。

4 数据整理

4.1 计算公式

4.1.1 按式(4.1.5-1)计算小于某粒径颗粒质量百分数：

$$X = \frac{A}{B} \times 100 \tag{4.1.5-1}$$

式中：X——小于某粒径颗粒的质量百分数(%)，计算至 0.01；

A——小于某粒径的颗粒质量(g)；

B——试样的总质量(g)。

4.1.2 当粒径小于 2mm 的颗粒用四分法缩分取样时，试样中小于某粒径的颗粒质量占总土质量的百分数为：

$$X = \frac{a}{b} \times p \times 100 \tag{4.1.5-2}$$

式中：a——通过 2mm 筛的试样中小于某粒径的颗粒质量(g)；

b——通过 2mm 筛的土样中所取试样的质量(g)；

p——粒径小于 2mm 的颗粒质量百分数(%)。

4.1.3 在半对数坐标纸上，以小于某粒径的颗粒质量百分数为纵坐标、粒径(mm)为横坐标，绘制颗粒大小级配曲线，求出各粒组的颗粒质量百分数，以整数(%)表示。

4.1.4 必要时按式(4.1.5-3)计算不均匀系数：

$$C_u = \frac{d_{60}}{d_{10}} \tag{4.1.5-3}$$

式中：C_u——不均匀系数，计算至 0.1 且含两位以上有效数字；

d_{60}——限制粒径，即土中小于该粒径的颗粒质量为 60% 的粒径(mm)；

d_{10}——有效粒径，即土中小于该粒径的颗粒质量为 10% 的粒径(mm)。

4.2　记录表格(表4.1.5-1)

颗粒分析试验记录(筛分法)　　　　　　表4.1.5-1

工程名称_____　　　　　　　土样编号_____

土样说明_____　　　　　　　试验环境_____

试验日期_____　　　试　验　者_____　　　复核者_____

筛前总土质量 = _____				粒径小于2mm土取试样质量 = _____				
粒径小于2mm土质量 = _____				粒径小于2mm土占总土质量百分比 = _____				
粗筛分析				细筛分析				
孔径(mm)	累积留筛土质量(g)	小于该孔径土质量(g)	小于该孔径土质量百分比(%)	孔径(mm)	累积留筛土质量(g)	小于该孔径土质量(g)	小于该孔径土质量百分比(%)	占总土质量百分比(%)

4.3　精密度和允许差

筛后各级筛上和筛底土的总质量与筛前试样质量之差,不应大于1%。

5　报告

(1)土的鉴别分类和代号;

(2)颗粒级配曲线;

(3)不均匀系数 C_u。

(二)密度计法

1　目的、依据和适用范围

本试验方法适用于分析粒径小于0.075mm的细粒土。

本试验方法参照的标准为《公路土工试验规程》(JTG E40—2007)。

2　仪器设备

2.1　甲种密度计:刻度单位以20℃时每1 000mL悬液内所含土质量的克数表示,刻度为-5~50,最小分度值为0.5。

乙种密度计:刻度单位以20℃时悬液的比重表示,刻度为0.995~1.020,最小分度值为0.000 2。

2.2　量筒:容积1 000mL,内径约60mm,高度为350mm±10mm,刻度0~1 000mL,准确至10mL。

2.3　细筛:孔径为2mm、0.5mm、0.25mm;洗筛:孔径为0.075mm。

2.4　洗筛漏斗:上口直径大于洗筛直径,下口直径略小于量筒内径。

2.5　天平:称量100g,最小分度值0.1g;称量100g(或200g),最小分度值0.01g。

2.6　搅拌器:轮径50mm,孔径3mm,杆长约450mm,带螺旋叶。

2.7　煮沸设备:电热板或电砂浴,附冷凝管装置。

2.8 温度计:刻度 0~50℃,最小分度值 0.5℃。

2.9 其他:离心机、烘箱、秒表、锥形瓶(容积 500mL)、研钵、木杵、电导率仪等。

3 试剂

浓度为 25% 氨水、氢氧化钠(NaOH)、草酸钠($Na_2C_2O_4$)、六偏磷酸钠[$(NaPO_3)_6$]、焦磷酸钠($Na_4P_2O_7 \cdot 10H_2O$)等;如需进行洗盐手续,应有 10% 盐酸、5% 氯化钡、10% 硝酸、5% 硝酸银、6% 双氧水等。

4 试样

密度计分析土样应采用风干土。土样充分碾散,通过 2mm 筛(土样风干可在烘箱内以不超过 50℃ 鼓风干燥)。

求出土样的风干含水率,并按式(4.1.5-4)计算试样干质量为 30g 时所需的风干土质量,准确至 0.01g。

$$m = m_s(1 + 0.01w) \tag{4.1.5-4}$$

式中:m——风干土质量(g),计算至 0.01;

m_s——密度计分析所需干土质量(g);

w——风干土的含水率(%)。

5 土样分散处理

土样的分散处理,采用分散剂。对于使用各种分散剂均不能分散的土样(如盐渍土等),须进行洗盐。

对于一般易分散的土,用 25% 氨水作为分散剂,其用量为 30g 土样中加 1mL 氨水。

对于氨水不能分散的土样,可根据土样的 pH 值,分别采用下列分散剂。

(1)酸性土(pH <6.5),30g 土样加 0.5mol/L 氢氧化钠 20mL。溶液配制方法:20g NaOH(化学纯),加蒸馏水溶解后,定容 1 000mL,摇匀。

(2)中性土(pH = 6.5~7.5),30g 土样加 0.25mol/L 草酸钠 18mL。溶液配制方法:33.5g $Na_2C_2O_4$(化学纯),加蒸馏水溶解后,定容 1 000mL,摇匀。

(3)碱性土(pH >7.5),30g 土样加 0.083mol/L 六偏磷酸钠 15mL。溶液配制方法:51g $(NaPO_3)_6$(化学纯),加蒸馏水溶解后,定容 1 000mL,摇匀。

(4)若土的 pH >8,用六偏磷酸钠分散效果不好或不能分散时,则 30g 土样加 0.125mol/L 焦磷酸钠 14mL。溶液配制方法:55.8g $Na_4P_2O_7 \cdot 10H_2O$(化学纯),加蒸馏水溶解后,定容 1 000mL,摇匀。

对于强分散剂(如焦磷酸钠)仍不能分散的土,可用阳离子交换树脂(粒径大于 2mm)100g 放入土样中一起浸泡,不断摇荡约 2h,再过 2mm 筛,将阳离子交换树脂分开,然后加入 0.083mol/L 六偏磷酸 15mL。

对于可能含有水溶盐,采用以上方法均不能分散的土样,要进行水溶盐检验。其方法是:取均匀试样约 3g,放入烧杯内,注入 4~6mL 蒸馏水,用带橡皮头的玻璃棒研散,再加 25mL 蒸馏水,煮沸 5~10min,经漏斗注入 30mL 的试管中,塞住管口,放在试管架上静置一昼夜。若发现管中悬液有凝聚现象(在沉淀物上部呈松散絮绒状),则说明试样中含有足以使悬液中土粒成团下降的水溶盐,要进行洗盐。

6　洗盐(过滤法)

6.1　将分散用的试样放入调土皿内,注入少量蒸馏水,拌和均匀。将滤纸微湿后紧贴于漏斗上,然后将调土皿中土浆迅速倒入漏斗中,并注入热蒸馏水冲洗过滤。附于皿上的土粒要全部洗入漏斗。若发现滤液混浊,需重新过滤。

6.2　应经常使漏斗内的液面保持高出土面约5mm。每次加水后,须用表面皿盖住。

6.3　为了检查水溶盐是否已洗干净,可用两个试管各取刚滤下的滤液3~5mL,一管中加入数滴10%盐酸及5%氯化钡,另一管加入数滴10%硝酸及5%硝酸盐。若发现任意一管中有白色沉淀时,说明土中的水溶盐仍未洗净,应继续清洗,直至检查时试管中不再发现白色沉淀时为止。将漏斗上的土样细心洗下,风干取样。

7　试验步骤

7.1　将称好的风干土样倒入三角烧瓶中,注入蒸馏水200mL,浸泡一夜。按前述规定加入分散剂。

7.2　将三角烧瓶稍加摇荡后,放在电热器上煮沸40min(若用氨水分散时,要用冷凝管装置;若用阳离子交换树脂时,则不需煮沸)。

7.3　将煮沸后冷却的悬液倒入烧杯中,静置1min。将上部悬液通过0.075mm筛,注入1 000mL量筒中。杯中沉土用带橡皮头的玻璃棒细心研磨。加水入杯中,搅拌后静置1min,再将上部悬液通过0.075mm筛,倒入量筒中。反复进行,直至静置1min后,上部悬液澄清为止。最后将全部土粒倒入筛内,用水冲洗至仅有粒径大于0.075mm的净砂为止。注意量筒内的悬液总量不要超过1 000mL。

7.4　将留在筛上的砂粒洗入皿中,风干称量,并计算各粒组颗粒质量占总土质量的百分数。

7.5　向量筒中注入蒸馏水,使悬液恰为1 000mL(如用氨水作分散剂时,这时应再加入25%氨水0.5mL,其数量包括在1 000mL内)。

7.6　用搅拌器在量筒内沿整个悬液深度上下搅拌1min,往返约30次,使悬液均匀分布。

7.7　取出搅拌器,同时开动秒表。测记0.5min、1min、5min、15min、30min、60min、120min、240min及1440min的密度计读数,直至小于某粒径的土重百分数小于10%为止。每次读数前10~20s将密度计小心地放入量筒至接近估计读数深度。读数以后,取出密度计(0.5min及1min读数除外),小心地放入盛有清水的量筒中。每次读数后均须测记悬液温度,准确至0.5℃。

7.8　如一次做一批土样(20个),可先做完每个量筒的0.5min及1min读数,再按以上步骤将每个土样悬液重新依次搅拌一次,然后分别测记各规定时间的读数,同时在每次读数后测记悬液的温度。

7.9　密度计读数均以弯月面上缘为准。甲种密度计应准确至1,估读至0.1;乙种密度计应准确至0.001,估读至0.000 1。为方便读数,采用间读法,即0.001读作1,而0.000 1读作0.1。这样既便于读数,又便于计算。

8　数据整理

8.1　计算公式

8.1.1　小于某粒径的试样质量占试样总质量的百分比按下列公式计算。

（1）甲种密度计

$$X = \frac{100}{m_s} C_G (R_m + m_t + n - C_D) \tag{4.1.5-5}$$

$$C_G = \frac{\rho_s}{\rho_s - \rho_{w20}} \times \frac{2.65 - \rho_{w20}}{2.65} \tag{4.1.5-6}$$

上述式中：X——小于某粒径的土质量百分数（%），计算至0.1；

$\quad m_s$——试样质量（干土质量）（g）；

$\quad C_G$——比重校正值[参见《公路土工试验规程》（JTG E40—2007）]；

$\quad \rho_s$——土粒密度（g/cm³）；

$\quad \rho_{w20}$——20℃时水的密度（g/cm³）；

$\quad m_t$——温度校正值[参见《公路土工试验规程》（JTG E40—2007）]；

$\quad n$——刻度及弯月面校正值[参见《公路土工试验规程》（JTG E40—2007）]；

$\quad C_D$——分散剂校正值[参见《公路土工试验规程》（JTG E40—2007）]；

$\quad R_m$——甲种密度计读数。

（2）乙种密度计

$$X = \frac{100V}{m_s} C_G' [(R_m' - 1) + m_t' + n' - C_D'] \rho_{w20} \tag{4.1.5-7}$$

$$C_G' = \frac{\rho_s}{\rho_s - \rho_{w20}} \tag{4.1.5-8}$$

上述式中：X——小于某粒径的土质量百分数（%），计算至0.1；

$\quad V$——悬液体积（=1 000mL）；

$\quad m_s$——试样质量（干土质量）（g）；

$\quad C_G'$——比重校正值[参见《公路土工试验规程》（JTG E40—2007）]；

$\quad \rho_s$——土粒密度（g/cm³）；

$\quad n'$——刻度及弯月面校正值[参见《公路土工试验规程》（JTG E40—2007）]；

$\quad C_D'$——分散剂校正值[参见《公路土工试验规程》（JTG E40—2007）]；

$\quad R_m'$——乙种密度计读数；

$\quad \rho_{w20}$——20℃时水的密度（g/cm³）；

$\quad m_t'$——温度校正值[参见《公路土工试验规程》（JTG E40—2007）]。

8.1.2　试样颗粒粒径按式（4.1.5-9）、式（4.1.5-10）计算：

$$d = K \sqrt{\frac{L}{t}} \tag{4.1.5-9}$$

$$K = \sqrt{\frac{1\,800 \times 10^4 \eta}{(G_s - G_{wt}) \rho_{w4} g}} \tag{4.1.5-10}$$

上述式中：η——水的动力黏滞系数（10^{-6} kPa·s）；

$\quad d$——土粒直径（mm），计算至0.000 1且含两位有效数字；

$\quad G_s$——土粒比重；

G_{wt}——t℃时水的比重；

ρ_{w4}——4℃时纯水的密度（g/cm³）；

L——某一时间内的土粒沉降距离（cm）；

t——沉降时间（s）；

g——重力加速度（981cm/s²）；

K——粒径计算系数，与悬液温度和土粒比重有关。

8.2　绘制曲线

以小于某粒径的颗粒百分数为纵坐标、粒径（mm）为横坐标，在半对数纸上，绘制粒径分配曲线。求出各粒组的颗粒质量百分数，且不大于d_{10}的数据点至少有一个。

如系与筛分法联合分析，应将两端曲线绘成一平滑曲线。

8.3　记录表格（表4.1.5-2）

颗粒分析试验记录（密度计法）　　　　　　　　　　　　　表4.1.5-2

工程名称＿＿＿＿＿＿＿＿　　土样编号＿＿＿＿＿＿＿＿　　土样说明＿＿＿＿＿＿＿＿

土粒比重＿＿＿＿＿＿＿＿　　比重校正值＿＿＿＿＿＿＿　　密度计号＿＿＿＿＿＿＿＿

量筒编号＿＿＿＿＿＿＿＿　　烘干土质量＿＿＿＿＿＿＿　　分散剂种类＿＿＿＿＿＿＿

试验日期＿＿＿＿＿＿＿＿　　试　验　者＿＿＿＿＿＿＿　　复　核　者＿＿＿＿＿＿＿

下沉时间 t（min）	悬液温度 t（℃）	密度计读数 R_m	温度校正值 m_t	分散剂校正值 C_D	刻度及弯月面校正 n	$R = R_m + m_t + n - C_D$	$R_H = RC_G$	土粒沉降距离 L（mm）	水的动力黏滞系数 η_h	水的比重 G_{wt}	粒径计算系数 K	粒径 d（mm）	小于某粒径含量百分数 X
0.5													
1													
5													
15													
30													
60													
120													
级配曲线										d_{10}（mm）			
										d_{30}（mm）			
										d_{60}（mm）			
										C_u			
										C_c			

9　报告

（1）土的鉴别分类和代号；

（2）颗粒分析试验记录表；

（3）土的颗粒级配曲线。

4.1.6 土的渗透试验

(一)常水头渗透试验

1 目的、依据和适用范围

本试验方法适用于砂类土和含少量砾石的无凝聚性土。

试验用水应采用实际作用于土的天然水。如有困难,允许用蒸馏水或一般经过滤的清水,但试验前必须用抽气法或煮沸法脱气。试验时水温宜高于试验室温度3～4℃。

本试验方法参照的标准为《公路土工试验规程》(JTG E40—2007)。

2 仪器设备

2.1 常水头渗透仪装置(图4.1.6-1):由金属封底圆筒、金属孔板、滤网、测压管和供水瓶组成。其中封底圆筒高40cm,内径10cm;金属孔板距筒底6cm。有三个测压孔,测压孔中心间距10cm,与筒边连接处有铜丝网;玻璃测压管内径为0.6cm,用橡皮管与测压孔相连。

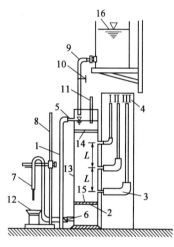

图4.1.6-1 常水头渗透仪装置
1-金属圆筒;2-金属孔板;3-测压孔;4-测压管;5-溢水孔;6-渗水孔;7-调节管;8-滑动支架;9-供水管;10-止水夹;11-温度计;12-量杯;13-试样;14-砾石层;15-铜丝网;16-供水瓶

2.2 其他:木锤、秒表、天平等。

3 试验步骤

3.1 装好仪器,接通调节管和供水管,使水流到仪器底部,水位略高于金属孔板,关止水夹。

3.2 取具有代表性土样3～4kg,称量,准确至1.0g,测定其风干含水率。

3.3 将风干土样分层装入圆筒内,每层2～3cm,用木锤轻轻击实到一定厚度,以控制孔隙比。当试样中含黏粒比较多时,应在滤网上铺2cm厚的粗砂作为缓冲层,防止细粒流失。

3.4 每层试样装完后,慢慢开启止水夹,水由筒底向上渗入,使试样逐渐饱和。水面不得高出试样顶面。当水与试样顶面齐平时,关闭止水夹。饱和时水流不可太急,以免冲动试样。

3.5 如此分层装入试样、饱和,至高出测压孔3～4cm为止,量出试样顶面至筒顶高度,计算试样高度,称剩余土质量,精确至0.1g,计算装入试样总质量。在试样顶面铺1～2cm砾石作为缓冲层,放水,至水面高出砾石层2cm左右时,关闭止水夹。

3.6 将供水管和调节管分开,将供水管置于圆筒内,开启止水夹,使水由圆筒上部注入,至水面与溢水孔齐平为止。

3.7 静置数分钟,检查各测压管水位是否与溢水孔齐平。若不齐平,说明仪器有集气或漏气,需挤压测压管上的橡皮管,或用吸球在测压管上部将集气吸出,调节水位齐平为止。

3.8 降低调节管的管口位置,水即渗过试样,经调节管流出。此时调节止水夹,使进入筒内的水量多于渗出水量,溢水孔始终有水流出,以保持筒中水面不变。

3.9 测压管水位稳定后,测记水位,计算水位差。

3.10 开动秒表,同时用量筒接取一定时间的渗透水量,并重复一次。接水时,调节管出水口不浸入水中。

3.11 测记进水和出水处水温,取其平均值。

3.12 降低调节管管口至试样中部及下部 1/3 高度处,改变水力坡降 H/L,重复 3.8 ~ 3.11 步骤进行测定。

4 数据整理

4.1 计算公式

4.1.1 按式(4.1.6-1) ~ 式(4.1.6-3)计算干密度及孔隙比:

$$\rho_d = \frac{m_s}{Ah} \tag{4.1.6-1}$$

$$e = \frac{G_s}{\rho_d} - 1 \tag{4.1.6-2}$$

$$m_s = \frac{m}{1 + w_h} \tag{4.1.6-3}$$

上述式中:ρ_d——干密度(g/cm³),计算至0.01;

    e——试样孔隙比,计算至0.01;

    m_s——试样干质量(g);

    m——风干试样总质量(g);

    w_h——风干含水率(%);

    A——试样断面面积(cm²);

    h——试样高度(cm);

    G_s——土粒比重。

4.1.2 按式(4.1.6-4)、式(4.1.6-5)计算渗透系数:

$$k_t = \frac{QL}{AHt} \tag{4.1.6-4}$$

$$H = \frac{H_1 + H_2}{2} \tag{4.1.6-5}$$

上述式中:k_t——水温 t℃时试样的渗透系数(cm/s),计算至三位有效数字;

    Q——时间 t 内的渗透水量(cm³);

    L——两测压孔中心之间的试样高度(等于测压孔中心间距,$L=10$cm);

    H——平均水位差(cm);

    t——时间(s)。

4.1.3 标准温度下的渗透系数按式(4.1.6-6)计算:

$$k_{20} = k_t \frac{\eta_t}{\eta_{20}} \tag{4.1.6-6}$$

式中:k_{20}——标准水温(20℃)时试样的渗透系数(cm/s),计算至三位有效数字;

    η_t——t℃时水的动力黏滞系数(kPa·s);

    η_{20}——20℃时水的动力黏滞系数(kPa·s);

    η_t/η_{20}——黏滞系数比,见表4.1.6-1。

水的动力黏滞系数 η_t、黏滞系数比 $\dfrac{\eta_t}{\eta_{20}}$ 表4.1.6-1

温度 （℃）	动力黏滞系数 η $(10^{-6}kPa \cdot s)$	$\dfrac{\eta_t}{\eta_{20}}$	温度校正值 T_p	温度 （℃）	动力黏滞系数 η $(10^{-6}kPa \cdot s)$	$\dfrac{\eta_t}{\eta_{20}}$	温度校正值 T_p
5.0	1.516	1.501	1.17	12.5	1.223	1.211	1.46
5.5	1.498	1.478	1.19	13.0	1.206	1.194	1.48
6.0	1.470	1.455	1.21	13.5	1.188	1.176	1.50
6.5	1.449	1.435	1.23	14.0	1.175	1.168	1.52
7.0	1.428	1.414	1.25	14.5	1.160	1.148	1.54
7.5	1.407	1.393	1.27	15.0	1.144	1.133	1.56
8.0	1.387	1.373	1.28	15.5	1.130	1.119	1.58
8.5	1.367	1.353	1.30	16.0	1.115	1.104	1.60
9.0	1.347	1.334	1.32	16.5	1.101	1.090	1.62
9.5	1.328	1.315	1.34	17.0	1.088	1.077	1.64
10.0	1.310	1.297	1.36	17.5	1.074	1.066	1.66
10.5	1.292	1.279	1.38	18.0	1.061	1.050	1.68
11.0	1.274	1.261	1.40	18.5	1.048	1.038	1.70
11.5	1.256	1.243	1.42	19.0	1.035	1.025	1.72
12.0	1.239	1.227	1.44	19.5	1.022	1.012	1.74
20.0	1.010	1.000	1.76	27.0	0.859	0.850	2.07
20.5	0.998	0.988	1.78	28.0	0.841	0.833	2.12
21.0	0.986	0.976	1.80	29.0	0.823	0.815	2.16
21.5	0.974	0.964	1.83	30.0	0.806	0.798	2.21
22.0	0.968	0.958	1.85	31.0	0.789	0.781	2.25
22.5	0.952	0.943	1.87	32.0	0.773	0.765	2.30
23.0	0.941	0.932	1.89	33.0	0.757	0.750	2.34
24.0	0.919	0.910	1.94	34.0	0.742	0.735	2.39
25.0	0.899	0.890	1.98	35.0	0.727	0.720	2.43
26.0	0.879	0.870	2.03				

4.1.4 根据需要，可在半对数坐标纸上绘制以孔隙比为纵坐标，渗透系数为横坐标的 e-k 关系曲线。

4.2 记录表格（表4.1.6-2）

4.3 精密度和允许差

一个试样多次测定时，应在所测结果中取 3～4 个允许差值符合规定的测值，求平均值，作为该试样在某孔隙比 e 时的渗透系数。允许差值不大于 2×10^{-n}。

5 报告

（1）土的鉴别分类和代号；

（2）土的渗透系数 k_{20} 值（cm/s）。

常水头渗透试验记录   表4.1.6-2

工程名称＿＿＿＿＿＿＿＿＿＿＿＿＿　　　　土样编号＿＿＿＿＿＿＿＿＿＿＿＿

土样说明＿＿＿＿＿＿＿＿＿＿＿＿＿　　　　试验环境＿＿＿＿＿＿＿＿＿＿＿＿

试验日期＿＿＿＿＿＿＿＿＿＿　试　验　者＿＿＿＿＿＿＿＿＿　复核者＿＿＿＿＿＿＿＿＿

土的比重 G_s						孔隙比 e					
试样断面面积 $A(\text{cm}^2)$						试样干质量 $m_s(g)$					
测压孔间距 $L(\text{cm})$						试样高度 $h(\text{cm})$					

试验次数	经过时间 $t(s)$	测压管水位 1管(cm)	测压管水位 2管(cm)	测压管水位 3管(cm)	水位差 H_1(cm)	水位差 H_2(cm)	水位差 平均H(cm)	水力坡降 J	渗透水量 Q(cm^3)	渗水系数 k_t(cm/s)	平均水温 t(℃)	校正系数 η_t/η_{20}	水温20℃时的渗透系数 k_{20}(cm/s)	平均渗透系数 $\bar{k}_{20}$
(1)	(2)	(3)	(4)	(5)	(6)	(7)	(8)	(9)	(10)	(11)	(12)	(13)	(14)	(15)
					(3)-(4)	(4)-(5)	$\dfrac{(6)+(7)}{2}$	$\dfrac{(8)}{(10)}$		$\dfrac{(10)}{A(9)(2)}$			(11)×(13)	$\dfrac{\Sigma(14)}{n}$

(二)变水头渗透试验

1 目的、依据和适用范围

本试验方法适用于细粒土。本试验采用的蒸馏水,应在试验前用抽气法或煮沸法进行脱气。本试验的水温,宜高于室温3~4℃。

本试验参照的标准为《公路土工试验规程》(JTG E40—2007)。

2 仪器设备

2.1 渗透容器(图4.1.6-2):由环刀、透水石、套环、上盖和下盖组成。环刀内径61.8mm,高40mm;透水石的渗透系数应大于 10^{-3} cm/s。

2.2 变水头渗透装置(图4.1.6-3):由温度计(分度值0.2℃)、渗透容器、变水头管、供水瓶、进水管等组成。变水头管的内径应均匀,管径不大于1cm,管外壁应有最小分度为1.0mm的刻度,长度宜为2m左右。

2.3 其他:切土器、温度计、削土刀、秒表、钢丝锯、凡士林。

3 试样制备

参照标准《公路土工试验规程》(JTG E40—2007)中 T 0102 的规定进行,并应测定试样含水率和密度。

4 试验步骤

4.1 将装有试样的环刀装入渗透容器,用螺母旋紧,要求密封至不漏水不漏气。对不易透水的试样,按抽气饱和法进行抽气饱和;对饱和试样和较易透水的试样,直接用变水头装置的水头进行试样饱和。

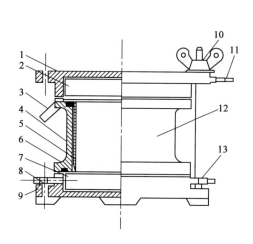

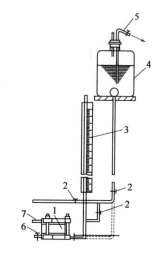

图 4.1.6-2 渗透容器

1-上盖;2、7-透水石;3、6-橡皮圈;4-环刀;5-盛土筒;8-排气孔;9-下盖;

10-固定螺栓;11-出水孔;12-试样;13-进水孔

图 4.1.6-3 变水头渗透装置

1-渗透容器;2-进水管夹;3-变水头管;4-供水瓶;

5-接水源管;6-排气水管;7-出水管

4.2 将渗透容器的进水口与变水头管连接,利用供水瓶中的纯水向进水管注满水,并渗入渗透容器,开排气阀,排除渗透容器底部的空气,直至溢出水中无气泡,关排水阀,放平渗透容器,关进水管夹。

4.3 向变水头管注纯水,使水升至预定高度,水头高度根据试样结构的疏松程度确定,一般不应大于 2m。待水位稳定后切断水源,开进水管夹,使水通过试样。当出水口有水溢出时开始测记变水头管中起始水头高度和起始时间,按预定时间间隔测记水头和时间的变化,并测记出水口的水温,准确至 0.2℃。

4.4 对变水头管中的水位变换高度,待水位稳定再进行测记水头和时间变化,重复试验 5~6 次。当不同开始水头下测定的渗透系数在允许差值范围内时,结束试验。

5 数据整理

5.1 计算公式

5.1.1 按式(4.1.6-7)~式(4.1.6-9)计算干密度及孔隙比:

$$\rho_{\mathrm{d}} = \frac{m_{\mathrm{s}}}{Ah} \tag{4.1.6-7}$$

$$e = \frac{G_{\mathrm{s}}}{\rho_{\mathrm{d}}} - 1 \tag{4.1.6-8}$$

$$m_{\mathrm{s}} = \frac{m}{1 + w_{\mathrm{h}}} \tag{4.1.6-9}$$

上述式中:ρ_{d}——干密度($\mathrm{g/cm^3}$),计算至 0.01;

e——试样孔隙比,计算至 0.01;

m_{s}——试样干质量(g);

m——风干试样总质量(g);

w_{h}——风干含水率(%);

A——试样断面面积(cm^2)；

h——试样高度(cm)；

G_s——土粒比重。

5.1.2　变水头渗透系数按式(4.1.6-10)计算：

$$k_t = 2.3 \frac{aL}{A(t_2 - t_1)} \lg \frac{H_1}{H_2}$$ (4.1.6-10)

式中：k_t——水温t℃时试样的渗透系数(cm/s)，计算至三位有效数字；

a——变水头管的内径面积(cm^2)；

2.3——ln 和 lg 的变换因数；

L——渗径，即试样高度(cm)；

t_1、t_2——分别为测读水头的起始和终止时间(s)；

H_1、H_2——分别为起始和终止水头；

A——试样的过水面积。

5.1.3　标准温度下的渗透系数按式(4.1.6-11)计算：

$$k_{20} = k_t \frac{\eta_t}{\eta_{20}}$$ (4.1.6-11)

式中：k_{20}——标准水温(20℃)时试样的渗透系数(cm/s)，计算至三位有效数字；

η_t——t℃时水的动力黏滞系数(kPa·s)；

η_{20}——20℃时水的动力黏滞系数(kPa·s)；

η_t / η_{20}——黏滞系数比，见表4.1.6-1。

5.1.4　根据需要，可在半对数坐标纸上绘制以孔隙比为纵坐标，渗透系数为横坐标的e-k关系曲线。

5.2　记录表格(表4.1.6-3)

变水头渗透试验记录　　　　　　　　　　　表4.1.6-3

工程名称＿＿＿＿＿＿＿＿　　　　　　　　　　土样编号＿＿＿＿＿＿＿＿

土样说明＿＿＿＿＿＿＿＿　　　　　　　　　　试验环境＿＿＿＿＿＿＿＿

试验日期＿＿＿＿＿＿＿　　试　验　者＿＿＿＿＿＿　　复核者＿＿＿＿＿＿

试样断面面积 A (cm^2)			土粒比重 G_s		孔隙比 e		测压管面积 a (cm^2)		试样高度 (cm)		
历时 t			开始水头 h_1 (cm)	终了水头 h_2 (cm)	$2.3\frac{aL}{At}$ (cm/s)	$\lg\frac{H_1}{H_2}$	平均水温 t (℃)	水温 t℃ 时的渗透系数 k_t (cm/s)	校正系数 η_t/η_{20}	水温 20℃ 时的渗透系数 k_{20} (cm/s)	平均渗透系数 $\bar{k}_{20}$ (cm/s)
开始时间 t_1 (日时分)	终了时间 t_2 (日时分)	历时 t (s)									
(1)	(2)	(3)	(4)	(5)	(6)	(7)	(8)	(9)	(10)	(11)	(12)
		(2)-(1)								(9)×(10)	$\frac{\Sigma(12)}{n}$

5.3 精密度和允许差

一个试样多次测定时,应在所测结果中取 3~4 个允许差值符合规定的测值,求平均值,作为该试样在某孔隙比 e 时的渗透系数。允许差值不大于 2×10^{-n}。

6 报告

(1)土的鉴别分类和代号;

(2)土的变水头渗透系数 k_{20} 值(cm/s)。

4.1.7 土的击实试验

1 目的、依据和适用范围

本试验方法适用于细粒土。

本试验分轻型击实和重型击实。轻型试验适用于粒径小于 5mm 的黏性土,重型击实试验适用于粒径不大于 20mm 的土。采用三层击实时,最大粒径不大于 40mm[《土工试验方法标准》(GB/T 50123—99)]。击实筒如图 4.1.7-1 所示,击锤与导筒如图 4.1.7-2 所示。

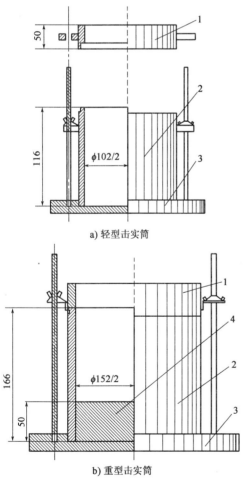

图 4.1.7-1 击实筒(尺寸单位:mm)
1-护筒;2-击实筒;3-底板;4-垫块

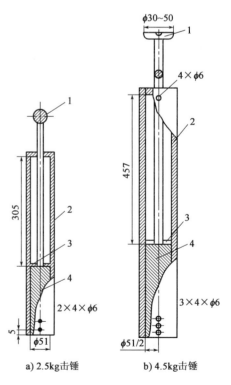

图 4.1.7-2 击锤与导筒(尺寸单位:mm)
1-提手;2-导筒;3-硬橡皮垫;4-击锤

本试验用以测定土的最大干密度和最优含水率。根据机场检测工程的需要,执行《公路土工试验规程》(JTG E40—2007),分为轻型击实和重型击实。轻型击实试验适用于粒径不大于20mm的土。重型击实试验适用于粒径不大于40mm的土。轻型击实试验的单位体积击实功应为592.2kJ/m³,重型击实试验的单位体积击实功应为2 677.2～2 687.0kJ/m³。

本试验方法参照的标准为《公路土工试验规程》(JTG E40—2007)。

2 仪器设备

2.1 标准击实仪。击实试验方法和相应设备的主要参数应符合表4.1.7-1的规定。

2.2 烘箱及干燥箱。

2.3 天平:感量0.01g。

2.4 台秤:称量10kg,感量5g。

2.5 圆孔筛:孔径40mm、20mm和5mm各一个。

击实试验方法种类   表4.1.7-1

试验方法	类别	锤底直径（cm）	锤质量（kg）	落高（cm）	试筒尺寸		试样尺寸		层数	每层击数	击实功（kJ/m³）	最大粒径（mm）
					内径（cm）	高度（cm）	高度（cm）	容积（cm³）				
轻型	Ⅰ-1	5	2.5	30	10	12.7	12.7	997	3	27	598.2	20
	Ⅰ-2	5	2.5	30	15.2	17	12	2 177	3	59	598.2	40
重型	Ⅱ-1	5	4.5	45	10	12.7	12.7	997	5	27	2 687.0	20
	Ⅱ-2	5	4.5	45	15.2	17	12	2 177	3	98	2 677.2	40

2.6 其他:托盘、喷水设备、碾土器、量筒、推土器(脱模器)、铝盒、修土刀、平直尺等。

3 试样

3.1 本试验分别采用不同的方法准备试样。各方法可按表4.1.7-2准备试料。

3.2 干土法(土不重复使用)按四分法至少准备5个试样,分别加入不同水分(按2%～3%含水率递增),拌匀后闷料一夜备用。

3.3 湿土法(土不重复使用),对于高含水率土,可省略过筛步骤,用于检除大于40mm的粗石子即可;保持天然含水率的第一个土样,可立即用于击实试验,其余几个试样,将土分成小土块,分别风干,使含水率按2%～3%递减。

击实试验试料准备用量表   表4.1.7-2

使用方法	试筒内径(cm)	最大粒径(cm)	试料用量
干土法 (试样不重复使用)	10	20	至少5个试样,每个3kg
	15.2	40	至少5个试样,每个6kg
湿土法 (试样不重复使用)	10	20	至少5个试样,每个3kg
	15.2	40	至少5个试样,每个6kg

4 试验步骤

4.1 根据工程要求,按表4.1.7-1的规定选择轻型或重型试验方法。根据土的性质(含易击碎风化石数量多少、含水率高低),按表4.1.7-2的规定选用干土法(土不重复使用)或湿土法。

4.2 手动击实操作:

4.2.1 将击实筒放在坚硬的地面上,在筒壁上抹一薄层凡士林,并在筒底(小试筒)或垫块(大试筒)上放置蜡纸或塑料薄膜。取制备好的土样分3~5次倒入筒内。小筒按三层法时,每次为800~900g(其量应使击实后的试样略高于筒高的1/3);按五层法时,为400~500g。对于大试筒,先将垫块放入筒内底板上,按五层法时,每层需试样900g(细粒土)或1 100g(粗粒土);按三层法时,每层需试样1 700g左右。整平表面,并稍加压紧,然后按规定的击数进行第一层土的击实,击实时击锤应自由垂直落下,锤迹必须均匀分布于土样面,第一层击完后,将试样层面"拉毛",然后再装上套筒,重复上述方法进行其余各层土的击实。小试筒击实后,试样不应高出筒顶面5mm。大试筒击实,试样不应高出筒顶面6mm。

4.2.2 用修土刀沿套筒内壁削刮,使试样与套筒脱离后,扭动并取下套筒,齐筒顶细心削平试样,拆除底板,擦净筒外壁,称量,准确至1g。

4.2.3 用推土器推出筒内试样,从试样中心处取样测其含水率,计算至0.1%。测定含水率用试样的数量按表4.1.7-3的规定取样(取出有代表性的土样)。

测定含水率用试样的数量 表4.1.7-3

最大粒径(mm)	试样质量(g)	个 数
<5	15~20	2
约5	约50	1
约20	约250	1
约40	约500	1

4.3 电动击实仪操作:

4.3.1 接通电源,通过操作面板上的复位键及数字键设定要求的击实次数。

4.3.2 分层倒料、修土、称量、脱土、取样测含水率的要求与手动击实操作的要求一致。

5 数据整理

5.1.1 计算公式

按式(4.1.7-1)计算击实后各点的干密度:

$$\rho_{\mathrm{d}} = \frac{\rho_0}{1 + 0.01w} \qquad (4.1.7\text{-}1)$$

式中:ρ_{d}——干密度(g/cm³);

ρ_0——湿密度(g/cm³);

w——含水率(%)。

以干密度为纵坐标,含水率为横坐标,绘制干密度与含水率的关系曲线,曲线上峰值点的纵、横坐标分别为最大干密度和最佳含水率,如曲线不能绘出明显的峰值点,应进行补点或重做。

按式(4.1.7-2)、式(4.1.7-3)计算饱和曲线的饱和含水率 w_{max},并绘制饱和含水率与干密度的关系曲线图。

$$w_{max} = \frac{G_s \rho_w (1 + w) - \rho}{G_s \rho} \times 100 \tag{4.1.7-2}$$

或

$$w_{max} = \left(\frac{\rho_w}{\rho_d} - \frac{1}{G_s} \right) \times 100 \tag{4.1.7-3}$$

上述式中: w_{max}——饱和含水率(%),计算至0.01;

ρ——试样的湿密度(g/cm^3);

ρ_w——水在4℃时的密度(g/cm^3);

G_s——试样土粒比重,对于粗粒土,则为土中粗细颗粒的混合比重;

ρ_d——试样的干密度(g/cm^3);

w——试样的含水率(%)。

当试样中有粒径大于40mm的颗粒时,应先取出粒径大于40mm的颗粒,并求得其百分率 p,对粒径小于40mm的部分作击实试验,按下面公式分别对试验所得的最大干密度和最佳含水率进行校正(适用于粒径大于40mm颗粒的含量小于30%时)。最大干密度按式(4.1.7-4)校正:

$$\rho'_{dm} = \frac{1}{\dfrac{1 - 0.01p}{\rho_{dm}} + \dfrac{0.01p}{\rho_w G'_s}} \tag{4.1.7-4}$$

式中: ρ'_{dm}——校正后的最大干密度(g/cm^3);

ρ_{dm}——用粒径小于40mm的土样试验所得的最大干密度(g/cm^3);

p——试样中粒径大于40mm颗粒的百分数(%);

G'_s——粒径大于40mm颗粒的毛体积比重,计算至0.01。

最佳含水率按式(4.1.7-5)校正:

$$w'_0 = w_0 (1 - 0.01p) + 0.01 p w_2 \tag{4.1.7-5}$$

式中: w'_0——校正后的最佳含水率(%);

w_0——用粒径小于40mm的土样试验所得的最佳含水率(%);

p——同前;

w_2——粒径大于40mm颗粒的吸水量(%)。

5.1.2 记录表格(表4.1.7-4)

土的击实试验记录　　　　　　　　表4.1.7-4

工程名称＿＿＿＿＿＿＿＿　　　　　　　　　土样编号＿＿＿＿＿＿＿＿

土样说明＿＿＿＿＿＿＿＿　　　　　　　　　试验环境＿＿＿＿＿＿＿＿

试验日期＿＿＿＿＿＿＿＿　　试 验 者＿＿＿＿＿＿　　复 核 者＿＿＿＿＿＿

击锤质量(kg)		每层击数		落距(cm)		粒径大于40mm颗粒含量(%)	
筒容积(cm³)		粒径大于5mm颗粒含量(%)		粒径大于40mm颗粒毛体积比重		粒径大于40mm颗粒吸水率(%)	
试验编号		1	2	3	4	5	6
预估含水率(%)							
干密度	筒容积(cm³)						
	筒质量(g)						
	筒+湿土质量(g)						
	湿土质量(g)						
	湿密度(g/cm³)						
	干密度(g/cm³)						
含水率	盒号						
	盒质量(g)						
	盒+湿土质量(g)						
	盒+干土质量(g)						
	水质量(g)						
	干土质量(g)						
	含水率(%)						
	平均含水率(%)						

5.1.3 精密度和允许差

本试验含水率须进行两次平行测定,取其算术平均值,允许平行误差应符合表4.1.7-5的规定。

含水率测定的允许平行差值　　　　　表4.1.7-5

含水率(%)	允许平行差值(%)	含水率(%)	允许平行差值(%)	含水率(%)	允许平行差值(%)
5以下	0.3	5以上,40以下	≤1	40以上	≤2

6 报告

(1)土的鉴别分类和代号;

(2)土的最佳含水率 w_0(%)。

(3)土的最大干密度 ρ_{dm}(g/cm³)。

4.1.8　巨粗粒土的最大干密度试验

1　目的、依据和适用范围

本试验方法是测定粗粒土和巨粒土最大干密度的比选试验方法。

本试验规定采用振动台法测定无黏性自由排水粗粒土和巨粒土(包括堆石料)的最大干密度。

本方法适用于通过 0.075mm 标准筛的干颗粒质量百分数不大于 15% 的无黏性自由排水粗粒土和巨粒土。

本试验方法参照的标准为《公路土工试验规程》(JTG E40—2007)。

2　仪器设备

2.1　振动台:固定于混凝土基础上;振动台尺寸至少为 550mm×550mm,且具有足够刚度。振动台最大负荷应满足试筒、套筒、试样、加重底板及加重块等质量的要求,不宜小于200kg;其频率 20~60Hz 可调,双振幅 0~2mm 可调。

2.2　试筒:圆柱形金属筒,按表 4.1.8-1 的规定选用。试筒容积宜用灌水法每年标定一次。

2.3　套筒:内径宜与试筒配套一致,见表 4.1.8-1,且与试筒紧密固定后内壁成直线连接。

试样质量及仪器尺寸　　　　　　　　　　　　表 4.1.8-1

土粒最大尺寸(mm)	试样质量(kg)	试筒尺寸		套筒高度(mm)	装料工具
		容积(cm³)	内径(mm)		
60	34	14 200	280	250	小铲或大勺
40	34	14 200	280	250	小铲或大勺
20	11	2 830	152	305	小铲或大勺
10	11	2 830	152	305	φ25mm 漏斗
5 或 <5	11	2 830	152	305	φ3mm 漏斗

2.4　加重底板:底板为 12mm 厚的钢板,其直径略小于相应试筒内径,中心应有 15mm 未穿通的提吊螺孔。

2.5　加重块:对于相应采用的试筒,加重块及其加重底板在试样表面产生的静压力应根据碾压设备确定,一般应大于 18kPa。

2.6　百分表及表架:百分表量程至少在 50mm 以上,分度值为 0.025mm。表架支杆应能插入试筒导向瓦套孔中,并使百分表表头杆中心线与筒中心线或内壁面平行。

2.7　台秤:应具有足够测定试筒及试样总质量的量程,且达到所测定土质量 0.1% 的精度。所用台秤,对于 φ280mm 试筒,量程至少为 50kg,感量 6g;对于 φ152mm 试筒,量程至少为30kg,感量 2g。

2.8　起吊机:起重量至少为 180kg。

2.9　标准筛(圆孔筛):60mm、40mm、20mm、10mm、5mm、2mm、0.075mm。

2.10　其他工具:如加重底板提手、烘箱、金属盘、小铲、大勺及漏斗、橡皮锤、秒表、直钢尺、试筒布套等。

3 试样

3.1 采集代表性试料,妥善储存备用。

3.2 采用标准筛分法测定各粒组的颗粒百分数。

3.3 对于粒径大于60mm的巨粒土,因受试筒允许最大粒径的限制,应按相似级配法制备缩小粒径的系列模型试料。相似级配法粒径及级配按以下公式及图4.1.8-1计算。

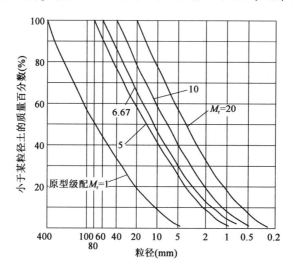

图 4.1.8-1 原型料与模型料级配关系

相似级配模型试料粒径:

$$d = \frac{D}{M_r} \tag{4.1.8-1}$$

$$M_r = \frac{D_{max}}{d_{max}} \tag{4.1.8-2}$$

式中:D——原型试料级配某粒径(mm);

　　　d——原型试料级配某粒径缩小后的粒径,即模型试料相应粒径(mm);

　　　M_r——粒径缩小倍数,通常称为相似级配模比;

　　　D_{max}——原型试料级配最大粒径(mm);

　　　d_{max}——试样允许或设定的最大粒径,即60mm、40mm、20mm、10mm等。

相似级配模型试料级配组成与原型级配组成相同,即

$$P_{M_r} = P_p \tag{4.1.8-3}$$

式中:P_{M_r}——原型试料粒径缩小 M_r 后(即为模型试料)相应的小于某粒径 d 的含量百分数(%);

　　　P_p——原型试料级配小于某粒径 D 的含量百分数(%)。

3.4 如果采用干土法进行试验,则需将试样在烘箱内烘至恒量,并用烘干法测定现场试料含水率。烘干后,应完全剥去弱胶结物,以免增大颗粒的自然尺寸。

4　试验步骤

4.1　干土法

4.1.1　充分拌匀烘干试样,使其颗粒分离程度尽可能小,然后大致分成三份,测定并记录空试筒质量。

4.1.2　用小铲或漏斗将任意一份试样徐徐填入试筒内,并注意使颗粒分离程度最小(装填量宜使振毕密实后的试样略低于筒高的1/3),抹平试样表面。然后可用橡皮锤或类似物敲击几次试筒壁,使试料下沉。

4.1.3　放置合适的加重板于试料表面上,轻轻转动几下,使加重底板与试样表面密合一致。卸下加重底板把手。

4.1.4　将试筒固定于振动台面上,装上套筒,并与试筒紧密固定。将合适的加重块置于加重底板上,其上部尽量不要与套筒内壁接触。

4.1.5　设定振动台在振动频率50Hz下的垂直振动双振幅为0.5mm,或在振动频率60Hz下的垂直振动双振幅为0.35mm。振动试筒及试样等,在50Hz下振动10min,在60Hz下振动8min,振毕卸去加重块及加重底板。

4.1.6　按本试验4.1.2～4.1.5步骤进行第二层、第三层试料振动压实。但第三层振毕加重底板不再立即卸去。

4.1.7　卸去套筒,然后检查加重底板是否与试样表面密合一致,即按压加重底板边缘,看其是否翘起,若翘起则宜在试验报告中注明。

4.1.8　将百分表架支杆插入每个试筒导向瓦套孔中;刷净试筒顶沿面上及加重底板上位于试筒导向瓦两侧测量位置所落积的细粒土,并尽量避免将这些细粒土刷进试筒内。然后分别测读并记录试筒导向瓦每侧试筒顶沿面(中心线处)各三个百分数读数,共12个读数(其平均值即为初始百分表读数R_i),再从加重底板上测读并记录出相应读数(其平均值即为终了百分表读数R_f)。

4.1.9　卸去加重底板,并从振动台面上卸下试筒。在此过程中,尽可能避免加重底板上及试筒沿面上落积的细粒土进入试筒里。如这些细粒土质量超过试样总质量的0.2%,应测定其质量并注明于试验报告中。

4.1.10　在合适的台秤上测定并记录试筒及试样总质量,扣除空试筒质量即为试样质量,或仔细地将试筒里的试样全部倒入已知质量的盘中称量。计算最大干密度ρ_{dmax}。

4.1.11　重复本试验4.1.1～4.1.10步骤,直至获得一致的最大干密度值(最好在2%内)。如果发现产生过分的颗粒破碎或者是有棱角的石渣、堆石料或风化软弱岩试料,则宜尽量制备足够数量有代表性的试样,以避免单个试样重复使用。

4.2　湿土法

4.2.1　按湿法试验时,可对烘干料加足量水,或用现场湿土料进行。拌匀试料颗粒级配及含水率(使颗粒分离程度尽可能小),然后大致分成三份。如果向干料中加水,则需最小饱和时间约1/2h;加水量宜加到足够分量,即在拌和盘中无自由水滞积,且在振密过程中基本保持饱和状态。

注:对于估算向烘干料中加水量,起初可尝试每4.5kg试料约加1 000mL的水量,或按式(4.1.8-4)估算。

$$M_{\mathrm{w}} = M_{\mathrm{s}}\frac{\rho_{\mathrm{w}}}{\rho_{\mathrm{d}}} - \frac{1}{G_{\mathrm{s}}} \tag{4.1.8-4}$$

式中：M_{w}——加水量（g）；

ρ_{d}——由起初振密结果所估算的干密度（kg/m³）；

M_{s}——试样质量（g）；

ρ_{w}——水的密度（1 000kg/m³）；

G_{s}——土粒比重。

4.2.2　装试筒于振动台上。启动振动台，用小铲或勺将任意一份湿料徐徐装填入试筒（装填试料宜使振毕试样等于或略低于筒高的1/3）。每次添加试料后，宜察看试样表面是否滞积有少量自由水。若无，可用海绵蘸水挤入、小器皿注入或其他工具加入足量水。在此过程中，振动台的振幅或振动频率或这两者须随时调节，以阻止试样颗粒过分沸动或松散。大致振动2～3min后，宜用尽可能不带走土粒的办法吸去试样表面的所有自由水。

4.2.3　按本试验4.1.3、4.1.4步骤装上加重底板、套筒及加重块。

4.2.4　振动试筒及试样等，按本试验4.1.5步骤进行振动。振毕，卸去加重块及加重底板。吸去试样表面所有自由水。

4.2.5　按本试验4.1.3～4.1.5步骤进行第二层、第三层试料的振动压实。但第三层振毕加重底板不再立即卸去。

4.2.6　卸下套筒。吸去加重底板上及边缘的所有自由水。按本试验4.1.8步骤测读并记录百分表读数。

4.2.7　按本试验4.1.9步骤卸下加重底板及试筒，然后测定并记录试筒与试样的总质量。为测定试样的含水率，仔细地将试筒中全部湿试样倒入已知质量的盘中，并将黏附于试筒内壁及筒的所有颗粒冲洗至盘中；然后在烘箱中将试样烘干至恒量，测定记录其烘干质量。

5　数据整理

5.1　计算公式

5.1.1　对于干土法，最大干密度按式（4.1.8-5）～式（4.1.8-7）计算：

$$\rho_{\mathrm{dmax}} = \frac{M_{\mathrm{d}}}{V} \tag{4.1.8-5}$$

$$V = \left(V_{\mathrm{c}} - A_{\mathrm{c}}\frac{\Delta H}{10}\right) \times 10^{-6} \tag{4.1.8-6}$$

$$\Delta H = (R_{\mathrm{i}} - R_{\mathrm{f}}) + T_{\mathrm{p}} \quad （顺时针读数百分表）$$
$$= (R_{\mathrm{f}} - R_{\mathrm{i}}) + T_{\mathrm{p}} \quad （逆时针读数百分表） \tag{4.1.8-7}$$

上述式中：ρ_{dmax}——最大干密度（kg/m³），计算至0.1；

M_{d}——干试样质量（kg）；

V——振毕密实试样体积（cm³）；

V_{c}——标定的试筒体积（cm³）；

A_{c}——标定的试筒横断面面积（cm²）；

R_{i}——初始百分表读数（0.01mm）；

R_{f}——振毕后加重底板上相对位置百分表终读数的平均值（0.01mm）；

T_p——加重底板厚度(mm)。

5.1.2　对于湿土法,最大干密度按式(4.1.8-8)计算:

$$\rho_{dmax} = \frac{M_m}{V(1 + 0.01w)}$$ (4.1.8-8)

式中:M_m——振毕密实湿样试样质量(kg);

w——振毕密实试样含水率(%)。

5.1.3　巨粒土原型料最大干密度应按以下方法确认。

(1)作图法

延长图4.1.8-2中最大干密度ρ_{dmax}与相似级配模比M_r的关系直线至$M_r = 1$处,即读得原型试料的ρ_{Dmax}值。

(2)计算法

对几组系列试验结果用曲线拟合法可整理出式(4.1.8-9):

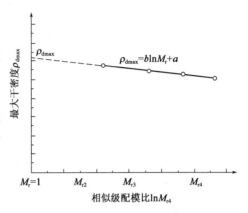

图4.1.8-2　模型与ρ_{dmax}-M_r关系

$$\rho_{dmax} = a + b\ln M_r$$ (4.1.8-9)

式中:a、b——试验常数。

由于$M_r = 1$时,$\rho_{dmax} = \rho_{Dmax}$,所以$a = \rho_{Dmax}$,即

$$\rho_{dmax} = \rho_{Dmax} + b\ln M_r$$ (4.1.8-10)

令$M_r = 1$时,即得原型试料的ρ_{Dmax}值。

5.1.4　计算干土法所测定的最大干密度试验结果的平均值作为试验报告的最大干密度值。当湿土法结果比干土法高时,采用湿土法试验结果的平均值。

5.1.5　压实指标计算。

如果已测定最小干密度ρ_{dmax}[采用测定的试筒及装料工具以干土样松填法试验测定,或采用《公路土工试验规程》(JTG E40—2007)中 T 0123—93 的方法],且已知土料的沉积或填筑干密度ρ_d,则相对密度D_r可按式(4.1.8-11)、式(4.1.8-12)计算:

$$D_r = \frac{e_{max} - e_0}{e_{max} - e_{min}}$$ (4.1.8-11)

或

$$D_r = \frac{(\rho_d - \rho_{dmin})\rho_{dmax}}{(\rho_{dmax} - \rho_{dmin})\rho_d}$$ (4.1.8-12)

上述式中:D_r——相对密度,计算至0.01;

ρ_{dmin}——最小干密度(g/cm^3);

ρ_{dmax}——最大干密度(g/cm^3);

e_0——天然孔隙比或填土的相应孔隙比;

e_{max}——最大孔隙比;

e_{min}——最小孔隙比;

ρ_d——天然干密度或填土的相应干密度(g/cm^3)。

如果粒径大于60mm的巨粒土难以测定其最小干密度,但当已知土料的沉积或填筑干密度ρ_D时,则压实度K可按式(4.1.8-13)计算:

$$K = \frac{\rho_D}{\rho_{Dmax}} \times 100 \tag{4.1.8-13}$$

5.2 记录表格(表4.1.8-2)

最大干密度试验记录

表4.1.8-2

工程名称＿＿＿＿＿＿＿＿＿＿＿　　　　　土样编号＿＿＿＿＿＿＿＿＿＿
土样说明＿＿＿＿＿＿＿＿＿＿　　　　　　试验环境＿＿＿＿＿＿＿＿＿＿
试验日期＿＿＿＿＿＿＿＿　　试验者＿＿＿＿＿＿＿＿　　复核者＿＿＿＿＿＿＿＿

最大粒径 D_{max}(mm)			相似级配摸比 M_r		振动频率(Hz)	
振动历时 (min)			加重底板厚度 T_p (mm)		振毕湿样品含水率 w (%)	
平行测定次数			1		2	
试样 + 试筒质量(kg)						
试筒质量(kg)						
试样质量(干土法)M_d(kg)						
试样质量(湿土法)M_m(kg)						
试筒容积 V_c(cm³)						
试筒横断面面积 A_c(cm²)						
百分表初读数 R_i(mm)						
百分表终读数 R_f(mm)						
试样表面至试筒顶面距离 ΔH(mm)						
试样体积 V(m³)						
试样干密度 (kg/m³)	干土法 M_d/V					
	湿土法 $M_m/[V(1+0.01w)]$					
最大干密度 ρ_{dmax}(即平均值)(kg/m³)						
偏差范围(%)						
标准差 S(kg/m³)						

5.3 精密度和允许差

最大干密度试验结果精度要求如表4.1.8-3所列。最大干密度ρ_{dmax}(g/cm^3),取三位有效数字。

最大干密度试验结果精度

表4.1.8-3

试料粒径 (mm)	标准差 S (kg/m³)	两个试验结果的允许范围 (以平均值百分数表示)(%)
<5	±13	2.7
5~60	±22	4.1

6　报告

(1)试料来源、外观描述;

(2)试筒尺寸及方法;

(3)任何反常现象,如试料损失、分离,加重底板过分倾斜等。

4.2　土的化学性质指标试验

4.2.1　土的有机质含量

1　目的、依据和适用范围

1.1　本试验的目的在于了解土中有机质的含量。

1.2　本试验参照的标准为《公路土工试验规程》(JTG E40—2007)、《土工试验方法标准》(GB/T 50123—99)。

1.3　本试验方法适用于有机质含量不超过15%的土。测定方法采用重铬酸钾容量法。

2　仪器设备及试剂

2.1　仪器设备

2.1.1　分析天平:称量200g,最小分度值0.0001g。

2.1.2　电炉:附自动控温调节器。

2.1.3　油浴锅:应带铁丝笼。

2.1.4　温度计:0~250℃,精度1℃。

2.2　试剂

2.2.1　0.0750mol/L重铬酸钾标准溶液:用分析天平称取经105~110℃烘干并研细的重铬酸钾44.1231g,溶于800mL蒸馏水中(必要时可加热),缓缓加入浓硫酸1000mL,边加入边搅拌,冷却至室温后用水定容至2L。

2.2.2　0.2mol/L硫酸亚铁(或硫酸亚铁铵)溶液:称取硫酸亚铁($FeSO_4 \cdot 7H_2O$分析纯)56g或硫酸亚铁铵$[(NH_4)_2SO_4FeSO_4 \cdot 6H_2O]$80g溶于蒸馏水中,加15mL浓硫酸(密度1.84g/mL化学纯)。然后加蒸馏水稀释至1L,密封储于棕色瓶中。

2.2.3　邻菲啰啉指示剂:称取邻菲啰啉($C_{12}N_8N_2 \cdot H_2O$)1.485g,硫酸亚铁($FeSO_4 \cdot 7H_2O$)0.695g,溶于100mL蒸馏水中,此时试剂与Fe^{2+}形成红棕色络合物,即$[Fe(C_{12}H_8N_2)_3]^{2+}$。储于棕色滴瓶中。

2.2.4　石蜡(固体)或植物油2kg。

2.2.5　浓硫酸(H_2SO_4)(密度1.84g/mL化学纯)。

2.2.6　灼烧过的浮石粉或土样:取浮石或矿质土约200g,磨细并通过0.25mm筛,分散装入数个瓷蒸发皿中,在700~800℃的高温炉内灼烧1~2h,把有机质完全烧尽后备用。

3　试验步骤

3.1　硫酸亚铁(或硫酸亚铁铵)溶液的标定

准确吸取重铬酸钾标准溶液3份,每份20mL,分别注入150mL锥形瓶中,用蒸馏水稀释至 60mL 左右,加入邻菲咯啉指示剂 3~5 滴,用硫酸亚铁(或硫酸亚铁铵)溶液进行滴定,使锥形瓶中的溶液由橙黄色经蓝绿色突变至橙红色为止。按用量计算硫酸亚铁(或硫酸亚铁铵)溶液的浓度,准确至 0.000 1mol/L,取 3 份计算结果的算术平均值,该值即为硫酸亚铁(或硫酸亚铁铵)溶液的标准浓度。

3.2 试样分析

3.2.1 用分析天平准确称取通过 100 目筛的风干土样 0.100 0~0.500 0g,放入一干燥的硬质试管中,用滴定管准确加入 0.075mol/L 重铬酸钾标准溶液 10mL(在加入 3mL 时摇动试管使土样分散),并在试管口插入一小玻璃漏斗,以冷凝蒸出水汽。

3.2.2 将 8~10 个已装入土样和标准溶液的试管插入铁丝笼中(每笼中均有 1~2 个空白试管),然后将铁丝笼放入温度为 185~190℃ 的石蜡油浴锅中,试管内的液面应低于油面。要求放入后油浴锅内油温下降至 170~180℃,以后应注意控制电炉,使油温维持在 170~180℃,待试管内试液沸腾时开始计时,煮沸 5min,取出试管稍冷却,并擦净试管外部油液。

3.2.3 将试管内试样倒入 250mL 锥形瓶中,用水洗净试管内部及小玻璃漏斗,使锥形瓶中的溶液总体积达 60~70mL,然后加入邻菲咯啉指示剂 3~5 滴,摇匀,用硫酸亚铁(或硫酸亚铁铵)标准溶液滴定,溶液由橙黄色经蓝绿色突变为橙红色时即为终点,记下硫酸亚铁(或硫酸亚铁铵)标准溶液的用量,精确至 0.01mL。

3.2.4 空白标定:即用灼烧土代替土样,取两个试样,其他操作均与土样试验相同,记录硫酸亚铁标准溶液的用量。

4 数据整理

4.1 计算公式

$$有机质(\%) = \frac{C_{FeSO_4}(V'_{FeSO_4} - V_{FeSO_4}) \times 0.003 \times 1.724 \times 1.1}{m_s} \quad (4.2.1-1)$$

式中:C_{FeSO_4}——硫酸亚铁标准溶液的浓度(mol/L);

V'_{FeSO_4}——空白标定时用去的硫酸亚铁标准溶液的量(mL);

V_{FeSO_4}——测定土样时用去的硫酸亚铁标准溶液的量(mL);

m_s——土样质量(将风干土换算为烘干土)(g);

0.003——1/4 碳原子的摩尔质量(g/mmol);

1.724——有机碳换算成有机质的系数;

1.1——氧化校正系数。

4.2 记录表格(表 4.2.1-1)

4.3 精密度和允许差

有机质含量试验结果精度应符合表 4.2.1-2 的规定。

5 报告

(1)有机质土代号;

(2)土的有机质含量(%)。

土的有机质含量试验记录　　　　　　　　　　表 4.2.1-1

工程名称_____　　　　　　　　　土样编号_____

土样说明_____　　　　　　　　　试验环境_____

试验日期_____　　　试 验 者_____　　　复 核 者_____

试验次数	土样质量（g）	空白标准消耗硫酸亚铁标准溶液的量（mL）			滴定土样小号硫酸亚铁标准溶液的量（mL）			有机质含量（%）	平均有机质含量（%）
		硫酸亚铁标准浓 C（mol/L）							
		滴定前读数	滴定后读数	滴定消耗	滴定前读数	滴定后读数	滴定消耗		

注:1. 如滴定消耗硫酸亚铁铵标准液小于10mL,应适当减少土样量,重做。

　　2. 如用邻苯氨基苯甲酸为指示剂滴定时,瓶内溶液不宜超过60～70mL,滴定前溶液呈棕红色,终点为暗绿色(或灰蓝绿色)。

　　3. 本方法氧化有机质程度平均约为90%,故乘以1.1才为土的有机质含量。

有机质测定的允许偏差　　　　　　　　　　表 4.2.1-2

测定值（%）	绝对偏差（%）	相对偏差（%）
10～5	<0.3	3～4
5～1	<0.2	4～5
1～0.1	<0.05	5～6
0.1～0.05	<0.004	6～7
0.05～0.01	<0.006	7～9
<0.01	<0.008	9～15

4.2.2 易溶盐总量的测定(质量法)

1 目的、依据和适用范围

1.1 本试验的目的在于了解土中易溶盐的总量。

1.2 本试验参照的标准为《公路土工试验规程》(JTG E40—2007)。

1.3 本试验方法适用于各类土。

2 仪器设备及试剂

2.1 仪器设备

2.1.1 过滤设备:包括真空泵、平底瓷漏斗、抽滤瓶。

2.1.2 离心机:转速为4 000r/min。

2.1.3 分析天平:称量200g,感量0.000 1g。

2.1.4 广口塑料瓶:1 000mL。

2.1.5 往复式电动振荡机。

2.1.6 水浴锅、瓷蒸发皿、干燥器。

2.2 试剂

2.2.1 15%的H_2O_2。

2.2.2 2%的Na_2CO_3溶液:2.0g无水碳酸钠溶于少量水中,稀释至100mL。

3 试验步骤

3.1 待测液的准备

3.1.1 称取通过1mm筛孔的烘干土样50～100g(视土中含盐量和分析项目而定),精确至0.01g,放入干燥的1 000mL广口塑料瓶中(或1 000mL三角瓶内)。按土水比例1:5加入不含二氧化碳的蒸馏水(即把蒸馏水煮沸10min,迅速冷却),盖好瓶塞,在振荡机上振荡(或用手剧烈振荡)3min,立即进行过滤。

3.1.2 采用抽气过滤时,滤前须将滤纸剪成与平底瓷漏底部同样大小,并平放在漏斗底上,先加少量蒸馏水抽滤,使滤纸与漏斗底密接。然后换上另一个干洁的抽滤瓶进行抽滤。抽滤时要将土悬浊液摇匀后倾入漏斗,使土粒在漏斗底上铺成薄层,填塞滤纸孔隙,以阻止细土粒通过,在往漏斗内倾入土悬浊液前须先行打开抽气设备,轻微抽气,可避免滤纸浮起,以致滤液浑浊。漏斗上要盖一表皿,以防水汽蒸发。如发现滤液浑浊,须反复过滤至澄清为止。

3.1.3 当发现抽滤方式不能达到滤液澄清时,应用离心机分离,所得的透明滤液,即为水溶性盐的浸出液。

3.1.4 水溶性盐的浸出液,不能久放。pH和CO_3^{2-}、HCO_3^-离子等项测定,应立即进行,其他离子的测定最好都能在当天做完。

3.2 易溶盐的测定

3.2.1 用移液管吸取浸出液50mL或100mL(视易溶盐含量多少而定),注入已经在105～110℃烘至恒量(前后两次质量之差不大于1mg)的瓷蒸发皿中,盖上表皿,架空放在沸腾水浴上蒸干(若吸取溶液太多时,可分次蒸干)。蒸干后残渣如呈现黄褐色(有机质所致),应加入15%H_2O_2 1～3mL,继续在水浴锅上蒸干,反复处理至黄褐色消失。

3.2.2 将蒸发皿放入105～110℃的烘箱中烘干4～8h,取出后放入干燥器中冷却0.5h,称量。再重复烘干2～4h,冷却0.5h,用分析天平称量,反复进行至前后两次质量差值不大于0.000 1g。

4 数据整理

4.1 计算公式

易溶盐总量按式(4.2.2-1)计算:

$$易溶盐总量\% = \frac{m_2 - m_1}{m_s} \times 100 \qquad (4.2.2\text{-}1)$$

式中:m_2——蒸发皿加蒸干残渣质量(g),计算至0.001;

m_1——蒸发皿质量(g);

m_s——相当于50mL或100mL浸出液的干土质量(g)。

4.2 记录表格(表4.2.2-1)

易溶盐总量试验记录表   表 4.2.2-1

工程名称_____   土样编号_____

土样说明_____   试验环境_____

试验日期_____   试 验 者_____   复 核 者_____

吸取浸出液体积 V(mL)		
试验次数		
残渣 + 蒸发皿的质量(g)		
蒸发皿的质量(g)		
残渣的质量		
全盐量(%)		
全盐量平均值(%)		

4.3　精密度和允许差

易溶盐总量试验结果精度应符合表 4.2.2-2 的规定。

易溶盐总量试验(质量法)两次测定的允许偏差   表 4.2.2-2

全盐量范围(%)	允许相对偏差(%)	全盐量范围(%)	允许相对偏差(%)
<0.05	15 ~ 20	0.2 ~ 0.4	5 ~ 10
0.05 ~ 0.2	10 ~ 15	>0.5	<5

5　报告

(1)土的鉴别分类和代号;

(2)土的全盐量(%)。

4.2.3　易溶盐碳酸根碳酸氢根的测定

1　目的、依据和适用范围

1.1　本试验的目的在于了解土中易溶盐中碳酸根及碳酸氢根的含量。

1.2　本试验参照的标准为《公路土工试验规程》(JTG E40—2007)。

1.3　本试验方法适用于各类土。

2　仪器设备及试剂

2.1　仪器设备

2.1.1　酸式滴定管:刻度 0.1mL。

2.1.2　移液管(大肚形):25mL。

2.1.3　三角瓶:150mL 或 200mL。

2.1.4　分析天平:称量 200g,感量 0.000 1g。

2.1.5　量筒、容量瓶、电热干燥箱。

2.2　试剂

2.2.1　0.1mol/L $\frac{1}{2}$ H_2SO_4 标准溶液:量取浓硫酸(密度 1.848g/mL)3mL,加入到 1 000mL去除 CO_2 的蒸馏水中,然后稀释定容至 5 000mL。

2.2.2 0.1%甲基橙指示剂:将0.1g甲基橙溶于100mL蒸馏水中。

2.2.3 0.5%酚酞指示剂:将0.5g酚酞溶于50mL 95%酒精中,再加50mL蒸馏水。

3 试验步骤

3.1 硫酸标准溶液的标定

称取在160~180℃下烘2~4h的无水碳酸钠3份。每份约0.1g,精确至0.0001g,分别放入3个三角瓶中,注入25mL煮沸逐出CO_2的蒸馏水使其溶解。加入甲基橙指示剂2滴,用配置好的硫酸标准溶液滴定至溶液由黄色突变为橙色为止,记下硫酸标准的用量(mL)。硫酸标准溶液的准确浓度应按照式(4.2.3-1)计算,精确至0.0001mol/L。取三个计算结果的算术平均值作为硫酸标准溶液的确切浓度。

3.2 易溶盐碳酸根、碳酸氢根的测定

3.2.1 用移液管吸取浸出液25mL,注入三角瓶中,滴加0.5%酚酞指示剂2~3滴,如试液不显红色,表示无碳酸根(CO_3^{2-})存在,即以H_2SO_4标准溶液滴定,随滴随摇,红色刚一消失即为终点,记录消耗H_2SO_4标准溶液的体积,精确至0.01mL(V_1)。

3.2.2 在上述试液中再加入0.1%甲基橙指示剂1~2滴,继续用H_2SO_4标准溶液滴定,至试液由黄色突变为橙红色为止,读取第二次滴定消耗的H_2SO_4标准溶液的体积,精确至0.01mL(V_2)。

3.2.3 滴定后的试液,可供测定Cl^-用。

4 数据整理

4.1 计算公式

4.1.1 硫酸标准溶液的准确浓度按式(4.2.3-1)计算:

$$C = \frac{m}{V \times 0.053} \tag{4.2.3-1}$$

式中:C——$\frac{1}{2}H_2SO_4$溶液的浓度(mol/L);

m——无水碳酸钠的质量(g);

V——$\frac{1}{2}H_2SO_4$溶液的用量(mL);

0.053——$\frac{1}{2}Na_2CO_3$的摩尔质量(g/mmol)。

4.1.2 碳酸根和碳酸氢根含量按下列各式计算:

$$CO_3^{2-}\left(mmol\ \frac{1}{2}CO_3^{2-}/kg\right) = \frac{2V_1 \times C}{m} \times 1\,000 \tag{4.2.3-2}$$

$$CO_3^{2-}(\%) = CO_3^{2-}\left(mmol\ \frac{1}{2}CO_3^{2-}/kg\right) \times 0.030\,0 \times 10^{-1} \tag{4.2.3-3}$$

$$HCO_3^-(mmolHCO_3^-/kg) = \frac{(V_2 - V_1) \times C}{m} \times 1\,000 \tag{4.2.3-4}$$

$$HCO_3^-(\%) = HCO_3^-(mmolHCO_3^-/kg) \times 0.061\,0 \times 10^{-1} \tag{4.2.3-5}$$

上述式中：V_1——滴定 CO_3^{2-} 时消耗的 H_2SO_4 标准液体积(mL)；

V_2——滴定 HCO_3^- 时消耗的 H_2SO_4 标准液体积(mL)；

C——$\frac{1}{2}H_2SO_4$ 标准液体的浓度(mol/L)；

m——相当于分析时所取浸出液体积的干土质量(g)；

0.030 0——$\frac{1}{2}CO_3^{2-}$ 的摩尔质量(g/mmol)；

0.061 0——HCO_3^- 的摩尔质量(g/mmol)。

4.2 记录表格(表4.2.3-1)

碳酸根、碳酸氢根试验记录　　　　　　　　　　　　　表4.2.3-1

工程名称_____　　　　　　　　土样编号_____

土样说明_____　　　　　　　　试验环境_____

试验日期_____　　　试 验 者_____　　　复 核 者_____

吸取浸出液的体积(mL)		
与吸取浸出液体积相当的干土质量(g)		
H_2SO_4 标准液的浓度(mol/L)		
试验次数	1	2
滴定 CO_3^{2-} 时消耗的 H_2SO_4 标准液体积(mL)		
滴定 HCO_3^- 时消耗的 H_2SO_4 标准液体积(mL)		
CO_3^{2-} (%)		
CO_3^{2-} 平均值(%)		
HCO_3^- (%)		
HCO_3^- 平均值(%)		

4.3 精密度和允许差

碳酸根和碳酸氢根测定结果的精度应符合表4.2.3-2的规定。

易溶盐各离子的允许偏差　　　　　　　　　　　　　表4.2.3-2

各离子含量的范围 m (mol/kg)								相对偏差
CO_3^{2-}	HCO_3^-	SO_4^{2-}	Cl^-	Ca^{2+}	Mg^{2+}	Na^+	K^+	(%)
<2.5	<5.0	<2.5	<5.0	<2.5	<2.5	<5.0	<5.0	10~15
2.5~5.0	5.0~10	2.5~5.0	5.0~10	2.5~5.0	2.5~5.0	5.0~10	5.0~10	5~10
5.0~25	10~50	5.0~25	10~50	5.0~25	5.0~25	10~50	10~50	3~10
>25	>50	>25	>50	>25	>25	>50	>50	<3

5 报告

(1)土的鉴别分类和代号；

(2)土的碳酸根含量(%)；

(3)土的碳酸氢根含量(%)。

4.2.4 易溶盐氯根的测定——硝酸银滴定法

1 目的、依据和适用范围

1.1 本试验的目的在于了解土中易溶盐氯根的总量。

1.2 本试验参照的标准为《公路土工试验规程》(JTG E40—2007)。

1.3 本试验方法适用于各类土。

2 仪器设备及试剂

2.1 仪器设备

酸式滴定管(25mL)。

2.2 试剂

2.2.1 5%铬酸钾指示剂:称取铬酸钾(K_2CrO_4)5g溶于少量蒸馏水中,逐滴加入1mol/L硝酸银$AgNO_3$溶液至砖红色沉淀不消失为止,放置一夜后过滤,滤液稀释至100mL。储于棕色瓶中备用。

2.2.2 0.02mol/L硝酸银标准溶液:准确称取经105~110℃烘干30min的分析纯$AgNO_3$ 3.397g,用蒸馏水溶解,倒入1L容量瓶中,用蒸馏水定容。储于棕色细口瓶中。

2.2.3 0.02mol/L碳酸氢钠($NaHCO_3$)溶液:称取1.7g $NaHCO_3$,溶于纯水中,稀释至1L。

3 试验步骤

3.1 在滴定碳酸根和碳酸氢根以后的溶液中继续滴定Cl^-。首先在此溶液中滴入几滴0.02mol/L $NaHCO_3$溶液,使溶液恢复黄色(pH为7),然后再加入5%铬酸钾指示剂0.5mL,用硝酸银标准溶液滴定至浑浊液由黄绿色突变成砖红色,即为滴定终点(可用标定硝酸银溶液浓度时的终点颜色作为标准进行比较)。记录所用硝酸银的毫升数(V)。

3.2 如果不利用测定CO_3^{2-}、HCO_3^-的溶液,可用移液管另取两份新的土样浸出液,每份25mL,放入三角瓶中。加入甲基橙指示剂,逐滴加入0.02mol/L碳酸氢钠($NaHCO_3$)溶液至试液变为纯黄色,控制pH为7,再加入5% K_2CrO_4指示剂5~6滴,用硝酸银标准溶液滴定,直至生成砖红色沉淀,记录$AgNO_3$标准溶液用量。若浸出液中Cl^-含量很高,可减少浸出液用量,另取一份进行测定。

注:当水提取液呈黄色时,会影响判定终点,可在滴定前加入30% H_2O_2 1~2mL,煮沸使黄色消失,冷却后测定。

4 数据整理

4.1 计算公式

氯根含量按式(4.2.4-1)、式(4.2.4-2)计算:

$$Cl^-(mmol/kg) = \frac{V \times C}{m} \times 1\,000 \tag{4.2.4-1}$$

$$Cl^-(\%) = Cl^-(mmol/kg) \times 0.035\,5 \times 10^{-1} \tag{4.2.4-2}$$

上述中:C——硝酸银标准溶液的浓度(mol/L);

$\quad\quad\quad V$——滴定用硝酸银溶液体积(mL);

$\quad\quad\quad m$——相当于分析时所取浸出液体积的干土质量(g);

$\quad\quad\quad 0.035\,5$——氯根的摩尔质量(g/mmol)。

4.2 记录表格(表4.2.4-1)

氯根试验记录（AgNO₃ 滴定）　　　　表 4.2.4-1

工程名称＿＿＿＿＿＿＿＿＿　　　　　　土样编号＿＿＿＿＿＿＿＿＿

土样说明＿＿＿＿＿＿＿＿＿　　　　　　试验环境＿＿＿＿＿＿＿＿＿

试验日期＿＿＿＿＿　　　试 验 者＿＿＿＿＿＿＿＿　　复核者＿＿＿＿＿＿＿

吸取浸出液的体积 V(mL)		
与吸取浸出液相当的土样质量(g)		
AgNO₃ 标准液的浓度(mol/L)		
试验次数	1	2
滴定试样消耗 AgNO₃ 标准液的量(mL)		
Cl⁻(%)		
Cl⁻平均值(%)		

注:1. K_2CrO_4 指示剂的浓度对滴定结果有影响,溶液中 CrO_4^{2-} 离子浓度过大,会使终点提前出现,使滴定结果偏低;反之,CrO_4^{2-} 浓度太低,则终点推迟出现而使结果偏高。一般应每5mL溶液加1滴 K_2CrO_4 指示剂。

　2. 滴定过程中生成的AgCl沉淀容易吸附 Cl^-,使溶液中的 Cl^- 浓度降低,以致未到等当点时即过早产生砖红色 Ag_2CrO_4 沉淀。故滴定时须不断剧烈摇动,使被吸附的 Cl^- 释放出来。

4.3 精密度和允许差

氯根测定结果的精度应符合表4.1.8-9的规定。

5 报告

(1)试验方法;

(2)土的鉴别分类和代号;

(3)土的氯根含量(%)。

4.2.5 易溶盐氯根的测定——硝酸汞滴定法

1 目的、依据和适用范围

1.1 本试验的目的在于了解土中易溶盐氯根的总量。

1.2 本试验参照的标准为《公路土工试验规程》(JTG E40—2007)。

1.3 本试验方法适用于各类土。

2 仪器设备及试剂

2.1 仪器设备

2.1.1 酸式滴定管(50mL)、三角瓶(150mL)、试剂瓶、量筒。

2.1.2 移液管(大肚形)25mL、容量瓶1L。

2.1.3 天平:称量200g,感量0.000 1g。

2.2 试剂

2.2.1 混合指示剂:0.5g二苯偶氮碳酰肼与0.05g溴酚蓝及0.12g二甲苯蓝FF混合,混于100mL 95%的酒精中,保存于棕色式制瓶中。

2.2.2 0.025mol/L硝酸汞标准溶液:称取8.34g分析纯硝酸汞[$Hg(NO_3)_2 \cdot 1/2H_2O$],溶于100mL加有1～1.5mL浓硝酸的蒸馏水中,最后加水定容至1 000mL,充分摇匀。其标准浓度用 0.025mol/L 氯化钠标准溶液标定(标定方法与滴定待测液相同)。

2.2.3　0.05mol/L 硝酸溶液:量取 3.2mL 浓硝酸(比重 1.42),稀释至 1 000mL,摇匀,备用。

3　试验步骤

3.1　吸取待测定液 25mL 于 150mL 三角瓶中。

3.2　加混合指示剂 10 滴,并用 0.05mol/L HNO$_3$ 溶液调至溶液呈蓝绿色。用 Hg(NO$_3$)$_2$ 标准溶液滴定至突变为紫色即为终点,记下消耗的体积(mL)。

注:在试验过程中应控制滴定速度,特别是滴定近终点时,应逐滴滴加,每滴一滴应充分摇匀,否则会超过终点,造成误差。

4　数据整理

4.1　计算公式

氯根含量按式(4.2.5-1)、式(4.2.5-2)计算:

$$Cl^-(mmol/kg) = \frac{V \times C}{m} \times 1\,000 \qquad\qquad (4.2.5\text{-}1)$$

$$Cl^-(\%) = Cl^-(mmol/kg) \times 0.035\,5 \times 10^{-1} \qquad\qquad (4.2.5\text{-}2)$$

上述式中:C——1/2 Hg(NO$_3$)$_2$ 溶液的浓度(mol/L);

　　　　　V——滴定用硝酸银溶液体积(mL);

　　　　　m——相当于分析时所取浸出液体积的干土质量(g);

　　0.035 5——氯根的摩尔质量(g/mmol)。

4.2　记录表格(表4.2.5-1)

氯 根 试 验 记 录　　　　　　　　　　　　　表 4.2.5-1

工程名称＿＿＿＿＿＿＿＿＿＿　　　　　　　　土样编号＿＿＿＿＿＿＿＿＿＿

土样说明＿＿＿＿＿＿＿＿＿＿　　　　　　　　试验环境＿＿＿＿＿＿＿＿＿＿

试验日期＿＿＿＿＿＿＿＿＿＿　　　试 验 者＿＿＿＿＿＿＿＿＿＿　　　复 核 者＿＿＿＿＿＿＿＿＿＿

吸取浸出液的体积 V(mL)		
与吸取浸出液相当的土样质量(g)		
1/2 Hg(NO$_3$) 溶液的浓度(mol/L)		
试验次数	1	2
滴定试样消耗 1/2 Hg(NO$_3$) 标准液的量(mL)		
Cl$^-$(%)		
Cl$^-$ 平均值(%)		

注:1. 在滴定过程中,必须控制溶液的 pH 在 3.0~3.5 范围内,pH 高于此范围有负误差,pH 低于此范围有正误差。

　　2. 如果待测液有颜色,则对终点有干扰,可用稀硝酸酸化后的活性炭吸附脱色,过滤后滴定;也可直接用硝酸酸化待测液后,再加微热,使有机质絮固脱色,过滤后滴定;或者蒸干待测液,用过氧化氢去除有机质,再溶解后进行滴定。

　　3. 加入指示剂过量时也会使结果偏低。

4.3　精密度和允许差

氯根测定结果的精度应符合表4.2.3-2的规定。

5　报告

（1）试验方法；

（2）土的鉴别分类和代号；

（3）土的氯根含量(%)。

4.2.6　易溶盐钙和镁离子的测定——EDTA 配位滴定法

1　目的、依据和适用范围

1.1　本试验的目的在于了解土中易溶盐钙和镁离子的总量。

1.2　本试验参照的标准为《公路土工试验规程》(JTG E40—2007)。

1.3　本试验方法适用于各类土。

2　仪器设备及试剂

2.1　仪器设备

2.1.1　移液管（大肚形）：25mL。

2.1.2　三角瓶：150mL。

2.1.3　滴定管：（酸式）25mL，或50mL，准确至0.1mL。

2.1.4　试剂瓶。

2.2　试剂

2.2.1　0.01mol/L EDTA 标准溶液。

（1）0.01mol/L EDTA 标准溶液：先将乙二胺四乙酸二钠（Na_2EDTA，$Na_2H_2C_{10}H_{12}O_8N_2 \cdot 2H_2O$，相对分子质量372.1，分析纯）在80℃干燥约2h，保存于干燥器中。然后将3.72g Na_2EDTA，溶于1L水中，充分摇匀，储于塑料式制瓶中。EDTA 二钠盐在水中溶解缓慢，在配制溶液时须常摇动促溶，最好放置过夜后备用。

（2）EDTA 溶液的标定：

①用分析天平称取经110℃干燥的 $CaCO_3$（优级纯或一级）约0.40g，称准至0.0001g，放在400mL烧杯内，用少量蒸馏水润湿，慢慢加入1:1的盐酸约10mL，盖上表皿，小心地加热促溶，并驱尽 CO_2，冷却后定量地转移入500mL容量瓶中，用蒸馏水定容。

②用移液管吸取本方法 EDTA 标准溶液25.00mL于250mL三角瓶中，加20mL pH10的氨缓冲溶液和少许 K-B 指示剂（或铬黑 T 指示剂），用配好的 EDTA 溶液滴定，溶液由酒红色变为蓝绿色为终点。同时做空白试验。按式(4.2.6-1)计算 EDTA 溶液的浓度(mol/L)，取三次标定结果的平均值。

$$C_{EDTA} = \frac{m}{0.1001 \times (V - V_0)} \tag{4.2.6-1}$$

式中：0.1001——$CaCO_3$ 的摩尔质量(g/mmol)；

　　　　m——每份滴定所用 $CaCO_3$ 的质量(g)；

　　　　V——标定时所用 EDTA 溶液的体积(mL)；

V_0——空白所用标定 EDTA 溶液的体积(mL)。

2.2.2 pH10 的氨缓冲溶液:67.5g NH_4Cl(化学纯)溶于无二氧化碳水中,加入新开瓶的浓氨水(化学纯,比重 0.9,含 $NH_3$25%)570mL,用水稀释至 1L,储于塑料瓶中,并注意防止吸收空气中的 CO_2。

2.2.3 K-B 指示剂:0.5g 酸性铬蓝 K 和 0.1g 萘酚绿 B,与 100g、105℃ 烘过的 NaCl 一同研细磨匀,越细越好,储于棕色瓶中。

2.2.4 铬黑 T 指示剂:0.5g 铬黑 T 与 100g 烘干的 NaCl(三级)共研至极细,储于棕色瓶中。

2.2.5 钙指示剂:0.5g 钙指示剂与 50gNaCl(需经烘焙)研细混匀,储于棕色瓶中,放在干燥器中保存。

2.2.6 2mol/L NaCl 溶液:8.0g NaOH 溶液溶于 100mL 无二氧化碳水中。

3 试验步骤

3.1 $Ca^{2+}+Mg^{2+}$含量的测定:用移液管吸取土样浸出液 25mL 于 150mL 三角瓶中,加 pH10 缓冲溶液 2mL,摇匀后加 K-B 指示剂约 0.1g。用 EDTA 标准溶液滴定,由酒红色突变为纯蓝色为终点。记录 EDTA 溶液的用量 V_2(mL),精确至 0.01mL。

3.2 Ca^{2+}的测定:用 25mL 移液管另吸取土样浸出液 25mL 于三角瓶中,加 1:1 HCl 一滴,充分摇动,煮沸 1min 排出 CO_2,冷却后,加 2mol/L NaOH 2mL,摇匀,放置 1~2min,使溶液 pH 值达 12.0 以上,加入钙指示剂约 0.1g,以 EDTA 标准溶液滴定,接近终点时须逐滴加入,充分摇动,直至溶液由红色突变为纯蓝色。记录 EDTA 溶液的用量 V_1(mL),精确至 0.01mL。

4 数据整理

4.1 计算公式

钙离子、镁离子含量按下列各式计算:

$$Ca^{2+}\left(mmol\,\frac{1}{2}Ca^{2+}/kg\right)=\frac{C\times V_1\times 2}{m}\times 1\,000 \tag{4.2.6-2}$$

$$Ca^{2+}(\%)=Ca^{2+}\left(mmol\,\frac{1}{2}Ca^{2+}/kg\right)\times 0.020\,0\times 10^{-1} \tag{4.2.6-3}$$

$$Mg^{2+}\left(mmol\,\frac{1}{2}Mg^{2+}/kg\right)=\frac{C\times(V_2-V_1)\times 2}{m}\times 1\,000 \tag{4.2.6-4}$$

$$Mg^{2+}(\%)=Mg^{2+}\left(mmol\,\frac{1}{2}Mg^{2+}/kg\right)\times 0.012\,2\times 10^{-1} \tag{4.2.6-5}$$

上述式中:C——EDTA 标准溶液的浓度(mol/L);

m——相当于分析时所取浸出液体积的干土质量(g);

0.020 0——$\frac{1}{2}$钙离子的摩尔质量(g/mmol);

0.012 2——$\frac{1}{2}$镁离子的摩尔质量(g/mmol)。

4.2 记录表格(表4.2.6-1)

钙镁离子试验记录   表4.2.6-1

工程名称＿＿＿＿＿＿＿＿   土样编号＿＿＿＿＿＿＿＿

土样说明＿＿＿＿＿＿＿＿   试验环境＿＿＿＿＿＿＿＿

试验日期＿＿＿＿＿＿＿＿   试 验 者＿＿＿＿＿＿＿＿   复 核 者＿＿＿＿＿＿＿＿

吸取提取液的体积 $V(\text{mL})$		
EDTA(mol/L)		
试验次数	1	2
滴定 Ca^{2+} 时所用 EDTA 的量 $V_1(\text{mL})$		
滴定 $Ca^{2+}+Mg^{2+}$ 时所用 EDTA 的量 $V_2(\text{mL})$		
$Ca^{2+}\left(\text{mmol}\,\frac{1}{2}Ca^{2+}/\text{kg}\right)$		
Ca^{2+} 平均值$\left(\text{mmol}\,\frac{1}{2}Ca^{2+}/\text{kg}\right)$		
$Ca^{2+}(\%)$		
Ca^{2+} 的平均值$(\%)$		
$Mg^{2+}\left(\text{mmol}\,\frac{1}{2}Mg^{2+}/\text{kg}\right)$		
Mg^{2+} 平均值$\left(\text{mmol}\,\frac{1}{2}Mg^{2+}/\text{kg}\right)$		
$Mg^{2+}(\%)$		
Mg^{2+} 的平均值$(\%)$		

4.3 精密度和允许差

氯根测定结果的精度应符合表4.2.3-2 的规定。

5 报告

(1)土的鉴别分类和代号;

(2)土的钙离子含量(％);

(3)土的镁离子含量(％)。

4.2.7 易溶盐硫酸根的测定——质量法

1 目的、依据和适用范围

1.1 本试验的目的在于了解土中易溶盐硫酸根的总量。

1.2 本试验参照的标准为《公路土工试验规程》(JTG E40—2007)。

1.3 本试验方法适用于各类土。

2 仪器设备及试剂

2.1 仪器设备

2.1.1 高温电炉:温度可自控,最高炉温1 100℃。

2.1.2 瓷坩埚:30mL。

2.1.3 坩埚钳:长柄的。

2.1.4 水浴锅、烧杯、紧密滤纸、漏斗。

2.1.5 移液管(大肚形)、量筒、试剂瓶等。

2.1.6 漏斗架。

2.1.7 表面皿、玻璃支架、玻璃棒。

2.2 试剂

2.2.1 1:3 盐酸:1 份浓盐酸加 3 份蒸馏水混合。

2.2.2 10%氯化钡水溶液:称取 $BaCl_2 \cdot H_2O$ 10g 溶于水后,再加水稀释至100mL。

2.2.3 1%硝酸银溶液:将1g $AgNO_3$ 溶于 100mL 蒸馏水中。如有杂质应过滤,滤液要透明。

3 试验步骤

3.1 吸取 50~100mL 水浸提液于150mL 烧杯中,在水浴上蒸干。用 5mL 1:3 盐酸溶液处理残渣,再蒸干,并在 100~105℃烘干 1h。

3.2 用 2mL 1:3 盐酸和 10~30mL 热蒸馏水洗涤,用致密滤纸过滤,除去二氧化硅,再用热水洗至无氯离子反应(用硝酸银检验无浑浊)为止。

3.3 滤出液在烧杯中蒸发至 30~40mL,在不断搅动中趁热滴加10%氯化钡至沉淀完全。在上部清液再滴加几滴氯化钡,直至无更多沉淀生成时,再多加 2~4mL 氯化钡。在水浴上继续加热 15~30min,取下烧杯静置 2h。

3.4 用致密无灰滤纸过滤,烧杯中的沉淀用热水洗 2~3 次后转入滤纸,再洗至无氯离子反应为止,但沉淀也不宜过多洗涤。

3.5 将滤纸包移入已灼烧称恒量的坩埚中,小心烤干,灰化至呈灰白色。

3.6 在 600℃高温电炉中灼烧 15~20min,然后在干燥器中冷却 30min 后称量。再将坩埚灼烧 15~20min,称至恒量(两次称量之差小于 0.000 5g)。

3.7 用相同试剂和滤纸同样处理,做空白试验,测得空白质量。

4 数据整理

4.1 计算公式

硫酸根含量按式(4.2.7-1)、式(4.2.7-2)计算:

$$SO_4^{2-}(\%) = \frac{m_1 - m_2 \times 0.411\,6}{m} \times 100 \qquad (4.2.7\text{-}1)$$

$$SO_4^{2-}\left(\text{mmol}\ \frac{1}{2}SO_4^{2-}/kg\right) = \frac{SO_4^{2-}(\%)}{0.048\,0} \times 10 \qquad (4.2.7\text{-}2)$$

上述式中:m_1——硫酸顿的质量(g);

m_2——空白标定的质量(g);

m——相当于分析时所取浸出液体积的干土质量(g);

0.411 6——硫酸钡换算为硫酸根(SO_4^{2-})的系数;

0.048 0——1/2 硫酸钡的摩尔质量(g/mmol)。

4.2 记录表格(表4.2.7-1)

硫酸根试验记录(质量法)　　　　　　　　　表4.2.7-1

工程名称＿＿＿＿＿＿＿＿＿　　　　　　　土样编号＿＿＿＿＿＿＿＿＿

土样说明＿＿＿＿＿＿＿＿＿　　　　　　　试验环境＿＿＿＿＿＿＿＿＿

试验日期＿＿＿＿＿＿＿＿＿　　试　验　者＿＿＿＿＿＿＿　　复核者＿＿＿＿＿＿＿＿＿

吸取提取液的体积(mL)		
试验次数		
坩埚 + 沉淀质量(g)		
空坩埚质量(g)		
沉淀质量(g)		
空白试验结果(g)		
SO_4^{2-} (%)		
SO_4^{2-} 平均值(%)		
$SO_4^{2-}\left(mmol\ \frac{1}{2}SO_4^{2-}/kg\right)$		
SO_4^{2-} 平均值$\left(mmol\ \frac{1}{2}SO_4^{2-}/kg\right)$		

注:1. 本方法适用于硫酸根含量较高的土样,含量低者应采用其他方法。

　　2. 硫酸钡沉淀应在微酸性溶液中进行,一方面可以防止某些阴离子如碳酸根、碳酸氢根和氢氧根等与钡离子发生共沉淀现象,另一方面硫酸钡沉淀在微酸性溶液中能使结晶颗粒增大,便于过滤和洗涤。沉淀溶液的酸度不能太高,因硫酸钡沉淀的溶解度随酸度的增大而增大,最好控制在 0.05mol/L 左右。

　　3. 硫酸钡沉淀同滤纸灰化时,应保证空气的充分供应,否则沉淀易被滤纸烧成的碳所还原($BaSO_4 + 4C \longrightarrow BaS + 4CO$)。当发生这种现象时,沉淀呈灰色或黑色,可在冷却后的沉淀中加入 2~3 滴浓硫酸,然后小心加热至二氧化硫白烟不再产生为止,再在 600℃ 的温度下灼烧至恒量。炉温不能过高,否则硫酸钡开始分解。

4.3 精密度和允许差

硫酸根测定结果的精度应符合表4.2.3-2 的规定。

5 报告

(1)试验方法;

(2)土的鉴别分类和代号;

(3)土的硫酸根含量(%)。

4.2.8 易溶盐硫酸根的测定——EDTA 间接配位滴定法

1 目的、依据和适用范围

1.1 本试验的目的在于了解土中易溶盐硫酸根的总量。

1.2 本试验参照的标准为《公路土工试验规程》(JTG E40—2007)。

1.3 本试验方法适用于各类土。

2 仪器设备及试剂

2.1 仪器设备

2.1.1 分析天平:称量200g,感量0.0001g。

2.1.2　酸式滴定管:50mL,准确至0.1mL。

2.1.3　三角瓶:150mL、200mL。

2.1.4　移液管(大肚形):25mL、50mL。

2.2　试剂

2.2.1　钡镁混合剂:2.44g $BaCl_2 \cdot 2H_2O$(化学纯)和2.04g $MgCl_2 \cdot 6H_2O$(化学纯)溶于水,稀释至1L,此溶液中 Ba^{2+} 和 Mg^{2+} 的浓度各为0.01mol/L,每毫升约可沉淀1mg SO_4^{2-}。

2.2.2　pH10的氨缓冲液:67.5g NH_4Cl(化学纯)溶于无二氧化碳水中,加入新开瓶的浓氨水(化学纯,比重0.9,含 $NH_3$25%)570mL,用水稀释至1L,储于塑料瓶中,并注意防止吸收空气中的 CO_2。

2.2.3　1:4HCl溶液:1份浓HCl(化学纯)与4份水混合。

2.2.4　K-B指示剂:0.5g酸性铬蓝K和0.1g萘酚绿B,与100g、105℃烘过的NaCl一同研细磨匀,越细越好,储于棕色瓶中。

2.2.5　铬黑T指示剂:0.5g铬黑T与100g烘干的NaCl(三级)共研至极细,储于棕色瓶中。

2.2.6　0.01mol/L EDTA标准溶液:先将乙二胺四乙酸二纳(Na_2EDTA,$Na_2H_2C_{10}H_{12}O_8N_2 \cdot 2H_2O$,相对分子质量372.1,分析纯)在80℃干燥约2h,保存于干燥器中。然后将3.72g Na_2EDTA,溶于1L水中,充分摇动,储于塑料式制瓶中。EDTA二钠盐在水中溶解缓慢,在配制溶液时须常摇动促溶,最好放置过夜后备用。

3　试验步骤

3.1　EDTA溶液的标定

3.1.1　用分析天平称取经110℃干燥的 $CaCO_3$(优级纯或一级)约0.40g,称准至0.0001g,放在400mL烧杯内,用少量蒸馏水润湿,慢慢加入1:1的盐酸约10mL,盖上表皿,小心地加热促溶,并驱尽 CO_2,冷却后定量地转移入500mL容量瓶中,用蒸馏水定容。

3.1.2　用移液管吸取本方法3.1.1的溶液25.00mL于250mL三角瓶中,加20mL pH10的氨缓冲溶液和少许K-B指示剂(或铬黑T指示剂),用配好的EDTA溶液滴定,溶液由酒红色变为蓝绿色为终点。同时做空白试验。按式(4.2.8-1)计算EDTA溶液的浓度(mol/L),取三次标定结果的平均值。

$$C_{EDTA} = \frac{m}{0.1001 \times (V - V_0)} \qquad (4.2.8-1)$$

式中:0.1001——$CaCO_3$ 的摩尔质量(g/mmol);

　　　　m——每份滴定所用 $CaCO_3$ 的质量(g);

　　　　V——标定时所用EDTA溶液的体积(mL);

　　　　V_0——空白所用标定EDTA溶液的体积(mL)。

3.2　易溶硫酸根的测定

3.2.1　用移液管吸取25mL土水比为1:5的土样浸出液于150mL三角瓶中,加1:4 HCl 5滴,加热至沸,趁热用移液管缓缓地准确加入过量25%~100%的钡镁混合液(5~10mL)。

注:继续微沸5min,然后放置2h以上。

3.2.2　加pH缓冲液5mL,加铬黑T指示剂少许或K-B指示剂约0.1g,摇匀。用EDTA标准溶液滴定至由酒红色变为纯蓝色。如终点前颜色太浅,可补加一些指示剂。记录EDTA

标准溶液的体积 $V_1(mL)$。

3.2.3　空白标定:取25mL水,加入1:4 HCl 5滴,钡镁混合液5mL或10mL(注意:其用量应与上述待测液相同),pH10缓冲液5mL和铬黑T指示剂少许或K-B指示剂约0.1g,摇匀后用EDTA标准溶液滴定至由酒红色变为纯蓝色,记录EDTA溶液的用量 $V_2(mL)$。

3.2.4　土样浸出液中钙镁总量的测定(如 Ca^{2+}、Mg^{2+} 已知,可免去此步):吸取与本方法3.1相同体积的土样浸出液(25mL),放在150mL三角瓶中,加1:1 HCl两滴,摇匀,加热至沸1min,除去 CO_2 冷却。加pH10缓冲溶液3.5mL,加K-B指示剂约0.1g,用EDTA标准溶液滴定,溶液由紫红色变成蓝绿色即为终点,记录消耗EDTA溶液的体积 $V_3(mL)$。

注:由于土中 SO_4^{2-} 含量变化较大,为了掌握加沉淀剂 $BaCl_2$ 是否足量,必须经过初步试验,具体试验参见《公路土工试验规程》(JTG E40—2007)进行。

4　数据整理

4.1　计算公式

$$SO_4^{2-}\left(mmol\ \frac{1}{2}SO_4^{2-}/kg\right) = \frac{2C(V_2 + V_3 - V_1)}{m} \times 1\,000 \qquad (4.2.8-2)$$

$$SO_4^{2-}(\%) = SO_4^{2-}\left(mmol\ \frac{1}{2}SO_4^{2-}/kg\right) \times 0.048\,0 \times 10^{-1} \qquad (4.2.8-3)$$

上述式中:C——EDTA标准液的浓度(mol/L);

m——相当于分析时所取浸出液体积的干土质量(g);

$0.048\,0$——$\frac{1}{2}$硫酸根的摩尔质量(g/mmol)。

注:由于土中 SO_4^{2-} 含量比较大,有些土中 SO_4^{2-} 含量很高,可用下式判断所加沉淀剂 $BaCl_2$ 是否足量:$V_2 + V_3 - V_1 = 0$,表明土中无 SO_4^{2-},$V_2 + V_3 - V_1 < 0$,表明操作有误。$V_2 + V_3 - V_1 = A$ mL,若 A mL $+ A \times 25\% \leqslant$ 所加 $BaCl_2$ 的体积数,表示加入的沉淀剂足量;若 A mL $+ A \times 25\% >$ 所加 $BaCl_2$ 的体积数,表示所加沉淀剂不够,应重新少取待测液,或多加沉淀剂重新测 SO_4^{2-}。

4.2　记录表格(表4.2.8-1)

硫酸根试验记录(EDTA滴定法)　　　　　　　　　　　　表4.2.8-1

工程名称＿＿＿＿＿＿＿＿　　　　　　　　　土样编号＿＿＿＿＿＿＿＿

土样说明＿＿＿＿＿＿＿＿　　　　　　　　　试验环境＿＿＿＿＿＿＿＿

试验日期＿＿＿＿＿＿＿＿　　　试验者＿＿＿＿＿＿＿＿　　　复核者＿＿＿＿＿＿＿＿

吸取提取液的体积(mL)		
EDTA二钠盐溶液的浓度(mol/L)		
试验次数	1	2
待测液经沉淀后剩余钡镁合计所消耗EDTA的量 $V_1(mL)$		
钡镁合计(空白标定)所消耗EDTA的量 $V_2(mL)$		
同体积待测液中原有 Ca^{2+}、Mg^{2+} 所消耗EDTA的量 $V_3(mL)$		
$SO_4^{2-}\left(mmol\ \frac{1}{2}SO_4^{2-}/kg\right)$		

SO_4^{2-} 平均值 $\left(\text{mmol}\,\frac{1}{2}SO_4^{2-}/kg\right)$		
SO_4^{2-} (%)		
SO_4^{2-} 平均值(%)		

4.3 精密度和允许差

硫酸根测定结果的精度应符合表4.2.3-2的规定。

5 报告

(1)试验方法;

(2)土的鉴别分类和代号;

(3)土的硫酸根含量(%)。

4.2.9 易溶盐钠和钾离子的测定——火焰光度法

1 目的、依据和适用范围

1.1 本试验的目的在于了解土中易溶盐钠和钾离子的总量。

1.2 本试验参照的标准为《公路土工试验规程》(JTG E40—2007)。

1.3 本试验方法适用于各类土。

2 仪器设备及试剂

2.1 仪器设备

2.1.1 火焰光度计。

2.1.2 分析天平:称量200g,感量0.000 1g。

2.1.3 容量瓶、试剂瓶、移液管。

2.2 试剂

2.2.1 0.1mol/L硫酸铝溶液:称取34.2g $Al_2(SO_4)_3$ 溶于水中,稀释至1 000mL。

2.2.2 钾(K^+)标准溶液:精确称取经105~110℃烘干的分析纯 KCl 0.197 0g,在少量纯水中溶解,转入1 000mL容量瓶中定容,储于塑料瓶中。此溶液含 K^+ 0.1mg/mL,以此为母液可稀释配制所需浓度的标准系列。

2.2.3 钠(Na^+)标准溶液:精确称取550℃灼烧过的 NaCl 0.254 2g,在少量纯水中溶解,转入1 000mL容量瓶中定容,储于塑料瓶中。此溶液含 Na^+ 0.1mg/mL,以此为母液可稀释配制所需浓度的标准系列。

3 试验步骤

3.1 仪器分析法标准曲线的测绘

分别取浓度适宜的钠、钾溶液标准系列。按测定试样相同条件,在火焰光度计上测出各浓度的读数,宜测5~7点,以读数为纵坐标,钠、钾浓度为横坐标,在直角坐标上绘制关系曲线,并注明试验条件。

3.2　易溶盐钠和钾离子的测定

用移液管吸取一定量的土浸出液,放在火焰光度计上,按仪器说明书的要求进行操作。当 Na^+、K^+ 含量超过仪器容许范围时,宜稀释后再操作。测 Na^+ 时用钠滤光片,测 K^+ 时用钾滤光片。记下仪器读数,注明试验条件,分别查钠、钾标准曲线,计算含量。

4　数据整理

4.1　计算公式

$$Na^+(mmolNa^+/kg) = \frac{C_{Na} \times \dfrac{25}{V}}{m} \times \frac{1.0}{23} \qquad (4.2.9\text{-}1)$$

$$Na^+(\%) = Na^+(mmolNa^+/kg) \times 0.023 \times 10^{-1} \qquad (4.2.9\text{-}2)$$

$$K^+(mmolK^+/kg) = \frac{C_K \times \dfrac{25}{V}}{m} \times \frac{1.0}{39.1} \qquad (4.2.9\text{-}3)$$

$$K^+(\%) = K^+(mmolK^+/kg) \times 0.039\,1 \times 10^{-1} \qquad (4.2.9\text{-}4)$$

上述式中：C_{Na}——待测液中钠离子浓度(10^{-6})；

$\qquad\quad C_K$——待测液中钾离子浓度(10^{-6})；

$\qquad\quad V$——吸取土样浸出液的体积(mL)；

$\qquad\quad m$——相当于分析时所取浸出液体积的干土质量(g)；

$\qquad\quad 1.0$——由 10^{-6} 换算成千克的系数；

$\qquad\quad 23$——钠离子的摩尔质量(g/mol)；

$\qquad\quad 39.1$——钾离子的摩尔质量(g/mol)。

4.2　记录表格(表4.2.9-1)

硫酸根试验记录(质量法)

表4.2.9-1

工程名称＿＿＿＿＿＿＿＿＿＿＿　　　　　　　　　土样编号＿＿＿＿＿＿＿＿＿＿＿

土样说明＿＿＿＿＿＿＿＿＿＿＿　　　　　　　　　试验环境＿＿＿＿＿＿＿＿＿＿＿

试验日期＿＿＿＿＿＿＿＿＿＿＿　　试　验　者＿＿＿＿＿＿＿＿　　复　核　者＿＿＿＿＿＿＿＿＿＿＿

吸取提取液的体积 V(mL)		
试验次数	1	2
由标准曲线查出 Na^+ 量(10^{-6})		
Na^+(%)		
Na^+ 平均值(%)		
Na^+(mmolNa$^+$/kg)		
平均值(mmolNa$^+$/kg)		
由标准曲线查出 K^+ 量(10^{-6})		
K^+(%)		
K^+ 平均值(%)		
K^+(mmolK$^+$/kg)		
平均值(mmolK$^+$/kg)		

4.3 精密度和允许差

钠钾离子测定结果的精度应符合表4.2.3-2的规定。

5 报告

(1)土的鉴别分类和代号;

(2)土的钠离子含量(%);

(3)土的钾离子含量(%)。

4.3 土的力学性质指标试验

4.3.1 土的固结试验

1 目的、依据和适用范围

1.1 本试验的目的是测定土的单位沉降量、压缩系数、压缩模量等。

1.2 本试验方法适用于饱和黏性土,当只进行压缩时允许用于非饱和土。

2 仪器设备

2.1 固结仪:包括护环、加压上盖、水槽及加压设备等。

2.2 环刀:直径61.8mm和79.8mm,高度为20mm,环刀应具有一定的刚度,内壁应保持较高的光洁度,宜抹一薄层凡士林油。

2.3 与环刀内径一致的透水石。

2.4 变形量测设备:量程为10mm、最小分度为0.01mm的百分表或零级位移传感器。

2.5 其他:计时器、滤纸、浸水设备。

3 试验步骤

3.1 在切好土样的环刀外壁涂一薄层凡士林,然后将刀口向下放入护环内。

3.2 试样上下依次放置潮湿透水石及滤纸,盖上加压盖,插入传压活塞,将容器移至固结仪加压框架正中。

3.3 安装百分表或位移传感器,施加1kPa的预压力使试样与仪器上下各部件接触,调整百分表指针至零位或测读初读数。

3.4 试验方法(快速固结试验)

3.4.1 当执行《北京地区建筑地基基础勘察设计规范》(DBJ11-501—2009)时,要求提供试样的压缩系数和压缩模量,加荷序列为:P_0(自重压力)、$P_0+100kPa$、$P_0+200kPa$、$P_0+300kPa$……P_0+最大附加压力。每级压力下的固结,只需测记1h的变形量,即可施加下一级压力,直至最后一级压力为止。

3.4.2 当执行《建筑地基基础设计规范》(GB 50007—2011)时,加荷序列为50kPa、100kPa、200kPa……当需要利用压缩模量计算基础沉降时,需加荷至自重压力与最大附加压力之和,每级压力下的固结时间为1h,仅在最后一级压力下,除测记1h的量表读数外,还应测读变形达到稳定时的量表读数。稳定的标准为量表读数每1h不大于0.01mm。

3.4.3 施加第一级压力后应立即向水槽中注水,浸没试样,对非饱和试样须以棉纱围住水槽四周,以免水分蒸发。

3.4.4　试验结束后,检查固结记录,拆除荷重,清洗仪器。

4　数据整理

4.1　计算公式

4.1.1　试样的初始孔隙比。

$$e_0 = \frac{\rho_s(1 + 0.01w_0)}{\rho_0} - 1 \tag{4.3.1-1}$$

式中:e_0——试样的初始孔隙比;

ρ_s——土粒密度(数值上等于土粒比重)(g/cm^3);

w_0——试验开始时试样的含水率(%);

ρ_0——试样开始时的密度(g/cm^3)。

4.1.2　各级压力下试样固结(稳定)后孔隙比。

$$e_i = e_0 - (1 + e_0) \times \frac{\Delta h_i}{h_0} \tag{4.3.1-2}$$

式中:e_i——各级压力下试样固结(稳定)后的初始孔隙比。

4.1.3　某一压力范围内的压缩系数。

$$a_v = \frac{e_i - e_{i+1}}{p_{i+1} - p_i} = \frac{(S_{i+1} - S_i)(1 + e_0)/1\,000}{p_{i+1} - p_i} \tag{4.3.1-3}$$

式中:a_v——压缩系数(kPa^{-1});

p_i——某一级压力值(kPa);

S_i——某一级荷载下的沉降量(mm/m),计算至0.1。

4.1.4　某一压力范围内的压缩模量。

$$m_v = 1/E_s = \frac{a_v}{1 + e_0} \tag{4.3.1-4}$$

$$E_s = \frac{1 + e_0}{a_v} = \frac{P_{i+1} - P_i}{(S_{i+1} - S_i)/1\,000} \tag{4.3.1-5}$$

上述式中:E_s——某一压力范围内的压缩模量(kPa),计算至0.01;

m_v——体积压缩系数(kPa^{-1}),计算至0.01。

4.2　记录表格(表4.3.1-1~表4.3.1-3)

4.3　精密度和允许差

5　报告

(1)土的鉴别分类和代号;

(2)土的压缩系数 a_v(MPa^{-1});

(3)土的压缩模量 E_s(MPa);

固结试验记录（一）   表 4.3.1-1

工程编号＿＿＿＿＿＿＿＿＿＿＿＿   取样桩号＿＿＿＿＿＿＿＿＿＿＿＿

取样深度＿＿＿＿＿＿＿＿＿＿＿＿   样品描述＿＿＿＿＿＿＿＿＿＿＿＿

试验日期＿＿＿＿＿＿＿＿＿＿＿＿   试验环境＿＿＿＿＿＿＿＿＿＿＿＿

试 验 者＿＿＿＿＿＿＿＿＿＿＿＿   复 核 者＿＿＿＿＿＿＿＿＿＿＿＿

含水率试验								
试验情况		盒号	盒＋湿土质量（g）	盒＋干土质量（g）	盒质量（g）	水质量（g）	干土质量（g）	含水率	平均含水率
试验前	饱和前								
	饱和								
试验后									

密度试验（土粒比重测试结果 $G_s =$　　　　）								
试样情况		环刀＋土质量（g）	环刀质量（g）	土质量（g）	试样体积（cm³）	密度（g/cm³）	平均值	孔隙比	饱和度
试验前	饱和前								
	饱和								
试验后									

固结试验记录（二）   表 4.3.1-2

土样说明＿＿＿＿＿＿＿＿＿＿＿＿   试验环境＿＿＿＿＿＿＿＿＿＿＿＿

试验日期＿＿＿＿＿＿＿＿＿＿＿＿   试 验 者＿＿＿＿＿＿＿＿＿＿＿   复 核 者＿＿＿＿＿＿＿＿＿＿＿

时间（min）	压力读数（MPa）	时间（min）	压力读数（MPa）	时间（min）	压力读数（MPa）	时间（min）	压力读数（MPa）	时间（min）	压力读数（MPa）

快速固结试验记录　　　　　　　　　　　　　　　表4.3.1-3

工程名称＿＿＿＿＿＿＿＿　　　　　　　　　　土样编号＿＿＿＿＿＿＿＿

土样说明＿＿＿＿＿＿＿＿　　　　　　　　　　试验环境＿＿＿＿＿＿＿＿

试验日期＿＿＿＿＿＿＿＿　　　试 验 者＿＿＿＿＿＿＿＿　　复 核 者＿＿＿＿＿＿＿＿

加荷时间 （h）	压力 （kPa）	校正前试样 总变形量 （mm）	校正后试样 总变形量 （mm）	压缩后试样高度 （mm）	单位沉降量 （mm/m）
	P	$(h_i)_t$	$\sum \Delta h_i = K(h_i)_t$	$h = H_0 - \sum \Delta h_i$	$S_i = \dfrac{\sum \Delta h_i}{h} \times 1\,000$

（4）土的压缩指数 C_c；

（5）土的回弹指数 C_s；

（6）土的固结系数 C_v（cm^2/s）；

（7）原状土的先期固结压力 p_c（kPa）。

4.3.2　土的剪切试验（快剪）

1　目的、依据和适用范围

本试验是测定土的抗剪强度的一种常用方法。适用于测定细粒土的抗剪强度参数 c 和 ϕ 及土颗粒粒径小于2mm的砂土的抗剪强度参数 ϕ。本试验采用快剪，即试样在垂直压力施加后，立即进行快速剪切，不允许有排水现象产生。

2　仪器设备

2.1　电动四联等应力直剪仪，由剪切盒、垂直加压框架、剪切传动装置、测力计和位移量测系统组成。如图4.3.2-1所示。

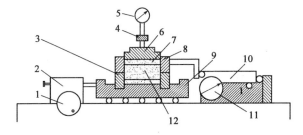

图4.3.2-1　应变控制式直剪仪器

1-手轮；2-推动座；3-下剪切盒；4-垂直加荷框架；5-垂直位移百分表；6-加压上盖；7-透水板；8-上剪切盒；9-水槽；10-位移计架；11-位移百分表；12-试样

2.2 环刀:内径61.8mm,高20mm。

2.3 位移量测设备:百分表,量程10mm,分度值0.01mm。

2.4 天平:分度值0.01g。

2.5 其他:饱和器、秒表、透水石及不透水滤纸等。

3 试验步骤

3.1 原状土样制备:按原状土制样方法切取4个试样(每组试验不得少于4个试样)。

3.2 将剪切容器上下盒对准,插入固定销,放入透水石和不透水滤纸,将带有试样的环刀平口向下,对准剪切盒口,在试样顶面放不透水滤纸和透水石及传压活塞,将试样慢慢推入剪切盒内,移去环刀。

3.3 移动传动装置,使上盒前端钢珠与测力计接触,依次加上传压板,加压框架,安装垂直位移量测装置,使其百分表指针对准零位。

3.4 每组试验不少于三个试样,在三种以上不同压力下进行剪切,一个垂直压力相当于现场预期的最大压力P,一个垂直压力要大于P,其余应小于P。垂直压力的级差要大致相等,也可取垂直压力,分别为100kPa、200kPa、300kPa、400kPa,对于松软土质试样可分级施加。

3.5 剪切:施加垂直压力,拔出固定销,以0.8~1.2mm/min的剪切速度进行剪切,使试样在3~5min内剪损。当测力计百分表读数不变或后退时,应继续剪切至剪切位移为4mm时停止。当剪切过程中测力计百分表读数无明显峰值时,应剪切至剪切位移达6mm时停止。

3.6 剪切结束:按"退位"键或反向转动手轮,退去剪切力和垂直压力,移动压力框架,取出试样,查看试样的破坏情况(必要时测定剪切面附近土的试后含水率)。

4 数据整理

4.1 计算公式

4.1.1 计算剪切位移。

$$L = v \times t - (R \times 0.01) \tag{4.3.2-1}$$

式中:L——剪切位移(mm);

v——剪切速率(mm/min);

t——剪切历时(min);

R——测力计百分表读数(0.01mm)。

4.1.2 计算剪应力。

$$\tau = (C \cdot R/A_0) \times 10 \tag{4.3.2-2}$$

式中:τ——剪应力(kPa);

C——测力计率定系数(N/0.01mm);

A_0——试样面积(cm^2);

10——单位换算系数。

4.1.3 绘制剪应力与位移关系曲线(以剪切位移为横坐标,剪应力为纵坐标)。

4.1.4 剪应力与剪切位移关系曲线上的峰值点或稳定值,为土的抗剪强度。

4.1.5 以垂直压力P为横坐标、抗剪强度S为纵坐标,绘制垂直压力与抗剪强度的关系

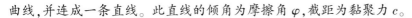

曲线,并连成一条直线。此直线的倾角为摩擦角φ,截距为黏聚力c。

4.2 记录表格(表4.3.2-1、表4.3.2-2)

直接剪切试验记录(一)

表4.3.2-1

工程名称_____ 土样编号_____ 土样说明_____

土粒比重_____ 试验环境_____ 试验日期_____

试 验 者_____ 复 核 者_____

试验编号		1			2			3			4		
		起始	饱和后	剪后	起始	饱和后	剪后	起始	饱和后	剪后	起始	饱和后	剪后
湿密度 ρ(g/cm³)	(1)												
含水率 w(%)	(2)												
干密度 ρ_d(g/cm³)	$(3)=\dfrac{(1)}{1+(2)/100}$												
孔隙比 e	$(4)=\dfrac{10G_s}{(3)}-1$												
饱和度 S_r(%)	$(5)=G_s(2)/(4)$												
备注:1.试样的制备过程: 　 2.试样的饱和方式:													

直接剪切试验记录(二)

表4.3.2-2

工程名称_____ 土样编号_____ 土样说明_____

试验编号_____ 试验环境_____ 试验日期_____

试 验 者_____ 复 核 者_____

试样质量 (kg)	手轮转速 (r/min)	垂直压力 (kPa)	剪切历时 (min)	抗剪强度 (kPa)	剪切前压缩量 (mm)
测力计校正系数 C		(kPa/0.01mm)	剪切前固结时间(h)		

手轮转数	测力计百分读数 (0.01mm)	剪切位移 (0.01mm)	剪应力 (kPa)	垂直位移 (0.01mm)	手轮转数	测力计百分读数 (0.01mm)	剪切位移 (0.01mm)	剪应力 (kPa)	垂直位移 (0.01mm)
(1)	(2)	$(3)=(1)\times 20-(2)$	$(4)=(2)\times C$		(1)	(2)	$(3)=(1)\times 20-(2)$	$(4)=(2)\times C$	

4.3　精密度和允许差

5　报告

4.3.3　土的无侧限抗压强度试验

1　目的、依据和适用范围

1.1　无侧限抗压强度是试件在无侧向压力的条件下,抵抗轴向压力的极限强度。

1.2　本试验方法适用于饱和黏土。

1.3　本试验参照的标准为《公路土工试验规程》(JTG E40—2007)、《土工试验方法标准》(GB/T 50123—99)。

2　仪器设备

2.1　应变控制式无侧限抗压强度仪(图4.3.3-1):由测力计、加压框架、升降设备组成。

2.2　轴向位移计:量程为10mm、分度值为0.01mm的百分表或准确度为全量程0.2%的位移传感器。

2.3　天平:称量500g,最小分度值0.1g。

3　试验步骤

3.1　原状土试样制备应按原状土试样制备方法进行。试样直径宜为35~50mm,高度与直径之比宜采用2.0~2.5。

3.2　无侧抗压强度试验,应按下列步骤进行:

3.2.1　在试样两端抹一薄层凡士林,气候干燥时,试样周围亦需抹一薄层凡士林,防止水分蒸发。

3.2.2　将试样放在底座上,转动手轮,使底座缓慢上升,至试样与加压板刚好接触,将测力计读数调整为零。根据试样的软硬程度选用不同量程的测力计。

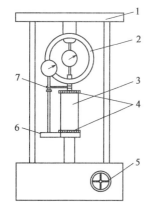

图4.3.3-1　无侧限压缩仪

1-轴向加荷架;2-轴向测力计;3-试样;4-上、下传压板;5-手轮;6-升降板;7-轴向位移计

3.2.3　轴向应变速率宜为每分钟应变1%~3%。转动手柄,使升降设备上升进行试验,轴向应变小于3%时,每隔0.5%应变(或0.4mm)读数一次;轴向应变等于或大于3%时,每隔1%应变(或0.8mm)读数一次。试验宜在8~10min内完成。

3.2.4　当测力计读数出现峰值时,继续进行3%~5%的应变后停止试验;当读数无峰值时,试验应进行到应变达20%为止。

3.2.5　试验结束,取下试样,描述试样破坏后的形状。

3.2.6　当需要测定灵敏度时,应立即将破坏后的试样除去涂有凡士林的表面,加少许余土,包于塑料薄膜内用手搓捏,破坏其结构,重塑成圆柱形,放入重塑筒内,用金属垫板,将试样挤成与原状试样尺寸、密度相等的试样,并按本试验方法4.2.1~4.2.5的步骤进行试验。

4　数据整理

4.1　计算公式

4.1.1　按式(4.3.3-1)、式(4.3.3-2)计算轴向应变:

$$\varepsilon_1 = \frac{\Delta h}{h_0} \qquad\qquad (4.3.3-1)$$

$$\Delta h = n\Delta L - R \qquad\qquad (4.3.3-2)$$

上述式中：ε_1——轴向应变(%)；

$\quad\quad h_0$——试件起始高度(cm)；

$\quad\quad \Delta h$——轴向变形(cm)；

$\quad\quad n$——手轮转数；

$\quad\quad \Delta L$——手轮每转一转，下加压板上升高度(cm)；

$\quad\quad R$——百分表读数(cm)。

4.1.2　按式(4.3.3-3)计算试件平均断面面积：

$$A_a = \frac{A_0}{1 - \varepsilon_1} \qquad\qquad (4.3.3-3)$$

式中：A_a——校正后试件的断面面积(cm^2)；

$\quad A_0$——试件起始面积(cm^2)。

4.1.3　应变控制式无侧限抗压强度仪上试件所受轴向应力按式(4.3.3-4)计算：

$$\sigma = \frac{10CR}{A_a} \qquad\qquad (4.3.3-4)$$

式中：σ——轴向压力(kPa)；

$\quad C$——测力计校正系数(N/0.01mm)；

$\quad R$——百分表读数(0.01mm)；

$\quad A_a$——校正后试件的断面面积(cm^2)。

4.1.4　以轴向应力为纵坐标、轴向应变为横坐标,绘制应力—应变曲线。以最大轴向应力作为无侧限抗压强度。若最大轴向应力不明显,取轴向应变15%处的应力为该试件无侧限抗压强度 q_u。

4.1.5　按式(4.3.3-5)计算灵敏度 S_t：

$$S_t = \frac{q_u}{q_u'} \qquad\qquad (4.3.3-5)$$

式中：q_u——原状试件的无侧限抗压强度(kPa)；

$\quad q_u'$——重塑试件的无侧限抗压强度(kPa)。

4.2　记录表格(表4.3.3-1)

4.3　精密度和允许差

5　报告

(1)土的鉴别分类和代号；

(2)土的无侧限抗压强度 q_u(kPa)；

(3)土的灵敏度 S_t。

无侧限抗压强度试验记录

表 4.3.3-1

工程编号＿＿＿＿＿＿＿＿＿＿＿＿ 　　　　土样编号＿＿＿＿＿＿＿＿＿＿＿＿

取样深度＿＿＿＿＿＿＿＿＿＿＿＿ 　　　　土样说明＿＿＿＿＿＿＿＿＿＿＿＿

试验日期＿＿＿＿＿＿＿＿＿＿＿＿ 　　　　试验环境＿＿＿＿＿＿＿＿＿＿＿＿

试　验　者＿＿＿＿＿＿＿＿＿＿＿＿ 　　　　复　核　者＿＿＿＿＿＿＿＿＿＿＿＿

试验前试件高度(cm)		试验前试件直径(cm)		无侧限抗压强度(kPa)			
试验时面积(cm²)		试件质量(g)		灵敏度			
试件密度(g/cm³)		测力计校正系数(N/0.01mm)		试件破坏时情况			
测力计百分表度数0.01(mm)	下压板上升高度(cm)	轴向变形(0.01mm)	轴向应变(%)	校正后面积(cm²)	轴向荷载(N)	轴向应力(kPa)	
(1)	(2)	(3)=(2)-(1)	$(4)=\dfrac{(3)}{h}$	$(5)=\dfrac{A_0}{1-(4)}$	$(6)=(1)\times C$	$(7)=\dfrac{(6)}{(5)}$	

4.3.4 土的 CBR 试验

1 目的、依据和适用范围

本试验方法适用于在规定试样筒内制样后,对扰动土进行试验,试样的最大粒径不大于 20mm。采用 3 层击实制样时,最大粒径不大于 40mm。

本试验参照的标准为《公路土工试验规程》(JTG E40—2007)、《土工试验方法标准》(GB/T 50123—99)。

2 仪器设备

2.1 试样筒(图 4.3.4-1):内径 152mm、高 166mm 的金属圆筒,护筒高 50mm;筒内垫块直径 151mm、高 50mm。

2.2 击锤和导筒(图 4.3.4-2):锤底直径 51mm,锤质量 4.5kg,落距 457mm。

2.3 标准筛:孔径 20mm、40mm 和 5mm。

2.4 膨胀量测定装置(图 4.3.4-3):由三脚架和位移计组成。

2.5 带调节杆的多孔顶板(图 4.3.4-4):板上孔径宜小于 2mm。

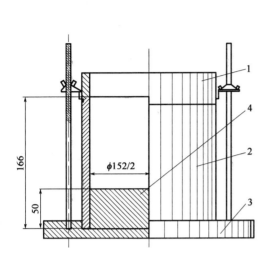

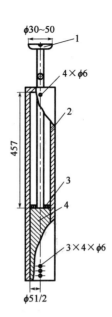

图 4.3.4-1 试样筒(尺寸单位:mm)

图 4.3.4-2 击锤和导筒(尺寸单位:mm)

1-护筒;2-击实筒;3-底板;4-垫块

1-提手;2-导筒;3-硬橡皮垫;4-击锤

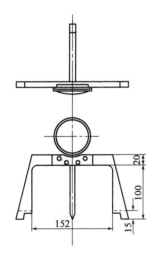

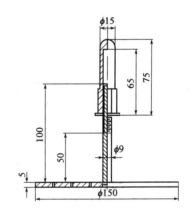

图 4.3.4-3 膨胀量测量装置(尺寸单位:mm)

图 4.3.4-4 带调节杆的多孔顶板(尺寸单位:mm)

2.6 贯入仪(图 4.3.4-5)由下列部件组成。

2.6.1 加压和测力设备:测力计量程不小于 50kN,最小贯入速度应能调节至 1mm/min。

2.6.2 贯入杆:杆的端面直径为 50mm,长约 100mm,杆上应配有安装位移计的夹孔。

2.6.3 位移计 2 只、最小分度值 0.01mm 的百分表或准确度为全量程 0.2% 的位移传感器。

2.7 荷载块(图 4.3.4-6):直径 150mm,中心孔眼直径 52mm,每块质量 1.25kg,共 4 块,并沿直径分为两个半圆块。

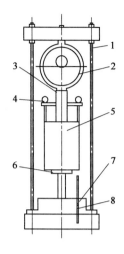

图 4.3.4-5　贯入仪

1-框架;2-测力计;3-贯入杆;4-位移计;5-试样;6-升
降台;7-蜗轮蜗杆箱;8-摇把

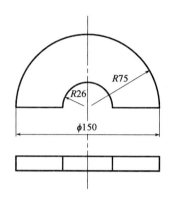

图 4.3.4-6　荷载块(尺寸单位:mm)

2.8　水槽:浸泡试样用,槽内水面应高出试样顶面 25mm。

2.9　其他:台秤、脱模器等。

3　试验步骤

3.1　试样制备步骤

3.1.1　取代表性试样测定风干含水率,试样制备应按重型击实试验步骤进行备样。土样需过 20mm 或 40mm 筛,以筛除大于 20mm 或 40mm 的颗粒,并记录超径颗粒的百分比,按需要制备数份试样,每分试样质量约 6kg。

3.1.2　试样制备按重型击实试验步骤进行击实,测定试样的最大干密度和最优含水率。再按最优含水率备样,进行重型击实试验(击实时放垫块)应制备 3 个试样,若需要制 3 种干密度试样,应制备 9 个试样,试样的干密度可控制在最大干密度的 95%～100%。击实完成后试样超高应小于 6mm。

3.1.3　卸下护筒,用修土刀或直刮刀沿试样筒顶修平试样,表面不平整处应细心用细料填补,取出垫块,称试样筒和试样总质量。

3.2　浸水膨胀步骤

3.2.1　将一层滤纸铺于试样表面,放上多孔底板,并用拉杆将试样筒与多孔底板固定。倒转试样筒,在试样另一表面铺一层滤纸,并在该面上放上带调节杆的多孔顶板,再放上 4 块荷载板。

3.2.2　将整个装置放入水槽内(先不放水),安装好膨胀量测定装置(图 4.3.4-7),并读取初读数。向水槽内注水,使水自由进入试样的顶部和底部,注水后水槽内水面应保持高出试样顶面 25mm,通常浸泡 4 昼夜。

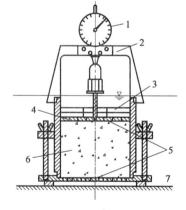

图 4.3.4-7　浸水膨胀装置

1-位移计;2-膨胀量测定装置;3-荷载板;
4-多孔顶板;5-滤纸;6-试样;7-多孔底板

3.2.3 量测浸水后试样的高度变化,并按式(4.3.4-1)计算膨胀量:

$$\delta_w = \frac{\Delta h_w}{h_0} \times 100 \qquad (4.3.4\text{-}1)$$

式中:δ_w——浸水后试样的膨胀量(%);

Δh_w——试样浸水后的高度变化(mm);

h_0——试样初始高度(116mm)。

3.2.4 卸下膨胀量测定装置,从水槽中取出试样筒,吸去试样顶面的水,静置15min后卸下荷载块、多孔顶板和多孔底板,取下滤纸,称试样及试样筒的总质量,并计算试样的含水率及密度的变化。

3.3 贯入试验步骤

3.3.1 将浸水后的试样放在贯入仪的升降台上,调整升降台的高度,使贯入杆与试样顶面刚好接触,试样顶面放上4块荷载块,在贯入杆上施加45N的荷载,将测力计和变形量测设备的位移计调整至零位。

3.3.2 启动电动机,施加轴向压力,使贯入杆以1~1.25mm/min的速度压入试样,测定测力计内百分表在指定整读数(如20、40、60等)下相应的贯入量,使贯入量在2.5mm时的读数不少于5个,试验至贯入量为10~12.5mm时终止。

3.3.3 本试验应进行三个平行试验,三个试样的干密度差值应小于0.03g/cm³。当三个试验结果的变异系数大于12%时,去掉一个偏离大的值,取其余两个结果的平均值;当变异系数小于12%时,取三个结果的平均值。变异系数按式(4.3.4-2)~式(4.3.4-4)计算:

$$\bar{x} = \frac{1}{n}\sum_{i=1}^{n} x_i \qquad (4.3.4\text{-}2)$$

$$S = \sqrt{\frac{1}{n-1}\sum_{i=1}^{n}(x_i - \bar{x})^2} \qquad (4.3.4\text{-}3)$$

$$C_v = \frac{S}{\bar{x}} \qquad (4.3.4\text{-}4)$$

上述式中:$\sum_{i=1}^{n} x_i$——干密度测定值的总和;

n——测定的总数;

S——标准差;

C_v——变异系数。

3.3.4 以单位压力为横坐标、贯入量为纵坐标,绘制单位压力与贯入量关系曲线(图4.3.4-8),曲线1是合适的,曲线2的开始段呈凹曲线,应按下列方法进行修正:

通过变曲率点引一切线与纵坐标相交于 O' 点,O' 点即为修正后的原点。

4 数据整理

4.1 计算公式

承载比应按式(4.3.4-5)、式(4.3.4-6)计算:

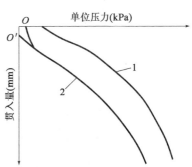

图4.3.4-8 单位压力与贯入量关系曲线

4.1.1 贯入量为 2.5mm 时

$$\mathrm{CBR}_{2.5} = \frac{P}{7\,000} \times 100 \qquad (4.3.4\text{-}5)$$

式中:$\mathrm{CBR}_{2.5}$——贯入量 2.5mm 的承载比(%);

　　　P——单位压力(kPa);

　　7 000——贯入量 2.5mm 时所对应的标准压力(kPa)。

4.1.2 贯入量为 5.0mm 时

$$\mathrm{CBR}_{5.0} = \frac{P}{10\,500} \times 100 \qquad (4.3.4\text{-}6)$$

式中:$\mathrm{CBR}_{5.0}$——贯入量 5.0mm 的承载比(%);

　　10 500——贯入量 5.0mm 时所对应的标准压力(kPa)。

当贯入量为 5mm 时的承载比大于贯入量 2.5mm 时的承载比时,试验应重做。若数次试验结果仍相同时,则采用 5mm 时的承载比。

4.2 记录表格(表 4.3.4-1、表 4.3.4-2)

贯 入 试 验 记 录　　　　　　　　表 4.3.4-1

工程编号＿＿＿＿＿＿＿＿　　　　　　　　土样编号＿＿＿＿＿＿＿＿

土样说明＿＿＿＿＿＿＿＿　　　　　　　　试验环境＿＿＿＿＿＿＿＿

试验日期＿＿＿＿＿＿＿＿　　试 验 者＿＿＿＿＿＿＿＿　　复 核 者＿＿＿＿＿＿＿＿

量力环校正系数 C =	kN/0.01mm	贯入杆面积 =	m²
$l = 2.5$mm 时,P =	kPa	CBR = $P \times 100/7\,000$ =	%
$l = 5.0$mm 时,P =	kPa	CBR = $P \times 100/10\,500$ =	%
每层击数 =			

荷载测力计百分表		单位压力 P (kPa)	贯入量百分表读数					贯入量 l (mm)
读数 R_i' (0.01mm)	变形值 R_1 (0.01mm)		左表(0.01mm)		右表(0.01mm)		平均值 (0.01mm)	
			读数 R_{1i}	位移值 R_1	读数 R_{2i}	位移值 R_2		
	$R_{i+1}' - R_i'$			$R_{1i+1} - R_{1i}$		$R_{2i+1} - R_{2i}$	$\frac{1}{2}(R_1 + R_2)$	

膨胀量试验记录　　　　　　　　　　　　　　表 4.3.4-2

	试验次数	1	2	3
膨胀量	击实次数			
	试件编号			
	泡水前试件高(mm)			
	泡水后试件高(mm)			
	膨胀量(%)			
	平均膨胀量(%)			
干密度	筒质量(g)			
	筒+试件质量(g)			
	筒体积(cm²)			
	湿试件质量(g)			
	干密度(g/cm²)			
	平均干密度(g/cm³)			
	试验次数	1	2	3
含水率	盒号			
	盒质量(g)			
	盒+湿土质量(g)			
	盒+干土质量(g)			
	水分质量(g)			
	干土质量(g)			
	含水率(%)			
	平均含水率(%)			
吸水率	泡水后筒+试件质量(g)			
	吸水量(g)			
	吸水量平均值(g)			

4.3　精密度和允许差

如根据三个平行试验结果计算得的承载比变异系数 C_v 大于12%,则去掉一个偏离大的值,取其余两个结果的平均值。如 C_v 小于12%,且三个平行试验结果计算的干密度偏差小于 0.03g/cm³,则取三个结果的平均值。如三个试验结果计算的干密度偏差超过 0.03g/cm³,则去掉一个偏离大的值,取其两个结果的平均值。

承载比小于100,相对偏差不大于5%;承载比大于100,相对偏差不大于10%。

5　报告

(1)材料的颗粒组成、最佳含水率(%)和最大干密度(g/cm³);

(2)材料的承载比(%);

(3)材料的膨胀量(%)。

4.4 岩石的物理力学指标试验

4.4.1 岩石的含水率试验

1 目的、依据和适用范围

1.1 岩石含水率试验用于测定岩石在天然状态下的含水率。岩石的含水率可间接地反映岩石中空隙的多少、岩石的致密程度等特性。

1.2 本试验采用烘干法。对于不含结晶水矿物的岩石,烘干温度为 105～110℃;对于含结晶水矿物的岩石,温度宜控制在 60℃ ±5℃下进行测定。

1.3 本试验参照的标准为《工程岩体试验方法标准》(GB/T 50266—2013)、《公路工程岩石试验规程》(JTG E41—2005)。

2 仪器设备

2.1 烘箱:使温度控制在 105～110℃范围,最低控温能满足 60℃ ±50℃。

2.2 干燥器:内装氯化钙或硅胶等干燥剂。

2.3 天平:感量0.01g。

2.4 称量盒。

3 试验步骤

3.1 试样制备

3.1.1 保持天然含水率的试样应在现场采取,严禁用爆破或湿钻法。试样在采取、运输、储存和制备过程中,含水率变化不应超过1%。

3.1.2 试件尺寸应大于组成岩石最大颗粒的10倍,每个试件质量一般不小于40g,不大于200g。每组试样的数量不宜少于5个。

3.1.3 应记录描述岩石名称、颜色、矿物成分、结构、构造、风化程度、胶结物性质及为保持试样含水状态所采取的措施等。

3.2 试样测定

3.2.1 将制备好的试样放入已烘干至恒量的称量盒内,称烘干前的试样和称量盒的合质量(m_1)。本试验所有称量精确至0.01g。

3.2.2 将称量盒连同试样置于烘箱内。对于不含结晶水的岩石,应在 105～110℃恒温下烘至恒量,烘干时间一般为 12～24h。对于含结晶水的岩石,应在 60℃ ±5℃恒温下烘至恒量,烘干时间一般为 24～48h。

3.2.3 将称量盒从烘箱中取出,放入干燥器内冷却至室温,称烘干后的试样和称量盒的合质量(m_2)。

4 数据整理

4.1 计算公式

按式(4.4.1-1)计算岩石的含水率:

$$w = \frac{m_1 - m_2}{m_2 - m_0} \times 100 \qquad (4.4.1\text{-}1)$$

式中：w——岩石含水率(%)；

m_0——称量盒的干燥质量(g)；

m_1——试样烘干前的质量与干燥称量盒的质量之和(g)；

m_2——试样烘干后的质量与干燥称量盒的质量之和(g)。

4.2 记录表格(表4.4.1-1)

岩石含水率试验记录 表4.4.1-1

岩石名称_____　　试验编号_____　　试样描述_____

试验环境_____　　试验日期_____　　试 验 者_____

复 核 者_____

试样编号				
容器号				
烘干前试样与容器总质量(g)				
烘干后试样与容器总质量(g)				
容器的干燥质量(g)				
水质量(g)				
含水率测值(%)				
含水率测定值(%)				

4.3 精密度和允许差

以5个试样的算术平均值作为试验结果，计算精确至0.1%。

4.4.2 岩石的块体密度试验

1 目的、依据和适用范围

1.1 岩石的块体密度(毛体积密度)是一个间接反映岩石致密程度、孔隙发育程度的参数，也是评价工程岩体稳定性及确定围岩压力等必需的计算指标。根据岩石含水状态，块体密度可分为干密度、饱和密度和天然密度(湿密度)。

1.2 岩石块体密度试验可分为量积法、水中称量法和蜡封法。

1.3 量积法适用于能制备成试件的各类岩石，采用量积法时，应保证准备的试件具有足够的精度；水中称量法适用于除遇水崩解、溶解和干缩湿胀外的其他各类岩石；蜡封法一般用于不规则试件，试件表面有明显棱角或缺陷时，对测试结果有一定影响，因此试件应加工成浑圆状。

1.4 本试验方法参照的标准为《公路工程岩石试验规程》(JTG E41—2005)、《工程岩体试验方法标准》(GB/T 50266—2013)。

2 仪器设备

(1)钻石机、切石机、磨石机等岩石试件加工设备。

(2)烘箱和干燥器。

（3）天平（感量 0.01g）。

（4）游标卡尺。

（5）石蜡及熔蜡设备。

（6）水中称量装置。

3　试验步骤

3.1　试件制备

3.1.1　量积法试件制备应符合下列规定：

（1）圆柱体直径宜为 50mm ± 2mm，高径比为 2:1。

（2）试件尺寸应大于岩石最大颗粒的 10 倍。

（3）试件高度、直径或边长的允许偏差为 ±0.3mm。

（4）试件两端面的平整度允许偏差为 ±0.05mm。

（5）端面应垂直于试件轴线，允许偏差为 ±0.25°。

（6）方柱体或立方体试件相邻两面应互相垂直，允许偏差为 ±0.25°。

3.1.2　水中称量法试件制备应符合下列规定：

（1）试件可采用规则或不规则形状。

（2）试件尺寸应大于组成岩石最大颗粒粒径的 10 倍。

（3）每个试件质量不宜小于 150g。

3.1.3　蜡封法试件宜为边长 40~60mm 的近似立方体或浑圆状岩块。

3.1.4　试件数量，同一含水状态，每组不得少于 3 个。

3.2　方法步骤

3.2.1　量积法试验步骤

（1）量测试件的直径或边长：用游标卡尺量测试件两端和中间三个断面上相互垂直的两个方向的直径或边长，按截面面积计算平均值。

（2）量测试件的高度：用游标卡尺量测试件断面周边对称四点（圆柱体试件为互相垂直的直径与圆周交点处；立方体试件为边长的中点）和中心点处的 5 个高度，计算高度平均值。

（3）测定天然密度：应在岩样开封后，在保持天然湿度的条件下，立即加工试件和称量。

（4）测定饱和密度：试件的饱和过程和称量，应符合《公路工程岩石试验规程》（JTG E41—2005）中 T 0205 相关条款的规定。

（5）试件干密度：将试件放入烘箱内，在 105~110℃ 下烘 12~24h，取出放于干燥器中冷却至室温，称量试件质量。

（6）量测精确至 0.01mm，称量精确至 0.01g。

3.2.2　水中称量法试验步骤：

（1）按本试验方法 3.2.1 中（3）、（5）称量试件的天然密度和干密度。

（2）将干试件浸入水中进行饱和，饱和方法可依岩石性质选用煮沸法或真空抽气法。试件的饱和过程和称量，应符合《公路工程岩石试验规程》（JTG E41—2005）中 T 0205 相关条款的规定。

（3）取出饱和浸水试件，用湿纱布擦去试件表面水分，立即称其质量。

（4）将饱和后的试件置于水中称量装置上，称试件在水中的质量，并测量水温。在称量过程中,称量装置的液面应始终保持同一高度。

(5)称量精确至0.01g。

3.2.3 蜡封法试验步骤:

(1)按本试验方法3.2.1中(3)、(5)称量试件的天然密度和干密度。

(2)将试件系上细线,置于温度60℃左右的融蜡中1~2s,使试件表面均匀涂上一层蜡膜,厚度约1mm。当蜡膜有气泡时,应用热针刺穿并用蜡液涂平,待冷却后称蜡封试件质量。

(3)将蜡封试件系于天平上,称其在洁净水中的质量。

(4)取出试件,拭干表面水分后再次称其在空气中的质量。当浸水后的蜡封试件质量增加时,应重新进行试验。

(5)称量精确至0.01g。

3.2.4 岩石密度试验步骤:

应按《公路工程岩石试验规程》(JTG E41—2005)中 T 0203 相关条款测定岩石密度。

4 数据整理

4.1 计算公式

4.1.1 量积法岩石块体密度按下列公式计算:

$$\rho_0 = \frac{m_0}{V} \tag{4.4.2-1}$$

$$\rho_s = \frac{m_s}{V} \tag{4.4.2-2}$$

$$\rho_d = \frac{m_d}{V} \tag{4.4.2-3}$$

上述式中:ρ_0——天然密度(g/cm^3);

ρ_s——饱和密度(g/cm^3);

ρ_d——干密度(g/cm^3);

m_0——试件烘干前的质量(g);

m_s——试件强制饱和后的质量(g);

m_d——试件烘干后的质量(g);

V——岩石的体积(cm^3)。

4.1.2 水中称量法岩石块体密度按下列公式计算:

$$\rho_0 = \frac{m_0}{m_s - m_w} \times \rho_w \tag{4.4.2-4}$$

$$\rho_s = \frac{m_s}{m_s - m_w} \times \rho_w \tag{4.4.2-5}$$

$$\rho_d = \frac{m_d}{m_s - m_w} \times \rho_w \tag{4.4.2-6}$$

上述式中:m_w——试件强制饱和后在洁净水中的质量(g);

ρ_w——洁净水的密度(g/cm^3)。

4.1.3　蜡封法岩石块体密度按下列公式计算：

$$\rho_0 = \frac{m_0}{\dfrac{m_1 - m_2}{\rho_w} - \dfrac{m_1 - m_d}{\rho_N}} \qquad (4.4.2\text{-}7)$$

$$\rho_d = \frac{m_d}{\dfrac{m_1 - m_2}{\rho_w} - \dfrac{m_1 - m_d}{\rho_N}} \qquad (4.4.2\text{-}8)$$

上述式中：m_1——蜡封试件质量(g)；

m_2——蜡封试件在洁净水中的质量(g)；

ρ_N——石蜡的密度(g/cm^3)。

4.1.4　求得岩石的块体密度及密度后，按式(4.4.2-9)计算总孔隙率 n，结果精确至 0.1%。

$$n = \left(1 - \frac{\rho_d}{\rho_t}\right) \times 100 \qquad (4.4.2\text{-}9)$$

式中：n——岩石总孔隙率(%)；

ρ_t——岩石的密度(g/cm^3)。

4.2　记录表格(表4.4.2-1~表4.4.2-3)

岩石块体(毛体积)密度试验记录(量积法)　　　　　表4.4.2-1

工程名称＿＿＿＿＿＿　　岩石名称＿＿＿＿＿＿　　试验编号＿＿＿＿＿＿

试样描述＿＿＿＿＿＿　　试样尺寸＿＿＿＿＿＿　　试验环境＿＿＿＿＿＿

试验日期＿＿＿＿＿＿　　试　验　者＿＿＿＿＿＿　　复　核　者＿＿＿＿＿＿

试件编号				
试件烘干前的质量 m_0(g)				
试件烘干后的质量 m_d(g)				
试件强制饱和后的质量 m_s(g)				
试件体积 V(cm^3)				
天然密度测值 ρ_0(g/cm^3)				
天然密度平均值(g/cm^3)				
干密度测值 ρ_d(g/cm^3)				
干密度平均值(g/cm^3)				
饱和密度测值 ρ_s(g/cm^3)				
饱和密度平均值(g/cm^3)				
总空隙率 n	岩石密度 ρ_t(g/cm^3)			
	空隙率(%)			

岩石块体(毛体积)密度试验记录(蜡封法)　　　　表4.4.2-2

工程名称＿＿＿＿＿＿＿＿　　　　岩石名称＿＿＿＿＿＿＿＿　　　　试验编号＿＿＿＿＿＿＿＿

试样描述＿＿＿＿＿＿＿＿　　　　试样尺寸＿＿＿＿＿＿＿＿　　　　试验环境＿＿＿＿＿＿＿＿

试验日期＿＿＿＿＿＿＿＿　　　　试　验　者＿＿＿＿＿＿＿＿　　　　复　核　者＿＿＿＿＿＿＿＿

试件编号			
吊篮在水中的质量(g)			
吊篮在水中的质量＋试样在水中的质量(g)			
样品在水中的质量(g)			
烘干试样质量(g)			
洁净水的密度(g/cm³)			
块体相对密度测值(g/cm³)			
块体相对密度平均值(g/cm³)			
试验水温 T(℃)			
水在试验温度 T 时的密度(g/cm³)			
块体密度(g/cm³)			

岩石块体(毛体积)密度试验记录(水中称量法)　　　　表4.4.2-3

工程名称＿＿＿＿＿＿＿＿　　　　岩石名称＿＿＿＿＿＿＿＿　　　　试验编号＿＿＿＿＿＿＿＿

试样描述＿＿＿＿＿＿＿＿　　　　试验环境＿＿＿＿＿＿＿＿　　　　试验日期＿＿＿＿＿＿＿＿

试　验　者＿＿＿＿＿＿＿＿　　　　复　核　者＿＿＿＿＿＿＿＿

试件编号				
试件烘干前的质量 m_0(g)				
试件烘干后的质量 m_d(g)				
蜡封试件质量(g)				
蜡封试件在洁净水中的质量(g)				
水温(℃)				
洁净水的密度(g/cm³)				
石蜡密度(g/cm³)				
天然密度测值 ρ_0(g/cm³)				
天然密度平均值(g/cm³)				
干密度测值 ρ_d(g/cm³)				
干密度平均值(g/cm³)				
总空隙率 n	岩石密度 ρ_t(g/cm³)			
	空隙率(%)			

4.3　精密度和允许差

块体密度试验结果精确至0.01g/cm³,三个试件平行试验。组织均匀的岩石,块体密度应为三个试件测得结果的平均值;组织不均匀的岩石,块体密度应列出每个试件的试验结果。

4.4.3 岩石的单轴抗压强度

1 目的、依据和适用范围

1.1 单轴抗压强度试验是测定规则形状岩石试件单轴抗压强度的方法,主要用于岩石的强度分级和岩性描述。

1.2 单轴抗压强度试验适用于能制成规则试件的各类岩石。

1.3 本试验参照的标准为《工程岩体试验方法标准》(GB/T 50266—2013)、《公路工程岩石试验规程》(JTG E41—2005)。

2 仪器设备

2.1 钻石机、锯石机、磨石机、车床等。

2.2 压力试验机或万能试验机。

2.3 烘箱、干燥器、游标卡尺、角尺及水池等。

3 试验步骤

3.1 试件制备

3.1.1 试件可用岩心或岩块加工制成,在采取运输和制备过程中应避免产生裂缝,试件尺寸应满足以下要求:

(1)建筑地基的岩石试验,采用圆柱体作为标准试件,直径宜为 50mm ± 2mm,高径比为 2:1。每组试件共 6 个。

(2)桥梁工程用的石料试验,采用立方体试件,边长为 70mm ± 2mm。每组试件共 6 个。

(3)路面工程用的石料试验,采用圆柱体或立方体试件,其直径或边长和高均为 50mm ± 2mm。每组试件共 6 个。

(4)含水颗粒的岩石,试件的直径应大于岩石最大颗粒尺寸的 10 倍。

3.1.2 试件精度应符合下列要求:

(1)试件两端面平行度误差不得大于 0.05mm。

(2)沿试件高度,直径的误差不得大于 0.3mm。

(3)端面应垂直于试件轴线,最大偏差不得大于 0.25°。

3.1.3 试件含水状态可根据需要选择天然含水状态、烘干状态、饱和状态或其他含水状态。试件烘干和饱和方法应符合下面的规定:

(1)将试件置于烘箱内,在温度 105 ~ 110℃下烘 24h,之后取出放入干燥器内冷却至室温。

(2)当采用自由浸水法饱和试件时,将试件放入水槽,先注水至试件高度的 1/4 处,以后每隔 2h 分别注水至试件高度的 1/2 和 3/4 处,6h 后全部浸没试件。试件在水中自由吸水 48h 后,取出试件并沾去表面水分。

(3)当采用煮沸法饱和试件时,煮沸容器内的水面应始终高于试件,煮沸时间不得少于 6h。经煮沸的试件,应放置在原容器中冷却至室温,取出并沾去表面水分。

(4)当采用真空抽气法饱和试件时,饱和容器内的水面应高于试件,真空压力表读数宜为 100kPa,直至无气泡逸出为止,但总抽气时间不得少于 4h。经真空抽气的试件,应放置在原容器中,在大气压力下静置 4h,取出并沾去表面水分。

(5)同一含水状态下每组试验试件的数量不应少于 3 个。

3.1.4　试件描述应包括下列内容：

(1)岩石名称、颜色、矿物成分、结构、风化程度、胶结物性质等。

(2)加荷方向与岩石试件层理、节理、裂隙的关系及试件加工中出现的问题。

(3)含水状态及所使用的方法。

3.2　试验开展

3.2.1　将试件置于试验机承压板中心,调整球形座,使试件两端面接触均匀。

3.2.2　以每秒0.5～1.0MPa的速度加荷,直至破坏。记录破坏荷载及加载过程中出现的现象。

3.2.3　试验结束后,应描述试件的破坏形态。

4　数据整理

4.1　计算公式

岩石单轴抗压强度和软化系数分别按下列两式计算：

$$R = \frac{P}{A} \tag{4.4.3-1}$$

$$\eta = \frac{\overline{R}_w}{\overline{R}_d} \tag{4.4.3-2}$$

上述式中：R——岩石单轴抗压强度(MPa)；

　　　　　P——试件破坏荷载(N)；

　　　　　A——试件截面面积(mm^2)；

　　　　　η——岩石软化系数；

　　　　　$\overline{R}_w$——岩石饱和单轴抗压强度平均值(MPa)；

　　　　　$\overline{R}_d$——岩石烘干单轴抗压强度平均值(MPa)。

4.2　记录表格(表4.4.3-1)

岩石单轴抗压强度试验记录　　　　　　　表4.4.3-1

工程名称＿＿＿＿＿＿＿＿　　岩石名称＿＿＿＿＿＿＿＿　　试验编号＿＿＿＿＿＿＿＿

试样描述＿＿＿＿＿＿＿＿　　试样尺寸＿＿＿＿＿＿＿＿　　试验环境＿＿＿＿＿＿＿＿

试验日期＿＿＿＿＿＿＿＿　　试 验 者＿＿＿＿＿＿＿＿　　复 核 者＿＿＿＿＿＿＿＿

试件编号	含水状态	层理	圆柱体高(mm)		圆柱体顶面边长(mm)		圆柱体底面边长(mm)		顶面面积(mm^2)	底面面积(mm^2)	顶面和底面平均面积(mm^2)	极限荷载(kN)	抗压强度测值(MPa)	抗压强度测定值(MPa)
			单个值	平均值	平行边长1	平行边长2	平行边长1	平行边长2						

4.3 精密度和允许差

岩石单轴抗压强度计算值应取三位有效数字,岩石软化系数计算值应精确至0.01。

4.5 土基的现场试验检测

4.5.1 压实度试验

1 目的、依据和适用范围

1.1 本试验依据《公路路基路面现场测试规程》(JTG E60—2008)。本试验方法适用于在现场测定基层(或底基层)、砂石路面及路基土的各种材料压实层的密度和压实度,也适用于沥青表面处治、沥青贯入式路面层的密度和压实度检测,但不适用于填石路堤等有大孔洞或大孔隙材料的压实度检测。

1.2 用挖坑灌砂法测定密度和压实度时,应符合下列规定:

(1)当集料的最大粒径小于13.2mm、测定层的厚度不超过150mm时,宜采用ϕ100mm的小型灌砂筒测试。

(2)当集料的最大粒径大于或等于13.2mm,但不大于31.5mm,且测定层的厚度不超过200mm时,应用ϕ150mm的大型灌砂筒测试。

2 仪器设备

2.1 灌砂筒:有大小两种,根据需要采用。上部为储砂筒,储砂筒筒底中心有一个圆孔,下部装一倒置的圆锥形漏斗,漏斗上端开口,直径与储砂筒的圆孔相同。漏斗焊接在一块铁板上,铁板中心有一圆孔与漏斗上开口相接。在储砂筒筒底与漏斗顶端铁板之间设有开关。开关为一薄铁板,一端与筒底及漏斗铁板铰接在一起,另一端伸出筒身外。开关铁板上也有一个相同直径的圆孔。见图4.5.1-1。

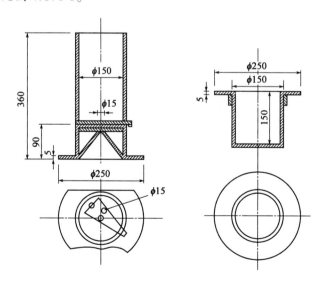

图4.5.1-1 灌砂筒与标定罐(尺寸单位:mm)

2.2 金属标定罐:用薄铁板制作的金属罐,上端周围有一罐缘。

2.3 基板:用薄铁板制作的金属方盘,盘的中心有一圆孔。

2.4 玻璃板:边长为500～600mm的方形板。

2.5 试样盘:小筒挖出的试样可用饭盒存放,大筒挖出的试样可用300mm×500mm×40mm的搪瓷盘存放。

2.6 天平或台秤:称量10～15kg,感量不大于1g。测定含水率的天平精度,对细粒土、中粒土、粗粒土宜分别为0.01g、0.1g、1.0g。

2.7 含水率测定器具:如铝盒、烘箱等。

2.8 量砂:粒径0.30～0.60mm清洁干燥的均匀砂,20～40kg,使用前须洗净、烘干并放置足够的时间,使其与空气的湿度达到平衡。

2.9 盛砂的容器:塑料桶等。

2.10 其他:凿子、改锥、铁锤、长把勺、长把小簸箕、毛刷等。

3 试验步骤

3.1 准备工作

3.1.1 检测工作开始前对检测仪器、设备的状态进行检查,并记录。

3.1.2 在试验地点选一块平坦表面,将其清扫干净,面积不得小于基板面积。

3.2 试验步骤

3.2.1 将基板放在平坦表面上,当表面的粗糙度较大时,将盛有量砂(m_5)的灌砂筒放在基板中间的圆孔上,将灌砂筒的开关打开,让砂流入基板的中孔内,直至储砂筒的砂不再下流时关闭开关,取下灌砂筒,并称量筒内砂的质量(m_6),准确至1g。

注:当需要检测厚度时,应先测量厚度后再进行这一步骤。

3.2.2 取走基板,并将留在试验地点的量砂收回,重新将表面清扫干净。将基板放回清扫干净的表面上,沿基板中孔凿洞,应注意不使凿出的材料丢失,并放入塑料袋中,不使水分蒸发。试洞的深度应等于测定层厚度,但不得有下层材料混入。最后将洞内的全部凿松材料取出,称重m_w,准确至1g。

3.2.3 从挖出的全部材料中取有代表性的样品,放在铝盒或洁净的搪瓷盘中测定其含水率w。

3.2.4 将基板安放在试坑上,将灌砂筒安放在基板中间(储砂筒内放满砂至要求质量m_1),使灌砂筒的下口对准基板的中孔及试洞,打开灌砂筒的开关,让砂流入试坑内。直至储砂筒内的砂不再下流时,关闭开关,仔细取走灌砂筒,并称量筒内剩余砂的质量(m_4),准确至1g。

3.2.5 仔细取出试筒内的量砂,以备下次试验时再用,若量砂的湿度已发生变化或量砂中混有杂质,则应该重新烘干、过筛,并放置一段时间,使其与空气的湿度达到平衡后再用。

4 数据整理

4.1 填满试坑所用的砂的质量m_b按式(4.5.1-1)计算。

$$m_b = m_1 - m_4 - (m_5 - m_6) \qquad (4.5.1\text{-}1)$$

式中:m_b——填满试坑的砂的质量(g);

m_1——灌砂前灌砂筒内砂的质量(g);

m_4——灌砂筒下部圆锥体内砂的质量(g);

$m_5 - m_6$——灌砂筒下部圆锥体内及基板和粗糙表面间砂的合计质量(g)。

4.2 试坑的湿密度ρ_w(g/m³)按式(4.5.1-2)计算。

$$\rho_w = \gamma_s \times \frac{m_w}{m_b} \qquad (4.5.1-2)$$

式中:m_w——试坑中取出的全部材料的质量(g);

　　　γ_s——量砂的松方密度(g/cm³)。

4.3 试坑材料的干密度ρ_d(g/m³)按式(4.5.1-3)计算。

$$\rho_d = \frac{\rho_w}{1 + 0.01w} \qquad (4.5.1-3)$$

式中:w——试坑材料的含水率(%)。

4.4 当为水泥、石灰、粉煤灰等无机结合料稳定土场合时,按式(4.5.1-4)计算干密度。

$$\rho_d = \rho_s \times \frac{m_d}{m_b} \qquad (4.5.1-4)$$

式中:m_d——试坑中取出的稳定土的烘干质量(g)。

4.5 施工压实度按式(4.5.1-5)计算。

$$K = \frac{\rho_d}{\rho_c} \times 100 \qquad (4.5.1-5)$$

式中:K——测试地点的施工压实度(%);

　　　ρ_d——试样的干密度(g/cm³);

　　　ρ_c——由击实试验得到的试样的最大干密度(g/cm³)。

注:当试坑材料组成与击实试验的材料有较大差异时,可以试坑材料作标准击实,求取实际的最大干密度。

各种材料的干密度均应准确至0.01g/cm³,同时所测的压实度符合设计要求即为合格,否则为不合格。

5 报告

本试验采用的记录格式见表4.5.1-1。

4.5.2 固体体积率

1 目的、依据和适用范围

1.1 依据《民用机场飞行区土(石)方与道面基础施工技术规范》(MH 5014—2002),石方填筑和土石混合料填筑的压实度采用固体体积率控制。填料的最大干密度的确定相对困难,需要专门的试验检测仪器。实践中把压实干密度或固体体积率作为路堤压实质量的控制

压实度试验记录（灌砂法）

表 4.5.1-1

工程名称 _____　　　　　工程部位 _____　　　　　试验环境 _____

试验日期 _____　　　　　试 验 者 _____　　　　　复 核 者 _____

压实度标准值（%）_____　　最佳含水率（%）_____　　最大干密度（g/cm³）_____

取样桩号	具体位置	取样深度（cm）	量砂密度（g/cm³）	灌砂前砂+容器质量（g）	灌砂后砂+容器质量（g）	灌入量砂的质量（g）	锥体内及基板和粗糙表面间砂的合计质量（g）	试坑内砂质量（g）	试坑体积（cm³）	试坑中试样湿土样质量（g）	试样湿密度（g/cm³）	含水率 盒号	盒质量（g）	盒+湿土质量（g）	盒+干土质量（g）	干土质量（g）	含水率（%）	含水率平均值（%）	干密度平均值（g/cm³）	压实度（%）	厚度（cm）

指标,可以避开最大干密度指标问题,使其具有更强的可操作性。

1.2 本试验参照标准为《公路工程集料试验规程》(JTG E42—2005)、《公路土工试验规程》(JTG E40—2007)。

2 仪器设备

本试验需要下列仪具与材料:

2.1 同第四章"土的密度试验(灌水法)"所用的仪器设备。

2.2 同第四章"土的颗粒分析试验(筛分法)"所用的仪器设备。

2.3 同第六章"粗集料密度及吸水率试验(网篮法)"所用的仪器设备。

2.4 同第六章"细集料表观密度试验(容量瓶法)"所用的仪器设备。

3 试验步骤

3.1 按"土的密度试验(灌水法)"试验方法现场检测压实后土的干密度。

3.2 按"土的颗粒分析试验(筛析法)"试验方法,以粒径5mm为界,将土分为两部分。粒径≥5mm的为粗颗粒填料,粒径<5mm的为细颗粒填料。分别称量两部分土的质量,并计算各自占总质量百分数 P_1、P_2(%)。

3.3 按"粗集料密度及吸水率试验(网筛法)"试验方法,求得粒径≥5mm试样的毛体积密度,以比重计 G_{s1}。

3.4 按"细集料表观密度试验(容量瓶法)"试验方法,求得粒径<5mm试样的表观密度,以比重计 G_{s2}。

4 数据整理

4.1 参照《公路土工试验规程》(JTG E40—2007)中比重试验用浮称法计算土料平均比重的公式来计算综合毛体积密度 G_s。

$$G_s = \frac{1}{\dfrac{P_1}{G_{s1}} + \dfrac{P_2}{G_{s2}}} \qquad (4.5.2\text{-}1)$$

式中:G_s——土料平均比重,计算至0.01;

  G_{s1}——粒径大于或等于5mm土粒的比重;

  G_{s2}——粒径小于5mm土粒的比重;

  P_1——粒径大于或等于5mm土粒质量占总质量的百分数(%);

  P_2——粒径小于5mm土粒质量占总质量的百分数(%)。

4.2 按式(4.5.2-2)计算土的固体体积率 K。

$$K = \frac{\rho_d}{G_s \cdot 1\text{g/cm}^3} \qquad (4.5.2\text{-}2)$$

式中:ρ_d——开挖试坑填料的干密度(g/cm³);

  G_s——开挖试坑填料的土料平均比重。

5 报告

本试验所用技术记录表见表4.5.2-1。

固体体积率试验记录　　　　　　　　　　　　　　表 4.5.2-1

工程名称＿＿＿＿＿＿＿＿　　工程部位＿＿＿＿＿＿＿＿　　试验环境＿＿＿＿＿＿＿＿

试验日期＿＿＿＿＿＿＿＿　　试 验 者＿＿＿＿＿＿＿＿　　复 核 者＿＿＿＿＿＿＿＿

粒径＜5mm 颗粒最大干密度 （g/cm³）		粒径≥5mm 颗粒平均毛体积 （块体）密度（g/cm³）	
测点位置			
检测深度（m）			
粒径＜5mm 颗粒质量（kg）			
粒径＜5mm 颗粒含量（％）			
标准干密度（g/cm³）			
试样干密度（g/cm³）			
固体体积率（％）			

4.5.3　平整度

1　目的、依据和适用范围

本方法规定用 3m 直尺测定路表面的平整度。定义 3m 直尺基准面距离路表面的最大间隙表示路基路面的平整度,以 mm 计。

本方法适用于测定压实成型的路基路面各层表面的平整度,以评定表面的施工质量及使用质量,也可用于路基表面成型后的施工平整度检测。本方法依据的标准为《公路路基路面现场测试规程》(JTG E60—2008)。

2　仪器设备

2.1　3m 直尺:测量基准面长度为 3m 长,基准面应平直,用硬木或铝合金钢等材料制成。

2.2　最大间隙测量器具。

楔形塞尺:硬木或金属制的三角形塞尺,有手柄。塞尺的长度与高度之比不小于 10,宽度不大于 15mm,边部有高度标记,刻度读数分辨率小于或等于 0.2mm。

深度尺:金属制的深度测量尺,有手柄。深度尺测量杆端头直径不小于 10mm,刻度分辨率小于或等于 0.2mm。

2.3　其他:皮尺或钢尺、粉笔等。

3　试验步骤

3.1　准备工作

(1)按有关规范规定选择测试路段。

(2)在测试路段路面上选择测试地点:当为沥青路面施工过程中的质量检测时,测试地点应选在接缝处,以单杆测定评定;除高速公路以外,可用于其他等级公路路基路面工程质量检查验收或进行路况评定,每200m 测 2 处,每处连续测量 10 尺。除特殊需要者外,应以行车道一侧车轮轮迹(距车道线0.8～1.0m)作为连续测定的标准位置。对旧路已形成车辙的路面,应取车辙中间位置为测定位置,用粉笔在路面上做好标记。

(3)清扫路面测定位置处的污物。

3.2 测试步骤

(1)在施工过程中检测时,按根据需要确定的方向,将3m直尺摆在测试地点的路面上。

(2)目测3m直尺底面与路面之间的间隙情况,确定最大间隙的位置。

(3)将有高度标线的塞尺塞进间隙处,量测其最大间隙的高度(mm);或者用深度尺在最大间隙位置量测直尺上顶面距地面的深度,该深度减去尺高即为测试点的最大间隙的高度,精确至0.2mm。

4 数据整理

单杆检测路面的平整度计算,以3m直尺与路面的最大间隙为测定结果。连续测定10次时,判断每个测定值是否合格,根据要求计算合格百分率,并计算10个最大间隙的平均值。

5 报告

单杆检测的结果应随时记录测试位置及检测结果。连续测定10尺时,应报告平均值、不合格尺数、合格率。

本试验所用技术记录表见表4.5.3-1。

平整度试验记录

表4.5.3-1

工程名称＿＿＿＿＿＿＿＿ 工程部位＿＿＿＿＿＿＿＿ 试验环境＿＿＿＿＿＿＿＿

试验日期＿＿＿＿＿＿＿＿ 试 验 者＿＿＿＿＿＿＿＿ 复 核 者＿＿＿＿＿＿＿＿

桩号		1	2	3	4	5	6	7	8	9	10	平均值	不合格尺数	合格率
	位置													
	测定结果													
	位置													
	测定结果													
	位置													
	测定结果													

4.5.4 标准贯入试验(SPT)

1 目的、依据和适用范围

标准贯入试验的目的是用测得的标准贯入锤击数 N,对砂土、粉土、黏性土的物理状态,土的强度、变形参数、地基承载力、单桩承载力,砂土和粉土的液化,成桩的可能性作出评价。

本试验依据为《岩土工程勘察规范》(2009 年版)(GB 50021—2001)、《水运工程岩土勘察规范》(JTS 133—2013)、《工程地质手册》(第四版)、《土工试验方法标准》(2007 年版)(GB/T 50123—1999)。

2 仪器设备

试验设备主要有落锤、贯入器、钻杆等,《岩土工程勘察规范》(2009 年版)(GB 50021—

2001)规定设备参数应符合表4.5.4-1。

设 备 参 数　　　　　　　　　　　　表4.5.4-1

落锤		锤的质量(kg)	63.5
		落距(cm)	76
贯入器	对开管	长度(mm)	>500
		外径(mm)	51
		内径(mm)	35
	管靴	长度(mm)	50~76
		刃口角度(°)	18~20
		刃口单刃厚度(mm)	1.6
钻杆		直径(mm)	42
		相对弯曲	<1/1 000

3 试验步骤

3.1 先用回转钻具钻至试验土层高程以上0.15m处,清除残土。清孔时应避免试验土层受扰动。当在地下水位以下的土层进行试验时,应使孔内水位高于地下水位,以免出现涌砂和坍孔。必要时应下套管或用泥浆护壁。

3.2 贯入前应拧紧钻杆接头,将贯入器放入孔内,避免冲击孔底,注意保持贯入器、钻杆、导向杆连接后的垂直度。孔口宜加导向器,以保证穿心锤中心施力。

3.3 采用自动落锤法,将贯入器以每分钟15~30击打入土中0.15m后,开始记录每打入0.10m的锤击数,累计0.30m的锤击数为标准贯入击数 N,并记录贯入深度与试验情况。当锤击数已达50击,而贯入深度未达0.30m时,可记录50击的实际贯入深度,按式(4.5.4-1)换算成相当于0.30m的标准贯入试验锤击数 N,并终止试验。

$$N = 30 \times \frac{50}{\Delta S} \tag{4.5.4-1}$$

式中: ΔS——50击时的贯入度(cm)。

3.4 如果需要土样进行室内试验,提出贯入器,取贯入器中的土样进行鉴别、描述记录,并测量其长度。将需要保存的土样仔细包装、编号。

3.5 重复3.1~3.4步骤,进行下一深度的标贯测试,直至所需深度。一般每隔1m进行一次标贯试验。

需要注意的是,标贯和圆锥动力触探测试有所不同,标贯不能连续贯入,每贯入0.45m必须提钻一次,然后换上钻头进行回转钻进至下一试验深度,重新开始试验。此项试验不宜在含碎石层中进行,只宜用在黏性土、粉土和砂土中,以免损坏标贯器的管靴刃口。

4 数据整理

4.1 检查核对现场记录

在每个标贯孔完成后,应在现场及时核对所记录的击数、尺寸是否有错漏,项目是否齐全。

4.2 触探杆长度影响

当用标准贯入试验锤击数按规范查表确定承载力或其他指标时,应根据规范规定按式(4.5.4-2)对锤击数进行触探杆长度校正。

$$N = \alpha N' \qquad (4.5.4-2)$$

式中:N——标准贯入试验锤击数;

N'——贯入30cm的实测锤击数;

α——触探杆长度校正系数,参考表4.5.4-2。

触探杆长度校正系数 表4.5.4-2

触探杆长度(m)	≤3	6	9	12	15	18	21
校正系数 α	1.00	0.92	0.86	0.81	0.77	0.73	0.70

4.3 绘制标准贯入试验锤击数与贯入深度关系曲线

《岩土工程勘察规范》(2009年版)(GB 50021—2001)规定,标准贯入试验成果 N 可直接标在工程地质剖面图上,也可绘制单孔标准贯入试验成果 N 与深度关系曲线或直方图。统计分层标贯击数平均值时,应剔除异常值。

5 报告

本试验所用技术记录表见表4.5.4-3。

标准贯入试验记录 表4.5.4-3

工程名称_____ 工程部位_____ 试验环境_____

试验日期_____ 试 验 者_____ 复 核 者_____

测点编号			测点坐标		
地下水位(m)			土类型		

深度(m)	地层	杆长	击数	深度(m)	杆长	地层	击数	深度(m)	地层	杆长	击数

4.5.5 动力触探测试

1 目的、依据和适用范围

动力触探试验用于评定土的均匀性和物理性质及土的强度、变形参数、地基承载力、单桩承载力,查明土洞、滑动面、软硬土层界面,检测地基处理效果等。动力触探根据锤击能量分为轻型、重型和超重型三种。本试验依据为《岩土工程勘察规范》(2009年版)(GB 50021—2001)、《水运工程岩土勘察规范》(JTS 133—2013)、《工程地质手册》(第四版)、《土工试验方法标准》(2007年版)(GB/T 50123—99)。

2　仪器设备

试验设备主要有落锤、触探杆、探头等,具体参数见表4.5.5-1。

设备参数　　　　　　　　　　　表4.5.5-1

类　　型		轻　　型	重　　型	超　重　型
落锤	质量(kg)	10	63.5	120
	落距(cm)	50	76	100
探头	直径(mm)	40	74	74
	圆锥角(°)	60	60	60
探杆直径(mm)		25	42	50~60
指标		贯入30cm的读数N_{10}	贯入10cm的读数$N_{63.5}$	贯入10cm的读数N_{120}
主要适用岩土		浅部的填土、砂土、粉土、黏性土	砂土、中密以下的碎石土、极软岩	密实和很密的碎石土、软岩、极软岩

3　试验步骤

3.1　轻型动力触探

3.1.1　先用轻便钻具钻至试验土层高程以上0.3m处,然后对所需试验土层连续进行触探。

3.1.2　试验时,穿心锤落距为50cm,使其自由下落。记录每打入土层中30cm时所需的锤击数(最初30cm可以不记)。

3.1.3　触探杆最大偏斜度不应超过2%,锤击贯入应连续进行;同时防止锤击偏心、探杆倾斜和侧向晃动,保持探杆垂直度;锤击速率每分钟宜为15~30击。每贯入1m,宜将探杆转动一圈半。

3.1.4　若需描述土层情况时,可将触探杆拔出,取下探头,换贯入器进行取样。

3.1.5　如遇密实坚硬土层,当贯入30cm所需锤击数超过100击或贯入15cm超过50击时,可停止试验。如需对下卧土层进行试验时,可用钻具穿透坚实土层后再贯入。

3.1.6　本试验一般用于贯入深度小于4m的一般黏性土和黏性素填土层。

3.2　重型动力触探

3.2.1　试验前将触探架安装平稳,使触探保持铅直进行。触探杆最大偏斜度不应超过2%,锤击贯入应连续进行;同时防止锤击偏心、探杆倾斜和侧向晃动,保持探杆垂直度;锤击速率每分钟宜为15~30击。每贯入1m,宜将探杆转动一圈半。当贯入深度超过10m时,每贯入20cm宜转动探杆一次。

3.2.2　贯入时,应使穿心锤自由落下,落锤高度76cm。地面上的触探杆的高度不宜过高,以免倾斜与摆动太大。

3.2.3　记录每打入土层中10cm时所需的锤击数。最初贯入的1m内可不记读数。

3.2.4　对于一般砂、圆砾和卵石,触探深度不宜超过12~15m;超过该深度时,需考虑触探杆的侧壁摩阻影响。

3.2.5　每贯入10cm所需锤击数连续三次超过50击时,可停止试验或改用超重型动力触探。

3.3 超重型动力触探

3.3.1 贯入时穿心锤自由下落,落锤高度100cm。贯入深度一般不宜超过20m;超过此深度限值时,需考虑触探杆侧壁摩阻的影响。

3.3.2 其他步骤可参照重型动力触探进行。

4 数据整理

4.1 检查核对现场记录

在每个动探孔完成后,应在现场及时核对所记录的击数、尺寸是否有错漏,项目是否齐全。

4.2 实测击数校正及统计分析

4.2.1 轻型动力触探

轻型动力触探不考虑杆长修正,根据每贯入30cm的实测击数绘制N_{10}-h 曲线图。根据N_{10}对地基土进行力学分析,然后计算每层实测击数的算术平均值。

4.2.2 重型动力触探

当触探杆长度大于2m时,需按式(4.5.5-1)校正。

$$N_{63.5} = \alpha N \qquad\qquad (4.5.5\text{-}1)$$

式中:$N_{63.5}$——重型动力触探试验锤击数;

    N——贯入10cm的实测锤击数;

    α——触探杆长度校正系数,参考《岩土工程勘察规范》(2009年版)(GB 50021—2001)附录B中表B.0.1。

4.2.3 超重型动力触探

当触探杆长度大于1m,需按式(4.5.5-2)校正。

$$N_{120} = \alpha N \qquad\qquad (4.5.5\text{-}2)$$

式中:N_{120}——动力触探试验锤击数;

    N——贯入10cm的实测锤击数;

    α——触探杆长度校正系数,参考《岩土工程勘察规范》(2009年版)(GB 50021—2001)附录B中表B.0.2。

4.3 绘制动力触探锤击数与贯入深度关系曲线

以校正后的击数为横坐标,以贯入深度为纵坐标绘制曲线图。《岩土工程勘察规范》(2009年版)(GB 50021—2001)规定,动力触探测试成果分析应包括下列内容:

(1)单孔连续圆锥动力触探试验应绘制锤击数与贯入深度关系曲线。

(2)计算单孔分层贯入指标平均值时,应提出临界深度以内的数值、超前和滞后影响范围内的异常值。

(3)根据各孔分层的贯入指标平均值,用厚度加权平均法计算场地分层贯入指标平均值和变异系数。

5 报告

本试验所用技术记录表见表4.5.5-2。

动力触探测试试验记录　　　　　　　　　　　　表4.5.5-2

工程名称＿＿＿＿＿＿＿　　　工程部位＿＿＿＿＿＿＿　　　试验环境＿＿＿＿＿＿＿

试验日期＿＿＿＿＿＿＿　　　试　验　者＿＿＿＿＿＿＿　　　复核者＿＿＿＿＿＿＿

测点编号		测点坐标		地下水位(m)	
动力触探类型		轻型　　重型　　超重型		土类型	
深度(m)	击数	深度(m)	击数	深度(m)	击数

4.5.6　载荷与浸水载荷试验

1　目的依据和适用范围

1.1　本试验参照标准为《湿陷性黄土地区建筑规范》(GB 50025—2004)。

1.2　本试验是确定天然地基、复合地基、桩基础承载力和变形特性参数的综合性测试手段;是确定某些特殊性土特征指标的有效方法;也是一些原位测试手段(如动力触探、静力触探、标准贯入试验等)赖以比照的基本方法。

2　仪器设备及材料

2.1　承载板。

2.2　千斤顶。

2.3　荷重传感器、位移传感器、百分表、砂、砾石等。

3　技术要求

3.1　现场静载荷试验

3.1.1　在现场测定湿陷性黄土的湿陷起始压力,可采用单线法静载荷试验或双线法静载荷试验,并应分别符合下列要求。

(1)单线法静载荷试验:在同一场地的相邻地段和相同高程,应在天然湿度的土层上设三个或三个以上静载荷试验,分级加压,分别加至各自的规定压力,下沉稳定后,向试坑内浸水饱和,附加下沉稳定后,试验终止。

(2)双线法静载荷试验:在同一场地的相邻地段和相同高程,应设两个静载荷试验。其中一个应设在天然湿度的土层上,分级加压,加至规定压力,下沉稳定后,试验终止;另一个应设在浸水饱和的土层上,分级加压,加至规定压力,附加下沉稳定后,试验终止。

3.1.2　在现场采用静载荷试验测定湿陷性黄土的湿陷起始压力,应符合下列要求:

（1）承载板的底面积宜为0.50m²，试坑边长或直径应为承载板边长或直径的3倍。安装载荷试验设备时，应注意保持试验土层的天然湿度和原状结构，压板底面宜用10～15mm厚的粗、中砂找平。

（2）每级加压增量不宜大于25kPa，试验终止压力不应小于200kPa。

（3）每级加压后，每隔15min读1次下沉量，连续4次，以后每隔30min观测1次。当连续2h内，每1h的下沉量小于0.10mm时，认为压板下沉已趋稳定，即可加下一级压力。

（4）试验技术后，应根据试验记录，绘制判定湿陷起始压力的p-s曲线图。

3.2 现场试坑浸水试验

在现场采用试坑浸水试验确定自重湿陷量的实测值，应符合下列要求：

3.2.1 试坑宜挖成圆形（或方形），其直径（或边长）不应小于湿陷性黄土层的厚度，并不应小于10m；试坑深度宜为0.50m，最深不应大于0.80m。坑底宜铺100mm厚的砂、砾石。

3.2.2 在坑底中部及其他部位，应设置观测自重湿陷的深标点，设置深度及数量宜按各湿陷性黄土层顶面深度及分层数确定。在试坑底部，由中心向坑边以不少于三个方向均匀设置观测自重湿陷的浅标点；在试坑外沿浅标点方向10～20m范围内设置地面观测标点，观测精度为±0.10mm。

3.2.3 试坑内的水头高度不宜小于300mm，在浸水过程中，应观测湿陷量、耗水量、浸湿范围和地面裂缝。湿陷稳定后可停止浸水，其稳定标准为最后5d平均湿陷量小于1mm/d。

3.2.4 设置观测标点前，可在坑底面打一定数量及深度的渗水孔，孔内应填满砂砾。

3.2.5 试坑内停止浸水后，应继续观测不少于10d，且连续5d的平均下沉量不大于1mm/d，试验终止。

4 报告

本试验所用技术记录表见表4.5.6-1。

载荷与浸水载荷试验记录表　　　　　　　　　　　　　　表4.5.6-1

工程名称＿＿＿＿＿＿＿＿　　　工程部位＿＿＿＿＿＿＿＿　　　试验环境＿＿＿＿＿＿＿＿

试验日期＿＿＿＿＿＿＿＿　　　试　验　者＿＿＿＿＿＿＿＿　　　复　核　者＿＿＿＿＿＿＿＿

荷载（kN）		油压	观察时间（min）		读数（mm）				平均沉降
理论	实测	（MPa）	本级	累计	表01	表02	表03	表04	（mm）

4.5.7 K_{30}试验

1 目的、依据和适用范围

K_{30}用于测定土体在荷载作用下，下沉量基准值1.25mm所对应的荷载强度与基准值的比值。本试验适用于各类土和土石混合填料，其最大粒径不宜大于承载板直径的1/4，测试有效深度约为承载板直径的1.5倍。本试验依据为《铁路工程土工试验规程》（TB 10102—2010）。

2　仪器设备

2.1　承载板：承载板为圆形，直径为300mm，板厚为25mm，承载板上应带有水准泡。

2.2　加载装置：千斤顶最大承载力应不小于50kN。千斤顶与手动液压泵通过高压油软管连接，软管长度不应小于1.8m，两端应装有自动开闭阀门的快速接头。手动液压泵上应装一个可调节减压阀，并可准确地对承载板实施分级加、卸载。荷载量测装置宜采用误差不大于1%的测力计、力传感器或精度不低于0.4级的防震压力表。

2.3　反力装置的承载力应大于最大试验荷载10kN以上。量测系统由测桥和下沉量测表组成。量测表可采用百分表或位移传感器，并应配有可调式固定支架；量测表最大误差不应大于0.04mm，分辨率不应低于0.01mm，量程不应小于10mm。

2.4　其他：铁锹、钢板尺、毛刷、圬工泥刀、刮铲、水准仪等。

3　试验步骤

3.1　试验准备

水分挥发快的均粒砂，表面结硬壳、软化或因其他原因表层扰动的土，试验应置于其影响以下进行。场地测试面应进行整平，用毛刷扫去松土，并将测试面做成水平。试验应避免在测试面过湿或干燥情况下进行，宜在压实后4h内检测。测试面应远离震源，且雨天或风力大于6级的天气不得进行试验。

3.2　安置地基系数测试仪

3.2.1　将荷载板放置于测试地面上，应使荷载板与地面良好接触，必要时可铺设一层2～3mm干燥砂或石膏腻子，同时利用荷载板上水准泡或水准仪调整承载板水平。当用石膏腻子做垫层时，应在荷载板底面上抹一层油膜，然后将荷载板安放在石膏层上，左右转动荷载板并轻轻击打顶面，使其与地面完全接触，被挤出的石膏应在凝固前清除，直至石膏凝固以后方可进行测试。

3.2.2　将反力装置承载部分安置于荷载板上方，并加以制动。反力装置的支撑点必须距荷载板外侧边缘1m以上。

3.2.3　将千斤顶放置于反力装置下面的荷载板上，可利用加长杆和调节丝杆，使千斤顶顶端球铰座紧贴在反力装置承载部位上，组装时应保持千斤顶垂直不出现倾斜。

3.2.4　安置测桥，测桥支撑座应设置在距离荷载板外侧边缘及反力装置支承点1m以外。采用2～3只下沉量测表测量时，测表应沿承载板周边等分布置，并与荷载板中心保持等距离。

3.3　加载试验

3.3.1　为稳固荷载板，预先加0.04MPa荷载，约30s，待稳定后卸除荷载，等待30s后，将百分表读数调至零或读取百分表读数作为下沉量的起始读数。

3.3.2　以0.04MPa的增量逐级加载。每增加一级荷载，1min的沉降量不大于该级荷载产生的沉降量的1%时，读取荷载强度和下沉量读数，然后增加下一级荷载，每级荷载的稳定时间不得少于3min。当试验中施加了比原定荷载值高的荷载时，应保持该荷载，并在试验记录单中记录该荷载和该荷载下的下沉量读数。应在下沉量稳定后，读取荷载强度和下沉量读数。

3.3.3　达到下列条件之一时，试验即可终止：

（1）总下沉量超过规定的基准值（1.25mm），且加载级数至少为5级。

（2）荷载强度大于设计标准对应荷载值的1.3倍，且加载级数至少为5级。

（3）荷载强度达到地基的屈服点。

3.4 试验过程中出现承载板严重倾斜、承载板过度下沉及试验数据异常等情况时，应查明原因，另选点进行试验并在试验记录表中注明。

4 数据整理

考虑平板荷载仪的重量和系统内部阻力，承载板荷载强度与千斤顶油缸内的油压换算公式如下：

$$P_y = (P_h + P_f - P_c) \times \frac{S_h}{S_y} \tag{4.5.7-1}$$

式中：P_y——千斤顶油缸内的油压（MPa）；

P_h——荷载板荷载强度（MPa）；

S_y——油缸的面积，$= 3.14 \times 40 \times 40 \div 4 (mm^2)$；

S_h——荷载板面积，$= 3.14 \times 300 \times 300 \div 4 (mm^2)$；

P_f——油路及活塞阻力对荷载板的压强，加载时取 0.004 65MPa；

P_c——千斤顶及承载板自重对荷载板的压强，普通杆取 0.003 25MPa，接短加长杆取 0.003 47MPa，接长加长杆取 0.003 61MPa。

根据试验结果绘出荷载强度与下沉量关系曲线（图4.5.7-1）。

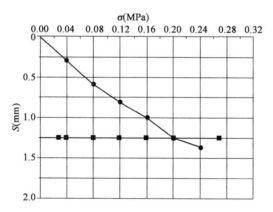

图4.5.7-1 荷载强度与下沉量关系曲线（σ-S 曲线）

当曲线的开始段呈凹形或不经过坐标原点时，应进行以下修正。试验结果曲线部分呈凹形时，应在曲线变曲率点引一切线与纵坐标相交，相交点即为修正后的原点；当曲线部分没有凹形且不经过坐标原点时，取曲线与纵坐标交点为修正后的原点。

从荷载强度与下沉量关系曲线得出下沉量基准值时的荷载强度，并按式（4.5.7-2）计算出地基系数：

$$K_{30} = \frac{\sigma_s}{S_s} \tag{4.5.7-2}$$

式中：K_{30}——由直径30cm的荷载板测得的地基系数（MPa/m），计算取整数；

σ_s——σ-S 曲线中 $S = 1.25 \times 10^{-3}$m 相对应的荷载强度（MPa）；

S_s——下沉量基准值$(1.25 \times 10^{-3} \text{m})$。

5 报告

本试验所用技术记录表见表4.5.7-1。

$\boldsymbol{K_{30}}$(地基系数)试验记录

表4.5.7-1

工程名称＿＿＿＿＿＿＿＿＿ 工程部位＿＿＿＿＿＿＿＿＿ 试验环境＿＿＿＿＿＿＿＿＿

试验日期＿＿＿＿＿＿＿＿＿ 试 验 者＿＿＿＿＿＿＿＿＿ 复 核 者＿＿＿＿＿＿＿＿＿

填料类型			填料厚度				
加压次数	压力表读数（MPa）	承载板荷载（MPa）	百分表读数（mm）				累计沉降量（mm）
			表1	表2	表3	平均值	
预压							
复位							
1							
2							
3							
4							
5							
6							
7							

4.5.8 回弹模量(承载板法)

1 目的、依据和适用范围

本试验依据为《公路路基路面现场测试规程》(JTG E60—2008)。本方法适用于在现场土基表面,通过用承载板对土基逐级加载、卸载的方法,测出每级荷载下相应的土基回弹变形值,经过计算求得土基回弹模量。

2 仪器设备

本试验需要下列仪具与材料。

2.1 加载设施:一辆载有铁块或集料等重物、后轴重不小于60kN的载重汽车,作为加载设备。在汽车大梁的后轴之后约80cm处,附设一根加劲横梁作反力架。汽车轮胎充气压力为0.50MPa。

2.2 现场测试装置,由千斤顶、测力计(测力环或压力表)及球座组成。

2.3 一块刚性承载板,板厚20mm,直径为φ30cm,直径两端设有立柱和可以调整高度的支座,供安放弯沉仪测头,承载板安放在土基表面。

2.4 两台路面弯沉仪,由贝克曼梁、百分表及其支架组成。

2.5 一台液压千斤顶,80～100kN,装有经过标定的压力表或测力环,其容量不小于土基强度,测定精度不小于测力计量程的1/100。

2.6 秒表。

2.7 水平尺。

2.8 其他:细砂、毛刷、垂球、镐、铁锹、铲等。

承载板测定土回弹模量示意见图4.5.8-1。

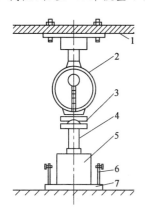

图4.5.8-1 承载板测定土回弹模量示意图
1-加劲横梁;2-测力计;3-钢板及球座;4-钢圆筒;5-加载千斤顶;6-立柱及支座;7-承载板

3 试验步骤

3.1 准备工作

3.1.1 根据需要选择有代表性的测点,测点应位于水平的路基上,土质均匀,不含杂物。

3.1.2 仔细整平土基表面,撒干燥洁净的细砂填平土基凹处,砂子不可覆盖全部土基表面,避免形成夹层。

3.1.3 安置承载板,并用水平尺进行校正,使承载板置于水平状态。

3.1.4 将试验车置于测点上,在加劲横梁中部悬挂垂球测试,使之恰好对准承载板中心,然后收起垂球。

3.1.5 在承载板上安放千斤顶,上面衬垫钢圆筒、钢板,并将球座置于顶部与加劲横梁接触。如用测力环,应将测力环置于千斤顶与横梁中间,千斤顶及衬垫物必须保持垂直,以免加压时千斤顶倾倒发生事故并影响测试数据的准确性。

3.1.6 安放弯沉仪,将两台弯沉仪的测头分别置于承载板立柱的支座上、百分表对零或其他合适的初始位置上。

3.2 测试步骤

3.2.1 用千斤顶开始加载,注视测力环或压力表,至预压0.05MPa,稳压1min,使承载板与土基紧密接触,同时检查百分表的工作情况是否正常,然后放松千斤顶油门卸载,稳压1min后,将指针对零或记录初始读数。

3.2.2 测定土基的压力—变形曲线。用千斤顶加载,采用逐级加载卸载法,用压力表或测力环控制加载量,荷载小于0.1MPa时,每级增加0.02MPa,以后每级增加0.04MPa左右。为了使加载和计算方便,加载数值可适当调整为整数。每次加载至预定荷载P后,稳定1min,立即读记两台弯沉仪百分表数值,然后轻轻放开千斤顶油门卸载至0,待卸载稳定1min后,再次读数,每次卸载后百分表不再为零。当两台弯沉仪百分表读数之差小于平均值的30%时,取平均值。如超过30%,则应重测。当回弹变形值超过1mm时,即可停止加载。土基加载顺序为:

0→0.05MPa→0;0→0.10MPa→0;0→0.15MPa→0;0→0.20MPa→0;0→0.30MPa→0;0→0.40MPa→0;0→0.50MPa→0。

承载板单位压力对应荷载见表4.5.8-1。

承载板单位压力对应荷载表 表4.5.8-1

承载板单位压力(MPa)	荷载(kN)	承载板单位压力(MPa)	荷载(kN)
0.05	3.534	0.4	28.274
0.1	7.069	0.5	35.343
0.15	10.603	0.6	42.412
0.2	14.137	0.7	49.480
0.3	21.206		

3.2.3　各级荷载的回弹变形和总变形,按以下方法计算:

回弹变形 L = (加载后读数平均值 – 卸载后读数平均值) × 弯沉仪杠杆比

总变形 L' = (加载后读数平均值 – 加载初始前读数平均值) × 弯沉仪杠杆比

3.2.4　测定总影响量 a。最后一次加载卸载循环结束后,取走千斤顶,重新读取百分表初读数,然后将汽车开出 10m 以外,读取终读数,两只百分表的初、终读数差的平均值即为总影响量 a。

3.2.5　在试验点下取样,测定材料含水率。取样数量如下:

最大粒径不大于 4.75mm,试样数量约 120g;

最大粒径不大于 19.0mm,试样数量约 250g;

最大粒径不大于 31.5mm,试样数量约 500g。

3.2.6　在紧靠试验点的适当位置,用灌砂法(T 0921—2008)或环刀法(T 0923—1995)等测定土基的密度。

3.2.7　本试验的各项数值可记录于记录表上。

4　数据整理

4.1　各级压力的回弹变形值加上该级的影响量后,即为计算回弹变形值。表 4.5.8-2 是以后轴重 60kN 的标准车为测试车的各级荷载影响量的计算值。当使用其他类型测试车时,各级压力下的影响量 a_i 按式(4.5.8-1)计算:

$$a_i = \frac{(T_1 + T_2)\pi D^2 p_i}{4T_1 Q} \cdot a \tag{4.5.8-1}$$

式中:T_1——测试车前后轴距(m);

T_2——加劲小梁距后轴距离(m);

D——承载板直径(m);

Q——测试车后轴重(N);

p_i——该级承载板压力(Pa);

a——总影响量(0.01mm);

a_i——该级压力的分级影响量(0.01mm)。

各级荷载影响量(后轴重 60kN 的标准车)　　　　　　　　表 4.5.8-2

承载板压力(MPa)	0.05	0.10	0.15	0.20	0.30	0.40	0.50
影响量	$0.06a$	$0.12a$	$0.18a$	$0.24a$	0.36	$0.48a$	$0.60a$

4.2　按式(4.5.8-2)计算对应于各级荷载下的土基回弹模量值:

$$E_i = \frac{\pi D}{4} \times \frac{P_i}{L_i}(1 - \mu_0^2) \tag{4.5.8-2}$$

式中:E_i——对应于各级荷载下的土基回弹模量(MPa);

μ_0——土的泊松比,根据相关路面设计规范规定选用;

D——承载板直径取 30cm;

P_i——承载板压力(MPa);

L_i——相对于荷载 P_i 时的回弹变形(cm)。

4.3 取结束试验前的各回弹变形值按线性回归方法由式(4.5.8-3)计算土基回弹模量 E_0 值:

$$E_0 = \frac{\pi D}{4} \times \frac{\sum P_i}{\sum L_i}(1 - \mu_0^2) \tag{4.5.8-3}$$

式中: E_0——土基回弹模量(MPa);

μ_0——土的泊松比,根据相关路面设计规范规定取用;

L_i——结束试验前的各级实测回弹变形值;

P_i——对应于 L_i 的各级压力值。

5 报告

5.1 本试验采用的记录格式见表4.5.8-3。

承载板测定记录

表4.5.8-3

工程名称＿＿＿＿＿＿＿＿＿ 工程部位＿＿＿＿＿＿＿＿＿ 试验环境＿＿＿＿＿＿＿＿＿

试验日期＿＿＿＿＿＿＿＿＿ 试 验 者＿＿＿＿＿＿＿＿＿ 复 核 者＿＿＿＿＿＿＿＿＿

路线和编号: 测定层位: 承载板直径:									
			路面结构: 测定用汽车型号:						
千斤顶 读数	荷载 P (kN)	承载板 压力 P (MPa)	百分表读数(0.01mm)			总变形 (0.01mm)	回弹变形 (0.01mm)	分级影响量 (0.01mm)	计算 回弹变形 (0.01mm)	E_i (MPa)
			加载前	加载后	卸载后					

5.2 试验报告应记录下列结果:

(1)试验时所采用的汽车;

(2)近期天气情况;

(3)试验时土基的含水率(%);

(4)土基密度和压实度;

(5)相应于各级荷载下的土基回弹模量 E_i 值(MPa);

(6)土基回弹模量 E_0 值(MPa)。

4.5.9 反应模量

1 目的、依据和适用范围

1.1 通过现场承载板土基加载,测出特定荷载下土基变形值或者特定变形值下相应的荷载,计算求得土基反应模量。

1.2　本试验依据为《民用机场水泥混凝土道面设计规范》(MH/T 5004—2010)。

2　仪器设备及材料

2.1　加载设施:可用后轴重不小于100kN的载重汽车,在汽车大梁的后轴之后,附设一根加劲横梁作反力架加载,也可采用堆载平台反力装置加载。

2.2　现场测试装置:由千斤顶、测力计(测力环或压力表)及球座组成。

2.3　一组承载板:圆形钢板4~5块,每块厚度不小于25mm,直接与土基表面接触,承载板直径为760mm,其他承载板直径为450~610mm。

2.4　百分表或其他变形量测仪器。

2.5　弯沉仪。

2.6　秒表。

2.7　水平尺。

2.8　其他:细砂、毛刷、垂球、铁锹、铲等。

3　试验步骤

3.1　准备工作

3.1.1　选择有代表性的测点,三点为一组,每个地质单元不宜少于一组,测点位于道面土基范围内,高程尽量接近设计土基顶面高程。

3.1.2　开挖试坑时应避免对坑底地基土的扰动,保持其原状结构和天然湿度,整平土基后表面用干燥洁净的细砂找平并用水平尺检查,找平层厚度不大于5mm。

3.1.3　安置承载板并用水平尺校正,各承载板必须处于水平状态,中心对齐。应使荷载板与地面良好接触,必要时可铺设一薄层干燥砂(2~3mm)或石膏腻子。

3.1.4　试验车开至测点位置,使加劲小梁中部悬挂垂球恰好对准承载板中心,然后收起垂球,并将车轮前后轮胎稳固固定。

3.1.5　在承载板上安放千斤顶,上面衬垫钢圆筒、钢板。如用测力环,应将测力环置于千斤顶与横梁中间,千斤顶及衬垫物必须保持垂直,以免加压时千斤顶倾倒发生事故并影响测试数据的准确性。

3.1.6　将三只百分表放置于最下层承载板距板边缘约5mm的位置上,互成120°交角,然后再将两台弯沉仪的测头分别置于承载板直径两端百分表附近进行监测,百分表架支点距承载板中心应不小于2m。调正百分表,使其指针处于行程的中间位置。

3.2　测试步骤

3.2.1　仔细检验试验装置的牢固性后用15.4kN荷载预压1~2次,使承载板与土基紧密接触,同时检查百分表的工作情况是否正常,然后卸载稳压1min后,将指针对零或记录初始读数。

3.2.2　分级连续加载,荷载分级应不少于5级,中间不卸载,各级荷载应稳定1~3min,并待沉降速率小于0.25mm/min时读取百分表读数,然后进行下一级加载,加载速度应均匀,加载分级为:

0.000MPa(0.00kN)→0.034MPa(15.46kN)→0.069MPa(30.93kN)→0.103MPa(46.39kN)→0.137MPa(61.85kN)→0.172MPa(77.31kN)→0.206MPa(92.76kN)

3.2.3 在试验点下取样,测定材料含水率。取样数量如下:

最大粒径不大于5mm,试样数量约120g;

最大粒径不大于25mm,试样数量约250g;

最大粒径不大于40mm,试样数量约500g。

3.2.4 在紧靠测点的适当位置,用灌砂法或环刀法等测定土基的密度。

4 数据处理

对地基反应模量试验据进行整理分析,绘制p-s曲线(荷载—沉降曲线),并计算土基反应模量。

对于一般土基:

$$k_u = \frac{P_B}{0.001\,27} \tag{4.5.9-1}$$

对于承载板下沉量难达到1.27mm的坚硬土基:

$$k_u = \frac{70.00}{l_B} \tag{4.5.9-2}$$

上述式中:k_u——现场测得的土基反应模量(MN/m^3);

　　　　P_B——承载板下沉量为1.27mm时所对应的单位面积压力(MPa);

　　　　l_B——承载板在单位面积压力为0.07MPa时所对应的下沉值(mm)。

不利季节修正计算:

将现场测得的土基反应模量k_u换算成不利季节的土基反应模量k_0。

$$k_0 = \frac{d}{d_u}k_u \tag{4.5.9-3}$$

式中:d——现场原样试件在0.07MPa压力下的压缩量(mm),在试验室用固结仪测得;

　　　d_u——现场试件浸水饱和后在0.07MPa压力下的压缩量(mm),在试验室用固结仪测得。

5 报告

5.1 本试验所采用的技术记录表见表4.5.9-1。

反应模量试验记录　　　　　　　　　　　　表4.5.9-1

工程名称_____　　工程部位_____　　试验环境_____

试验日期_____　　试　验　者_____　　复　核　者_____

序号	荷载		百分表读数(mm)						平均格数	承载板下沉值(mm)
	测力计读数(kN)	单位压力(MPa)	1号		2号		3号			
			读数	格数	读数	格数	读数	格数		

测点编号:　　　　　　　　加载设备:

承载板直径(mm):

土基反应模量k_0值(MN/m^3):

注:弯沉仪监测的读数同样用此表填写。

5.2 试验报告

试验报告应记录下列结果：

(1)试验时所采用的加载方式；

(2)近期天气情况；

(3)试验时土基的含水率(%)；

(4)土基密度和压实度；

(5)土基反应模量(MN/m³)。

4.5.10 现场剪切试验

1 目的、依据和适用范围

现场直剪试验可用于岩土体本身、岩土体沿软弱结构面和岩体与其他材料接触面的剪切试验。

本方法主要参照的标准为《工程地质手册》(第四版)。

2 仪器设备

2.1 剪力盒：分圆形和方形两种，圆形面积为 $1\,000\,cm^2$，高25cm，下端有刃口；方形边长为 $50\sim70.7cm$，高 $10\sim20cm$，下端亦有刃口。

2.2 承压板：形状与剪力盒一致，尺寸应略小于剪力盒，厚度以在垂直压力下不产生变形为限。其作用为传递垂直压力给土样。

2.3 两个带压力表或测力计并经标定的油压千斤顶。

2.4 加压和反力设备：有地锚反力、斜撑反力或直接采用重物加荷等方法。

3 试验步骤

3.1 试验通常在方形试坑内进行，试坑尺寸应不小于剪力盒边长的三倍。当试坑挖好后，根据剪力盒的大小修剪土样，并将剪力盒套在土样上，顶面削平，然后安装其他设备。

3.2 分级施加垂直荷载至预定压力，每隔5min记录一次百分表读数。当5min内变化不超过0.05mm时，即认为稳定，再加下一级荷载。

3.3 预定垂直荷载稳定后，开始施加水平推力，控制推力徐徐上升，直至表压不再升高或后退为止，并记录最大水平推力读数。

3.4 按以上方法在不同垂直压力下做三次以上的试验，得到三对以上的垂直压力和对应的水平推力读数。

注：在本书推荐的方法中，千斤顶是水平安置的，优点是计算比较方便，但施加水平推力时，试件有上翘现象；因此有的单位采用斜向设置千斤顶的方法，解决了试件上翘现象，但计算比较麻烦。

4 数据整理

4.1 垂直压力计算

$$P = \frac{P_1 + P_2 + P_3}{F} \tag{4.5.10-1}$$

$$P_1 = a + bx_1 \tag{4.5.10-2}$$

$$P_3 = \gamma Fh \tag{4.5.10-3}$$

上述式中:P——垂直压力(kPa);

P_1——千斤顶所施加的压力(kN);

a、b——垂直压力表校正系数;

x_1——压力表读数;

P_2——设备自重,即垂直千斤顶活塞以下、透水压板以上设备重(kN);

P_3——试件自重(kN);

γ——土的重度(kN/m³);

F——压板面积(m²);

h——土样高度(m)。

4.2 剪切应力计算

$$\tau = \frac{Q}{F} \qquad (4.5.10\text{-}4)$$

$$Q = a + bx_2 \qquad (4.5.10\text{-}5)$$

上述式中:τ——剪切应力(kPa);

Q——水平千斤顶所施加的推力(kN);

a、b——水平压力表校正系数;

x_2——压力表读数。

4.3 c、φ 值的计算

可采用图解法或最小二乘法。

5 报告

本试验所用技术记录表见表4.5.10-1。

现场剪切试验记录表 表4.5.10-1

工程名称＿＿＿＿＿＿＿＿ 试验编号＿＿＿＿＿＿＿＿ 岩土名称＿＿＿＿＿＿＿＿

试验环境＿＿＿＿＿＿＿＿ 试验深度＿＿＿＿＿＿＿＿ 试块规格＿＿＿＿＿＿＿＿

试验日期＿＿＿＿＿＿＿＿ 试 验 者＿＿＿＿＿＿＿＿ 复 核 者＿＿＿＿＿＿＿＿

千斤顶活塞面积:竖 =＿＿＿＿＿ m²,横 =＿＿＿＿＿ m²,试块面积 A =＿＿＿＿＿ m²

初级荷载(设备自重) =＿＿＿＿＿ kN,剪切夹角 =＿＿＿＿＿°

滑滚摩擦力 f =＿＿＿＿＿ kN

竖向油压表读数 =＿＿＿＿＿ kPa,竖向油压表校正系数 =＿＿＿＿＿

竖向力 =＿＿＿＿＿ kN,法向应力 σ =＿＿＿＿＿ kPa

横向油压表读数(MPa)	横向推力(kN)	剪切力(kN)	总剪力(kN)	剪应力(kPa)	水平测微计读数(mm)			剪切位移(mm)	垂直测微计读数(mm)		
					表1	表2	平均		表1	表2	平均

4.5.11　现场CBR试验

1　目的、依据和适用范围

1.1　本试验依据为《公路路基路面现场测试规程》(JTG E60—2008)。本方法适用于在现场测定各种土基材料的现场CBR值,同时也适合于基层、底基层砂类土、天然砂砾、级配碎石等材料CBR值的试验。

1.2　本方法所用试样的最大集料粒径宜小于19.0mm,最大不得超过31.5mm。

2　仪器设备及材料

2.1　荷载装置:装载有铁块或集料重物的载重汽车,后轴重不小于60kN,在汽车大梁的后轴之后设一加劲横梁作反力架用。

2.2　现场测试装置:由千斤顶(机械或液压)、测力计(测力环或压力表)及球座组成。千斤顶可使贯入杆的贯入速度调节成1mm/min。测力计的容量不小于土基强度,测定精度不小于测力计量程的1%。

2.2.1　贯入杆:直径50mm、长约200mm的金属圆柱体。

2.2.2　承载板:每块1.25kg,直径150mm,中心孔眼直径52mm,不小于4块,并沿直径分为两个半圆块。

2.2.3　贯入量测定装置:由平台及百分表组成,百分表量程20mm,精度0.01mm,数量2个,对称固定于贯入杆上,端部与平台接触,平台跨度不小于50cm。

注:此设备也可用两台贝克曼梁弯沉仪代替。

应选择合适量程的测力装置,一般土基强度相对路面材料较低,如果测力装置量程太大,则会发生无法读数的情况,这时需要更换较小量程的测力装置,对于土基材料,可采用10kN或7.5kN测力计,技术人员应在试验中注意总结经验。

当采用贝克曼梁弯沉仪作为贯入量测定装置时,应注意需要进行贯入量的换算。平台跨度应不小于50cm,以免造成贯入量读数失真,试用中如发现平台有明显位移,应重新进行试验。

2.2.4　细砂:洁净干燥的细干砂,粒径0.3~0.6mm。

2.2.5　其他:铁铲、盘、直尺、毛刷、天平等。

3　试验步骤

3.1　准备工作

3.1.1　将试验地点直径30cm范围内的表面找平,用毛刷刷净浮土。如表面为粗粒土时,应撒布少许洁净的细砂填平,但不能覆盖全部土基表面,避免形成夹层。

3.1.2　装置测试设备,按现场测试装置要求设置贯入杆及千斤顶,千斤顶顶在加劲横梁上且调节至高度适中。贯入杆应与土基表面紧密接触,但不应在土基表面形成贯入痕迹。

3.1.3　安装贯入量测定装置:将支架平台、百分表(或两台贝克曼梁弯沉仪)安装好。

3.2　测试步骤

3.2.1　在贯入杆位置安放4块1.25kg分开成半圆的承载板,共5kg。

3.2.2　试验贯入前,先在贯入杆上施加45N荷载,然后将测力计及贯入量百分表调零,记录初始读数。

3.2.3　启动千斤顶:使贯入杆以1mm/min的速度压入土基,贯入量为0.5mm、1.0mm、

1.5mm、2.0mm、2.5mm、3.0mm、4.0mm、5.0mm、6.5mm、10.0mm 及 11.5mm 时,分别读取测力计读数。根据情况,也可在贯入量达到 6.5mm 时结束试验。

注:用千斤顶连续加载,两个贯入量百分表及测力计均应在同一时刻读数。当两个百分表读数不超过平均值的30%时,以平均值作为贯入量;当两个表读数差值超过平均值的30%时,应停止试验。

3.2.4 卸除荷载,移去测定装置。

3.2.5 在试验点下取样,测定材料含水率。取样数量如下:

(1)最大粒径不大于4.75mm,试样数量约120g;

(2)最大粒径不大于19.0mm,试样数量约250g;

(3)最大粒径不大于31.5mm,试样数量约500g。

3.2.6 在紧靠试验点的适当位置,用灌砂法或环刀法等测定土基的密度。

注:1.贯入杆位置安放半圆形承载板,限制贯入杆的侧向倾斜。当发生细微倾斜时,不应人为扶正;当发生较大倾斜时,应重新试验。

2.在加荷装置上安装贯入杆后,为了使贯入杆断面与土基表面充分接触,在贯入杆上施加 45N 的预压力,将此荷载作为试验时的零荷载,并将该状态的贯入量设为零点。绘制的压力和贯入量关系曲线,起始部分呈反弯,表示试验开始时贯入杆端面与土表面接触不好,应对曲线进行修正。

3.试验结束标准应根据土基强度而定,当土基强度较大时,可在贯入量达 6.5mm 时结束试验。荷载压强及贯入量读数不宜过少,一般要求在达到2.5mm 贯入量时应不少于 5 个读数。

4 数据整理

4.1 将贯入试验得到的等级荷重数除以贯入断面面积($19.625cm^2$)得到各级压强(MPa),绘制荷载压强—贯入量曲线。当曲线在起点处有明显的凹凸情况时,应在曲线的拐弯处作切线延长进行修正,以与坐标轴相交的点作为圆点,得到修正后的压强—贯入量曲线。

4.2 从压强—贯入量曲线上读取贯入量为 2.5mm 及 5.0mm 时的荷载压强 P_1 计算现场 CBR 值。CBR 一般以贯入量2.5mm 时的测定值为准,当贯入量5.0mm 时的 CBR 大于2.5mm 时的 CBR 时,应重新试验;如重新试验仍然如此时,则以贯入量5.0mm 时的 CBR 为准。

$$现场 CBR(\%) = \frac{P_1}{P_0} \times 100\% \tag{4.5.11-1}$$

式中:P_1——荷载压强(MPa);

P_0——标准压强,当贯入量为 2.5mm 时为 7MPa,当贯入量为 5.0mm 时为 10.5MPa。

5 报告

本试验所用技术记录表见表4.5.11-1。

现场 CBR 试验记录   表 4.5.11-1

工程名称＿＿＿＿＿＿ 工程部位＿＿＿＿＿＿ 试验环境＿＿＿＿＿＿

试验日期＿＿＿＿＿＿ 试 验 者＿＿＿＿＿＿ 复 核 者＿＿＿＿＿＿

量力环校正系数 C =	kN/0.01mm	贯入杆面积 =	m^2
l = 2.5mm 时,P =	kPa	CBR = $P \times 100/7\,000$ =	%
l = 5.0mm 时,P =	kPa	CBR = $P \times 100/10\,500$ =	%
每层击数 =			

续上表

荷载测力计百分表		单位压力 P (kPa)	贯入量百分表读数					贯入量 l (mm)
读数 R'_i (0.01mm)	变形值 R_1 (0.01mm)		左表(0.01mm)		右表(0.01mm)		平均值 (0.01mm)	
			读数 R_{1i}	位移值 R_1	读数 R_{2i}	位移值 R_2		
	$R'_{i+1} - R'_i$			$R_{1i+1} - R_{1l}$		$R_{2i+1} - R_{2l}$	$\frac{1}{2}(R_1 + R_2)$	

4.5.12　土的氡浓度测试

1　目的依据和适用范围

本试验所用测氡仪是一种新型的瞬时测氡仪器,采用静电扩散法,定量测定土壤氡浓度,执行北京市建设工程标准《民用建筑工程室内环境污染控制规程》(DBJ01-91—2004)和《民用建筑工程室内环境污染控制规范》(GB 50325—2010)。

2　仪器设备

2.1　FD-3017RaA 测氡仪。

2.2　其他:转用钢钎、铁铲等。

3　试验步骤

3.1　取样时间宜在 8:00～18:00 之间,现场取样监测工作不应在雨天进行,如遇雨天,应在雨后24h进行。

3.2　操作台固定在抽筒上,并用专用电缆线连接操作台和抽筒上的高压插头。

注:在安装时,首先用脚踩住抽泵下面的脚蹬,以防仪器倾倒,然后将操作台壁上的三个挂钩套入抽筒的挂板,再向右移,使其落进固紧槽内。取出时仅将操作台往上抬,再左移向上即可。

3.3　用细钢钎打入一个导向眼,插入取样器,用脚踩实上部松土,防止大气渗入,然后用橡皮管连接干燥器(在地表覆土比较松软的地区,可将取样器直接安装固定在抽筒脚蹬下面,直接将取样器踩入土中,不需钢钎打眼)。

3.4　放片:将样片盒向外拉开,放入"新"的收集片,有符号的面朝上,钢面朝下。

3.5　抽气:将阀门8置于"抽"的位置,提拉抽筒至第二个定位槽(0.5L)处,把橡皮管内及取样器内的残留气体抽入筒内,然后将阀门置于"排",压下抽筒,将气体排出,接着便可正式开始抽取地下土壤中的气体。当抽筒提升至最上端"1.5L"的位置时,即向右旋转一个角度使之固定,此时被抽入的气体体积为 1.5L,马上关闭阀门,使筒内气体与外界空气隔绝。

3.6　启动高压收集 RaA:按下高压启动按钮,使收集片加上高压,开始收集累计 RaA 离子,时间 2min。

3.7 移点:在启动高压后,即可拔出取样器,将仪器移至下一个测点,等待高压 2min 加电时间的报警讯号。

3.8 取样:当高压报警讯号发出后,马上取出收集片(注:不要用手擦或摸朝下的收集面)。同时把它放到操作台右面的测量盒内(注:此时收集面的光面向上)。取片过程应控制在 15s 时间内完成,因高压报警讯号发出后,电路内部将自动延迟 15s,启动技术电路,经 2min 的测量后,自动发出第二次报警讯号。

3.9 排气、放片、抽气、启动高压:当收集片放入测量盒后,在等待测量报警讯号期间,即可把筒内氡气排掉,然后重复上述操作,完成第二个测点上的放片、抽气、加压收集操作。

3.10 移点:在第二个测点上按下高压启动按钮后,又可把仪器移至第三个测点,等待 1 号测点的收集片测量报警讯号,读取脉冲计数(N_α),并把已测过的收集片从测量盒中取出,放入专门的存片筒内,待次日重复使用。除此之外,在此测点上还将等待 2 号测点取样的高压报警讯号,然后重复上述的 3.7~3.9 操作程序:取片→排气→放气,抽气→启动高压→移点→读数→取片,以此类推。

4 数据处理

根据单次测得 α 计数(N_α),代入公式 $C_{Rn} = J \pm N_\alpha$,直接求出氡浓度,数据处理简单、方便。

5 报告

本试验采用的记录格式见表 4.5.12-1、表 4.5.12-2。

土中氡浓度测试试验记录(一) 表 4.5.12-1

工程名称＿＿＿＿＿＿ 工程部位＿＿＿＿＿＿ 试验环境＿＿＿＿＿＿

试验日期＿＿＿＿＿＿ 试 验 者＿＿＿＿＿＿ 复 核 者＿＿＿＿＿＿

成孔点土壤类别	
现场地表状况描述	
测试前 24h 工程地点气象状况	
测试点布设图	

土中氡浓度测试试验记录(二) 表 4.5.12-2

工程地点土壤中氡浓度							
序号	氡浓度	序号	氡浓度	序号	氡浓度	序号	氡浓度
1		11		21		31	
2		12		22		32	
3		13		23		33	
4		14		24		34	
5		15		25		35	
6		16		26		36	
7		17		27		37	
8		18		28		38	
9		19		29		39	
10		20		30		40	
算术平均值	$\overline{X}_{工程} =$		B_q/m^3				

续上表

工程地点周围土壤中氡浓度							
序号	氡浓度	序号	氡浓度	序号	氡浓度	序号	氡浓度
1		11		21		31	
2		12		22		32	
3		13		23		33	
4		14		24		34	
5		15		25		35	
6		16		26		36	
7		17		27		37	
8		18		28		38	
9		19		29		39	
10		20		30		40	
算术平均值	$\overline{X}_{周边} =$		B_q/m^3				

4.5.13　面波测试(SWS)

1　目的、依据和适用范围

1.1　本试验依据为《多道瞬态面波勘察技术规程》(JGJ/T 143—2004)。

1.2　本方法适用于各行业利用多道瞬态面波方法进行的各类岩土工程勘察、检测。可应用于探查覆盖层厚度,划分松散地层沉积层序;探查基岩埋深和基岩界面起伏形态,划分基岩的风化带;探测构造破碎带;探测地下隐埋物体、古墓遗址、洞穴和采空区;探测非金属地下管道;探测滑坡体的滑动带和滑动面起伏形态;地基动力特性测试;地基加固效果检验等。

2　仪器设备

2.1　多道瞬态面波勘察仪器应符合下列要求:

2.1.1　仪器放大器的通道数不应少于12通道。采用的通道数应满足不同面波模态采集的要求。

2.1.2　仪器放大器的通频带应满足采集面波频率范围的要求。对于岩土工程勘察,其通频带低频端不宜高于0.5Hz,高频端不宜低于4 000Hz。

2.1.3　仪器放大器各信道的幅度和相位应一致:各频率点的幅度差在5%以内,相位差不应大于所用采样时间间隔的一半。

2.1.4　仪器采样时间间隔应满足不同面波周期的时间分辨,保证在最小周期内采样4～8点;仪器采样时间长度应满足在距震源最远通道采集完面波最大周期的需要。

2.1.5　仪器动态范围不应低于120dB,模数转换(A/D)的位数不宜小于16位。

2.2　对于探测波速分层差别不大的地层,可采用较少的通道;对波速差别大的地层,或具有低速夹层,宜采用更多的通道,以保证空间分辨率。多道瞬态面波勘察仪器的主要技术参数如下。

2.2.1　通道数:24道(12道、24道或更多通道)。

2.2.2　采样时间间隔:一般为10ms、25ms、50ms、100ms、250ms、500ms、1 000ms、2 000ms、4 000ms、8 000ms。

2.2.3　采样点数:一般分512点、1 024点、2 048点、4 096点、8 192点等。

2.2.4　模数转换:≥16位。

2.2.5　动态范围:≥120dB。

2.2.6　模拟滤波:具备全通、低通、高通功能。

2.2.7　频带宽度:0.5~4 000Hz。

2.3　用于多道瞬态面波采集的检波器应符合下列要求:

2.3.1　采用垂直方向的速度型检波器。

2.3.2　检波器的自然频率满足采集最大面波周期(对应于勘察深度)的需要,岩土工程勘察宜用自然频率不大于4.0Hz的低频检波器。

2.3.3　用作面波勘察,同一排列的检波器之间的自然频率差不应大于0.1Hz,灵敏度和阻尼系数差别不应大于10%。

2.3.4　检波器按竖直方向安插,应与地面(或被测介质表面)接触紧密。

2.4　用于多道瞬态面波采集的检波器的排列布置应符合下列要求:

2.4.1　采用线性等道间距排列方式,震源在检波器排列以外延长线上激发。

2.4.2　道间距应小于最小勘探深度所需波长的二分之一。

2.4.3　检波器排列长度应大于预期面波最大波长的一半(相应最大探测深度)。

2.4.4　偏移距的大小,需根据任务要求通过现场试验确定。

2.5　用于多道瞬态面波的震源应符合下列要求:

2.5.1　震源方式可采用大锤激振、落重激振或炸药激振。选择震源时需保证面波勘察所需的频率及足够的激振能量。

2.5.2　震源方式的选择应根据勘察深度要求和现场环境确定,勘察深度为0~15m时,宜选择大锤激振;勘察深度为0~30m时,选择落重激振;勘察深度为0~50m及50m以上时,选择炸药激振。在无法使用炸药的场地,亦可采用加大落锤重量或提高落锤高度的办法加大勘察深度。

2.5.3　激振条件的改善:勘察深度小时,震源应激发高频率波;勘察深度大时,震源应激发低频率波。同种震源方式,改变激振点条件和垫板亦可使激发频率改变。

2.6　处理软件应具有以下功能:

2.6.1　采集参数的检查与改正、采集文件的组合拼接、成批显示及记录中分辨坏道和处理等基本功能。

2.6.2　识别和剔除干扰波功能。

2.6.3　分辨识别与利用基阶面波成分的功能。

2.6.4　正反演功能——在波速递增及近水平层状地层条件下应能准确反演地层剪切波速度和层厚。

2.6.5　分频滤波和检查各分频段面波的发育及信噪比的功能,以利于测深分析。

2.6.6　能调入多条频散曲线,以供研究不同测点或同一测点加固改良后地层波速的改变。

3 试验步骤

3.1 仪器设备系统的频响与幅度的一致性检查,应符合下列要求。

3.1.1 仪器各道的一致性检查:将仪器输入端各道并联后接入信号源,采集与工作记录参数相同的记录并存储,利用软件分析频响与幅度的一致性。

3.1.2 检波器的一致性检查:选择介质均匀的地点,将检波器密集地安插牢固,在10m外激振,采集面波记录并存储,利用软件分析频响与幅度的一致性。

3.1.3 仪器通道和检波器的频响与幅度特性,在测深需要的频率范围内应符合一致性要求。

3.2 采集试验工作应符合下列要求:

干扰波调查,在工区选择有代表性的地段进行干扰波调查,干扰波调查应通过展开排列采集的方式进行。采集面波在时空域传播的特征,根据基阶面波发育的强势段确定偏移距离、排列长度和采集记录长度,一般展开排列长度应与勘察深度相当。

3.3 根据勘探深度和现场环境条件进行激振方式试验。依据采集记录进行频谱分析,震源的频带宽度应满足勘探深度和分辨薄层的需要,据此确定最佳激振方式。

3.4 通过以上三项试验工作,确定满足勘察目的和精度要求的采集方案、采集参数和激振方式。

3.5 在具有钻孔资料的场地,宜在钻孔旁布置面波勘察点,以便取得对比资料。

3.6 测线、测点布设:

3.6.1 在地形较平坦的工区,测线可根据任务书布置,面波排列宜与测线重合布置。

3.6.2 在地形起伏较大的工区,面波排列可以不与测线重合,宜结合地形等高线取平坦段布置。

3.6.3 在滑坡体、泥石流等勘察项目中,测线宜沿主滑方向平行布置,适当布置横向联络线。

3.6.4 在岩溶、土洞或采空区勘察项目中,测线间距应小于被调查对象的尺寸,若发现异常,在异常点(带)布置垂直测线。重点勘察项目可采取布置网格线的方案。

3.6.5 构造破碎带勘察,测线布置应与构造走向垂直;古河床调查,测线应垂直于古河床方向。

3.6.6 一般在平坦的地区,排列与测线重合可使工作效率提高、保证成果精度。在地表起伏较大的地区,可沿地表等高线、垂直或斜交等高线设计排列,使排列成直线,以免道距不等而引起较大的误差。

3.6.7 地基加固效果检验,应在加固前后采取测点、测线位置不变的原则。

3.6.8 用面波速度来评价地基土在加固前后的强度变化。检测工作应在同点同线进行。

3.6.9 面波排列的中点为面波勘探点,面波勘探点间距的布置应根据勘察阶段、场地地质地形条件的复杂性以及勘察目的和精度综合考虑。

3.7 面波排列方式应遵循以下要求:

3.7.1 面波排列的长度不应小于勘探深度所需波长的二分之一。

3.7.2 在场地存在固定噪声源的环境中工作,应使面波排列线的方向指向噪声源,并布置激振点与固定噪声源在面波排列的同侧,不允许干扰震源波,构成对面波排列线的大角度传播。

3.7.3 在地表存在沟坎或在建筑群中进行面波勘察时,面波排列线的布置,要考虑规避非震源干扰波的影响。

3.8 正式采集

4 数据整理

4.1 资料处理与图示

对多道瞬态面波资料的处理采用 SWS-5 型面波仪专用瞬态瑞雷面波数据处理软件进行,最终可得到各测点处面波速度随深度的变化曲线,即频散曲线,然后再根据频散曲线利用面波专用软件绘出每条测线的深度/面波视速度的彩色剖面图。频散曲线及其特征反映了测点处面波速度随深度的变化情况及地下地质条件,是面波资料分析、解释的主要资料。波速彩图反映了测线在水平及垂直两个方向上地层波速变化的情况。

4.2 探测结果与地质解释

面波工作成果分为两部分:面波测点频散曲线及深度/面波视速度的彩色剖面图。依据剖面图来判定场地地层的均匀性,依据处理前后两次面波频散曲线所反映的面波视速度来判定地基强度的变化。

现场检测根据检测频率在检测位置进行每剖面处理前后同一位置面波检测对比,为保证前后两次点位一致,应注意做好面波测试桩位或点位的记录。

5 报告

本试验所用技术记录表见表4.5.13-1。

面波测试试验记录 表4.5.13-1

工程名称＿＿＿＿＿＿＿＿＿　　工程部位＿＿＿＿＿＿＿＿＿　　试验环境＿＿＿＿＿＿＿＿＿

试验日期＿＿＿＿＿＿＿＿＿　　试 验 者＿＿＿＿＿＿＿＿＿　　复 核 者＿＿＿＿＿＿＿＿＿

测点编号		测点坐标	$X=$,$Y=$
每道采样数		采样间隔	
最小偏移距(m)		道间距	
测试点平面布置图:			

4.5.14 单点夯试验

1 目的、依据和适用范围

1.1 本试验参考《建筑地基处理技术规范》(JGJ 79—2012)。

1.2 强夯和强夯置换施工前,应在施工现场有代表性的场地进行试夯或试验性施工。单点夯试验过程中记录总夯击次数、每击夯沉量、每击夯坑直径以及每击周边地面隆起量,同时进行夯前夯后的面波对比。通过单点夯试验,可根据夯沉量收敛及有效夯沉体积计算情况确定最佳夯击次数,通过对单点夯加固墩的形态检测,确定夯点的平面布置,同时结合夯坑深度确定组合夯补强加固深度来确定组合夯击能等强夯施工参数。

2 仪器设备

水准仪、全站仪、多道瞬态面波勘察仪器等。

3 试验步骤

3.1 夯点定位

在选定的试夯点进行夯点定位,夯点位置偏差不超过5cm,可暂定在强夯试夯小区试夯点中心向外沿两个正交方向分别距离2.0m、2.5m、3.0m、3.5m、4.0m布置10个隆起量观测点,观测点使用油漆(或钢钎)做好标志以便重复观测,在夯锤顶部靠近边缘的位置均匀布置4个夯沉量观测点,使用油漆标识。

3.2 夯击能量

落距测量自夯锤顶面起算至自动脱钩位置,落距计算应满足设计要求的夯击能量,两次施工夯落距偏差不应大于30cm,在夯机倾斜,起重臂等发生变化时应重新测量落距。

3.3 试夯

在试夯过程中记录每击夯沉量、每击周围隆起量、每击孔隙水压力峰值及消散值等数据,在回填料过程中记录回填高度、累计贯入量等数据。夯沉量根据沉降监测测得,面波数据根据面波测试测得。

由单点夯试验得到夯击数—累计夯沉量与夯击数—有效夯沉体积曲线,如图4.5.14-1、图4.5.14-2所示,并同时满足下列条件确定夯击数,由强夯前后面波数据确定强夯的影响深度:

(1)最后两击的平均夯沉量不宜大于50mm;

(2)夯坑周围地面不应发生过大隆起;

(3)不应夯坑过深而发生提锤困难。

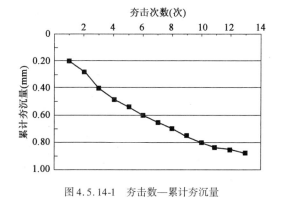

图4.5.14-1 夯击数—累计夯沉量

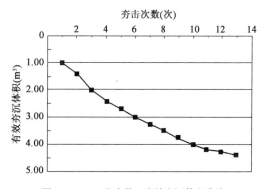

图4.5.14-2 夯击数—有效夯沉体积曲线

4 数据整理

4.1 表格(表4.5.14-1)

单点夯试验记录 表4.5.14-1

工程名称_____ 工程部位_____ 试验环境_____
试验日期_____ 试 验 者_____ 复 核 者_____

夯击次数 n	夯沉量 （m）	夯坑直径 （m）	累计夯沉量 （m）	累计夯沉体积 （m³）	累计隆起体积 （m³）	有效夯沉体积 （m³）

4.2 精密度和允许差

夯沉量观测通过对夯锤中心固定位置立尺，水准仪测读的方法进行，读数精度为0.001m，由立尺位置变化、尺身不垂直，以及仪器水平精度等原因引起的测量误差不大于0.1m；坑口直径测量数据为随机垂直两方向测量结果平均值，并通过四方向测量结果进行抽点验证，结果偏差在0.01m范围内。

5 报告

(1)夯锤能级；
(2)夯击次数；
(3)夯沉量；
(4)强夯影响范围。

4.5.15 碾压试验

1 目的、依据和适用范围

碾压试验为对碾压效果进行试验检测，主要包括碾压前后的固体体积率及碾压后的沉降量，从而确定碾压机自重、松铺厚度、碾压遍数等施工参数。固体体积率试验依据《民用机场飞行区土(石)方与道面基础施工技术规范》(MH 5014—2002)，采用灌水法检测。沉降量监测依据为《工程测量规范》(GB 50026—2007)、《建筑变形测量规范》(JGJ 8—2016)。

2 仪器设备

2.1 同第四章"4.5.2 固体体积率"所用的仪器设备。

2.2 水准仪、全站仪。

3 试验步骤

3.1 试验参数

根据设计单位提供的试验大纲，结合现场填料粒径及压实性能，提出填筑体振动压实试验参数(表4.5.15-1)。

填筑体振动压实试验参数 表4.5.15-1

碾压机自重(kN)	300	500
虚铺厚度(cm)	30、40、50	40、50、60
碾压遍数(n)	2、4、6、8	2、4、6、8

注：1.虚铺厚度为建议值，碾压遍数为检测的建议对应遍数，可根据现场情况进行调整。
2.填料不得含有腐殖土或植物根系，可采用块碎石，粒径小于20cm，不均匀系数 $C_u > 5$，曲率系数 $C_c = 1 \sim 3$。

3.2　在碾压施工中一般控制设备走行速度不大于2km/h。对不同自重碾压机在不同松铺厚度下,碾压第2、4、6、8遍后进行固体体积率检测,取算术平均值为试验区固体体积率代表值。测量试验小区平均高程,绘制压实度与冲压遍数关系曲线、表面沉降与冲压遍数关系曲线。

3.3　对不同自重碾压机在不同松铺厚度下,碾压第0、2、4、6、8遍后进行沉降量观测,剔除异常值,取沉降量算术平均值为试验区平均沉降量代表值。

4　数据整理

4.1　图表

固体体积率试验记录表同表4.5.2-1,沉降监测记录表同表8.2.2-3。得到固体体积率统计表和平均沉降量统计表分别见表4.5.15-2、表4.5.15-3。

碾压处理试验区固体体积率平均值统计表　　　　　　　　表4.5.15-2

工程名称＿＿＿＿＿＿＿＿　　工程部位＿＿＿＿＿＿＿＿　　试验环境＿＿＿＿＿＿＿＿

试验日期＿＿＿＿＿＿＿＿　　试　验　者＿＿＿＿＿＿＿＿　　复核者＿＿＿＿＿＿＿＿

试验区	固体体积率平均值(%)						
	0	4	8	16	20	24	28

碾压处理试验区平均沉降量统计表　　　　　　　　表4.5.15-3

工程名称＿＿＿＿＿＿＿＿　　工程部位＿＿＿＿＿＿＿＿　　试验环境＿＿＿＿＿＿＿＿

试验日期＿＿＿＿＿＿＿＿　　试　验　者＿＿＿＿＿＿＿＿　　复　核　者＿＿＿＿＿＿＿＿

试验区	冲压平均沉降量(m)							总平均沉降量(m)
	0	4	8	16	20	24	28	

测得某能级冲压机一定松铺厚度下,表面以下20cm、50cm、80cm处不同冲压遍数与压实度关系(图4.5.15-1),以及表面沉降量与压实度关系(图4.5.15-2)。

由图4.5.15-1、图4.5.15-2确定该自重碾压机该松铺厚度下的碾压遍数与表面累计沉降量。调整碾压机自重及松铺厚度,得到最经济可行的碾压方案。

4.2　精密度和允许差

5　报告

(1)碾压机自重(型号);

(2)松铺厚度;

(3)碾压遍数;

(4)累计沉降量;

(5)压实度。

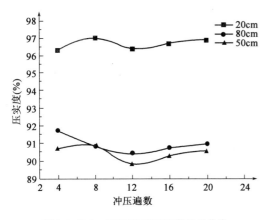

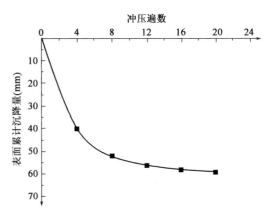

图 4.5.15-1　压实度与碾压遍数关系曲线　　　　图 4.5.15-2　表面累计沉降与碾压遍数关系曲线

4.5.16　冲击压实试验

1　目的、依据和适用范围

冲击压实试验是对冲击压实效果进行试验检测,主要包括冲压前后的固体体积率及冲压后的沉降量,从而确定冲压机能级、松铺厚度、冲压遍数等施工参数。固体体积率试验依据《民用机场飞行区土(石)方与道面基础施工技术规范》(MH 5014—2002),采用灌水法检测。沉降量监测依据为《工程测量规范》(GB 50026—2007)、《建筑变形测量规范》(JGJ 8—2016)。

2　仪器设备

2.1　同第四章"4.5.2　固体体积率"所用的仪器设备。

2.2　水准仪、全站仪。

3　试验步骤

3.1　按照设计单位提供的试验段工程试验大纲,冲击压实试验参数见表4.5.16-1。

土石方冲压试验参数　　　　　　　　　　　　表 4.5.16-1

设备类型	25kJ 三边形冲压机	32kJ 三边形冲压机
虚铺厚度(m)	1.0,1.2	1.2,1.5
冲压遍数 n	4,8,12,16,20,24,28,32,36	

注:1.虚铺厚度为建议值,冲压遍数为检测的建议对应遍数,可根据现场情况进行调整。
　　2.填料不得含有腐殖土或植物根系,可采用块碎石,粒径小于50cm,不均匀系数 $C_u > 5$,曲率系数 $C_c = 1 \sim 3$。

3.2　对不同能级冲压机在不同松铺厚度下,冲压第4、8、16、20、24、28遍后进行固体体积率检测,检测点数为三点,取算术平均值为试验区固体体积率代表值。测量试验小区平均高程,绘制压实度与冲压遍数关系曲线、表面沉降与冲压遍数关系曲线。

3.3　对不同能级冲压机在不同松铺厚度下,冲压第0、4、8、16、24、28、32遍后进行沉降量观测,剔除异常值,取沉降量算术平均值为试验区平均沉降量代表值。

4　数据整理

4.1　图表

固体体积率试验记录表同表4.5.2-1,沉降监测记录表同表8.2.2-3。得到固体体积率统计表和平均沉降量统计表分别如表4.5.15-2、表4.5.15-3所示。冲压遍数与压实度关系、表面沉降量与压实度关系分别如图4.5.15-1、图4.5.15-2所示,从而确定该能级冲压机该松铺厚度下的冲压遍数与表面累计沉降量。调整冲压机能级及松铺厚度,得到最经济可行的冲压方案。

4.2　精密度和允许差

5　报告

(1)冲压机能级;

(2)松铺厚度;

(3)冲压遍数;

(4)累计沉降量;

(5)压实度。

4.5.17　地质雷达探测

1　目的、依据和适用范围

1.1　地质雷达探测适用于地层划分、岩溶和不均体的探测、工程质量检测等。

1.2　本方法参照的标准为《铁路工程物理勘探规程》(TB 10013—2004)。

2　仪器设备

2.1　地质雷达

应满足下列技术指标要求:

(1)系统增益不低于150dB。

(2)信噪比大于60dB。

(3)采样间隔不大于0.5ns,模数转换器不低于16位。

(4)具有可选的信号叠加、实时滤波、点测与连续测量、手动与自动位置标记等功能。

2.2　数据采集系统

(1)通过试验选择雷达天线的工作频率,确定介电常数。当探测对象情况复杂时,应选择两种及以上不同频率的天线。

(2)测网密度、天线间距和天线移动速度应反映出探测对象的异常。

3　试验步骤

3.1　天线组应由穿透深度大于2m、纵向分辨率为20mm的不同中心频率的天线组成。

3.2　检测之前应在土基上测定地基土的介电常数或电磁波速度。

3.3　测量时窗和采样率应根据地基土的相对介电常数、电磁波速度和天线中心频率确定。

4　数据采集应符合下列规定:

(1)测线沿机场跑道纵向布置,特殊情况可适当加密。

(2)采用连续测量的方式,不能连续测量的地段可采用点测,分段连续测量时应有大于

1m 的重复测量段。

(3)除特殊天线外,测量时应使天线与土基表面之间的距离小于 10mm。

(4)现场记录应注明干扰源和观测到的病害位置。

数据整理与解释:

(1)参与解释的雷达剖面应清晰。

(2)解释前宜做编辑、滤波、增益等处理。情况较复杂时还宜进行道分析、FK 滤波、正常时差校正、褶积、速度分析、消除背景干扰等处理。

(3)结合地质情况、电性特征、探测体的性质和几何特征综合分析。必要时应考虑影响介电常数的各种因素,制作雷达探测的正演和反演模型。

5 报告

5.1 时间剖面图中应标出地层的反射波位置或探测对象的反射波组。

5.2 溶洞和不均匀体的探测应提及位置、规模、埋深、岩溶堆填物性状和地下水特征情况。

第5章　基层试验检测

5.1　原材料试验

5.1.1　石灰有效钙和氧化镁含量

1　目的、依据和适用范围

1.1　本方法适用于氧化镁含量在5%以下的低镁石灰。

1.2　本方法参照的标准为《公路工程无机结合料稳定材料试验规程》(JTG E51—2009)。

2　仪器设备

2.1　方孔筛:0.15mm,1个。

2.2　烘箱:50～250℃,1台。

2.3　干燥器:ϕ25cm,1个。

2.4　称量瓶:ϕ30mm×50mm,10个。

2.5　瓷研钵:ϕ12～13cm,1个。

2.6　分析天平:量程不小于50g,感量0.000 1g,1台。

2.7　电子天平:量程不小于500g,感量0.01g,1台。

2.8　电炉:1 500W,1个。

2.9　石棉网:20cm×20cm,1快。

2.10　玻璃珠:ϕ3mm,1袋(0.25kg)。

2.11　具塞三角瓶:250mL,20个。

2.12　漏斗:短颈,3个。

2.13　塑料洗瓶:1个。

2.14　塑料桶:20L,1个。

2.15　下口蒸馏水瓶:5 000mL,1个。

2.16　三角瓶:300mL,10个。

2.17　容量瓶:250mL、1 000mL,各1个。

2.18　量筒:200mL、100mL、50mL、5mL,各1个。

2.19　试剂瓶:250mL、1 000mL,各5个。

2.20　塑料试剂瓶:1L,1个。

2.21　烧杯:50mL,5个;250mL(或300mL),10个。

2.22 棕色广口瓶:60mL,4 个;250mL,5 个。

2.23 滴瓶:60mL,3 个。

2.24 酸滴定管:50mL,2 支。

2.25 滴定台及滴定夹管:各1套。

2.26 大肚移液管:25mL、50mL,各 1 个。

2.27 表面皿:7cm,10 块。

2.28 玻璃棒:8mm×250mm、4mm×180mm,各 10 根。

2.29 试剂勺:5 个。

2.30 吸水管:8mm×150mm,5 支。

2.31 洗耳球:大、小各 1 个。

3 试剂

3.1 1mol/L盐酸标准溶液:取83mL(相对密度1.19)浓盐酸以蒸馏水稀释至1 000mL,按下述方法标定其摩尔浓度后备用。

称取已在 180℃ 烘箱内烘干 2h 的碳酸钠(优级纯或基准级纯)1.5 ~ 2.0g(精确至0.000 1g),记录为 m_0,置于250mL三角瓶中,加100mL水使其完全溶解;然后加入2~3滴0.1%甲基橙指示剂,记录滴定管中待标定的盐酸标准溶液初始体积 V_1,用待定的盐酸标准溶液滴定,至碳酸钠溶液由黄色变为橙红色;将溶液加热至微沸,并保持微沸 3min,然后放在冷水中冷却至室温,如此时橙红色变为黄色,再用盐酸标准溶液滴定,至溶液出现稳定橙红色时为止,记录滴定管中盐酸标准溶液体积 V_2。V_1、V_2 的差值即为盐酸标准溶液的消耗量 V。

盐酸标准溶液的摩尔浓度计算:

$$N = \frac{m_0}{V \times 0.053} \tag{5.1.1-1}$$

式中:N——盐酸标准溶液的摩尔浓度(mol/L);

m_0——称取碳酸钠的质量(g);

V——滴定时消耗盐酸标准溶液的体积(mL);

0.053——与 1.00mL 盐酸标准溶液[$C(HCl) = 1.000$mol/L]相当的以克表示的无水碳酸钠的质量。

3.2 1%酚酞指示剂。

4 试验步骤

4.1 准备试样

4.1.1 生石灰试样:将生石灰样品打碎,使颗粒不大于1.18mm。拌和均匀后用四分法缩减至200g左右,放入瓷研钵中研细。再经四分法缩减至20g左右。研磨所得石灰样品,应通过0.15mm(方孔筛)的筛。从此细样中均匀挑选,取10余克,置于称量瓶中,在105℃烘箱烘至恒重,储于干燥器中,供试验用。

4.1.2 消石灰试样:将消石灰样品用四分法缩减至10余克。如有大颗粒存在,须在瓷研钵中磨细至无不均匀颗粒存在为止。将其置于称量瓶中,在105℃烘箱烘至恒重,储于干燥器中,供试验用。

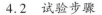

4.2　试验步骤

4.2.1　迅速称取石灰试样 0.8～1.0g（精确至 0.000 1g）放入 300mL 三角瓶中，记录试样质量 m_0。加入 150mL 新煮沸并已冷却的蒸馏水和 10 颗玻璃珠。瓶口上插一段颈漏斗，使用带电阻的电炉加热 5min（调到最高挡），但勿使液体沸腾，放入冷水中迅速冷却。

4.2.2　向三角瓶中滴入酚酞指示剂 2 滴，记录滴定管中盐酸标准溶液体积 V_3。在不断摇动下以盐酸标准溶液滴定，控制速度为 2～3 滴/s 至粉红色完全消失，稍停，又出现红色，继续滴入盐酸，如此重复几次，直至 5min 内不出现红色为止，记录滴定管中盐酸标准溶液体积 V_4。V_3、V_4 的差值即为盐酸标准溶液的消耗量 V_5。如滴定过程持续半小时以上，则结果只能做参考。

5　数据整理

5.1　计算公式

有效氧化钙和氧化镁含量计算公式为：

$$X = \frac{V_5 \times N \times 0.028}{m} \times 100 \qquad (5.1.1\text{-}2)$$

式中：X——有效氧化钙和氧化镁的含量（%）；

$\quad\quad V_5$——滴定消耗盐酸标准溶液的体积（mL）；

$\quad\quad N$——盐酸标准溶液的摩尔浓度（mol/L）；

$\quad\quad m$——样品质量（g）；

$\quad$0.028——氧化钙的毫克当量，因氧化镁含量甚少，并且两者的毫克当量相差不大，故有效氧化钙和氧化镁的毫克当量都以 CaO 的毫克当量计算。

5.2　表格（表 5.1.1-1）

石灰有效钙和氧化镁含量试验记录表　　　　表 5.1.1-1

工程名称＿＿＿＿＿＿＿＿＿　　　　　　　　样品编号＿＿＿＿＿＿＿＿＿

样品描述＿＿＿＿＿＿＿＿＿　　　　　　　　试验环境＿＿＿＿＿＿＿＿＿

试验日期＿＿＿＿＿＿＿＿　　试 验 者＿＿＿＿＿＿＿＿　　复核者＿＿＿＿＿＿＿＿＿

盐酸标准溶液的标定						
试验次数	碳酸钠质量(g)	消耗盐酸体积(mL)			盐酸浓度(mol/L)	
		初值	终值	消耗量	计算值	平均值

试样滴定						
序号	试样质量(g)	消耗 EDTA 标准溶液的体积(mL)			有效氧化钙、氧化镁质量(g)	有效氧化钙、氧化镁含量(%)	
		初值	终值	消耗量		计算值	平均值

5.3 精密度和允许差

(1)读数精确至0.1mL。

(2)对同一石灰样品至少应做两个试验、进行两次测定,并取两次结果的平均值代表最终结果。

5.4 报告

(1)石灰来源;

(2)试验方法名称;

(3)单个试验结果;

(4)试验结果平均值。

5.1.2 粉煤灰细度

1 目的、依据和适用范围

1.1 本方法适用于粉煤灰细度的检验。本方法利用气流作为筛分的动力和介质,旋转的喷嘴喷出的气流作用使筛网里的待测粉状呈流态化,并在整个系统负压的作用下,将细颗粒通过筛网抽走,从而达到筛分的目的。

1.2 方法参照的标准规范为《公路工程无机结合料稳定材料试验规程》(JTG E51—2009)、《用于水泥和混凝土中的粉煤灰》(GB/T 1596—2005)。

2 仪器设备

2.1 负压筛析仪:负压筛析仪主要由0.075mm方孔筛、0.3mm方孔筛、筛座、真空源和收尘器等组成,其中0.075mm、0.3mm方孔筛内径为150mm,外框高度为25mm。

2.2 电子天平:量程不小于50g,感量0.01g。

3 试验步骤

3.1 将测试用粉煤灰样品置于温度为105~110℃烘干箱内烘至恒重,取出放在干燥器中冷却至室温。

3.2 称取试样约10g,准确至0.01g,记录试样质量为m_2,倒入0.075mm方孔筛筛网上,将筛子置于筛座上,盖上筛盖。

3.3 接通电源,将定时开关固定在3min,开始筛析。

3.4 开始工作后,观察负压表,使负压稳定在4 000~6 000Pa。若负压小于4 000Pa,则应停机,清理收尘器中的积灰后再进行筛析。

3.5 在筛析过程中,可用轻质木棒或硬橡胶棒轻轻敲打筛盖,以防吸附。

3.6 3min后筛析自动停止,停机后观察筛余物,如出现颗粒成球、粘筛或有细颗粒沉积在筛框边缘,用毛刷将细颗粒轻轻刷开,将定时开关固定在手动位置,再筛析1~3min,直至筛分彻底为止。收集筛网内的筛余物并称量,准确至0.01g,记录筛余物质量m_1。

3.7 称取试样约100g,准确至0.01g,记录试样质量m_3,倒入0.3mm方孔筛,使粉煤灰的筛面上同时有水平方向及垂直方向、不停顿的运动,使小于筛孔的粉煤灰通过筛孔,直至1min内通过筛孔的质量小于筛上残余量的0.1%为止。记录筛子上面粉煤灰的质量

为 m_4。

4 数据整理

4.1 计算公式

4.1.1 粉煤灰通过百分含量按式(5.1.2-1)、式(5.1.1-2)计算。

$$X_1 = \frac{m_2 - m_1}{m_2} \times 100 \qquad (5.1.2\text{-}1)$$

$$X_2 = \frac{m_3 - m_4}{m_3} \times 100 \qquad (5.1.2\text{-}2)$$

上述式中：X_1——0.075mm 方孔筛通过百分含量(%)；

X_2——0.3mm 方孔筛通过百分含量(%)；

m_1——0.075mm 方孔筛筛余物质量(g)；

m_4——0.3mm 方孔筛筛余物质量(g)；

m_2——过 0.075mm 方孔筛的样品质量(g)；

m_3——过 0.3mm 方孔筛的样品质量(g)。

4.1.2 筛网的校正。

筛网的校正采用粉煤灰细度标准样品或其他同等级标准样品,按本方法 3 试验步骤测定标准样品的细度。筛网校正系数按式(5.1.2-3)计算:

$$K = \frac{m_0}{m} \qquad (5.1.2\text{-}3)$$

式中:K——筛网校正系数;

m_0——标准样品筛余标准值,单位为百分数(%);

m——标准样品筛余实测值,单位为百分数(%)。

注:筛网校正系数范围为 0.8~1.2,筛析 150 个样品后进行筛网的校正。

4.2 记录表格(表5.1.2-1)

粉煤灰细度试验记录表　　　　　　　　表5.1.2-1

工程名称_____　　　　试验方法_____

样品编号_____　　　　样品描述_____

试验环境_____　　　　试验日期_____

试 验 者_____　　　　复 核 者_____

项　　目	样品质量 m_2、m_3(g)	0.075mm 筛余物质量 m_1(g)	0.3mm 筛余物质量 m_4(g)	X_1(%)	X_2(%)
第一次					
第二次					
第三次					
平均值					

4.3 精密度和允许差

试验结果精确至小数点后两位;平行试验三次,允许重复性误差均不得大于5%。

5 报告

(1)样品产地;

(2)样品规格种类;

(3)样品出厂编号、代表数量。

5.1.3 粉煤灰烧失量

1 目的、依据和适用范围

1.1 本方法适用于粉煤灰烧失量的测定。本方法将试样在950～1 000℃的马福炉中灼烧,驱除水分和二氧化碳,同时将存在的易氧化元素氧化。由硫化物的氧化引起的烧失量误差必须进行校正,其他元素存在引起的误差一般可忽略不计。

1.2 本方法参照的标准规范为《公路工程无机结合料稳定材料试验规程》(JTG E51—2009)、《用于水泥和混凝土中的粉煤灰》(GB/T 1569—2005)、《水泥化学分析方法》(GB/T 176—2008)。温度要求为950℃±25℃。

2 仪器设备

2.1 电子分析天平:量程不小于50g,感量0.000 1g。

2.2 马福炉:隔焰加热炉,在炉膛外围进行电阻加热。应使用温度控制器,准确控制炉温,并定期进行校验。

2.3 瓷坩埚:带盖,容量15～30mL。

3 试验步骤

3.1 将粉煤灰样品用四分法缩减至10余克。如有大颗粒存在,须在研钵中磨细至无不均匀颗粒存在为止。将其置于小烧杯中,在105～110℃烘干至恒重,储于干燥器中,供试验用。

3.2 将瓷坩埚灼烧至恒重,供试验用。

3.3 称取约1g试样(m_0),精确至0.000 1g,置于已灼烧至恒重的瓷坩埚中,放在马福炉内,从低温开始逐渐升高温度,在950～1 000℃下灼烧15～20min,取出坩埚,置于干燥器中冷却至室温,称量。反复灼烧,直至连续两次称量之差小于0.000 5g时,即达到恒重。记录每次称量的质量。

4 数据整理

4.1 计算公式

烧失量按式(5.1.3-1)计算:

$$X = \frac{m_0 - m_n}{m_0} \times 100 \qquad (5.1.3\text{-}1)$$

式中:X——烧失量(%);

m_0——试样的质量(g);

m_n——灼烧后试料的质量(g)。

4.2　记录表格(表5.1.3-1)

粉煤灰细度试验记录表　　　　　　　　　　　　　　　　　表5.1.3-1

工程名称_____　　　　　　　　　　　试验方法_____

样品编号_____　　　　　　　　　　　样品描述_____

试验环境_____　　　　　　　　　　　试验日期_____

试　验　者_____　　　　　　　　　　复　核　者_____

试验次数	坩埚质量(g)	试样+坩埚质量(g)	试样质量(g)	灼烧后试样+坩埚质量(g)	烧失量 X(%)	烧失量测定值(%)
1						
2						

4.3　精密度和允许差

平行试验两次,允许重复性误差为0.15%。

4.4　评定

试验结果精确至0.01%。

5　报告

(1)粉煤灰来源;

(2)试验方法名称;

(3)粉煤灰的烧失量。

5.1.4　粉煤灰比表面积(勃氏法)

1　目的、依据和适用范围

1.1　本方法是用勃氏比表面积透气仪(简称勃氏仪)来测定粉煤灰的比表面积,适用于比表面积在2 000~6 000cm²/g范围内的其他各种粉状物料,不适用于多孔材料及超细粉状物料。

1.2　本方法参照的标准规范为《公路工程无机结合料稳定材料试验规程》(JTG E51—2009)、《水泥比表面积测定方法勃氏法》(GB/T 8074—2008)。

2　仪器设备

2.1　勃氏仪:应符合现行《勃氏透气仪》(JC/T 956)的要求,由透气圆筒、穿孔板、捣器、U形压力计、抽气装置等组成。透气圆筒阳锥与U形压力计的阴锥应能严密连接。U形压力计上的阀门以及软管等接口处应能密封。在密封的情况下,压力计内的液面在3min内应不下降。

2.2　透气圆筒:内径为12.70mm±0.05mm,由不锈钢或铜质材料制成。透气圆筒内表面和阳锥外表面的粗糙度≤Ra1.6。在透气圆筒内壁距离上口边55mm±10mm处有一突出的、宽度为0.5~1.0mm的边缘,以放置穿孔板。透气圆筒阳锥锥度为19/38,19:19mm±1mm,38:34~38mm,两者按1:10增减。

2.3　穿孔板:由不锈钢或钢质材料制成,厚度为1.0mm±0.1mm。穿孔板直径为$12.70^{0}_{-0.05}$mm,穿孔板面上均匀地打有35个直径为1.00mm±0.05mm的小孔。

2.4　捣器:用不锈钢或钢质材料制成。捣器与透气圆筒的间隙≤0.1mm;捣器底面应与主轴垂直,垂直度小于6′。捣器侧面扁平宽度为3.0mm±0.3mm。当捣器放入透气圆筒,捣器的支持环与圆筒上口边接触时,捣器底面与穿孔板间的距离为 15.0mm±0.5mm。

2.5　U 形压力计:由玻璃制成,U 形压力计玻璃管外径为 9.0mm±0.5mm,U 形压力计 U 形的间距为 25mm±1mm。U 形压力计在连接透气圆筒的一臂上刻有环形线,U 形压力计底部到第一条刻度线的距离为 130~140mm;U 形压力计上第一条刻度线与第二条刻度线的距离为 15mm±1mm;U 形压力计上第一条刻度线与第三条刻度线的距离为 70mm±1mm。U 形压力计底部往上 280~300mm 处有一出口管,管上装有阀门连接抽气装置。U 形压力计与透气圆筒相连的阴锥度为 19/38,19:19mm±1mm,38:34~38mm,两者按 1:10 增减。

2.6　抽气装置:其吸力能保证水面超过第三条刻度线。

2.7　滤纸:中速定量滤纸。

2.8　分析天平:感量为 0.001g。

2.9　秒表:分度值为 0.5s。

2.10　烘箱:控温精度 ±1℃。

3　材料

3.1　压力计液体:压力计液体采用带有颜色的蒸馏水。

3.2　汞:分析纯汞。

3.3　基准材料:水泥细度和比表面积标准(满足 GSB 14-1511 或相同等级的标准物质)。

4　勃氏仪的标定

4.1　勃氏仪圆筒试料层体积。将穿孔板放入圆筒内,再放入两片滤纸。然后用水银注满圆筒,用玻璃片挤压圆筒上口多余的水银,使水银面与圆筒上口平齐,倒出水银称量(m_1)。然后取出一片滤纸,在圆筒内加入适量的试样。再盖上一片滤纸后用捣器压实至试料层规定高度。取出捣器,用水银注满圆筒,同样用玻璃片挤压平后,将水银倒出称量(m_2)。圆筒试料层体积按式(5.1.4-1)计算。

$$V = \frac{m_1 - m_2}{\rho_{水银}} \tag{5.1.4-1}$$

式中:V——透气圆筒的试料层体积(cm^3);

　　m_1——未装试样时,充满圆筒的水银质量(g);

　　m_2——装试样后,充满圆筒的水银质量(g);

　　$\rho_{水银}$——试验温度下水银的密度(g/cm^3)。

试料层体积要重复测定两遍,取平均值,计算精确至 0.001cm^3。

4.2　勃氏仪标准时间的标定方法

用水泥细度和比表面积标准样测定标准时间。

4.2.1　标准样的处理

将水泥细度和比表面积标准样在 110℃±5℃ 下烘干 1h,并在干燥器中冷却至室温。

4.2.2　标准样质量的确定

标准样质量计算公式为:

$$m_0 = \rho V(1 - \varepsilon) \tag{5.1.4-2}$$

式中:m_0——称取水泥细度和比表面积标准样的质量(g);

ρ——水泥细度和比表面积标准样的密度(g/cm^3);

V——透气圆筒的试料层体积(cm^3);

ε——取0.5。

4.2.3 试料层制备

将穿孔放入透气圆筒的突缘上,用捣棒把一片滤纸放到穿孔板上,边缘放平并压紧。将标准称取的按本方法4.2.2计算的水泥细度和比表面积标准样倒入圆筒,轻敲圆筒的边,使粉煤灰层表面平坦。再放入一片滤纸,用捣棒均匀压实标准样,直至捣器的支持环紧紧接触圆筒顶边,旋转捣器1~2圈后慢慢取出捣器。

4.2.4 透气试验

将装好标准样的圆筒外锥面涂一薄层凡士林,把它连接到U形压力计上,打开阀门,缓慢地从压力计一臂中抽出空气,直到压力计内液面上升超过第三条刻度线时关闭阀门。当压力计内液面的弯月面下降到第二条刻度线时停止计时。记录液面从第三条刻度线到第二条刻度线所需的时间t_s,精确至0.1s。透气试验要重复称取两次标准样分别进行,当两次透气时间的差超过1.0s时,要测第三遍,取两次不超过1.0s的平均透气时间作为该仪器的标准时间。

5 试验步骤

5.1 粉煤灰样品取样后,应先通过0.9mm方孔筛,再在105℃的烘箱中烘干至恒重,并在干燥器中冷却至室温。

5.2 按《公路工程无机结合料稳定材料试验规程》(JTG E21—2009)中的T 0819—2009测定粉煤灰密度。

5.3 漏气检查:

将透气圆筒上口用橡皮塞塞紧,接到压力计上。用抽气装置从压力计一臂中抽出部分气体,然后关闭阀门,观察是否漏气。如发现漏气,用活塞油脂加以密封。

5.4 空隙率的确定:

对粉煤灰粉料的空隙率应予选用0.53±0.005。

当按该空隙率不能将试样压实至本方法4.2.3规定的位置时,允许改变空隙率。孔隙率的调整,以2 000g砝码(5等砝码)将试样压实至本方法4.2.3规定的位置为准。

5.5 确定试样量:

试样量按式(5.1.4-3)计算。

$$m_0 = \rho V(1 - \varepsilon) \qquad (5.1.4-3)$$

式中:m_0——需要的试样质量(g);

ρ——试样的密度(g/cm^3);

V——试料层体积(cm^3),按本方法4.1确定;

ε——试料层空隙率。

5.6 试料层制备:

5.6.1 将穿孔板放入透气圆筒的突缘上,用捣棒把一片滤纸放到穿孔板上,边缘放平并压紧。称取按本方法5.5确定的粉煤灰量,精确至0.001g,倒入圆筒。轻敲圆筒的边,使粉煤灰层表面平坦。再放入一片滤纸,用捣器均匀捣实直至捣器的支持环与圆筒顶边接触,旋转捣器 1~2 圈后慢慢取出捣器。

5.6.2 穿孔板上的滤纸为 $\phi 12.7$mm 边缘光滑的圆形滤纸片,每次测定需用新的滤纸片。

5.7 透气试验:

5.7.1 将装有试料层的透气圆筒下锥面涂一薄层活塞油脂,然后把它插入压力计顶端锥形磨口处,旋转 1~2 圈。要保证紧密连接,不漏气,并不振动所制备的试料层。

5.7.2 打开微型电磁泵慢慢从压力计一臂中抽出空气,直到压力计内液面上升到扩大部下端时关闭阀门。当压力计内液体的弯月面下降到第三条刻度线时开始计时,当液体的弯月面下降到第二条刻度线时停止计时,记录液面从第三条刻度线下降到第二条刻度线所需的时间 t,以 s 为单位,并记下试验时的温度(℃)。每次进行透气试验,均应重新制备试料层。

6 数据整理

6.1 计算公式

6.1.1 当被测试样的密度、试料层中孔隙率与标准试样相同,试验时温度与校准温度之差 $\leqslant 3$℃时,比表面积可按式(5.1.4-4)计算。

$$S = \frac{S_s \sqrt{t}}{\sqrt{t_s}} \qquad (5.1.4\text{-}4)$$

如试验时温度与校准温度之差 >3℃,比表面积则按式(5.1.4-5)计算:

$$S = \frac{S_s \sqrt{t} \ \sqrt{\eta_s}}{\sqrt{t_s} \ \sqrt{\eta}} \qquad (5.1.4\text{-}5)$$

上述式中:S——被测试样的比表面积(cm^2/g);

$\quad S_s$——标准试样的比表面积(cm^2/g);

$\quad t$——被测试样试验时,压力计中液面降落测得的时间(s);

$\quad t_s$——标准试样试验时,压力计中液面降落测得的时间(s);

$\quad \eta$——被测试样试验温度下的空气黏度($\mu Pa \cdot s$);

$\quad \eta_s$——标准试样试验温度下的空气黏度($\mu Pa \cdot s$)。

注:$\sqrt{t}$ 保留小数点后两位。

6.1.2 当被测试样的试料层中孔隙率与标准试样试料层中孔隙率不同,试验时温度与校准温度之差 $\leqslant 3$℃时,比表面积可按式(5.1.4-6)计算。

$$S = \frac{S_s \sqrt{t}(1-\varepsilon_s) \ \sqrt{\varepsilon^3}}{\sqrt{t_s}(1-\varepsilon) \ \sqrt{\varepsilon_s^3}} \qquad (5.1.4\text{-}6)$$

如试验时温度与校准温度之差 >3℃,比表面积则按式(5.1.4-7)计算:

$$S = \frac{S_s \sqrt{t}(1-\varepsilon_s) \ \sqrt{\varepsilon^3} \sqrt{\eta_s}}{\sqrt{t_s}(1-\varepsilon) \ \sqrt{\varepsilon_s^3} \sqrt{\eta}} \qquad (5.1.4\text{-}7)$$

上述式中:ε——被测试样试料层中的空隙率;

$\quad \varepsilon_s$——标准试样试料层中的空隙率。

6.1.3 当被测试样的密度和孔隙率均与标准样品不同,试验时温度与校准温度之差 $\leqslant$ 3℃时,比表面积可按式(5.1.4-8)计算。

$$S = \frac{S_s \sqrt{t}(1-\varepsilon_s)\sqrt{\varepsilon^3}\rho_s}{\sqrt{t_s}(1-\varepsilon)\sqrt{\varepsilon_s^3}\rho}$$ （5.1.4-8）

如试验时温度与校准温度之差≥3℃,比表面积则按式(5.1.4-9)计算:

$$S = \frac{S_s \sqrt{t}(1-\varepsilon_s)\sqrt{\varepsilon^3}\rho_s \sqrt{\eta_s}}{\sqrt{t_s}(1-\varepsilon)\sqrt{\varepsilon_s^3}\rho \sqrt{\eta_s}}$$ （5.1.4-9）

上述式中:ρ——被测试样密度(g/cm^3);

ρ_s——标准试样密度(g/cm^3)。

6.2　记录表格(表5.1.4-1)

粉煤灰比表面积试验记录表　　　　　　　　　　　　　　表5.1.4-1

工程名称＿＿＿＿＿＿＿＿＿　　　　　　试验方法＿＿＿＿＿＿＿＿＿

样品编号＿＿＿＿＿＿＿＿＿　　　　　　样品描述＿＿＿＿＿＿＿＿＿

试验环境＿＿＿＿＿＿＿＿＿　　　　　　试验日期＿＿＿＿＿＿＿＿＿

试　验　者＿＿＿＿＿＿＿＿＿　　　　　　复　核　者＿＿＿＿＿＿＿＿＿

生产厂家	生产日期	进场日期	批号	代表数量

试验次数	标准试样比表面积(cm^2/g)	被测试样试验时,压力计中液面降落测得的时间(s)	标准试样试验时,压力计中液面降落测得的时间(s)	试样比表面积测值(cm^2/g)	试样比表面积测定值(cm^2/g)
1					
2					

6.3　精密度和允许差

粉煤灰比表面积应由两次透气试验结果的平均值确定,计算结果保留至$10cm^2/g$。如两次试验结果相差2%以上,应重新试验。

7　报告

试验报告应包括以下内容:

(1)原材料的品种、规格和产地;

(2)试验日期及时间;

(3)仪器设备的名称、型号及编号;

(4)环境温度和湿度;

(5)粉煤灰试样的比表面积;

(6)执行标准;

(7)需要说明的其他内容。

5.1.5　粉煤灰 SiO_2、Al_2O_3、Fe_3O_4 含量

1　目的、依据和适用范围

1.1　本方法适用于测定粉煤灰中二氧化硅、氧化铝和氧化铁的含量。

1.2　本方法参照的标准规范为《公路工程无机结合料稳定材料试验规程》(JTG E51—2009)。

2　仪器设备

2.1　分析天平:不应低于四级,量程不小于100g,感量0.000 1g。

2.2　氧化铝、铂、瓷坩埚:带盖,容量15~30mL。

2.3　瓷蒸发皿:容量50~100mL。

2.4　马福炉:隔焰加热炉,在炉膛外围进行电阻加热。应使用温度控制器,准确控制炉温,并定期进行校验。

2.5　玻璃容量器皿:滴定管、容量瓶、移液管。

2.6　玻璃棒。

2.7　沸水浴。

2.8　玻璃三脚架。

2.9　干燥器。

2.10　分光光度计:可在400~700mm范围内测定溶液的吸光度,带有10mm、20mm比色皿。

2.11　研钵:玛瑙研钵。

2.12　精密pH试纸:酸性。

3　试样准备

分析过程中,只应用蒸馏水或同等纯度的水;所用试剂应为分析纯或优级试剂。用于标定与配制标准溶液的试剂,除另有说明外,均应为基准制剂。

除另有说明外,%表示质量分数。本规程中使用的市售浓液体试剂具有下列密度 ρ (20℃,单位 g/cm^3 或%):

盐酸(HCl)　　　　　　　　$1.18 \sim 1.19 g/cm^3$ 或36%~38%;

氢氟酸(HF)　　　　　　　$1.13 g/cm^3$ 或40%;

硝酸(HNO_3)　　　　　　$1.39 \sim 1.41 g/cm^3$ 或65%~68%;

硫酸(H_2SO_4)　　　　　　$1.84 g/cm^3$ 或95%~98%;

氨水($NH_3 \cdot H_2O$)　　　　$0.90 \sim 0.91 g/cm^3$ 或25%~28%。

在化学分析中,所用酸或氨水,凡未注浓度者均指市售的浓度或浓氨水。用体积比表示试剂稀释程度❶。

3.1　盐酸:(1+1);(1+2);(1+4);(1+11);(3+97)。

3.2　硝酸:(1+9)。

3.3　硫酸:(1+4);(1+1)。

3.4　氨水:(1+1);(1+2)。

3.5　硝酸银溶液(5g/L):将5g硝酸银($AgNO_3$)溶于水中,加10mL硝酸(HNO_3),用于稀释至1L。

3.6　氯化铵(NH_4Cl)。

---

❶　盐酸(1+2)表示1份体积的浓盐酸与2份体积的水相混合。

3.7　无水乙醇(C_2H_5OH):体积分数不低于99.5%;乙醇,体积分数95%;乙醇(1+4)。

3.8　无水碳酸钠(Na_2CO_3):将无水碳酸钠用玛瑙研钵研细至粉末状保存。

3.9　1-(2-吡啶偶氮)-2-荼酚(PAN)指示剂溶液:将0.2gPAN溶于100mL体积分数为95%的乙醇中。

3.10　钼酸铵溶液(50g/L):将5g钼酸钠溶于水中,加水稀释至100mL,过滤后储于塑料瓶中。此溶液可保存约一周。

3.11　抗坏血酸溶液(5g/L):将0.5g抗坏血酸(V.C)溶于100mL水中,过滤后使用,用时现配。

3.12　氢氧化钾溶液(200g/L):将200g氢氧化钾(KOH)溶于水中,加水稀释至1L,储于塑料瓶中。

3.13　焦硫酸钾($K_2S_2O_7$):将市售焦硫酸钾在瓷蒸发皿中加热熔化,待气泡停止发生后,冷却、砸碎,储存于磨口瓶中。

3.14　钙黄绿素-甲基百里香酚蓝-酚酞混合指示剂溶液(简称CMP混合指示剂):称取1.000g钙黄绿素、1.000g甲基百里香酚蓝、0.200g酚酞与50g已在105℃烘干过的硝酸钾(KNO_3)混合研细,保存在磨口瓶中。

3.15　碳酸钙标准溶液[$C(CaCO_3)=0.024mol/L$]:称取0.6g(m_1)已于105~110℃烘过2h的碳酸钙($CaCO_3$),精确至0.0001g,置于400mL烧杯中,加入约100mL水,盖上表面皿,沿杯口滴加盐酸(1+1)至碳酸钙全部溶解,加热煮沸数分钟;将溶液冷却至室温,移入250mL容量瓶中,用水稀释至标线,摇匀。

3.16　EDTA二钠标准溶液[$C(EDTA)=0.015mol/L$]:

3.16.1　标准滴定溶液的配制

称取EDTA二钠(乙二胺四乙酸二钠盐)约5.6g置于烧杯中,加约200mL水,加热溶解,过滤,用水稀释至1L。

3.16.2　EDTA二钠标准溶液浓度的标定

吸取25.00mL碳酸钙标准溶液(见本方法3.15)置于400mL烧杯中,加水稀释至约200mL,加入适量的CMP混合指示剂(见本方法3.14),在搅拌下加入氢氧化钾溶液至出现蓝色荧光后再过量2~3mL,以EDTA二钠标准溶液滴定至绿色荧光消失并呈现红色。

EDTA二钠标准溶液的浓度按式(5.1.5-1)计算。

$$C(EDTA) = \frac{m_1 \times 25 \times 1000}{250 \times V_4 \times 100.09} = \frac{m_1}{V_4} \times \frac{1}{1.0009} \qquad (5.1.5-1)$$

式中:$C(EDTA)$——EDTA二钠标准溶液的浓度(mol/L);

$\qquad V_4$——滴定时消耗EDTA二钠标准溶液的体积(mL);

$\qquad m_1$——按本方法3.15配制碳酸钙标准溶液的碳酸钙质量(g);

$\qquad 1.0009$——$CaCO_3$的摩尔质量(g/mol)。

3.16.3　EDTA二钠标准溶液对各氧化物滴定度的计算

EDTA二钠标准溶液对三氧化二铁、三氧化二铝、氧化钙、氧化镁的滴定度分别按下列公式计算。

$$T_{Fe_2O_3} = C_{EDTA} \times 79.84 \qquad (5.1.5-2)$$

$$T_{Al_2O_3} = C_{EDTA} \times 50.98 \qquad (5.1.5-3)$$

$$T_{CaO} = C_{EDTA} \times 56.08 \qquad (5.1.5-4)$$

$$T_{MgO} = C_{EDTA} \times 40.31 \qquad (5.1.5-5)$$

上述式中：$T_{Fe_2O_3}$——每毫升 EDTA 二钠标准溶液相当于三氧化二铁的毫克数(mg/mL)；

$\qquad T_{Al_2O_3}$——每毫升 EDTA 二钠标准溶液相当于三氧化二铝的毫克数(mg/mL)；

$\qquad T_{CaO}$——每毫升 EDTA 二钠标准溶液相当于氧化钙的毫克数(mg/mL)；

$\qquad T_{MgO}$——每毫升 EDTA 二钠标准溶液相当于氧化镁的毫克数(mg/mL)；

$\qquad C_{EDTA}$——EDTA 二钠标准溶液的浓度(mg/mL)；

$\qquad$ 79.84——$1/2Fe_2O_3$ 的摩尔浓度(g/mol)；

$\qquad$ 50.98——$1/2Al_2O_3$ 的摩尔浓度(g/mol)；

$\qquad$ 56.08——CaO 的摩尔浓度(g/mol)；

$\qquad$ 40.31——MgO 的摩尔浓度(g/mol)。

3.17 pH4.3 的缓冲溶液：将 42.3g 无水乙醇酸钠(CH_3COONa)溶于水中，加 80mL 冰乙酸(CH_3COOH)，用水稀释至 1L，摇匀。

3.18 硫酸铜标准溶液[$C(CuSO_4) = 0.015mol/L$]：

3.18.1 标准溶液的配制

将 3.7g 硫酸铜标准溶液溶于水中，加 4 ~ 5 滴硫酸(1 + 1)，用水稀释至 1L，摇匀。

3.18.2 EDTA 二钠标准溶液与硫酸铜标准溶液体积比的标定

从滴定管缓慢放出 EDTA 二钠标准溶液[$C(EDTA) = 0.015mol/L$]10 ~ 15mL(见本方法 3.16)于 400mL 烧杯中，用水稀释至约 150mL。加 15mL-pH4.3 的缓冲溶液(见本方法 3.17)，加热至沸腾，取下稍冷，加 5 ~ 6 滴 PAN 指示剂溶液(见本方法 3.9)，以硫酸铜标准溶液滴定至亮紫色。

EDTA 二钠标准溶液与硫酸铜标准溶液的体积比按式(5.1.5-6)计算。

$$K_2 = \frac{V_5}{V_6} \qquad (5.1.5-6)$$

式中：K_2——每毫升硫酸铜标准溶液相当于 EDTA 二钠标准溶液的毫升数；

$\qquad V_5$——EDTA 二钠标准溶液的体积(mL)；

$\qquad V_6$——滴定时消耗硫酸铜标准溶液的体积(mL)。

3.19 EDTA-铜溶液：按 EDTA 二钠标准溶液[$C(EDTA) = 0.015mol/L$](见本方法 3.16)与硫酸铜标准溶液[$C(CuSO_4) = 0.015mol/L$](见本方法 3.18)的体积比，准确配置成等物质的量浓度的混合溶液。

3.20 溴酚蓝指示剂溶液：将 0.2g 溴酚蓝溶于 100mL 乙醇(1 + 4)中。

3.21 磺基水杨酸钠指示剂溶液：将 10g 磺基水杨酸钠溶于水中，加水稀释至 100mL。

3.22 pH3 的缓冲溶液：将 3.2g 无水乙醇酸钠(CH_3COONa)溶于水中，加 120mL 冰乙酸(CH_3COOH)，用水稀释至 1L，摇匀。

3.23 二氧化硅(SiO_2)标准溶液：

3.23.1 标准溶液的配置

称取0.2000g经1000～1100℃新灼烧过30min以上的二氧化硅(SiO$_2$),精确至0.0001g,置于坩埚中,加入2g无水碳酸钠,搅拌均匀,在1000～1100℃高温下熔融15min。冷却,用热水将熔块浸于盛有热水300mL的塑料杯中,待全部溶解后冷却至室温,移入1000mL容量瓶中,用水稀释至标线,摇匀,移入塑料瓶中保存。此标准溶液每毫升含有0.2mg二氧化硅。

吸取10.00mL上述标准溶液于100mL容量瓶中,用水稀释至标线,摇匀,移入塑料瓶中保存。此标准溶液每毫升含有0.02mg二氧化硅。

3.23.2　工作曲线的绘制

吸取每毫升含有0.02mg二氧化硅的标准溶液0mL、2.00mL、4.00mL、5.00mL、6.00mL、8.00mL、10.00mL,分别放入100mL容量瓶中,加水稀释至约40mL,依次加入5mL盐酸(1+11)、8mL体积分数为95%的乙醇、6mL钼酸铵溶液。放置30min后,加入20mL盐酸(1+1)、5mL抗坏血酸溶液,用水稀释至标线,摇匀。放置1h后,使用分光光度计、10mm比色皿,以水作参比,于660nm处测定溶液的吸光度。用测得的吸光度作为相对应的二氧化硅含量的函数,绘制工作曲线。

4　试验准备

4.1　灼烧

将滤纸和沉淀物放入已灼烧并恒量的坩埚中,烘干。在氧化性气氛中慢慢灰化,不使其产生火焰,灰化至无黑色颗粒后,放入马弗炉中,在规定的温度(950～1000℃)下灼烧。在干燥器中冷却至室温,称量。

4.2　检查Cl$^-$离子(硝酸银检验)

按规定洗涤数次后,用数滴水淋洗漏斗的下端,用数毫升水洗涤滤纸和沉淀,将滤液收集在试管中,加几滴硝酸银溶液,观测试管中是否浑浊,继续洗涤并定期检查,直至硝酸银检验不再浑浊为止。

4.3　恒量

经第一次灼烧、冷却、称量后,通过连续每次15min的灼烧,然后用冷却、称量的方法来检查治疗是否恒定。当连续两次称量之差小于0.0005g时,即达到恒量。

5　试验步骤

5.1　二氧化硅的测定(碳酸钠烧结,氯化铵质量法)

试验以无水碳酸钠烧结,盐酸溶解,加固体氯化铵于沸水浴上加热蒸发,使硅酸凝聚(经过滤灼烧后称量)。用氢氟处理后,失去的质量即为胶凝性二氧化硅的质量。再加上从滤液中比色回收的可溶性二氧化硅质量,即为一氧化硅的总质量。

5.1.1　胶凝性二氧化硅的测定

(1)称取约0.5g试验(mL),精确至0.0001g,置于铂坩埚中,将盖斜置于坩埚上,在950～1000℃下灼烧5min,冷却。用玻璃棒仔细压碎块状物,加入0.3g±0.01g无水碳酸钠(见本方法3.8)混匀,再将坩埚置于950～1000℃下灼烧10min,放冷。

(2)将烧结块移入瓷蒸发皿中,加少量水润湿,用平头玻璃棒压碎块状物,盖上表面皿,从皿口滴入5mL盐酸及2～3滴硝酸,待反应停止后取下表面皿,用平头玻璃棒压碎块状物使其分解完全,用热盐酸(1+1)清洗坩埚数次,洗液合并于蒸发皿中。将蒸发皿置于沸水浴上,皿下放一玻璃三脚架,再盖上表面皿。蒸发至糊状后,加入1g氯化铵,充分搅匀,在蒸汽水浴上蒸发至干后继续蒸发 10~15min, 蒸发期间用平头玻璃棒仔细搅拌并压碎大颗粒。

（3）取下蒸发皿, 加入 10~20mL 热盐酸（3+97）搅拌, 使可溶性盐类溶解。用中速滤纸过滤, 用胶头棒擦洗玻璃棒及蒸发皿, 用热盐酸（3+97）洗涤沉淀 3~4 次, 然后用热水充分洗涤沉淀, 直至检验无氯离子为止（见本方法 4.2）。滤液及洗液保存在 250m 容量瓶中。

（4）将沉淀连同滤纸一并移入铂坩埚中, 将盖斜置于坩埚上, 在电炉上干燥灰化完全后放入 950~1 000℃ 的马福炉内灼烧（见本方法 4.1）1h, 取出坩埚, 置于干燥器中冷却至室温, 称量。反复灼烧, 直至恒量（m_2）。

（5）向坩埚中加数滴水润湿沉淀, 加 3 滴硫酸（1+4）和 10mL 氢氟酸, 放入通风橱内电热板上缓慢蒸发至干, 升高温度继续加热至三氧化硫白烟完全逸尽。将坩埚放入 950~1 000℃ 的马福炉内灼烧 30min, 取出坩埚, 置于干燥器中冷却至室温, 称量。反复灼烧, 直至恒重（m_3）。

5.1.2　可溶性二氧化硅的测定（硅钼蓝光度法）

从溶液 A 中吸取 25.00mL 溶液放入 100mL 容量瓶中。用水稀释至 40mL, 依次加入 5mL 盐酸（1+11）、8mL 95%（V/V）乙醇、6mL 钼酸钠溶液, 放置 30min 后加入 20mL 盐酸（1+1）、5mL 抗坏血酸溶液, 用水稀释至标线, 摇匀。放置 1h 后, 使用分光光度计、10mm 比色皿, 以水作参比, 于 660nm 处测定溶液的吸光度。在工作曲线上（见本方法 3.23.2）查出二氧化硅的质量 m_4。

5.1.3　计算

胶凝性二氧化硅的含量按式（5.1.5-7）计算。

$$X_{胶凝性SiO_2} = \frac{m_2 - m_3}{m_1} \times 100 \qquad (5.1.5\text{-}7)$$

式中：$X_{胶凝性SiO_2}$——胶凝性二氧化硅的含量（%）；

　　　　m_1——试料的质量（g）；

　　　　m_2——灼烧后未经氢氟酸处理的沉淀及坩埚的质量（g）；

　　　　m_3——用氢氟酸处理并灼烧后的残渣及坩埚的质量（g）。

可溶性额二氧化硅的含量按式（5.1.5-8）计算。

$$X_{可溶性SiO_2} = \frac{m_4 \times 250}{m_1 \times 25 \times 1 000} \times 100 = \frac{m_4}{m_1} \qquad (5.1.5\text{-}8)$$

式中：$X_{可溶性SiO_2}$——可溶性二氧化硅的含量（%）；

　　　　m_1——本方法 5.1.1 试料的质量（g）；

　　　　m_4——按该法测定的 100mL 溶液中所含的二氧化硅的质量（mg）。

5.1.4　结果表示

SiO_2 总含量按式（5.1.5-9）计算。

$$X_{总SiO_2} = X_{胶凝性SiO_2} + X_{可溶性SiO_2} \qquad (5.1.5\text{-}9)$$

5.1.5　结果整理

平行试验两次, 允许重复性误差为 0.15%。

5.2　三氧化二铁的测定（基准法）

5.2.1　目的和使用范围

在 pH1.8~pH2.0、温度为 60~70℃ 的溶液中, 以磺基水杨酸钠为指示剂, 用 EDTA 二钠标准溶液滴定。

5.2.2　操作流程

从溶液 A 中吸取 25.00mL 溶液放入 300mL 容量瓶中。用水稀释至 100mL,用氨水(1 + 1)和盐酸(1 + 1)调节溶液 pH 值在 1.8 ~ 2.0 之间(用精密 pH 试纸检验)。将溶液加热至 70℃,加 10 滴磺基水杨酸指示剂溶液,此时溶液为紫红色。用 EDTA 二钠标准溶液[C(ED-TA) = 0.015mol/L]缓慢滴定至亮黄色(终点时溶液温度应不低于 60℃,如终点前溶液温度降至近 60℃,应再加热至 60 ~ 70℃)。保留此溶液供测定三氧化二铝用。

5.2.3　计算

按式(5.1.5-10)计算三氧化二铁的含量。

$$X_{\mathrm{Fe_2O_3}} = \frac{T_{\mathrm{Fe_2O_3}} \times V_1 \times 10}{m_1 \times 1\,000} \times 100 = \frac{T_{\mathrm{Fe_2O_3}} \times V_1}{m_1} \quad\quad (5.1.5\text{-}10)$$

式中:$X_{\mathrm{Fe_2O_3}}$——三氧化二铁的含量(%);

　　$T_{\mathrm{Fe_2O_3}}$——每毫升 EDTA 二钠标准溶液相当于三氧化二铁的毫克数(mg/mL);

　　V_1——滴定时消耗 EDTA 二钠标准溶液的体积(mL);

　　m_1——本方法 5.1.1 试料的质量(g)。

5.2.4　结果整理

平行试验两次,允许重复性误差为 0.15%。

5.3　三氧化二铝的测定

5.3.1　目的和使用范围

将滴定三氧化二铁后的溶液 pH 值调整至 3,在煮沸状态下用 EDTA-铜溶液和 PAN 为指示剂,用 EDTA 二钠标准溶液滴定。

5.3.2　操作流程

将本方法 5.2 中测定三氧化二铁的溶液用水稀释至约 200mL,加 1 ~ 2 滴溴酚指示剂溶液,滴加氨水(1 + 1)至溶液出现蓝紫色,再滴加盐酸(1 + 1)至黄色,加入 pH3.0 的缓冲溶液 15mL,加热至微沸并保持 1min,加入 10 滴 EDTA-铜溶液及 2 ~ 3 滴 PAN 指示剂,用 EDTA 二钠标准溶液[C(EDTA) = 0.015mol/L]滴定至红色消失,继续煮沸,滴定,直至溶液经煮沸后红色不再出现,呈稳定的亮黄色为止。记下 EDTA 二钠标准溶液消耗量 V_3。

5.3.3　计算

按式(5.1.5-11)计算三氧化二铝的含量。

$$X_{\mathrm{Al_2O_3}} = \frac{T_{\mathrm{Al_2O_3}} \times V_3 \times 10}{m_1 \times 1\,000} \times 100 = \frac{T_{\mathrm{Al_2O_3}} \times V_3}{m_1} \quad\quad (5.1.5\text{-}11)$$

式中:$X_{\mathrm{Al_2O_3}}$——三氧化二铝的含量(%);

　　$T_{\mathrm{Al_2O_3}}$——每毫升 EDTA 二钠标准溶液相当于三氧化二铝的毫克数(mg/mL);

　　V_3——滴定时消耗 EDTA 二钠标准溶液的体积(mL);

　　m_1——本方法 5.1.1 试料的质量(g)。

5.3.4　结果整理

平行试验两次,允许重复性误差为 0.20%。

6.报告

6.1 本试验所用技术记录表见表5.1.5-1～表5.1.5-3。

6.2 试验报告应包括以下内容：

(1)粉煤灰来源；

(2)试验方法名称；

(3)二氧化硅的含量；

(4)二氧化二铁的含量；

(5)三氧化二铝的含量。

粉煤灰 Fe₂O₃ 试验记录表　　　　　　　　　　　　　表5.1.5-1

工程名称＿＿＿＿＿＿＿＿＿　　　　　　　　　试验方法＿＿＿＿＿＿＿＿＿

样品编号＿＿＿＿＿＿＿＿＿　　　　　　　　　样品描述＿＿＿＿＿＿＿＿＿

试验环境＿＿＿＿＿＿＿＿＿　　　　　　　　　试验日期＿＿＿＿＿＿＿＿＿

试　验　者＿＿＿＿＿＿＿＿＿　　　　　　　　复　核　者＿＿＿＿＿＿＿＿＿

EDTA 标准溶液浓度的标定					
试验次数	配制标准溶液的碳酸钙质量(g)	滴定消耗 EDTA 标液的体积(mL)			EDTA 标液的浓度(mol/L)	
		初值	终值	消耗量	计算值	平均值

EDTA-铜溶液体积比的标定					
试验次数	EDTA 体积(mL)	消耗硫酸铜的体积(mL)			体积比 K_2	
		初值	终值	消耗量	计算值	平均值

试样前处理过程			
试验次数		1	2
EDTA 的滴定度(mg/mL)			
水泥质量(g)			
吸取提取液的体积 V(mL)			
滴定时所用 EDTA 的体积 V(mL)	初值		
	终值		
	消耗量		
三氧化二铁的质量分数(%)			
三氧化二铁的平均质量分数(%)			
铁铝酸四钙的质量分数(%)			
铁铝酸四钙的平均质量分数(%)			

粉煤灰 Al₂O₃ 试验记录表　　　　　　　　　　　　表 5.1.5-2

工程名称＿＿＿＿＿＿＿＿＿　　　　　　　　试验方法＿＿＿＿＿＿＿＿＿

样品编号＿＿＿＿＿＿＿＿＿　　　　　　　　样品描述＿＿＿＿＿＿＿＿＿

试验环境＿＿＿＿＿＿＿＿＿　　　　　　　　试验日期＿＿＿＿＿＿＿＿＿

试　验　者＿＿＿＿＿＿＿＿＿　　　　　　　　复　核　者＿＿＿＿＿＿＿＿＿

试验次数	1			2		
EDTA 浓度(mol/L)						
EDTA 的滴定度(mg/mL)						
水泥质量(g)						
吸取提取液的体积 V(mL)						
	初值	终值	消耗量	初值	终值	消耗量
滴定时所用 EDTA 的体积 V(mL)						
三氧化二铝的质量分数(%)						
三氧化二铝的平均质量分数(%)						
铝酸三钙的质量分数(%)						
铝酸三钙的平均质量分数(%)						

粉煤灰 SiO₂ 试验记录表　　　　　　　　　　　　表 5.1.5-3

工程名称＿＿＿＿＿＿＿＿＿　　　　　　　　试验方法＿＿＿＿＿＿＿＿＿

样品编号＿＿＿＿＿＿＿＿＿　　　　　　　　样品描述＿＿＿＿＿＿＿＿＿

试验环境＿＿＿＿＿＿＿＿＿　　　　　　　　试验日期＿＿＿＿＿＿＿＿＿

试　验　者＿＿＿＿＿＿＿＿＿　　　　　　　　复　核　者＿＿＿＿＿＿＿＿＿

可溶性二氧化硅含量			
硅钼蓝光法测得 SiO₂ 质量(mg)	试验质量 m_1(g)	$X_{可溶性SiO_2}$(%)	$X_{可溶性SiO_2}$均值(%)
胶凝性二氧化硅含量			
处理前沉淀及坩埚质量 m_2(g)	处理后残渣及坩埚质量 m_3(g)	试样质量 m_1(g)	$X_{胶凝性SiO_2}$(%)	$X_{胶凝性SiO_2}$均值(%)
二氧化硅总含量(%)			

5.2　无机结合料稳定材料试验

5.2.1　水泥或石灰剂量

1　目的、依据和适用范围

1.1 本方法适用于在工地快速测定水泥和石灰稳定材料中水泥和石灰的剂量,并可用于检查现场拌和及摊铺的均匀性。

1.2 本方法适用于在水泥终凝之前的水泥含量测定,现场土样的石灰剂量应在拌后尽快测试,否则需要用相应龄期的 EDTA 二钠标准溶液消耗的标准曲线确定。

1.3 本方法也可用来测定水泥和石灰综合稳定材料中结合料的剂量。

1.4 本方法参照的标准为《公路工程无机结合料稳定材料试验规程》(JTG E51—2009)。

2 仪器设备

2.1 滴定管(酸式):50mL,1 支。

2.2 滴定台:1 个。

2.3 滴定管夹:1 个。

2.4 大肚移液管:10mL、50mL,10 个。

2.5 锥形瓶(即三角瓶):200mL,20 个。

2.6 烧杯:2 000mL(或 1 000mL),1 个;300mL,10 个。

2.7 容量瓶:1 000mL,1 个。

2.8 搪瓷杯:容量大于 1 200mL,10 个。

2.9 不锈钢棒(或粗玻璃棒):10 根。

2.10 量筒:100mL、5mL,各 1 个;50mL,2 个。

2.11 棕色广口瓶:60mL,1 个(装钙红指示剂)。

2.12 电子天平:量程不小于 1 500g,感量 0.01g。

2.13 秒表:1 个。

2.14 表面皿:ϕ9cm,10 个。

2.15 研钵:ϕ12 ~ 13cm,1 个。

2.16 洗耳球:1 个。

2.17 精密试纸:pH12 ~ pH14。

2.18 聚乙烯桶:20L(装蒸馏水和氯化铵及 EDTA 二钠标准溶液),3 个;5L(装氢氧化钠),1 个;5L(大口桶),10 个。

2.19 毛刷、去污粉、吸水管、塑料勺、特种铅笔、厘米纸。

2.20 洗瓶(塑料):500mL,1 只。

3 试剂

3.1 0.1mol/m³ 乙二胺四乙酸二钠(EDTA 二钠)标准溶液(简称 EDTA 二钠标准溶液):准确称取 EDTA 二钠(分析纯)37.23g,用 40 ~ 50℃的无二氧化碳蒸馏水溶解,待全部溶解并冷却至室温后,定容至 1 000mL。

3.2 10%氯化铵(NH_4Cl)溶液:将 500g 氯化铵(分析纯或化学纯)放在 10L 的聚乙烯桶内,加蒸馏水 4 500mL,充分振荡,使氯化铵完全溶解。也可以分批在 1 000mL 的烧杯内配制,然后倒入塑料桶内摇匀。

3.3 1.8%氢氧化钠(内含三乙醇胺)溶液:用电子天平称 18g 氢氧化钠(NaOH)(分析纯),放入洁净干燥的 1 000mL 烧杯中,加 1 000mL 蒸馏水使其全部溶解,待溶液冷却至室温后,加入 2mL 三乙醇胺(分析纯),搅拌均匀后储于塑料桶中。

3.4　钙红指示剂:将 0.2g 钙试剂羧酸钠(分子式 $C_{21}H_{13}N_2NaO_7S$,分子量 460.39)与 20g 预先在 105℃烘箱中烘 1h 的硫酸钾混合。一起放入研钵中,研成极细粉末,储于棕色广口瓶中,以防吸潮。

4　准备标准曲线

4.1　取样:取工地用石灰和土,风干后用烘干法测其含水率(如为水泥,可假定含水率为0)。

4.2　混合料组成的计算。

4.2.1　公式:

$$干料质量 = \frac{湿料质量}{1 + 含水率}$$

4.2.2　计算步骤:

(1)$干混合料质量 = \dfrac{湿混合料质量}{(1 + 最佳含水率)}$

(2)$干土质量 = \dfrac{干混合料质量}{(1 + 石灰或水泥剂量)}$

(3)干石灰或水泥质量 = 干混合料质量 - 干土质量

(4)湿土质量 = 干土质量×(1 + 土的风干含水率)

(5)湿石灰质量 = 干石灰质量×(1 + 石灰的风干含水率)

(6)石灰土中应加入的水 = 湿混合料质量 - 湿土质量 - 湿石灰质量

4.3　准备5种试样,每种两个样品(以水泥稳定材料为例),如为水泥稳定中、粗粒土,每个样品取 1 000g 左右(如为细粒土,则可称取 300g 左右),准备试验。为了减少中、粗粒土的离散,宜按设计级配单份掺配的方式备料。

5 种混合料的水泥剂量应为:水泥剂量为0,最佳水泥剂量左右、最佳水泥剂量 ±2% 和 +4%[1],每种剂量取两个(为湿质量)试样,共 10 个试样,并分别放在 10 个大口聚乙烯桶(如为稳定细粒土,可用搪瓷杯或 1 000mL 具塞三角瓶;如为粗粒土,可用 5L 的大口聚乙烯桶)内。土的含水率应等于工地预期达到的最佳含水率,土中所加的水应与工地所用的水相同。

4.4　取一个盛有试样的盛样器,在盛样器内加入两倍试样质量(湿料质量)体积的 10% 氯化铵溶液(如湿料质量为 300g,则氯化铵溶液为 600mL;如湿料质量为 1 000g,则氯化铵溶液为 2 000mL)。料为 300g,则搅拌 3min(每分钟搅 110 ~ 120 次);料为 1 000g,则搅拌 5min。如用 1 000mL 具塞三角瓶,则手握三角瓶(瓶口向上)用力振荡 3min(每分钟 120 次 ±5 次),以代替搅拌棒搅拌。放置沉淀 10min[2],然后将上部清液转移到 300mL 烧杯内,搅匀,加盖表面皿待测。

4.5　用移液管吸取上层(液面上 1 ~ 2cm)悬浮液 10.0mL 放入 200mL 的三角瓶内,用量管量取 1.8% 氢氧化钠(内含三乙醇胺)溶液 50mL 倒入三角瓶中,此时溶液 pH 值为 12.5 ~ 13.0(可用 pH12 ~ pH14 精密试纸检验),然后加入钙红指示剂(质量约为 0.2g),摇匀,溶液呈

---

[1]　在此,准备标准曲线的水泥剂量可为 0、2%、4%、6%、8%。如水泥剂量较高或较低,应保证工地实际所用水泥或石灰的剂量位于标准曲线所用剂量的中间。

[2]　如 10min 后得到的是浑浊悬浮液,则应增加放置沉淀时间,直到出现无明显悬浮颗粒的悬浮液为止,并记录所需的时间。以后所有该种水泥(或石灰)稳定材料的试验,均应以同一时间为准。

玫瑰红色。记录滴定管中 EDTA 二钠标准溶液的体积 V_1，然后用 EDTA 二钠标准溶液滴定，边滴定边摇匀，并仔细观察溶液的颜色；在溶液颜色变为紫色时，放慢滴定速度，摇匀，直到纯蓝色为终点，记录滴定管中 EDTA 二钠标准溶液体积 V_2（以 mL 计，读至 0.1mL）。计算 $V_1 - V_2$，即为 EDTA 二钠标准溶液的消耗量。

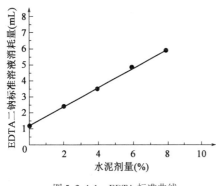

图 5.2.1-1　EDTA 标准曲线

4.6　对其他几个盛样器中的试样，用同样的方法进行试验，并记录各自的 EDTA 二钠标准溶液的消耗量。

4.7　以同一剂量稳定材料的 EDTA 二钠标准溶液消耗量（mL）的平均值为纵坐标，以相应的剂量（％）为横坐标制图。两者的关系应是一根顺滑的曲线，如图 5.2.1-1 所示。如素土、水泥或石灰改变，必须重做标准曲线。

5　试验步骤

5.1　选取有代表性的无机结合料稳定材料，对稳定中、粗粒土取试样约 3 000g，对稳定细粒土取试样约 1 000g。

5.2　对水泥或石灰稳定细粒土，称 300g 放在搪瓷杯中，用搅拌棒将结块搅散，加 10％ 氯化铵溶液 600mL；对水泥或石灰稳定中、粗粒土，可直接称取 1 000g 左右，放入 10％ 氯化铵溶液 2 000mL，然后如前述步骤进行试验。

5.3　利用所绘制的标准曲线，根据 EDTA 二钠标准溶液消耗量，确定混合料中的水泥或石灰剂量。

6　结果整理

6.1　记录表格（表 5.2.1-1）

水泥或石灰剂量试验记录表　　　　　　　表 5.2.1-1

工程名称＿＿＿＿＿＿＿＿＿＿　　　　　　　试验方法＿＿＿＿＿＿＿＿＿＿

样品编号＿＿＿＿＿＿＿＿＿＿　　　　　　　样品描述＿＿＿＿＿＿＿＿＿＿

试验环境＿＿＿＿＿＿＿＿＿＿　　　　　　　试验日期＿＿＿＿＿＿＿＿＿＿

试　验　者＿＿＿＿＿＿＿＿＿＿　　　　　　　复　核　者＿＿＿＿＿＿＿＿＿＿

结合料种类				
标准曲线的绘制				
试件编号	水泥剂量（％）	消耗 EDTA 的量（mL）		EDTA 消耗量平均值（mL）
		初值	终值	消耗量
试液体积（mL）				
试样次数	初读数（mL）	终读数（mL）	EDTA 二钠标准溶液消耗量（mL）	平均 EDTA 二钠标准溶液消耗量（mL）	结合料剂量（％）

6.2　精密度和允许差

试验应进行两次平行测定,取算术平均值,精确至0.1mL。允许重复性误差不得大于均值的5%,否则,重新进行试验。

7　报告

(1)无机结合料稳定材料名称;

(2)试验方法名称;

(3)试验数量 n;

(4)试验结果极小值和极大值;

(5)试验结果平均值;

(6)试验结果标准差 S;

(7)试验结果变异系数 C_v。

5.2.2　击实试验

1　目的、依据和适用范围

1.1　本方法适用于在规定的试筒内,对水泥稳定材料(在水泥水化前)、石灰稳定材料及石灰(或水泥)粉煤灰稳定材料进行击实试验,以绘制稳定材料的含水率—干密度关系曲线,从而确定其最佳含水率和最大干密度。

1.2　试验集料的公称最大粒径宜控制在37.5mm以内(方孔筛)。

1.3　试验方法类别:本试验方法分三类,各类击实方法的主要参数列于表5.2.2-1。

试验方法类别表　　　　表5.2.2-1

类别	锤的质量（kg）	锤击面直径（cm）	落高（cm）	试筒尺寸			锤击层数	每层锤击次数	平均单位击实功（J）	容许最大公称粒径（mm）
				内径（cm）	高（cm）	容积（cm³）				
甲	4.5	5.0	45	10.0	12.7	997	5	27	2.687	19.0
乙	4.5	5.0	45	15.2	12.0	2 177	5	59	2.687	19.0
丙	4.5	5.0	45	15.2	12.0	2 177	3	98	2.677	37.5

2　仪器设备

2.1　击实筒:小型,内径100mm、高127mm的金属筒,套环高50mm,底座;大型,内径152mm、高170mm的金属筒,套环高50mm,直径151mm、高50mm的筒内垫块,底座。

2.2　多功能自控电动击实仪:击锤的底面直径50mm,总质量4.5kg。击锤在导管内的总行程为450mm。可设置击实次数,并保证击锤自由垂直落下,落高应为450mm,锤迹均匀分布于试样面。

2.3　电子天平:量程4 000g,感量0.01g。

2.4　电子天平:量程15kg,感量0.1g。

2.5　方孔筛:孔径53mm、37.5mm、26.5mm、19mm、4.75mm、2.36mm的筛各1个。

2.6 量筒:50mL、100mL 和 500mL 的量筒各 1 个。

2.7 直刮刀:长 200 ~ 250mm、宽 30mm、厚 3mm,一侧开口的直刮刀,用以刮平和修饰粒料大试件的表面。

2.8 刮土刀:长 150 ~ 200mm、宽约 20mm 的刮刀,用以刮平和修饰小试件的表面。

2.9 工字形刮平尺:30mm × 50mm × 310mm,上下两面和侧面均刨平。

2.10 拌和工具:约 400mm × 600mm × 70mm 的长方形金属盒、拌和用平头小铲等。

2.11 脱模器。

2.12 测定含水率用的铝盒、烘箱等其他用具。

2.13 游标卡尺。

3 试验准备

3.1 将具有代表性的风干试料(必要时,也可以在 50℃ 烘箱内烘干)用木锤捣碎或用木碾碾碎。土团应破碎到能通过 4.75mm 的孔筛。但应注意不使粒料的单个颗粒破碎或不使其破碎程度超过施工中拌和机械的破碎率。

3.2 如试料是细粒土,将已破碎的具有代表性的土过 4.75mm 筛备用(用甲法或乙法做试验)。

3.3 如试料中含有粒径大于 4.75mm 的颗粒,则先将试料过 19mm 筛;如存留在 19mm 筛上颗粒含量不超过 10%,则过 26.5mm 筛,留作备用(用甲法或乙法做试验)。

3.4 如试料中粒径大于 19mm 的颗粒含量超过 10%,则先将试料过 37.5mm 筛;如果存留在 37.5mm 筛上颗粒含量不超过 10%,则过 53mm 的筛备用(用丙法试验)。

3.5 每次筛分后,均应记录超尺寸颗粒的百分率 P。

3.6 在预定做击实试验的前一天,取有代表性的试料测定其风干含水率。对于细粒土,土样应不少于 100g;对于中粒土,试样应不少于 1 000g;对于粗粒土的各种集料,试样应不少于 2 000g。

3.7 在试验前用游标卡尺准确测量试模的内径、高和垫块的厚度,以计算试筒的容积。

4 试验步骤

4.1 准备工作

在试验前应将试验所需要的各种仪器设备准备齐全,测量设备应满足的精度要求;调试击实仪器,检查其运转是否正常。

4.2 甲法

4.2.1 将已筛分的试样用四分法逐次分小,至最后取出 10 ~ 15kg 试料。再用四分法将已取出的试料分成 5 ~ 6 份,每份试料的干质量为 2.0kg(对于细粒土)或 2.5kg(对于各种中粒土)。

4.2.2 预定 5 ~ 6 个不同含水率,依次相差 0.5% ~ 1.5%❶,且其中至少有两个大于和两个小于最佳含水率。

4.2.3 按预定含水率制备试样。将 1 份试料平铺于金属盘内,将事先计算得到的该份试

---

❶ 对于中粒土、粗粒土,在最佳含水率附近取 0.5%,其余取 1%。对于细粒土,取 1%。对于黏土,特别是重黏土,可能需要取 2%。

料中应加的水量均匀地喷洒在试料上,用小铲将试料充分拌和至均匀状态(如为石灰稳定材料、石灰粉煤灰综合稳定材料、水泥粉煤灰综合稳定材料和水泥、石灰综合稳定材料,可将石灰、粉煤灰和试料一起拌匀),然后装入密闭容器或塑料口袋内浸润备用。

浸润时间要求:黏质土12~24h,粉质土6~8h,砂类土、砂砾土、红土砂砾、级配砂砾等可以缩短4h左右,含土很少的未筛分的碎石、砂砾和砂可缩短到2h。浸润时间一般不超过24h。

应加水量可按式(5.2.2-1)计算:

$$m_w = \left(\frac{m_n}{1 + 0.01w_n} + \frac{m_c}{1 + 0.01w_c} \right) \times 0.01w - \frac{m_n}{1 + 0.01w_n} \times$$

$$0.01w_n - \frac{m_c}{1 + 0.01w_c} \times 0.01w_c \tag{5.2.2-1}$$

式中:m_w——混合料的应加水量(g);

m_n——混合料中素土(或集料)的质量(g),其原始含水率为w_n,即风干含水率(%);

m_c——混合料中水泥或石灰的质量(g),其原始含水率为w_c(%);

w——要求达到的混合料的含水率(%)。

4.2.4 将所需要的稳定剂水泥加到浸润后的试样中,并用小铲、泥刀或其他工具充分拌和至均匀状态。水泥应在土样击实前逐个加入。加有水泥的试样拌和后,应在1h内完成下述击实试验。拌和后超过1h的试样,应予以作废(石灰稳定材料和石灰粉煤灰稳定材料除外)。

4.2.5 试筒套环与击实底板应紧密连接。将击实筒放在坚实地面上,用四分法取制备好的试样400~500g(其量应使击实后的试样等于或略高于筒高的1/5)倒入筒内。整平其表面并稍加压紧,然后将其安装到多功能自控电动击实仪上,设定所需锤击次数,进行第1层试样的击实。第1层击实完后,检查该层高度是否合适,以便调整以后几层的试样用量。用刮土刀或螺丝刀将已击实的表面"拉毛",然后重复上述做法,进行其余4层试样的击实。最后一层试样击实后,试样超出筒顶高度不得大于6mm,超出高度过大的试件应该作废。

4.2.6 用刮土刀沿套环内壁削挖(使试样与套环脱离)后,扭动并取下套环。齐筒顶细心刮平试样,并拆除底板。如试样底面略突出筒外或有孔洞,则细心刮平或修补。最后用工字形刮平尺齐筒顶将试样刮平。擦净试筒的外壁,称其质量m_1。

4.2.7 用脱模器推出筒内试样。从试样内部由上至下取两个有代表性的样品(可将脱出试件用锤打碎后,用四分法采取),测定其含水率,计算至0.1%。两个试样的含水率的差值不得大于1%。所取样品的质量见表5.2.2-2(如只取一个样品测定含水率,则样品的质量应为表列数值的两倍)。擦净试筒,称其质量m_2。

测稳定材料含水率的样品质量 表5.2.2-2

公称最大粒径(mm)	样品质量(g)
2.36	约50
19	约300
37.5	约1 000

烘箱的温度应事先调整到 110℃ 左右,以使放入的试样能立即在 105 ~ 110℃ 的温度下烘干。

4.2.8　按本方法 4.2.3 ~ 4.2.7 进行其余含水率下稳定材料的击实和测定工作。凡用过的试样,一律不再重复使用。

4.3　乙法

当缺乏内径 10cm 的试筒时,以及需要与承载比等试验结合起来进行时,采用乙法进行击实试验。本方法更适宜于公称最大粒径达 19mm 的集料。

4.3.1　将已过筛的试料用四分法逐次分小,至最后取出约 30kg 试料。再用四分法将所取的试料分成 5 ~ 6 份,每份试料的干质量约为 4.4kg(细粒土)或 5.5kg(中粒土)。

4.3.2　以下各步的做法与本方法 4.2.2 ~ 4.2.8 相同,但应该先将垫块放入筒内底板上,然后加料并击实。所不同的是,每层需取制备好的试样约 900g(对于水泥或石灰稳定细粒土)或 1 100g(对于稳定中粒土),每层锤击数应为 59 次。

4.4　丙法

4.4.1　将已过筛的试料用四分法逐次分小,至最后取约 33kg 试料。再用四分法将所取的试料分成 6 份(至少要 5 份),每份质量约 5.5kg(风干质量)。

4.4.2　预定 5 ~ 6 个不同含水率,依次相差 0.5% ~ 1.5%。在估计最佳含水率左右可只差 0.5% ~ 1% ❶。

4.4.3　同 4.2.3。

4.4.4　同 4.2.4。

4.4.5　将试筒、套环与夯击底板紧密地连接在一起,并将垫块放在筒内底板上。击实筒应放在坚实地面上,将制备好的试样 1.8kg 左右[其量应使击实后的试样略高于(高出 1 ~ 2mm)筒高的 1/3]倒入筒内,整平其表面,并稍加压紧。然后将其安装到多功能自控电动击实仪上,设定所需锤击次数,进行第一层试样的击实。第一层击实完后检查该层的高度是否合适,以便调整以后两层的试样用量。用刮土刀或螺丝刀将已击实的表面"拉毛",然后重复上述做法,进行其余两层试样的击实。最后一层试样击实后,试样超出试筒顶的高度不得大于 6mm。超出高度过大的试件应该作废。

4.4.6　用刮土刀沿套环内壁削挖(使试样与套环脱离),扭动并取下套环。齐筒顶细心刮平试样,并拆除底板,取走垫块。擦净试筒的外壁,称其质量 m_1。

4.4.7　用脱模器推出筒内试样。从试样内部由上至下取两个有代表性的样品(可将脱出试件用锤打碎后,用四分法采取),测定其含水率,计算至 0.1%。两个试样的含水率的差值不得大于 1%。所取样品的数量不应少于 700g,如只取一个样品测定含水率,则样品的数量应不少于 1 400g。烘箱的温度应事先调整到 110℃ 左右,以使放入的试样能够立即在 105 ~ 110℃ 的温度下烘干。擦净试筒,称其质量 m_2。

4.4.8　按本方法 4.4.3 ~ 4.4.7 进行其余含水率下稳定材料的击实和测定。凡用过的试样,一律不再重复使用。

---

❶　对于水泥稳定类材料,在最佳含水率附近取 0.5%。对于石灰、二灰稳定类材料,根据具体情况在最佳含水率附近取 1%。

5　结果整理

5.1　计算公式

稳定材料湿密度计算,按式(5.2.2-2)计算每次击实后稳定材料的湿密度。

$$\rho_w = \frac{m_1 - m_2}{V} \tag{5.2.2-2}$$

式中:ρ_w——稳定材料的湿密度(g/cm^3);

　　　m_1——试筒与湿试样的总质量(g);

　　　m_2——试筒的质量(g);

　　　V——试筒的容积(cm^3)。

稳定材料干密度计算,按式(5.2.2-3)计算每次击实后稳定材料的干密度。

$$\rho_d = \frac{\rho_w}{1 + w} \tag{5.2.2-3}$$

式中:ρ_d——试样的干密度(g/cm^3);

　　　w——试样的含水率(%)。

5.2　制图

5.2.1　以干密度为纵坐标、含水率为横坐标,绘制含水率—干密度曲线。曲线必须为凸形的,如试验点不足以连成完整的凸形曲线,则应该进行补充试验。

5.2.2　将试验各点采用二次曲线方法拟合曲线,曲线的峰值点对应的含水率及干密度即为最佳含水率和最大干密度。

5.3　超尺寸颗粒的校正

当试样中大于规定最大粒径的超尺寸颗粒含量为5%~30%时,按下列各式对试验所得最大干密度和最佳含水率进行校正(超尺寸颗粒的含量小于5%时,可以不进行校正)。

最大干密度按式(5.2.2-4)校正:

$$\rho'_{dm} = \rho_{dm}(1 - 0.01p) + 0.9 \times 0.01p G'_a \tag{5.2.2-4}$$

式中:ρ'_{dm}——校正后的最大干密度(g/cm^3);

　　　ρ_{dm}——试验所得最大干密度(g/cm^3);

　　　p——试样中超尺寸颗粒的百分率(%);

　　　G'_a——超尺寸颗粒的毛体积相对密度。

最佳含水率按式(5.2.2-5)校正:

$$w'_0 = w_0(1 - 0.1p) + 0.9 \times 0.1p w_a \tag{5.2.2-5}$$

式中:w'_0——校正后的最佳含水率(%);

　　　w_0——试验所得的最佳含水率(%);

　　　p——试样中超尺寸颗粒的百分率(%);

　　　w_a——超尺寸颗粒的吸水率(%)。

5.4　记录表格(表5.2.2-3)

无机结合稳定材料击实试验记录表   表 5.2.2-3

工程名称＿＿＿＿＿＿＿＿＿＿＿   试验方法＿＿＿＿＿＿＿＿＿＿＿

样品编号＿＿＿＿＿＿＿＿＿＿＿   样品描述＿＿＿＿＿＿＿＿＿＿＿

试验环境＿＿＿＿＿＿＿＿＿＿＿   试验日期＿＿＿＿＿＿＿＿＿＿＿

试 验 者＿＿＿＿＿＿＿＿＿＿＿   复 核 者＿＿＿＿＿＿＿＿＿＿＿

结合料种类		结合料规格		结合料描述		□符合要求 □偏离
结合料剂量		出厂编号		结合料编号		
素土种类						
素土描述 □符合要求 □偏离						
素土规格						
素土编号						

过筛	筛余质量	质量分数 P(%)
4.75mm		
4.75～19mm		
19～37.5mm		
37.5～53mm		

风干试验总质量(盒＋土)	烘干后质量(盒＋土)	盒质量	风干含水率	平均值

浸润记录							
试样 编号	混合料中素 土质量(g)	风干含水率 (%)	混合料中水泥 或石灰质量(g)	原始含水率 (%)	加水量(g)	配置含水率 (%)	浸润 时间

5.5 精密度和允许差

应做两次平行试验,取两次试验的平均值作为最大干密度和最佳含水率。两次重复性试验最大干密度的差不应超过 0.05g/cm³(稳定细粒土)和 0.05g/cm³(稳定中粒土和粗粒土),最佳含水率的差不应超过 0.5%(最佳含水率小于 10%)和 1.0%(最佳含水率大于 10%)。超过上述规定值,应重做试验,直到满足精度要求。

混合料密度计算应保留小数点三位有效数字,含水率应保留小数点后一位有效数字。

5.2.3　无侧限抗压强度

1　目的、依据和适用范围

1.1　本试验方法适用于测定无机结合料稳定材料(包括稳定细粒土、中粒土和粗粒土)试件的无侧限抗压强度。

1.2　本方法参照的标准为《公路工程无机结合料稳定材料试验规程》(JTG E51—2009)。

2　仪器设备

2.1　标准养护室。

2.2　水槽:深度应大于试件高度50mm。

2.3　压力机或万能试验机(也可用路面强度试验仪和测力计):压力机应符合现行《液压式万能试验机》(GB/T 3159—2008)及《试验机通用技术要求》(GB/T 2611—2007)中的要求,其测量精度为±1%,同时应具有加载速率指示装置或加载速率控制装置。上下压板平整并有足够刚度,可以均匀地连续加载卸载,可以保持固定荷载。开机停机均灵活自如,能够满足试件吨位要求,且压力机加载速率可以有效控制在1mm/min。

2.4　电子天平:量程15kg,感量0.1g;量程4 000g,感量0.01g。

2.5　量筒、拌和工具、大小铝盒、烘箱等。

2.6　球形支座。

2.7　机油:若干。

3　试件制备和养护

3.1　细粒土,试模的直径×高 = ϕ50mm×50mm;中粒土,试模的直径×高 = ϕ100mm×100mm;粗粒土,试模的直径×高 = ϕ150mm×150mm。

3.2　按照《公路工程无机结合料稳定材料试验规程》(JTG E51—2009)中 T 0843—2009方法成型,径高比为1:1的圆柱形试件。

3.3　按照《公路工程无机结合料稳定材料试验规程》(JTG E51—2009)中 T 0845—2009的标准养护方法进行7d的标准养护。

3.4　将试件两顶面用刮刀刮平,必要时可用可凝水泥砂浆抹平试件顶面。

3.5　为保证试件结果的可靠性和准确性,每组试件的数目要求为:小试件不少于6个;中试件不少于9个;大试件不少于13个。

4　试验步骤

4.1　根据试验材料的类型和一般的工程经验,选择合适量程的测力计和压力机,试件破坏荷载应大于测力量程的20%且小于测力量程的80%。球形支座和上下顶板涂上机油,使球形支座能够灵活转动。

4.2　将已浸水一昼夜的试件从水中取出,用软布吸去试件表面水分,并称试件的质量 m_4。

4.3　用游标卡尺量试件的高度 h,准确到0.1mm。

4.4　将试件放到路面材料强度试验仪或压力机上,并在升降台上先放一扁球座,进行抗压试验。试验过程中,应保持速率约为1mm/min。记录试件破坏时的最大压力 $P(N)$。

4.5 从试件内部取有代表性的样品(经过打破),测定其含水率 w。

5 数据整理

5.1 计算公式

试件的无侧限抗压强度按式(5.2.3-1)、式(5.2.3-2)计算。

$$R_c = \frac{P}{A} \tag{5.2.3-1}$$

$$A = \frac{1}{4}\pi D^2 \tag{5.2.3-2}$$

上述式中: R_c ——试件的无侧限抗压强度(MPa);

$\qquad P$ ——试件破坏时的最大压力(N);

$\qquad A$ ——试件的截面面积(mm^2);

$\qquad D$ ——试件的直径(mm)。

5.2 记录表格(表5.2.3-1)

无机结合稳定材料无侧限抗压强度试验记录表　　　　表5.2.3-1

工程名称_____　　试件尺寸_____　　养护龄期_____
样品编号_____　　样品描述_____　　试验环境_____
试验日期_____　　试 验 者_____　　复 核 者_____

结合料剂量(%)			结合料种类			成型方法		
最大干密度(g/cm³)			试件压实度(%)			加载速率(mm/min)		
原材料	材料名称	规格型号		生产厂家/产地				样品编号

试件编号	1	2	3	4	5	6	7	8	9	10	11	12	13
无侧限抗压强度(MPa)													
试件无侧限时含水率(%)													
平均强度(MPa)		标准差			变异系数(%)								
试件强度(MPa)		强度max(MPa)			强度min(MPa)								
设计强度(MPa)		$R_{c0.95}$			试件含水率平均值(%)								

5.3 精密度和允许差

5.3.1 抗压强度保留一位小数。

5.3.2 同一组试件试验中,采用3倍均方差方法剔除异常值,允许小试件有1个异常值,中试件有1~2个异常值,大试件有2~3个异常值。异常值数量超过上述规定的试验应重做。

5.3.3 同一组试验的变异系数 C_v(%)符合下列规定,方为有效试验:小试件 $C_v \leqslant 6\%$;

中试件 $C_v \leqslant 10\%$；大试件 $C_v \leqslant 15\%$。如不能保证试验结果的变异系数小于规定的值，则应按允许误差 10% 和 90% 概率重新计算所需的试件数量，增加试件数量并另做新试验。新试验结果与之前的试验结果一并重新进行统计评定，直到变异系数满足上述规定。

6 报告

试验报告应包括以下内容：

(1)材料的颗粒组成；

(2)水泥的种类和强度等级，或石灰的等级；

(3)重型击实的最佳含水率($\%$)和最大干密度(g/cm^3)；

(4)无机结合料类型及剂率；

(5)试件干密度(保留三位小数，g/cm^3)，或压实度；

(6)吸水量以及测抗压强度时的含水率($\%$)；

(7)抗压强度，保留一位小数；

(8)若干个试验结果的最小值和最大值、平均值 R_c、标准差 S、变异系数 C_v 和 95% 保证率的值 $R_{c0.959}$($R_{c0.959} = \bar{R}_c - 1.645S$)。

5.2.4 配合比设计

1 目的、依据和适用范围

1.1 无机结合稳定材料分类：水泥稳定土、石灰稳定土、石灰工业废渣稳定土、级配碎石、级配砾石和填隙碎石。

1.2 本方法参照的标准：

《公路工程无机结合料稳定材料试验规程》(JTG E51—2009)

《公路路面基层施工技术细则》(JTG/T F20—2015)

《水泥胶砂强度检验方法》(GB/T 17671—1999)

《水泥标准稠度用水量、凝结时间、安定性检验方法》(GB/T 1346—2011)

《公路工程集料试验规程》(JTG E42—2005)

《公路土工试验规程》(JTG E40—2007)

施工图纸要求

2 仪器设备

2.1 同第四章"4.1.7 土的击实试验"所用的仪器设备。

2.2 同第四章"4.3.3 土的无侧限抗压强度"所用的仪器设备。

3 试验步骤

3.1 设计要求

3.2 材料组成设计(图5.2.4-1)

3.3 水泥稳定土混合料配合比设计步骤

3.3.1 备样：水、砂、石。

3.3.2 配制剂量。

(1)做基层用：

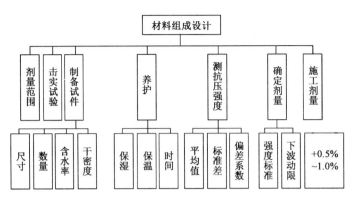

图 5.2.4-1　材料组成设计

中粒土和粗粒土:3%、4%、5%、6%、7%。

砂土:6%、8%、9%、10%、12%。

其他细粒土:8%、10%、12%、14%、16%。

(2)做底基层用:

中粒土和粗粒土:2%、3%、4%、5%、6%。

砂土:4%、6%、7%、8%、10%。

其他细粒土:6%、8%、9%、10%、12%。

(3)确定各种混合料的最佳含水率和最大干密度,至少做三组不同结合料剂量的混合料击实试验,即最小剂量、中间剂量和最大剂量。其他两个剂量混合料的最佳含水率和最大干密度,用内插法确定。

(4)按最佳含水率和计算得到的干密度(按规定的现场压实度计算)制备试件进行强度试验时,作为平行试验的试件数量应符合表 5.2.4-1 的规定。

最 少 试 验 数 量　　　　　　　　　　表 5.2.4-1

稳定土类型	试件尺寸（mm）	下列偏差系数时的试验数量		
		<10%	<15%	<20%
细粒土	φ50×50	6	9	—
中粒土	φ100×100	6	9	13
粗粒土	φ150×150	—	9	1

(5)试件在规定温度(北方 20℃±2℃,南方 25℃±2℃)下保湿养生 6d,浸水 1d,然后进行无侧限抗压强度试验,并计算抗压强度试验结果的平均值和偏差系数。

(6)根据强度标准(表 5.2.4-2),选定合适的结合料剂量。此剂量的试件室内试验结果的平均抗压强度 $\overline{R}_7$(7d)应符合:

水泥稳定土的强度标准表　　　　　　　　表 5.2.4-2

层　　位	公路等级	
	二级公路及以下	一级公路和高速公路
基层(MPa)	2.5~3.0	3.0~5.0
底基层(MPa)	1.5~2.0	1.5~2.5

$$\overline{R}_7 \geqslant \frac{R_\mathrm{d}}{(1 - Z_\mathrm{a}C_\mathrm{v})} \quad 或 \quad \overline{R}_7(1 - Z_\mathrm{a}C_\mathrm{v}) \geqslant R_\mathrm{d}$$

式中：R_d——设计抗压强度；

C_v——试验结果的偏差系数（以小数计）；

Z_a——标准正态分布表中随保证率而变的系数，重交通道路上应取保证率95%，此时$Z_\mathrm{a} = 1.645$；其他道路上应取保证率90%，此时$Z_\mathrm{a} = 1.282$。

（7）考虑到室内试验和现场条件的差别，工地实际采用的结合料剂量应较室内试验确定的剂量多$0.5\% \sim 1.0\%$。采用集中厂拌法施工时，可只增加0.5%；采用路拌法施工时，宜增加1.0%。

3.4　水泥稳定碎石混合料配合比设计示例

3.4.1　原材料选定

（1）水泥。

（2）碎石：级配规定范围见表5.2.4-3。

碎石集料级配规定范围 表5.2.4-3

筛孔（mm）	31.5	19.0	9.5	4.75	2.36	0.60	0.075
通过量（%）	100	88~99	57~77	29~49	17~35	8~22	0~7

3.4.2　确定水泥剂量的掺配范围

水泥剂量按4%、5%、6%、7%四种比例配制混合料，即水泥：碎石为4:100、5:100、6:100、7:100。

3.4.3　确定最佳含水率和最大干密度（详见第5.2.2节击实试验）

（1）击实试验方法按丙法。

①将已过筛的试料用四分法逐次分小，至最后取约33kg试料。再用四分法将所取的试料分成6份（至少要5份），每份质量约5.5kg（风干质量）。

②预定5~6个不同含水率，依次相差$0.5\% \sim 1.5\%$。在估计最佳含水率左右可只差$0.5\% \sim 1.0\%$。

③按预定含水率制备试样，将一份试料平铺于金属盘内，将事先计算好的该份试料中应加的水量均匀地喷洒在试料上，用小铲将试料充分拌和至均匀状态，然后装入密闭容器或塑料口袋内浸润备用。

④将所需要的稳定剂水泥加到浸润后的试样中，并用小铲、泥刀或其他工具充分拌和至均匀状态。水泥应在土样击实前逐个加入。加有水泥的试样拌和后，应在1h内完成下述击实试验。拌和后超过1h的试样，应予以作废。

⑤将试筒、套环与夯击实板紧密地连接在一起，并将垫块放在筒内底板上。击实筒应放在坚实地面上，取制备好的试样1.8kg左右倒入筒内，整平其表面，并稍加压紧。然后将其安装到多功能自控电动击实仪上，设定所需锤击次数，进行第一层试样的击实。第一层击实完后检查该层的高度是否合适，以便调整以后两层的试样用量。用刮土刀或螺丝刀将已击实的表面"拉毛"，然后重复上述做法，进行其余两层试样的击实。最后一层试样击实后，试样超出试筒顶的高度不得大于6mm。超出高度过大的试件应该作废。

⑥用刮土刀沿套环内壁削挖,扭动并取下套环。齐筒顶细心刮平试样,拆除底板,取走垫块。擦净试筒的外壁,称其质量m_1。

⑦用脱模器推出筒内试样。从试样内部由上至下取两个有代表性的样品,测定其含水率,计算至0.1%。两个试样的含水率的差值不得大于1%。所取样品的数量不应少于700g,如只取一个样品测定含水率,则样品的数量不应少于1 400g。放入烘箱烘干至恒重,擦净度筒,称其质量m_2。

⑧按以上方法进行其余含水率下稳定材料的击实和测定。

(2)计算干、湿密度。

$$\rho_w = \frac{m_1 - m_2}{V} \tag{5.2.4-1}$$

$$\rho_d = \frac{\rho_w}{1 + 0.01w} \tag{5.2.4-2}$$

式中:ρ_w——稳定材料的湿密度(g/cm^3);

ρ_d——试样的干密度(g/cm^3);

m_1——试筒与湿试样的总质量(g);

m_2——试筒的质量(g);

V——试筒的容积(cm^3);

w——试样的含水率(%)。

(3)制图。

3.4.4 测定7d无侧限抗压强度

(1)无机结合料稳定材料试件制作。

①根据击实结果,称取一定质量的风干土,其质量随试件大小而变。对于$\phi150mm \times 150mm$的试件,一个试件需干土5 700~6 000g。

②调试成型所需要的各种设备,检查是否运行正常;将成型用的模具擦拭干净,并涂抹机油。上下垫块应与试模筒相配套,上下垫块能够刚好放入试筒内上下自由移动,且上下垫块完全放入试筒后,试筒内未被上下垫块占用的空间体积能满足径高比为1:1的设计要求。

③对于无机结合料稳定中粒土和粗粒土,至少应该分别制作9个和13个试件。根据击实结果和无机结合料的配合比计算每份料的加水量、无机结合料的质量。

④将称好的土放在长方盘内,向土中加水拌料、闷料(含土很少的未筛分碎石、砂砾及砂可以缩短到2h,浸润时间一般不超过24h)。

⑤在试件成型前1h内,加入预定数量的水泥并拌和均匀。在拌和过程中,应将预留的水加入土中,使混合料达到最佳含水率。拌和均匀的加有水泥的混合料应在1h内制成试件,超过1h的混合料应作废。

⑥将试模配套的下垫块放入试模的下部,但外露2cm左右。称量规定数量(m_2)的稳定材料混合料,并分2~3次灌入试模中,每次灌入后用夯棒轻轻均匀插实。

⑦将整个试模放到反力架内的千斤顶上或压力机上,以1mm/min的加载速率加压,直到上下压柱都压力试模为止。维持压力2min。

⑧解除压力后,取下试模,并放到脱模器上将试件顶出,用水泥稳定、有黏结性的材料时,

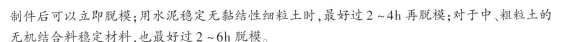

制件后可以立即脱模;用水泥稳定无黏结性细粒土时,最好过 2~4h 再脱模;对于中、粗粒土的无机结合料稳定材料,也最好过 2~6h 脱模。

⑨在脱模器上取试件时,应用双手抱住试件侧面的中下部,然后沿水平方向轻轻旋转,待感觉到试件移动后,再将试件轻轻捧起,放置于试验台上。切勿直接将试件向上捧起。

⑩称试件的质量 m_3,小试件精确至 0.01g,中试件精确至 0.01g,大试件精确至 0.1g。然后用游标卡尺测量试件高度 h,精确至 0.1mm,检查试件的高度和质量,不满足成型标准的试件作为废件。

⑪试件称量后应立即放在塑料袋中封闭,并用潮湿的毛巾覆盖,移放至养生室。

(2)无机结合料稳定材料无侧限抗压强度试验方法。

①将已浸水一昼夜的试件从水中取出,用软布吸去试件表面的水分,并称试件的质量 m_4,用游标卡尺测量试件的高度 h,精确至 0.1mm。

②将试件放在路面材料强度试验仪或压力机上,并在升降台上先放一扁球座,进行抗压试验。试验过程中,应保持加载速率 1mm/min。记录试件破坏时的最大压力 $P(\mathrm{N})$。

③从试件内部取有代表性的样品,测定其含水率 w。

④无侧限抗压强度计算。

3.4.5 确定试验室配合比

(1)根据试验结果,比较强度平均值和设计要求值,要求按最佳水泥剂量制作的试件,平均强度不低于设计值。

(2)考虑到试验数据的偏差和施工中的保证率,通过对公式 $\bar{R} \geqslant \dfrac{R_\mathrm{d}}{1 - Z_\alpha C_\mathrm{v}}$ 的验算,确定是否满足强度指标要求。满足强度指标要求的最水泥用量,为最佳水泥用量。

3.4.6 确定生产配合比

水泥:集料 = _____,其中砂占集料的 _____%,石占集料的 _____%,最大干密度为 _____ g/cm³,最佳含水率为 _____%,施工时压实度按 _____% 控制。

每 1m³ 的材料用量计算:

水:

水泥:

砂:

石:

质量百分比为水:水泥:砂:石 =

5.3 现场试验检测

基层的压实度和平整度检测是必检项目且为验收项目,其试验操作方法与土基压实度和平整度试验操作方法相同,可分别参考第 4.5.1 节压实度试验和第 4.5.3 节平整度内容。基层的回弹模量试验与土基回弹模量试验操作方法相同,可参考第 4.5.8 节回弹模量(承载板法)内容。基层的承载比试验与土基承载比试验操作方法相同,可参考第 4.5.11 节现场 CBR 试验内容。

5.3.1 厚度

1 目的、依据和适用范围

本方法适用于路面各层施工完成后的厚度检验及工程交工验收检查。试验依据为《公路路基路面现场测试规程》（JTG E60—2008）。

2 仪器设备

2.1 挖坑用镐、铲、凿子、小铲、毛刷。

2.2 取样用路面取芯钻机及钻头、冷却水。钻头的标准直径为100mm，如芯样仅供测量厚度，不作其他试验时，对沥青面层与水泥混凝土板也可用直径50mm的钻头，对基层材料有可能损坏试件时，也可用直径150mm的钻头，但钻孔深度均必须达到层厚。

2.3 量尺：钢板尺、钢卷尺、卡尺。

2.4 补坑材料：与检查层位的材料相同。

2.5 补坑用具：夯、热夯、水等。

2.6 其他：搪瓷盘、棉纱等。

3 试验步骤

3.1 基层或砂石路面的厚度可用挖坑法测定，沥青面层及水泥混凝土路面板的厚度应用钻孔法测定。

3.2 挖坑法厚度测试步骤：

3.2.1 根据现行规范的要求，随机取样决定挖坑检查的位置。如为旧路，该点有坑洞等显著缺陷或接缝时，可在其旁边检测。

3.2.2 选一块约40cm×40cm的平坦表面作为试验地点，用毛刷将其清扫干净。

3.2.3 根据材料的坚硬程度，选择镐、铲、凿子等适当的工具，开挖这一层材料，直至层位底面。在便于开挖的前提下，开挖面积应尽量缩小，坑洞大体呈圆形，边开挖边将材料铲出，置于搪瓷盘中。

3.2.4 用毛刷清扫坑底，确认为下一层的顶面。

3.2.5 将钢板尺平放横跨坑的两边，用另一把钢尺或卡尺等量具在坑的中部位置垂直伸至坑底，测量坑底至钢板尺底距离，该距离即为检查层的厚度，以mm计，准确至1mm。

3.3 钻孔取芯样法厚度测试步骤：

3.3.1 根据现行规范的要求，随机取样决定挖坑检查的位置。如为旧路，该点有坑洞等显著缺陷或接缝时，可在其旁边检测。

3.3.2 按现行规范的方法用路面取芯钻机钻孔，芯样的直径应符合上述要求。

3.3.3 仔细取出芯样，清除底面灰土，找出与下层的分界面。

3.3.4 用钢板尺或卡尺沿圆周对称的十字方向四处量取表面至上下层界面的高度，取其平均值，该值即为该层的厚度，准确至1mm。

3.4 在沥青路面施工过程中，当沥青混合料尚未冷却时，可根据需要随机选择测点，用大螺丝刀插入沥青层底面深度后用尺读数，量取沥青层的厚度，以mm计，准确至1mm。

3.5 按下列步骤用与取样层相同的材料填补挖坑或钻孔：

3.5.1 适当清理坑中残留物，钻孔时留下的积水应用棉纱吸干。

3.5.2 对无机结合料稳定层及水泥混凝土路面板,应按相同配比用新拌的材料分层填补并用小锤压实。水泥混凝土中宜掺加少量快凝早强剂。

3.5.3 对无结合料粒料基层,可用挖坑时取出的材料,适当加水拌和后分层填补,并用小锤压实。

3.5.4 对正在施工的沥青路面,用相同级配的热拌沥青混合料分层填补,并用加热的铁锤或热夯压实。旧路钻孔也可用乳化沥青混合料修补。

3.5.5 所有补坑结束时,宜比原面层略鼓出少许,用重锤或压路机压实平整。

4 数据整理

4.1 按式(5.3.1-1)计算实测厚度 T_{1i} 与设计厚度 T_{0i} 之差:

$$\Delta T_i = T_{1i} - T_{0i} \qquad\qquad (5.3.1-1)$$

式中: T_{1i} ——路面的实测厚度(mm);

$\quad T_{0i}$ ——路面的设计厚度(mm);

$\quad \Delta T_i$ ——路面实测厚度与设计厚度的差值(mm)。

4.2 当为检查路面总厚度时,将各层平均厚度相加即为路面总厚度。按《公路路基路面现场测试规程》(JTG E60—2008)中 T 0992—95 检测路段数据整理方法,计算一个评定路段检测厚度的平均值、标准差、变异系数,并计算代表厚度。

5 报告

5.1 本试验所用技术记录表格见表5.3.1-1。

厚度试验记录表(挖坑及钻芯法) 表5.3.1-1

工程名称＿＿＿＿＿＿＿＿＿＿＿ 工程编号＿＿＿＿＿＿＿＿＿＿＿

试验环境＿＿＿＿＿＿＿＿＿＿＿ 试验日期＿＿＿＿＿＿＿＿＿＿＿

试 验 者＿＿＿＿＿＿＿＿＿＿＿ 复 核 者＿＿＿＿＿＿＿＿＿＿＿

构造层次			设计厚度(mm)			
桩号	位置	实测厚度(mm)	平均值(mm)	偏差(mm)	备注

5.2 路面厚度检测报告应列表填写,并记录与设计厚度之差,不足设计厚度为负,大于设计厚度为正。

5.3.2 弯沉试验(贝克曼梁法)

1 目的与适用范围

本方法适用于测定各类路基路面的回弹弯沉,用以评定其整体承载能力,可供路面结构设计使用。试验依据为《公路路基路面现场测试规程》(JTG E60—2008)。

2 仪具与材料

本试验需要下列仪具与材料。

2.1 标准车:双轴、后轴双侧4轮的载重车,其标准轴荷载、轮胎尺寸、轮胎间隙及轮胎气压等主要参数应符合表5.3.2-1的要求。测试车可根据需要按公路等级选择,高速公路、一级及二级公路应采用后轴 10t 的标准轴载 BZZ—100 标准车。

表 5.3.2-1

测定弯沉用的标准车参数

标准轴载等级	BZZ—100
后轴标准轴载 P(kN)	100 ± 1
一侧双轮荷载(kN)	50 ± 0.5
轮胎充气压力(MPa)	0.70 ± 0.05
单轮传压面当量圆直径(cm)	21.30 ± 0.5
轮隙宽度	应满足能自由插入弯沉仪测头的测试要求

2.2　路面弯沉仪:由贝克曼梁、百分表及表架组成,贝克曼梁由合金铝制成,上有水准泡,其前臂(接触路面)与后臂(装百分表)长度比为 2:1。弯沉仪长度有两种:一种长 3.6m,前后臂分别为 2.4m 和 1.2m;另一种加长的弯沉仪长 5.4m,前后臂分别为 3.6m 和 1.8m。当在半刚性基层沥青路面或水泥混凝土路面上测定时,宜采用长度为 5.4m 的贝克曼梁弯沉仪,并采用 BZZ-100 标准车。弯沉采用百分表量得,也可用自动记录装置进行测量。

2.3　接触式路表温度计:端部为平头,分度不大于 1℃。

2.4　其他:皮尺、口哨、白油漆或粉笔、指挥旗等。

3　试验方法

3.1　准备工作

3.1.1　检查并保持测定用标准车的车况及制动性能良好,轮胎内胎符合规定充气压力。

3.1.2　向汽车车槽中装载(铁块或集料),并用地中衡称量后轴总质量及单侧轮荷载,均需符合要求的轴重规定。汽车行驶及测定过程中,轴重不得变化。

3.1.3　测定轮胎接地面积:在平整光滑的硬质路面上用千斤顶将汽车后轴顶起,在轮胎下方铺一张新的复写纸,轻轻落下千斤顶,即在方格纸上印上轮胎印痕,用求积仪或数方格的方法测算轮胎接地面积,准确至 $0.1cm^2$。

3.1.4　检查弯沉仪百分表量测灵敏情况。

3.1.5　当在沥青路面上测定时,用路表温度计测定试验时气温及路表温度(一天中气温不断变化,应随时测定),并通过气象台了解前 5d 的平均气温(日最高气温与最低气温的平均值)。

3.1.6　记录沥青路面修建或改建时材料、结构、厚度、施工及养护等情况。

3.2　路基路面回弹弯沉测试步骤

3.2.1　在测试路段布置测点,其距离随测试需要而定。测点应在路面行车车道的轮迹带上,并用白油漆或粉笔画上标记。

3.2.2　将试验车后轮轮隙对准测点后 3~5cm 处的位置上。

3.2.3　将弯沉仪插入汽车后轮之间的缝隙处,与汽车方向一致,梁臂不得碰到轮胎,弯沉仪测头置于测点上(轮隙中心前方 3~5cm 处),并安装百分表于弯沉仪的测定杆上,百分表调零,用手指轻轻叩打弯沉仪,检查百分表是否稳定回零。

注:弯沉仪可以是单侧测定,也可以是双侧同时测定。

3.2.4　测定者吹哨发令指挥汽车缓缓前进,百分表随路面变形的增加而持续向前转动。当表针转动到最大值时,迅速读取初读数 L_1。汽车仍在继续前进,表针反向回转,待汽车驶出弯沉影响半径(约 3m 以上)后,吹口哨或挥动指挥红旗,汽车停止。待表针回转稳定后,再次读取终

读数 L_2。汽车前进的速度宜为 5km/h 左右。

3.3 弯沉仪的支点变形修正

3.3.1 当采用长度为 3.6m 的弯沉仪对半刚性基层沥青路面、水泥混凝土路面等进行弯沉测定时,有可能引起弯沉仪支座处变形,因此测定时应检验支点有无变形。此时,应用另一台检验用的弯沉仪安装在测定用弯沉仪的后方,其测点架于测定用弯沉仪的支点旁。当汽车开出时,同时测定两台弯沉仪的弯沉读数,如检验用弯沉仪百分表有读数,即应记录并进行支点变形修正。当在同一结构层上测定时,可在不同位置测定 5 次,求取平均值,以后每次测定时以此作为修正值。

3.3.2 当采用长度为 5.4m 的弯沉仪测定时,可不进行支点变形修正。

4 结果整理

4.1 路面测点的回弹弯沉值按式(5.3.2-1)计算:

$$L_t = (L_1 - L_2) \times 2 \tag{5.3.2-1}$$

式中:L_t——在路面温度 t 度时的回弹弯沉值(0.01mm);

L_1——车轮中心临近弯沉仪测头时百分表的最大读数(0.01mm);

L_2——汽车驶出弯沉影响半径后百分表的终读数(0.01mm)。

4.2 当需要进行弯沉仪支点变形修正时,路面测点的回弹弯沉值按式(5.3.2-2)计算。

$$L_t = (L_1 - L_2) \times 2 + (L_3 - L_4) \times 6 \tag{5.3.2-2}$$

式中:L_1——车轮中心临近弯沉仪测头时测定用弯沉仪的最大读数(0.01mm);

L_2——汽车驶出弯沉影响半径后测定用弯沉仪的最终读数(0.01mm);

L_3——车轮中心临近弯沉仪测头时检验用弯沉仪的最大读数(0.01mm);

L_4——汽车驶出弯沉影响半径后检验用弯沉仪的终读数(0.01mm)。

注:此式适用于测定弯沉仪支座处有变形,但百分表架处路面已无变形的情况。

4.3 沥青面层厚度大于 5cm 的沥青路面,回弹弯沉值应进行温度修正,温度修正及回弹弯沉的计算宜按下列步骤进行。

4.3.1 测定时的沥青层平均温度按式(5.3.2-3)计算:

$$t = \frac{t_{25} + t_m + t_e}{3} \tag{5.3.2-3}$$

式中:t——测定时沥青层的平均温度(%);

t_{25}——根据 t_0 由图 5.3.2-1 决定的路表下 25mm 处的温度(℃);

t_m——根据 t_0 由图 5.3.2-1 决定的沥青层中间度的温度(℃);

t_e——根据 t_0 由图 5.3.2-1 决定的沥青层底面的温度(℃)。

图 5.3.2-1 中 t_0 为测定时路表温度与测定前 5d 日平均气温的平均值之和(℃),日平均气温为日最高气温与最低气温的平均值。

4.3.2 根据沥青层平均温度 t 及沥青层厚度,分别由图 5.3.2-2、图 5.3.2-3 求取不同基层的沥青路面弯沉值的温度修正系数 K。

4.3.3 沥青路面回弹弯沉按式(5.3.2-4)计算:

$$l_{20} = l_t \times K \tag{5.3.2-4}$$

式中:K——温度修正系数;

l_{20}——换算为20℃的沥青路面回弹弯沉值(0.01mm)；

l_t——测定时沥青面层的平均温度为t时的回弹弯沉值(0.01mm)。

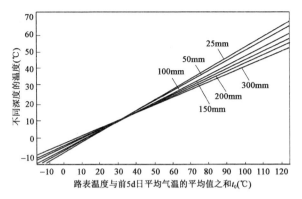

图5.3.2-1 沥青层平均温度的决定

注:线上的数字表示从路表向下的不同深度(mm)。

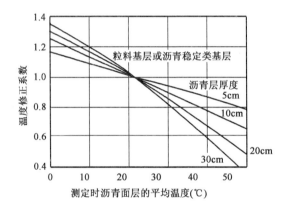

图5.3.2-2 路面弯沉温度修正系数曲线

(适用于粒料基层或沥青稳定类基层)

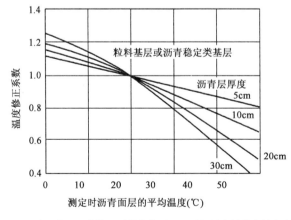

图5.3.2-3 路面弯沉温度修正系数曲线适用于无机结合料稳定的半刚性基层

5　报告

5.1　本试验所用技术记录表见表5.3.2-2。

弯沉试验记录表（贝克曼梁法） 表5.3.2-2

工程名称＿＿＿＿＿＿＿＿＿＿　　　　　　　　　　　工程编号＿＿＿＿＿＿＿＿＿＿

试验环境＿＿＿＿＿＿＿＿＿＿　　　　　　　　　　　试验日期＿＿＿＿＿＿＿＿＿＿

试　验　者＿＿＿＿＿＿＿＿＿＿　　　　　　　　　　复　核　者＿＿＿＿＿＿＿＿＿＿

起讫桩号				结构层次			
弯沉仪类型		测试车类型		后轴重（kN）		前5h平均气温（℃）	
轮胎气压左侧（MPa）		轮胎气压右侧（MPa）		路基干湿状态			
桩号	车道位置	路表温度（℃）	左侧（0.01mm）			右侧（0.01mm）		
			初读数	终读数	回弹弯沉	初读数	终读数	回弹弯沉

5.2　报告应包括下列内容：

(1)弯沉测定表、支点变形修正值、测试时的路面温度及温度修正值。

(2)每一个评定路段的各测点弯沉的平均值、标准差及代表弯沉。

第6章 水泥混凝土面层试验检测

6.1 水泥试验

6.1.1 水泥细度

1 目的、依据和适用范围

本方法是用80μm筛(图6.1.1-1)检验水泥细度的测试方法。

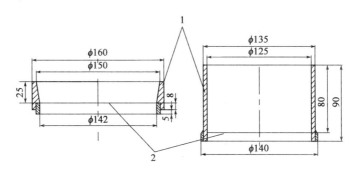

图6.1.1-1 80μm筛(尺寸单位:mm)
1-筛框;2-筛网

本方法适用于硅酸盐水泥、普通硅酸盐水泥、矿渣硅酸盐水泥、粉煤灰硅酸盐水泥、复合硅酸盐水泥,道路硅酸盐水泥及指定采用本方法的其他品种水泥。

引用标准:

《水泥细度检验方法筛析法》(GB/T 1345—2005)

《试验筛 技术要求和检验 第1部分:金属丝编织网试验筛》(GB/T 6003.1—2012)

《水泥标准筛和筛析仪》(JC/T 728—2005)

《公路工程水泥及水泥混凝土试验规程》(JTG E30—2005)

2 仪器设备

2.1 电子天平:感量不大于0.05g。

2.2 水泥负压筛析仪(图6.1.1-2)。

3 试验步骤

3.1 试验时,80μm筛应称取试样25g。称取试样精确至0.01g。

3.2 将试样放入筛中,调节负压至4 000～6 000Pa,筛析2min,在此期间如有试样附着在筛盖上,可轻轻敲击筛盖使试样落下。

3.3　筛毕,用天平称量全部筛余物,计算筛余百分数。

试验结果＝筛余百分数×修正系数(精确至0.1%)

3.4　合格评定时,每个样品应称取两个试样筛析,取筛余平均值为筛析结果。若两次筛余结果绝对误差大于0.5%(筛余值大于5.0%时可放至1.0%)应再做一次试验,取两次相近结果的算术平均值,作为最终结果。

3.5　修正系数标定用标准样按水泥细度试验方法平行试验两次。

修正系数＝标准样筛余标准值÷标准样试验筛余(精确至0.01)

3.6　修正系数标定结果取两个样品的算术平均值为最终值,当两个样品的结果相差大

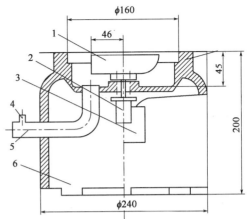

图6.1.1-2　水泥负压筛析仪(尺寸单位:mm)
1-喷气嘴;2-微电机;3-控制板开口;4-负压表接口;
5-负压源与收尘器接口;6-壳体

于0.3%时应称第三个样品进行试验,并取接近的两个结果进行平均作为最终结果。当修正系数标定的结果在0.80~1.20范围时,试验筛可继续使用,标定的结果可使用;当标定的结果超出0.80~1.20范围时,试验筛应予以淘汰。

3.7　矿渣硅酸盐水泥、火山灰硅酸盐水泥、粉煤灰硅酸盐水泥、复合硅酸盐水泥的细度以筛余表示,其中80μm方孔筛筛余不大于10%。

4　数据整理

4.1　计算公式

$$F = \frac{R_s}{m} \times 100 \qquad (6.1.1-1)$$

式中:F——水泥试样筛余百分数(%);

　　R_s——水泥筛余物的质量(g);

　　m——水泥试样的质量(g)。

4.2　记录表格(表6.1.1-1)

水泥细度试验记录表　　　　　　　　　　　　表6.1.1-1

工程名称_____　　样品名称_____　　样品规格_____

样品编号_____　　样品描述_____　　来样时间_____

仪器设备_____　　依据标准_____　　试验环境_____

试验日期_____　　试验者_____　　复核者_____

试验次数	标准样品质量(g)	标准样品筛余物质量(g)	标准样品筛余值(%)	标准样品筛余标准值(%)	修正系数	修正系数平均值	试样质量(g)	筛余物质量(g)	试样筛余百分数(%)	修正后筛余百分数(%)	平均值(%)
1											
2											

4.3 评定

合格评定时,每个样品应称取两个试样分别筛析,取筛余平均值为筛析结果。若两次筛余结果绝对误差大于0.5%(筛余值大于5.0%时可放至1.0%),应再做一次试验,取两次相近结果的算术平均值作为最终结果。

评定标准为《通用硅酸盐水泥》(GB 175—2007)。

5 报告

(1)试验报告应包括以下内容:

(2)试样编号;

(3)要求检测的项目名称;

(4)原材料的品种、规格和产地;

(5)试验日期及时间;

(6)仪器设备的名称、型号及编号;

(7)环境温度和湿度;

(8)试验采用方法;

(9)执行标准;

(10)水泥试样的筛余百分数;

(11)要说明的其他内容。

6.1.2 水泥标准稠度用水量、凝结时间、安定性

1 目的、依据和适用范围

本方法适用于硅酸盐水泥、普通硅酸盐水泥、矿渣硅酸盐水泥、火山灰硅酸盐水泥、粉煤灰硅酸盐水泥以及指定采用本方法的其他品种水泥。

水泥标准稠度用水量、凝结时间、安定性试验采用的检验方法标准为《水泥标准稠度用水量、凝结时间、安定性检验方法》(GB/T 1346—2011)、《公路工程水泥及水泥混凝土试验规程》(JTG E30—2005)。

2 仪器设备

2.1 水泥净浆搅拌机(简称搅拌机)。

2.2 净浆标准稠度与凝结时间测定仪(简称锥形稠度仪)。

2.3 沸煮箱。

2.4 雷氏夹。

2.5 量水器:最小刻度为0.1mL,精度为1%。

2.6 天平:感量1g。

2.7 湿气养护箱:应能使温度控制在20℃±1℃,相对湿度大于90%。

2.8 雷氏夹膨胀值测定仪:标尺最小刻度为0.5mm。

3 试验步骤

3.1 试样及用水

3.1.1 水泥试样应充分拌匀,通过0.9mm方孔筛并记录筛余物情况,但要防止过筛时混进其他水泥。

3.1.2　试验用水必须是洁净的淡水,如有争议时可用蒸馏水。试验室的温度为20℃±2℃,相对湿度大于50%。水泥试样、拌和水、仪器和用具的温度应与试验室内室温一致。

3.2　标准稠度用水量测定(标准法)

3.3　试验前准备

3.3.1　维卡仪的金属棒能够自由滑动。

3.3.2　调整至试杆接触玻璃板时指针对准零点。

3.3.3　水泥净浆搅拌机运行正常。

3.4　水泥净浆拌制

用水泥净浆搅拌机搅拌,搅拌锅和搅拌叶先用湿布擦过,将拌和水倒入搅拌锅中,然后5~10s内小心地将称好的500g水泥加入水中,防止水和水泥溅出;拌和时,先将锅放在搅拌机的锅座上,升至搅拌位置,启动搅拌机,低速搅拌120s,停15s,同时将叶片和锅壁上的水泥浆刮入锅中间,接着高速搅拌120s停机。

3.5　标准稠度用水量测定步骤

3.5.1　拌和结束后,立即将拌制好的水泥净浆装入已放在玻璃板上的试模中,用小刀插捣,轻轻振动数次,刮去多余的净浆。

3.5.2　抹平后迅速将试模和底板移到维卡仪上,并将其中心定在试杆下,降低试杆直到与水泥净浆表面接触,拧紧螺栓1~2s后,突然放松,使试杆垂直自由地沉入水泥净浆中。在试杆停止沉入或释放试杆30s时记录试杆到底板的距离,升起试杆后,立即擦净。

3.5.3　整个操作应在搅拌后1.5min内完成。以试杆沉入净浆并距底板6mm±1mm的水泥净浆为标准稠度净浆。其拌和水量为该水泥的标准稠度用水量(P),按水泥质量的百分比计。

3.5.4　当试杆距玻璃板小于5mm时,应适当减水,重复水泥浆的拌制和上述过程;若距离大于7mm,则应适当加水,并重复水泥浆的拌制和上述过程。

3.6　凝结时间测定

3.6.1　测定前准备工作:调整凝结时间测定仪的试针接触玻璃板,使指针对准零点。

3.6.2　试件的制备:以标准稠度用水量按本方法3.4制成标准稠度净浆(记录水泥全部加入水中的时间作为凝结时间的起始时间)一次装满试模,振动数次刮平,立即放入湿气养护箱中。

3.6.3　初凝时间测定

(1)记录水泥全部加入水中至初凝状态的时间作为初凝时间,用"min"计。

(2)试件在湿气养护箱中养护至加水后30min时进行第一次测定。测定时,从湿气养护箱中取试模放到试针下,降低试针与水泥净浆表面接触。拧紧螺栓1~2s后,突然放松,使试杆垂直自由地沉入水泥净浆中。观察试针停止沉入或释放试针30s时指针的读数。

(3)临近初凝时,每隔5min测定一次。当试针沉至距底板4mm±1mm时,为水泥达到初凝状态。

(4)达到初凝时应立即重复测一次,当两次结论相同时才能确定达到初凝状态。

3.6.4　终凝时间测定

(1)由水泥全部加入水中至终凝状态的时间为水泥的终凝时间,用"min"计。

（2）为了准确观察试件沉入的状况，在终凝针上安装了一个环形附件。在完成初凝时间测定后，立即将试模连同浆体以平移的方式从玻璃板下翻转180°，直径大端向上、小端向下地放在玻璃板上，再放入湿气养护箱中继续养护。

（3）临近终凝时间时每隔15min测定一次，当试针沉入试件0.5mm时，即环形附件开始不能在试件上留下痕迹时，为水泥达到终凝状态。

（4）达到终凝时应立即重复测一次，当两次结论相同时才能确定达到终凝状态。

（5）测定时应注意，在最初测定的操作时应轻轻扶持金属柱，使其徐徐下降，以防试针撞弯，但结果以自由下落为准；在整个测试过程中试针沉入的位置至少要距试模内壁10mm。每次测定不能让试针落入原针孔，每次测试完毕须将试针擦净并将试模放回湿气养护箱内，整个测试过程要防止试模振动。

注：使用能得出与标准中规定方法结果的自动测试仪器时，不必翻转试件。

3.7 标准稠度用水量测定（代用法）

3.7.1 标准稠度用水量的测定可用调整水量法和不变水量法两种方法中的任意一种，如发生争议时，以调整水量法为准。采用调整水量法测定标准稠度用水量时，拌和水量应按经验确定加水量；采用不变水量法测定时，拌和水量为142.5mL，水量精确到0.5mL。

3.7.2 试验前须检查的项目：仪器金属棒应能自由滑动；试锥降至锥模顶面位置时，指针应对准标尺零点；搅拌机运转应正常等。

3.7.3 水泥净浆拌制同本方法3.4。

3.7.4 拌和结束后，立即将拌好的净浆装入锥模内，用小刀插捣，振动数次后，刮去多余净浆，抹平后迅速放到试锥下面的固定位置上。将试锥降至净浆表面处，拧紧螺栓1～2s后，突然放松，让试锥垂直自由地沉入净浆中，到试锥停止下沉或释放试锥30s时记录试锥下沉深度。整个操作应在搅拌后1.5min内完成。

3.7.5 用调整水量法测定时，以试锥下沉深度28mm±2mm时的净浆为标准稠度净浆。其拌和水量为该水泥的标准稠度用水量（P），按水泥质量的百分比计。如下沉深度超出范围，须另称试样，调整水量，重新试验，直至达到28mm±2mm时为止。

3.7.6 用不变水量法测定时，根据测得的试锥下沉深度S（mm），按式（6.1.2-1）（或仪器上对应标尺）计算得到标准稠度用水量P（%）：

$$P = 33.4 - 0.185S \qquad (6.1.2\text{-}1)$$

当试锥下沉深度小于13mm时，应改用调整水量法测定。

3.8 安定性测定（标准法）

3.8.1 测定前的准备工作

每个试样需要两个试件，每个雷氏夹需配备质量为75～80g的玻璃板两块。凡与水泥净浆接触的玻璃板和雷氏夹表面都要稍稍涂上一层油。

3.8.2 雷氏夹试件的制备方法

将预先准备好的雷氏夹放在已稍擦油的玻璃板上，并立刻将已制好的标准稠度净浆装满雷氏夹。装浆时一只手轻轻扶持雷氏夹，另一只手用宽约10mm的小刀插捣数次然后抹平，盖上稍涂油的玻璃板，接着立刻将雷氏夹移至湿气养护箱内养护24h±2h。

3.8.3 调整好沸煮箱内的水位，使之在整个沸煮过程中都能没过试件，不需中途添补试验用水,同时保证在 30min ± 5min 内水能沸腾。

3.8.4　脱去玻璃板取下试件,先测量雷氏夹指针尖端间的距离 A,精确到 0.5mm,接着将试件放入水中算板上,指针朝上,试件之间互不交叉,然后在 30min ± 5min 内加热水至沸腾,并恒沸 3h ± 5min。

3.8.5　结果判别

沸煮结束后,即放掉箱中的热水,打开箱盖,待箱体冷却至室温,取出试件进行判别。测量雷氏夹指针尖端间的距离 C,精确至 0.5mm,当两个试件煮后增加距离 $(C - A)$ 的平均值不大于 5.0mm 时,即认为该水泥安定性合格;当两个试件的 $C - A$ 值相差超过 4.0mm 时,应用同一样品立即重做一次试验。再如此,则认为该水泥为安定性不合格。

3.9　安定性测定(代用法)

3.9.1　测定前的准备工作:每个样品需准备两块约 100mm × 100mm 的玻璃板。凡与水泥净浆接触的玻璃板都要稍稍涂上一层隔离剂。

3.9.2　试饼的成型方法:将制好的净浆取出一部分分成两等份,使之呈球形,放在预先准备好的玻璃板上,轻轻振动玻璃板并用湿布擦净的小刀由边缘向中央抹动,做成直径 70 ~ 80mm、中心厚约 10mm、边缘渐薄、表面光滑的试饼,接着将试饼放入湿气养护箱内养护 24h ± 2h。

3.9.3　调整好沸煮箱内的水位,使之在整个沸煮过程中都能没过试件,不需中途添补试验用水,同时保证水在 30min ± 5min 内能沸腾。

3.9.4　脱去玻璃板取下试件,先检查试饼是否完整(如已开裂、翘曲,要检查原因,确定无外因时,该试饼即为不合格品,不必沸煮),在试饼无缺陷的情况下将试饼放在沸煮箱的水中算板上,然后在 30min ± 5min 内加热至水沸腾,并恒沸 3h ± 5min。

3.9.5　结果判别:沸煮结束后,即放掉箱中的热水,打开箱盖,待箱体冷却至室温,取出试件进行判别。目测试饼未发现裂缝,用钢直尺检查也没有弯曲(使钢直尺和试饼底板紧靠,以两者间不透光为不弯曲)的试饼为安定性合格;反之,为不合格。当两个试饼判别结果有矛盾时,该水泥的安定性为不合格。

4　报告

本试验所用技术记录表见表 6.1.2-1。

水泥标准稠度用水量、凝结时间、安定性试验记录表　　　　表 6.1.2-1

工程名称＿＿＿＿	样品名称＿＿＿＿	样品规格＿＿＿＿
样品编号＿＿＿＿	样品描述＿＿＿＿	来样时间＿＿＿＿
仪器设备＿＿＿＿	依据标准＿＿＿＿	试验环境＿＿＿＿
试验日期＿＿＿＿	试 验 者＿＿＿＿	复 核 者＿＿＿＿

标准稠度用水量					
测定日期	测定方法	试样质量 $W(g)$	拌和水量 (mL)	试锥距底板下沉深度 $S(mm)$	标准稠度用水量 $P(\%)$

续上表

凝结时间				
测定 日期	水泥全部加入水中时刻	初凝时刻	初凝时间 （min）	终凝时刻	终凝时间（min）

安定性				
测定 方法	制件日期	测定日期	试件蒸煮/压蒸前后情况	测定结果
试饼法				

6.1.3 水泥胶砂强度

1 目的、依据和适用范围

1.1 本标准规定了水泥胶砂强度检验基准方法的仪器、材料、胶砂组成、试验条件、操作步骤和结果计算等。其抗压强度测定结果与 ISO 679 结果等同。同时也列入可代用的标准砂和振实台,当代用后结果有异议时以基准方法为准。

1.2 本标准适用于硅酸盐水泥、普通硅酸盐水泥、矿渣硅酸盐水泥、粉煤灰硅酸盐水泥、复合硅酸盐水泥、石灰石硅酸盐水泥的抗折与抗压强度的检验。其他水泥采用本标准时必须研究本标准规定的适用性。

1.3 水泥胶砂强度试验采用的是《水泥胶砂强度检验方法(ISO 法)》(GB/T 17671—99)。

2 仪器设备

2.1 金属丝网试验筛:应符合《试验筛 技术要求和检验 第 1 部分:金属丝编织网试验筛》(GB/T 6003.2—2012)要求。

2.2 行星搅拌机:应符合《行星式水泥胶砂搅拌机》(JC/T 681—2005)要求。

2.3 试模:由三个水平试模槽组成,可同时成型三条截面为 40mm×40mm×160mm 的菱形试体,其材质和尺寸应符合《水泥胶砂试模》(JC/T 726—2005)要求。在组装备用的干净模型时,应用黄干油等密封材料涂覆模型的外接缝。试模的内表面应涂上一薄层模型油或机油。成型操作时,应在试模上面加一个壁高 20mm 的金属模套。

2.4 两个播料器和一金属刮平尺。

2.5 振实台:应符合《水泥胶砂试体成型振实台》(JC/T 682—2005)要求。

2.6 抗折强度试验机:应符合《水泥胶砂电动抗折试验机》(JC/T 724—2005)要求。

2.7 抗压强度试验机。

3 试验步骤

配合比:水泥 450g±2g、标准砂 1 350g±5g、水 225mL±1mL。

搅拌:把水加入锅内,再加入水泥,把锅放在固定架上,上升至固定位置。然后立即开动机器,低速搅拌 30s 后,均匀地将砂子加入。停拌 90s 后,用一胶皮刮具将叶片和锅壁上的胶砂,刮入锅中间,高速搅拌 60s。

在搅拌胶砂的同时将试模和下料漏斗卡紧在振动台的中心。将搅拌好的全部胶砂均匀地装入下料漏斗中,开动振动台,胶砂通过漏斗流入试模。振动 120s ±5s 停车。振动完毕,取下试模,用刮平尺沿试模长度方向以横向锯割动作慢慢向另一端移动,一次将超过试模部分的胶砂刮去,并用同一直尺以近乎水平的情况下将试体表面抹平。接着在试模上做标记或用字条标明试件编号和试件相对于振实台的位置。试体成型试验室的温度应保持在 20℃ ±2℃,相对湿度应不低于 50%。

各龄期的试体必须在下列时间内进行强度试验:

24h ±15min;48h ±30min;72h ±415min;7d ±2h;28d ±8h。

试体应在试验前 15min 从水中取出,并在强度试验前用湿布覆盖。

每个龄期取出三块试体先做抗折强度试验。试验前须擦去试体表面附着的水分和砂粒,清除夹具上圆柱表面黏着的杂物,试体放入抗折夹具内,应使侧面与圆柱接触。

采用杠杆式抗折试验机试验时,试体放入前,应使杠杆成水平状态。试体放入后调整夹具,使杠杆在试体折断时尽可能地接近水平位置。

抗折试验加荷速度为 50N/s ±10N/s。

启动开关,直至水泥试体折断,读取数据。

抗折强度结果取三块试体的平均值。当三个强度值中有超过平均值 ±10% 的,应剔除后再平均,平均值作为抗折强度试验结果。

抗折试验后的断块应立即进行抗压试验。抗压试验须用抗压机具进行,试体受压面为 40mm ×40mm。试验前应清除试体受压面与加压板间的砂粒或杂物。试验时以试体的侧面作为受压面,试体的底面靠紧夹具定位销,并使夹具对准压力机压板。

压力机以 2.4kN/s ±0.2kN/s 的加荷速度均匀加荷直至破坏。

以 6 个抗压强度测定值的算术平均值作为试验结果。如 6 个测定值中有一个超出 6 个平均值的 ±10%,就应剔出这个结果,而以剩下的 5 个值的算术平均值作为结果。如果 5 个测定值中再有超过它们平均值 ±10% 的测定值,则此组结果作废。

4　数据整理

4.1　计算公式

4.1.1　抗折强度计算:

$$R_f = \frac{1.5F_f L}{b^3} \tag{6.1.3-1}$$

式中:R_f——抗折强度(N/mm^2);

$\quad F_f$——破坏荷载(N);

$\quad b$——试件正方形截面边长;

$\quad L$——支承圆柱中心距,为 100mm。

4.1.2　抗压强度计算:

$$R_c = \frac{F_c}{A} \tag{6.1.3-2}$$

式中:R_c——抗压强度(N/mm^2);

$\quad F_c$——破坏荷载(N);

$\quad A$——受压面积,即 40mm ×40mm。

4.2 记录表格(表6.1.3-1)

表6.1.3-1

水泥胶砂强度试验记录表

工程名称_____ 样品名称_____ 样品规格_____

样品编号_____ 样品描述_____ 来样时间_____

仪器设备_____ 依据标准_____ 试验环境_____

试验日期_____ 试　验　者_____ 复　核　者_____

水泥(g)			砂(g)		水(g)	
胶砂流动度	扩展直径(mm)		垂直直径(mm)		水泥胶砂流动度测定值(mm)	
养护条件				成型日期		

	龄期(d)	试验日期	试件尺寸(mm×mm×mm)	破坏荷载(N)	抗折强度测值(MPa)	抗折强度测定值(MPa)
抗折强度	3		40×40×160			
	28		40×40×160			
	龄期(d)	试验日期	受压面积	破坏荷载(kN)	抗压强度测值(MPa)	抗压强度测定值(MPa)
	3		40mm×40mm			
	28		40mm×40mm			

4.3 精密度和允许差

以一组三个棱柱体抗折结果的平均值作为试验结果。当三个强度值中有超出平均值±10%的,应剔除后再取平均值作为抗折强度试验结果。

以一组三个棱柱体上得到的6个抗压强度测定值的算术平均值作为试验结果。如6个测定值中有一个超出6个平均值的±10%,就应剔除后再取平均值。如果剩下的5个测定值中再有超过它们平均数±10%的测定值,则此组结果作废。

各试体的抗折强度记录至0.1MPa,平均值宜精确至0.1MPa。

各个半棱柱体得到的单个抗压强度结果计算至0.1MPa,平均值宜精确至0.1MPa。

4.4　评定

评定标准为《通用硅酸盐水泥》(GB 175—2007)。

5　报告

报告应包括所有各单个强度结果(包括按4.3剔除的结果)和计算出的平均值。

6.1.4　水泥比表面积

1　目的、依据和适用范围

用一定量的空气通过一定空隙率和固定厚度的水泥层时,所受阻力不同而引起流速的变化来测水泥的比表面积。自动比表面积测定仪可自动检测水位、自动计时、自动测温、自动计算并显示结果,可避免人为误差。

水泥比表面积试验采用的检验方法标准:

《水泥比表面积测定方法　勃氏法》(GB/T 8074—2008)

《水泥密度测定方法》(GB/T 208—2014)

《化学分析滤纸》(GB/T 1914—2017)

《水泥取样方法》(GB 12573—2008)

《水泥细度和比表面积标准样品》(GSB 14-1511—2014)

《勃氏透气仪》(JC/T 956—2014)

本方法适用于测定水泥的比表面积及适合采用本标准方法的、比表面积在2 000 ~ 6 000cm²/g范围内的其他各种粉状物料,不适用于测定多孔材料及超细粉状物料。

2　仪器设备

2.1　烘干箱:控制温度灵敏度±1℃。

2.2　电子天平:分度值为0.001g,最大称量200g。

2.3　滤纸:采用符合《化学分析滤纸》(GB/T 1914—2017)的中速定量滤纸。

2.4　汞:分析纯汞。

2.5　自动比表面积测定仪:应符合《勃氏透气仪》(JC/T 956—2014)的要求。

3　试验步骤

3.1　水位调整

将仪器放平放稳,接通电源,打开仪器左侧的电源开关,此时如果仪器左侧的四位数码管显示"Errl",表示玻璃压力计内的水位未达到最低刻度线。可用滴管从压力计左侧一滴一滴地滴入清水,滴水过程中应仔细观察仪器左侧显示屏,至显示"good"时立即停止加水,表示水位已正常。如打开仪器左侧的四位数码管显示"good",表示水位正常,不用调整。

3.2　漏气检查

用随机配送的橡胶塞塞紧压力计锥形接口,设定必要参数,然后起动仪器,仪器自动停止后,仔细观察液面是否有降落,无降落为正常。否则应找出漏气点予以密封处理。

3.3　料层体积的测定(水银排代法)

3.3.1　将两片滤纸沿筒壁放入料筒中,用细长棒压平到穿孔板上。

3.3.2　装满本方法2.4要求的水银,用玻璃板轻压水银表面,使水银面与料筒口平齐,并保证没有气泡或空洞存在。

3.3.3 倒出水银,称量,重复几次,直至称量值相差小于0.05g,记下水银质量P_1(g)。

3.3.4 从料筒中取出一片滤纸,将约3.3g的水泥装入料筒中,再放入一片滤纸,按规定压实料层。

3.3.5 将料筒上部空间注入水银,按上述同样方法除去气泡、压平、倒出水银称量,重复几次,直至称量值相差小于0.05g,记下水银质量P_2(g)。

3.3.6 按式(6.1.4-1)计算料层体积V(cm³):

$$V = \frac{P_1 - P_2}{\rho_{水银}} \qquad (6.1.4-1)$$

平行测定两次,取平均值,计算结果精确到小数点后三位,并予以记录。

不同温度下水银密度$\rho_{水银}$见表6.1.4-1。

不同温度下水银密度 表6.1.4-1

温度(℃)	8	10~12	14~16	18~20	22~24	26~28	30~32	34
$\rho_{水银}$(g/cm³)	13.58	13.57	13.56	13.55	13.54	13.53	13.52	13.51

3.4 仪器常数K的标定

3.4.1 将比表面积标准粉在110℃±5℃烘干箱中烘干1h,并在干燥器内冷却至室温后混匀。

3.4.2 按式(6.1.4-2)确定标定用标准粉量。

$$W = \rho V(1-\varepsilon) \qquad (6.1.4-2)$$

式中:W——应称取的标准粉量(g),精确至小数点后三位;

ρ——标样密度(g/cm³);

V——料层体积(cm³);

ε——料层空隙率,取0.500。

3.4.3 将料桶放在金属支架上,放入穿孔板,用推杆将穿孔板放平,再放入一片滤纸,用推杆按到穿孔板上并保持滤纸平整。通过漏斗将称好的标准粉装入料桶中,用手轻摆料桶将标样表面基本摆平,切忌振动料桶,再放入一片滤纸,用捣器轻轻地边旋转边将滤纸推入料桶,直至捣器与料桶顶边完全闭合。从金属支架上取下料桶,在其锥部的下部均匀涂上少量黄油,将料桶边旋转边压入玻璃压力计的锥口部分,直至旋转不动。

3.4.4 按仪器操作面板上[K值]键,[K值]键亮,再按[选择]键,此时显示一的数码管会闪烁,按[△]或[▽]键逐位调整,将标准粉的比表面积值键入显示一。再按[选择]键,显示二逐位闪烁,按[△]或[▽]键逐位调整,将标准粉的密度值键入。再按[选择]键,数码管停止闪烁。然后按[测量]键,仪器自动启动并完成全部测量工作。结束后,仪器自动记忆K值,但应将K值记录下来,以备必要时对比、键入。

3.4.5 K值的键入

无论何种原因,仪器中所记K值为错时,可在待机状态下,按[选择]键,然后按[△]或[▽]键,逐位将所记录的K值键入,再按[选择]键,仪器重新记忆K值参数。

3.5 比表面积(S值)测定

3.5.1 按本方法3.1、3.2进行水位调整和漏气检查

3.5.2 测定水泥密度

按《水泥密度测定方法》(GB/T 208—2014)分别测定 P. O42.5、P. S. A32.5 水泥密度。

3.5.3 按本方法3.4.2确定被测水泥称样量,其中ρ为被测水泥密度,一般同品种、强度等级的水泥取一定值,一个月测定更新一次。

3.5.4 按本方法3.4.3制作试样,将装有被测水泥的料桶连接到U形压力计上。

3.5.5 先按[S]键,再按[选择]键,则显示二逐位闪烁,按[△]或[▽]键,将被测水泥密度值逐位调整键入,再按[选择]键确认,按[测量]键,仪器自动完成测量过程,显示并记忆被测水泥的比表面积值。

3.5.6 历史数据察看

在待机状态下,按[▽]键,可由最后一次测量的结果向前查看历史测量的比表面积值(可记录50次测量结果,超过时将从第一次开始覆盖)。

3.6 结果处理

水泥比表面积应由两次试验结果的平均值确定,如两次试验结果相差2%以上时,应重新试验,计算结果保留至$10cm^2/g$。

4 报告

4.1 本试验所用技术记录表(表6.1.4-2)

4.2 试验报告

水泥胶砂强度试验记录表
表6.1.4-2

工程名称_____ 样品名称_____ 样品规格_____

样品编号_____ 样品描述_____ 来样时间_____

仪器设备_____ 依据标准_____ 试验环境_____

试验日期_____ 试 验 者_____ 复 核 者_____

样品制备				
试样密度 (g/cm^3)		试样空隙率	标准试样密度 (g/cm^3)	标准试样 空隙率
试料层体积 (cm^3)		试样量(g)	校准时 温度(℃)	试验时 温度(℃)
试验 次数	标准试样 比表面积 (cm^2/g)	被测试样试验时,压力计中液面降落测得的时间 (s)	标准试样试验时,压力计中液面降落测得的时间 (s)	试样比表面积测值 (cm^2/g)	试样比表面积测定值 (m^2/kg)
1					
2					

6.1.5 水泥碱含量(火焰光度法)

1 目的、依据和适用范围

本方法适用于通用硅酸盐水泥和制备上述水泥的熟料、生料及指定采用本方法的其他水泥和材料。

本方法参照的标准为《水泥化学分析方法》(GB/T 176—2008)。

2　仪器设备及试剂

2.1　仪器设备

2.1.1　火焰光度计:可稳定测定钾在波长768nm处和钠在波长589nm处的谱线强度。

2.1.2　通风橱。

2.1.3　电热板。

2.1.4　分析天平:感量0.000 1g。

2.1.5　铂皿。

2.1.6　其他:烧杯,100mL、500mL、1 000mL容量瓶,50mL、100mL量筒,1mL、5mL、10mL、20mL移液管,玻璃棒,快速滤纸等。

2.2　试剂

2.2.1　H_2SO_4:1 + 1。

2.2.2　HCl:1 + 1。

2.2.3　HF。

2.2.4　乙醇。

2.2.5　$NH_3 \cdot H_2O$:1 + 1。

2.2.6　碳酸铵(100g/L):将10g碳酸铵$[(NH_4)_2CO_3]$溶于水中,加水稀释至100mL,必要时过滤后使用。

2.2.7　甲基红指示剂:将0.2g甲基红溶于100mL乙醇中。

3　试验步骤

3.1　标准曲线的绘制

3.1.1　Na_2O及K_2O标准溶液的配制

分别称取1.582 9g已于105~110℃下烘干2h的氯化钾(KCl,基准试剂或光谱纯)及1.885 9g已于105~110℃下烘干2h的氯化钠(NaCl,基准试剂或光谱纯)(精确至0.000 1g),置于烧杯中,加水溶解后,移入1 000mL容量瓶中,用水稀释至标线,摇匀,储存于塑料瓶中,此标准溶液Na_2O及K_2O浓度均为1mg/mL。

3.1.2　工作曲线的绘制

分别吸取Na_2O及K_2O浓度为1mg/mL的标准溶液0mL、2.50mL、5.00mL、10.00mL、15.00mL、20.00mL,分别放于500mL容量瓶中,用水稀释至标线,摇匀,储存于塑料瓶中,用火焰光度计调节至最佳工作状态,按仪器使用规程进行测定,绘制吸光度与氧化钾和氧化钠含量的关系曲线。

3.2　试样的测定

3.2.1　称取约0.2g试样(m_{23}),精确至0.000 1g,置于铂皿中,用少量水湿润。加入15~20滴$H_2SO_4(1 + 1)$溶液及5~7mL浓HF,置于通风橱内低温电热板上加热,近干时摇动铂皿,以防溅失。

3.2.2　待HF驱尽后逐渐升高温度,继续将SO_3白烟赶尽,取下放冷。

3.2.3　加入40~50mL热水,并将残渣压碎使其溶解,加入1滴甲基红指示剂,用$NH_3 \cdot H_2O(1 + 1)$中和至黄色,再加入10mL$(NH_4)_2CO_3$溶液(10g/100mL),搅拌,置于电热板上加热

20 ～ 30min。

3.2.4　用快速滤纸过滤,以热水充分洗涤,滤液及洗液置于100mL容量瓶中,冷却至室温,以HCl(1＋1)溶液中和至溶液呈微红色,然后用水稀释至标线,摇匀,火焰光度计按仪器使用规程,在与本方法3.1相同的条件下进行测定,在工作标准曲线上分别查出氧化钾和氧化钠的含量(m_{24})和(m_{25})。

4　数据整理

4.1　计算公式

试样中K_2O及Na_2O的质量百分数按式(6.1.5-1)、式(6.1.5-2)计算:

$$w_{K_2O} = \frac{m_{24} \times 0.1}{m_{23}} \tag{6.1.5-1}$$

$$w_{Na_2O} = \frac{m_{25} \times 0.1}{m_{23}} \tag{6.1.5-2}$$

上述式中:w_{K_2O}——氧化钾的质量分数(％);

$\quad\quad$ w_{Na_2O}——氧化钠的质量分数(％);

$\quad\quad$ m_{24}——100mL测定溶液中氧化钾的含量(mg);

$\quad\quad$ m_{25}——100mL测定溶液中氧化钠的含量(mg);

$\quad\quad$ m_{23}——试料的质量(g)。

4.2　记录表格(表6.1.5-1)

水泥碱含量试验记录表　　　　　表6.1.5-1

工程名称＿＿＿＿＿　　　样品名称＿＿＿＿＿　　　样品规格＿＿＿＿＿

样品编号＿＿＿＿＿　　　样品描述＿＿＿＿＿　　　来样时间＿＿＿＿＿

试验环境＿＿＿＿＿　　　试验日期＿＿＿＿＿　　　试　验　者＿＿＿＿＿

复　核　者＿＿＿＿＿

标准曲线的绘制									
序号									
吸取标准溶液的体积(mL)	Na								
	K								
离子含量(mg)	Na^+								
	K^+								
吸光值	Na^+								
	K^+								

浸出液测定(曲线斜率a:Na　　　,K　　　;截距b:Na　　　,K　　　;相关系数R:Na　　　,K　　　)

序号	试样质量 m_{23}(g)	Na^+的吸光值	K^+的吸光值	溶液中氧化钠的含量 m_{25}(mg)	溶液中氧化钾的含量 m_{24}(mg)	氧化钠含量 w_{Na_2O}(％) $w_{Na_2O}=(m_{25}\times0.1)/m_{23}$		氧化钾含量 w_{K_2O}(％) $w_{K_2O}=(m_{24}\times0.1)/m_{23}$		碱含量 w(％) $w=w_{Na_2O}+0.658w_{K_2O}$
						单值	平均值	单值	平均值	

4.3 精密度和允许差

氧化钾的重复性限和再现性限分别为 0.10% 和 0.15%，氧化钠的重复性限和再现性限分别为 0.05% 和 0.10%。

6.2 细集料试验

6.2.1 颗粒级配试验

1 目的、依据和适用范围

1.1 测定细集料(天然砂、人工砂、石屑)的颗粒级配及粗细程度。对水泥混凝土用细集料可采用干筛法，如果需要也可采用水洗法筛分;对沥青混合料及基层用细集料必须用水洗法筛分。

1.2 本试验参照标准为《公路工程集料试验规程》(JTG E42—2005)。

注:当细集料中含有粗集料时,可参照此方法用水洗法筛分,但需特别注意保护标准筛筛面不遭损坏。

2 仪器设备

2.1 标准筛。

2.2 天平:称量 1 000g,感量不大于 0.5g。

2.3 摇筛机。

2.4 烘箱:能控温在 105℃ ±5℃。

2.5 其他:浅盘和硬、软毛刷等。

3 试验准备

根据样品中最大粒径的大小,选用适宜的标准筛。通常为 9.5mm 筛(水泥混凝土用天然砂)或 4.75mm 筛(沥青路面及基层用天然砂、石屑、机制砂等),筛除其中的超粒径材料,然后将样品在潮湿状态下充分拌匀,用分料器法或四分法缩分至每份少于550g 的试样两份,在 105℃ ±5℃ 的烘箱中烘干至恒重,冷却至室温后备用。

注:恒重指在相邻两次称量间隔时间大于 3h(通常不少于 6h)的情况下,前后两次称量之差小于该项试验所要求的称量精密度,下同。

4 试验步骤

4.1 干筛法试验步骤

4.1.1 准确称取烘干试样约 500g(m_1),准确至 0.5g,置于套筛的最上面,即 4.75mm 筛上,将套筛装入摇筛机,摇约 10min,然后取出套筛,再按筛孔大小顺序,从最大的筛号开始,在清洁的浅盘上逐个进行手筛,直到每分钟的筛出量不超过筛上剩余量的 0.1% 时为止,将筛出的颗粒并入下一号筛,和下一号筛中的试样一起过筛,以此顺序进行至各号筛全部筛完为止。

注:1. 试样如为特细砂时,试样质量可减少到 100g。

2. 如试样含泥量超过 5%,不宜采用干筛法。

3. 无摇筛机时,可直接用手筛。

4.1.2 称量各筛筛余试样的质量,精确至 0.5g。所有各筛的分计筛余量和底盘中剩余量的总量与筛分前的试样总量,相差不得超过后者的1%。

4.2　水洗法试验步骤

4.2.1　准确称取烘干试样约500g(m_1),准确至0.5g。

4.2.2　将试样置于洁净容器中,加入足够数量的洁净水,使集料全部淹没。

4.2.3　用搅棒充分搅动集料,将集料表面洗涤干净,使细粉悬浮在水中,但不得有集料从水中溅出。

4.2.4　用1.18mm筛及0.075mm筛组成套筛,仔细将容器中混有细粉的悬浮液徐徐倒出,经过套筛流入另一容器中,但不得将集料倒出。

注:不可直接倒至0.075mm筛上,以免集料掉出损坏筛面。

4.2.5　重复本方法4.2.2～4.2.4步骤,直至倒出的水洁净且小于0.075mm的颗粒全部倒出。

4.2.6　将容器中的集料倒入搪瓷盘中,用少量水冲洗,使容器上黏附的集料颗粒全部进入搪瓷盘中,将筛子反扣过来,用少量的水将筛上集料冲入搪瓷盘中。操作过程中不得有集料散失。

4.2.7　将搪瓷盘连同集料一起置于105℃±5℃烘箱中烘干至恒重,称取干燥集料试样的总质量(m_2),准确至0.1%。m_1与m_2之差即为通过0.075mm筛部分。

4.2.8　将全部要求筛孔组成套筛(但不需0.075mm筛),将已经洗去小于0.075mm部分的干燥集料置于套筛上(通常为4.75mm筛),将套筛装入摇筛机,摇筛约10min,然后取出套筛,再按筛孔大小顺序,从最大的筛号开始,在清洁的浅盘上逐个进行手筛,直至每分钟的筛出量不超过筛上剩余量的0.1%时为止,将筛出的颗粒并入下一号筛,和下一号筛中的试样一起过筛,这样顺序进行,直至各号筛全部筛完为止。

注:如为含有粗集料的集料混合料,套筛筛孔根据需要选择。

4.2.9　称量各筛筛余试样的质量,精确至0.5g。所有各筛的分计筛余量和底盘中剩余量的总质量与筛分前后试样总量m_2的差值不得超过后者的1%。

5　数据整理

5.1　计算公式

5.1.1　计算分计筛余百分率

各号筛的分计筛余百分率为各号筛上的筛余量除以试样总量(m_1)的百分率,精确至0.1%。对沥青路面细集料而言,0.15mm筛下部分即为0.075mm的分计筛余,由本方法4.2.7测得的m_1与m_2之差即为小于0.075mm的筛底部分。

5.1.2　计算累计筛余百分率

各号筛的累计筛余百分率为该号筛及大于该号筛的各号筛的分计筛余百分率之和,准确至0.1%。

5.1.3　计算质量通过百分率

各号筛的质量通过百分率等于100减去该号筛的累计筛余百分率,准确至0.1%。

5.1.4　根据各筛的累计筛余百分率或通过百分率,绘制级配曲线。

5.1.5　天然砂的细度模数按式(6.2.1-1)计算,精确至0.01。

$$M_X = \frac{A_{0.15} + A_{0.3} + A_{0.6} + A_{1.18} + A_{2.36} - 5A_{4.75}}{100 - A_{4.75}} \qquad (6.2.1\text{-}1)$$

式中：M_X——砂的细度模数；

$A_{0.15}、A_{0.3}\cdots\cdots A_{4.75}$——分别为0.15mm、0.3mm$\cdots\cdots$4.75mm各筛上的累计筛余百分率（%）。

5.1.6 进行两次平行试验，以试验结果的算术平均值作为测定值。如两次试验所得的细度模数之差大于0.2，应重新进行试验。

5.2 记录表格（表6.2.1-1）

细集料颗粒级配试验记录表 表6.2.1-1

工程名称_____   样品编号_____

样品描述_____   试验环境_____

试验日期_____   试 验 者_____   复 核 者_____

试样质量（g）	筛孔尺寸（mm）	1			2			累计筛余百分率平均值（%）	通过百分率（%）
		留筛重量（g）	分计筛余（%）	累计筛余（%）	留筛重量（g）	分计筛余（%）	累计筛余（%）		
	4.75								
	2.36								
	1.18								
	0.6								
	0.3								
	0.15								
	筛底								
细度模数 M_X									
曲线									

6.2.2 密度及吸水率试验

1 目的、依据和适用范围

1.1 用坍落筒法测定细集料（天然砂、机制砂、石屑）在23℃时对水的毛体积相对密度、表观相对密度、表干相对密度（饱和面干相对密度）。

1.2 用坍落筒法测定细集料（天然砂、机制砂、石屑）处于饱和面干状态时的吸水率。

1.3 用坍落筒法测定细集料（天然砂、机制砂、石屑）的毛体积密度、表观密度、表干密度（饱和面干密度）。

1.4 本方法适用于粒径小于2.36mm的细集料。当含有大于2.36mm的成分时，如0～4.75mm的石屑，宜采用2.36mm的标准筛进行筛分，其中大于2.36mm的部分采用6.3.2节"粗集料密度与吸水率测定方法"测定，小于2.36mm的部分用本方法测定。

1.5 本试验参照的标准为《公路工程集料试验规程》（JTG E42—2005）。

2 仪器设备

2.1 天平：称量1kg，感量不大于0.1g。

2.2　饱和面干试模：上口径 40mm ± 3mm、下口径 90mm ± 3mm、高 75mm ± 3mm 的坍落筒（图 6.2.2-1）。

2.3　捣棒：金属棒，直径 25mm ± 3mm，质量 340g ± 15g。

2.4　烧杯：500mL。

2.5　容量瓶：500mL。

2.6　烘箱：能控温在 105℃ ± 5℃。

2.7　洁净水：温度为 23℃ ± 1.7℃。

2.8　其他：干燥器、吹风机（手提式）、浅盘、铝制料勺、玻璃棒、温度计等。

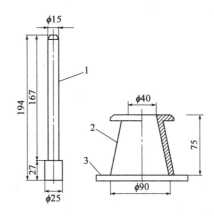

图 6.2.2-1　饱和面干试模及其捣棒（尺寸单位：mm）
1-捣棒；2-试模；3-玻璃板

3　试验准备

3.1　将来样用 2.36mm 标准筛过筛，除去大于 2.36mm 的部分。在潮湿状态下用分料器法或四分法缩分细集料至每份约 1 000g，拌匀后分成两份，分别装入浅盘或其他合适的容器中。

3.2　注入洁净水，使水面高出试样表面 20mm 左右（测量水温并控制在 23℃ ± 1.7℃），用玻璃棒连续搅拌 5min，以排除气泡，静置 24h。

3.3　细心地倒去试样上部的水，但不得将细粉部分倒走，并用吸管吸去余水。

3.4　将试样在盘中摊开，用手提吹风机缓缓吹入暖风，并不断翻拌试样，使集料表面的水在各部位均匀蒸发，达到估计的饱和面干状态。注意：吹风过程中不得使细粉损失。

3.5　将试样松散地一次装入饱和面干试模中，用捣棒轻捣 25 次，捣棒端面距试样表面距离不超过 10mm，使之自由落下，捣完后刮平模口，如留有空隙亦不必再装满。

3.6　从垂直方向徐徐提起试模，如试样保留锥形没有坍落，说明集料中尚含有表面水，应继续按上述方法用暖风干燥、试验，直至试模提起后试样开始出现坍落为止。如试模提起后试样坍落过多，说明试样已过分干燥，此时应对试样均匀洒水约 5mL，经充分拌匀，并静置于加盖容器中 30min 后，再按上述方法进行试验，直至达到饱和面干状态为止。判断饱和面干状态的标准，对天然砂，宜以"在试样中心部分上部成为 2/3 左右的圆锥体，即大致坍塌 1/3 左右"作为标准状态；对机制砂和石屑，宜以"当移去坍落筒第一次出现坍落时的含水率，即最大含水率"作为试样的饱和面干状态。

4　试验步骤

4.1　立即称取饱和面干试样约 300g（m_3）。

4.2　将试样迅速放入容量瓶中，勿使水分蒸发和集料粒散失，而后加洁净水至约 450mL 刻度处，转动容量瓶排除气泡后，再仔细加水至 500mL 刻度处，塞紧瓶塞，擦干瓶外水分，称其总量（m_2）。

4.3　倒出全部集料试样，洗净瓶内外，用同样的水（每次需测量水温，宜为 23℃ ± 1.7℃，两次水温相差不大于 2℃）加至 500mL 刻度处，塞紧瓶塞，擦干瓶外水分，称其总量（m_1）。将倒出的集料试样置于 105℃ ± 5℃ 的烘箱中烘干至恒重，在干燥器内冷却至室温后，称取干样的质量（m_0）。

5 数据整理

5.1 计算公式

5.1.1 细集料的表观相对密度 γ_a、表干相对密度 γ_s 及毛体积相对密度 γ_b 分别按式 (6.2.2-1) ~ 式 (6.2.2-3) 计算至小数点后三位。

$$\gamma_a = \frac{m_0}{m_0 + m_1 - m_2} \qquad (6.2.2\text{-}1)$$

$$\gamma_s = \frac{m_3}{m_3 + m_1 - m_2} \qquad (6.2.2\text{-}2)$$

$$\gamma_b = \frac{m_0}{m_3 + m_1 - m_2} \qquad (6.2.2\text{-}3)$$

上述式中: γ_a ——集料的表观相对密度, 无量纲;

γ_s ——集料的表干相对密度, 无量纲;

γ_b ——集料的毛体积相对密度, 无量纲;

m_0 ——集料的烘干后质量(g);

m_1 ——水、瓶总质量(g);

m_2 ——饱和面干试样、水、瓶总质量(g);

m_3 ——饱和面干试样质量(g)。

5.1.2 细集料的表观密度 ρ_a、表干密度 ρ_s 及毛体积密度 ρ_b 分别按式(6.2.2-4) ~ 式(6.2.2-6)计算至小数点后三位。

$$\rho_a = (\gamma_a - \alpha_T)\rho_\Omega \qquad (6.2.2\text{-}4)$$

$$\rho_s = (\gamma_s - \alpha_T)\rho_\Omega \qquad (6.2.2\text{-}5)$$

$$\rho_b = (\gamma_b - \alpha_T)\rho_\Omega \qquad (6.2.2\text{-}6)$$

上述式中: ρ_a ——集料的表观密度(g/cm^3);

ρ_s ——集料的表干密度(g/cm^3);

ρ_b ——集料的毛体积密度(g/cm^3);

ρ_Ω ——水在4℃时的密度(g/cm^3);

α_T ——试验时水温对水密度影响的修正系数。

5.1.3 细集料的吸水率按式(6.2.2-7)计算, 精确至 0.01%。

$$w_X = \frac{m_3 - m_0}{m_3} \times 100 \qquad (6.2.2\text{-}7)$$

式中: w_X ——集料的吸水率(%);

m_3 ——饱和面干试样质量(g);

m_0 ——烘干试样质量(g)。

5.1.4 如因特殊需要, 需以饱和面干状态的试样为基准求取细集料的吸水率时, 细集料的饱和面干吸水率按式(6.2.2-8)计算, 精确至 0.01%, 但需在报告中注明。

$$w'_X = \frac{m_3 - m_0}{m_3} \times 100 \tag{6.2.2-8}$$

式中：w'_X——集料的饱和面干吸水率(%)；

m_3——饱和面干试样质量(g)；

m_0——烘干试样质量(g)。

5.2 精密度和允许差

毛体积密度及饱和面干密度以两次平行试验结果的算术平均值作为测定值,当两次结果与平均值之差大于 0.01g/cm^3 时,应重新取样进行试验。

吸水率以两次平行试验结果的算术平均值作为测定值,如两次结果与平均值之差大于 0.02%,应重新取样进行试验。

5.3 记录表格(表6.2.2-1)

细集料密度及吸水率试验记录表   表6.2.2-1

工程名称_____   样品编号_____

样品描述_____   试验环境_____

试验日期_____   试 验 者_____   复 核 者_____

试 验 次 数	1	2
饱和面干试样质量(g)		
试样烘干后质量(g)		
饱和面干试样＋水＋瓶总质量(g)		
水＋瓶总质量(g)		
试验水温(℃)		
试验时水温对水密度影响的修正系数		
表观相对密度		
表干相对密度		
毛体积相对密度		
吸水率(%)		
表观相对密度平均值		
表干相对密度平均值		
毛体积相对密度平均值		
吸水率平均值(%)		
表观密度(g/cm³)		
表干密度(g/cm³)		
毛体积密度(g/cm³)		

6.2.3 含泥量试验

1 目的、依据和适用范围

1.1 本方法仅用于测定天然砂中粒径小于 0.075mm 的尘屑、淤泥和黏土的含量。

1.2 本方法不适用于人工砂、石屑等矿粉成分较多的细集料。

1.3 本试验参照的标准为《公路工程集料试验规程》(JTG E42—2005)。

2 仪器设备

2.1 天平:称量 1kg,感量不大于 1g。

2.2 烘箱:能控温在 105℃ ±5℃。

2.3 标准筛:孔径 0.075mm 及 1.18mm 的方孔筛。

2.4 其他:筒、浅盘等。

3 试验准备

将来样用四分法缩分至每份约 1 000g,置于温度为 105℃ ±5℃ 的烘箱中烘干至恒重,冷却至室温后,称取约 400g(m_0)的试样两份备用。

4 试验步骤

4.1 取烘干的试样一份置于筒中,并注入洁净的水,使水面高出砂面约 200mm,充分拌和均匀后,浸泡 24h,然后用手在水中淘洗试样,使尘屑、淤泥和黏土与砂粒分离,并使之悬浮于水中,缓缓地将浑浊液倒入 1.18 ~ 0.075mm 的套筛上,滤去粒径小于 0.075mm 的颗粒。试验前筛子的两面应先用水湿润,在整个试验过程中应注意避免砂粒丢失。

注:不得直接将试样放在 0.075mm 筛上用水冲洗,或者将试样放在 0.075mm 筛上后在水中淘洗,难免误将粒径小于 0.075mm 的砂颗粒当作泥冲走。

4.2 再次加水于筒中,重复上述过程,直至筒内砂样洗出的水清澈为止。

4.3 用水冲洗留在筛上的细粒,并将 0.075mm 筛放在水中(使水面略高出筛中砂粒的上表面)来回摇动,以充分洗除粒径小于 0.075mm 的颗粒;然后将两筛上筛余的颗粒和筒中已经洗净的试样一并装入浅盘,置于温度为 105℃ ±5℃ 的烘箱中烘干至恒重,冷却至室温,称取试样的质量(m_1)。

5 数据整理

5.1 计算公式

砂的含泥量按式(6.2.3-1)计算,精确至 0.1%。

$$Q_n = \frac{m_0 - m_1}{m_0} \times 100 \qquad (6.2.3\text{-}1)$$

式中:Q_n——砂的含泥量(%);

m_0——试验前的烘干试样质量(g);

m_1——试验后的烘干试样质量(g)。

以两个试样试验结果的算术平均值作为测定值。当两次结果的差值超过 0.5% 时,应重新取样进行试验。

5.2 记录表格(表6.2.3-1)

细集料含泥量试验记录表   表6.2.3-1

工程名称_____   样品编号_____

样品描述_____   试验环境_____

试验日期_____   试 验 者_____   复 核 者_____

含泥量				
试验次数	试验前烘干试样质量(g)	试验后烘干试样质量(g)	含泥测值(%)	含泥量平均值(%)
1				
2				

泥块含量				
试验次数	试验前存留1.18mm筛上烘干试样质量(g)	试验后烘干试样质量(g)	泥块含量测值(%)	泥块含量平均值(%)
1				
2				

6.2.4 泥块含量试验

1 目的、依据和适用范围

1.1 测定水泥混凝土用砂中颗粒大于1.18mm的泥块的含量。

1.2 本试验参照的标准为《公路工程集料试验规程》(JTG E42—2005)。

2 仪器设备

2.1 天平:称量2kg,感量不大于2g。

2.2 烘箱:能控温在105℃±5℃。

2.3 标准筛:孔径0.6mm及1.18mm。

2.4 其他:洗砂用的筒及烘干用的浅盘等。

3 试验准备

将来样用分料器法或四分法缩分至每份约2 500g,置于温度为105℃±50℃的烘箱中烘干至恒重,冷却至室温后,用1.18mm筛筛分,取筛上的砂约400g分为两份备用。

4 试验步骤

4.1 取试样一份200g(m_1)置于容器中,并注入洁净的水,使水面至少超出砂面约200mm,充分拌混均匀后,静置24h,然后用手在水中捻碎泥块,再把试样放在0.6mm筛上,用水淘洗至水清澈为止。

4.2 筛余下来的试样应小心地从筛里取出,并在105℃±5℃的烘箱中烘干至恒重,冷却至室温后称量(m_2)。

5 数据整理

5.1 计算公式

砂中泥块含量按式(6.2.4-1)计算,精确至0.1%。

$$Q_k = \frac{m_1 - m_2}{m_1} \times 100 \qquad (6.2.4\text{-}1)$$

式中:Q_k——砂中粒径大于1.18mm的泥块含量(%);

　　　m_1——试验前存留于1.18mm筛上的烘干试样质量(g);

　　　m_2——试验后的烘干试样质量(g)。

取两次平行试验结果的算术平均值作为测定值,两次结果的差值如超过0.4%,应重新取样进行试验。

5.2　记录表格(表6.2.3-1)

6.2.5　人工砂的石粉含量试验

1　目的、依据和适用范围

1.1　本方法适用于确定细集料中是否存在膨胀性黏土矿物,并测定其含量,以评定集料的洁净程度,用亚甲蓝值MBV表示。

1.2　本方法适用于粒径小于2.36mm或小于0.15mm的细集料,也可用于矿粉的质量检验。

1.3　当细集料中的0.075mm筛通过率小于3%时,可不进行此项试验,即作为合格看待。

1.4　本试验参照的标准为《公路工程集料试验规程》(JTG E42—2005)。

2　仪器设备

2.1　亚甲蓝($C_{16}H_{18}CIN_3S \cdot 3H_2O$):纯度不小于98.5%。

2.2　移液管:5mL、2mL移液管,各1个。

2.3　叶轮搅拌机:转速可调,并能满足600r/min±60r/min的转速要求,叶轮3个或4个,叶轮直径75mm±10mm。

注:其他类型的搅拌器也可使用,但试验结果必须与使用上述搅拌器时基本一致。

2.4　鼓风烘箱:能使温度控制在105℃±5℃。

2.5　天平:称量1 000g,感量0.1g及称量100g,感量0.01g,各1台。

2.6　标准筛:孔径为0.075mm、0.15mm、2.36mm的方孔筛,各1只。

2.7　容器:深度大于250mm,要求淘洗试样时,保持试样不溅出。

2.8　玻璃容量瓶:1L。

2.9　定时装置:精度1s。

2.10　玻璃棒:直径8mm,长300mm,2根。

2.11　温度计:精度1℃。

2.12　烧杯:1 000mL。

2.13　其他:定量滤纸、搪瓷盘、毛刷、洁净水等。

3　试验步骤

3.1　标准亚甲蓝溶液(10.0g/L±0.1g/L标准浓度)配制

3.1.1　测定亚甲蓝中的含水率w。称取5g左右的亚甲蓝粉末,记录质量m_h,精确至0.01g。在100℃±5℃的温度下烘干至恒重(若烘干温度超过105℃,亚甲蓝粉末会变质),在干燥器中冷却,然后称重,记录质量m_g,精确至0.01g。按式(6.2.5-1)计算亚甲蓝的含水率w:

$$w = \frac{m_h - m_g}{m_g} \times 100 \tag{6.2.5-1}$$

式中：m_h——亚甲蓝粉末的质量(g)；

m_g——干燥后亚甲蓝粉末的质量(g)。

注：每次配制亚甲蓝溶液前，都必须首先确定亚甲蓝的含水率。

3.1.2 取亚甲蓝粉末$(100 + w)(10g \pm 0.01g)/100$(即亚甲蓝干粉末质量10g)，精确至0.01g。

3.1.3 加热盛有约600mL洁净水的烧杯，水温不超过40℃。

3.1.4 边搅动边加入亚甲蓝粉末，持续搅动45min，直至亚甲蓝粉末全部溶解为止，然后冷却至20℃。

3.1.5 将溶液倒入1L容量瓶中，用洁净水淋洗烧杯等，使所有亚甲蓝溶液全部移入容量瓶，容量瓶和溶液的温度应保持在20℃±1℃，加洁净水至容量瓶1L刻度。

3.1.6 摇晃容量瓶以保证亚甲蓝粉末完全溶解。将标准液移入深色储藏瓶中，亚甲蓝标准溶液保质期应不超过28d；配制好的溶液应标明制备日期、失效日期，并避光保存。

3.2 制备细集料悬浊液

3.2.1 取代表性试样，缩分至约400g，置于烘箱中，在105℃±5℃条件下烘干至恒重，待冷却至室温后，筛除大于2.36mm颗粒，分两份备用。

3.2.2 称取试样200g，精确至0.1g。将试样倒入盛有500mL±5mL洁净水的烧杯中，将搅拌器速度调整到600r/min，搅拌器叶轮离烧杯底部约10mm。搅拌5min，形成悬浊液，用移液管准确加入5mL亚甲蓝溶液，然后保持400r/min±40r/min转速不断搅拌，直到试验结束。

3.3 亚甲蓝吸附量的测定

3.3.1 将滤纸架空放置在敞口烧杯的顶部，使其不与任何其他物品接触。

3.3.2 细集料悬浊液在加入亚甲蓝溶液并经400r/min±40r/min转速搅拌1min起，在滤纸上进行第一次色晕检验。即用玻璃棒蘸取一滴悬浊液滴于滤纸上，液滴在滤纸上形成环状，中间是集料沉淀物，液滴的数量应使沉淀物直径在8～12mm之间。外围环绕一圈无色的水环，当在沉淀物周围边缘放射出一个宽度约1mm的浅蓝色色晕时(图6.2.5-1)，试验结果称为阳性。

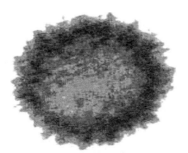

图6.2.5-1 亚甲蓝试验得到的色晕图像

注：左图为符合要求，右图为不符合要求。

注:由于集料吸附亚甲蓝需要一定的时间才能完成,在色晕试验过程中,色晕可能在出现后又消失了。为此,需每隔1min进行一次色晕检验,连续5次出现色晕方为有效。

3.3.3 如果第一次的5mL亚甲蓝没有使沉淀物周围出现色晕,再向悬浊液中加入5mL亚甲蓝溶液,继续搅拌1min,再用玻璃棒蘸取一滴悬浊液,滴于滤纸上,进行第二次色晕试验。若沉淀物周围仍未出现色晕,重复上述步骤,直到沉淀物周围放射出约1mm的稳定浅蓝色色晕。

3.3.4 停止滴加亚甲蓝溶液,但继续搅拌悬浊液,每1min进行一次色晕试验。若色晕在最初的4min内消失,再加入5mL亚甲蓝溶液;若色晕在第5min消失,再加入2mL亚甲蓝溶液。两种情况下,均应继续搅拌并进行色晕试验,直至色晕可持续5min为止。

3.3.5 记录色晕持续5min时所加入的亚甲蓝溶液总体积,精确至1mL。

注:试验结束后应立即用水彻底清洗试验用容器,清洗后的容器不得含有清洁剂成分,建议将这些容器作为亚甲蓝试验的专门容器。

3.4 亚甲蓝的快速评价试验

3.4.1 按本方法3.2.1、3.2.2要求制样及搅拌。

3.4.2 一次性向烧杯中加入30mL亚甲蓝溶液,以400r/min±40r/min转速持续搅拌8min,然后用玻璃棒蘸取一滴悬浊液,滴于滤纸上,观察沉淀物周围是否出现明显色晕。

3.5 小于0.15mm粒径部分的亚甲蓝值MBVF的测定

按本方法3.1~3.3的规定准备试样,进行亚甲蓝试验测试,但试样为0~0.15mm部分,取30g±0.1g。

3.6 按本方法4.2.3的筛洗法测定细集料中含泥量或石粉含量。

4 数据整理

4.1 计算公式

4.1.1 细集料亚甲蓝值MBV按式(6.2.5-2)计算,精确至0.1。

$$MBV = \frac{V}{m} \times 10 \qquad (6.2.5-2)$$

式中:MBV——亚甲蓝值(g/kg),表示每千克0~2.36mm粒级试样所消耗的亚甲蓝克数;

　　　m——试样质量(g);

　　　V——所加入的亚甲蓝溶液的总量(mL)。

注:公式中的系数10用于将每千克试样消耗的亚甲蓝溶液体积换算成亚甲蓝质量。

4.1.2 亚甲蓝快速试验结果评定:

若沉淀物周围出现明显色晕,则判定亚甲蓝快速试验为合格;若沉淀物周围未出现明显色晕,则判定亚甲蓝快速试验为不合格。

4.1.3 小于0.15mm粒径部分或矿粉的亚甲蓝值MBV_F按式(6.2.5-3)计算,精确至0.1。

$$MBV_F = \frac{V_1}{m_1} \times 10 \qquad (6.2.5-3)$$

式中:MBV_F——亚甲蓝值(g/kg),表示每千克0~0.15mm粒级或矿粉试样所消耗的亚甲蓝克数;

m_1——试样质量(g);

V_1——加入的亚甲蓝溶液的总量(mL)。

4.1.4 细集料中含泥量或石粉含量计算和评定按本方法4.2.3的方法进行。

4.2 记录表格(表6.2.5-1)

人工砂的石粉含量试验记录表

表6.2.5-1

工程名称_____ 样品编号_____

样品描述_____ 试验环境_____

试验日期_____ 试 验 者_____ 复 核 者_____

标准亚甲蓝溶液配制	烘干前亚甲蓝粉末质量(g)	烘干后亚甲蓝粉末质量(g)	亚甲蓝粉末含水率(%)	配置1L标准溶液亚甲蓝粉末质量(g)
亚甲蓝吸附量的测定	测定指标	烘干试样质量(g)	试验加入亚甲蓝溶液总量(mL)	亚甲蓝值(g/kg)
	亚甲蓝			
	粒径小于0.15mm部分或矿粉亚甲蓝值			
亚甲蓝的快速评价试验	烘干试样质量(g)	试验加入亚甲蓝溶液总量(mL)		滤纸上沉淀物周围是否出现色晕

6.2.6 砂当量试验

1 目的、依据和适用范围

1.1 本方法适用于测定天然砂、人工砂、石屑等各种细集料中所含的黏性土或杂质的含量,以评定集料的洁净程度。砂当量用 SE 表示。

1.2 本方法适用于公称最大粒径不超过4.75mm的集料。

1.3 本试验参照的标准为《公路工程集料试验规程》(JTG E42—2005)。

2 仪器设备

2.1 仪具

2.1.1 透明圆柱形试筒(图6.2.6-1):如透明塑料制,外径40mm±0.5mm,内径32mm±0.25mm,高度420mm±0.25mm。在距试筒底部100mm、380mm处刻画刻度线,试筒口配有橡胶瓶口塞。

2.1.2 冲洗管:如图6.2.6-2所示,由一根弯曲的硬管组成,不锈钢或冷锻钢制,其外径为6mm±0.5mm,内径为4mm±0.2mm。管的上部有一个开关,下部有一个不锈钢两侧带孔尖头,孔径为1mm±0.1mm。

2.1.3 透明玻璃或塑料桶:容积5L,有一根虹吸管放置在桶中,桶底面高出工作台约1m。

2.1.4 橡胶管(或塑料管):长约1.5m,内径约5mm,同冲洗管连在一起吸液用,配有金属夹,以控制冲洗液流量。

249

2.1.5　配重活塞：如图 6.2.6-3 所示，由长 440mm ±0.25mm 的杆、直径 25mm ±0.1mm 的底座（下面平坦、光滑、垂直杆轴）、套筒和配重组成。且在活塞上有三个横向螺栓可保持活塞在试筒中间，并使活塞与试筒之间有一条小缝隙。

套筒为黄铜或不锈钢制，厚 10mm ±0.1mm，大小适合试筒，用于引导活塞杆，能标记筒中活塞下沉的位置。套筒上有一个螺栓用以固定活塞杆。配重为 1kg ±5g。

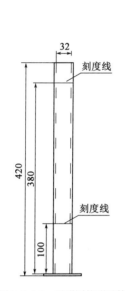
图 6.2.6-1　透明圆柱形试筒
（尺寸单位：mm）

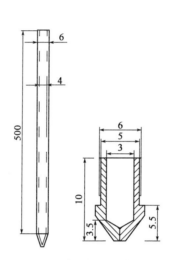
图 6.2.6-2　冲洗管（尺寸单位：mm）

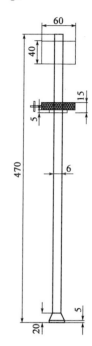
图 6.2.6-3　配重活塞（尺寸单位：mm）

2.1.6　机械振荡器：可以使试筒产生横向的直线运动振荡，振幅 203mm ±1.0mm，频率 180 次/min ±2 次/min。

2.1.7　天平：称量 1kg，感量不大于 0.1g。

2.1.8　烘箱：能使温度控制在 105℃ ±5℃。

2.1.9　秒表。

2.1.10　标准筛：筛孔为 4.75mm。

2.1.11　温度计。

2.1.12　广口漏斗：玻璃或塑料制，口的直径为 100mm 左右。

2.1.13　钢板尺：长 50cm，刻度 1mm。

2.1.14　其他：量筒（500mL）、烧杯（1L）、塑料桶（5L）、烧杯、刷子、盘子、刮刀、勺子等。

2.2　试剂

2.2.1　无水氯化钙（$CaCl_2$）：分析纯，含量 96% 以上，分子量 110.99，纯品为无色立方结晶，在水中溶解度大，溶解时放出大量热，它的水溶液呈微酸性，具有一定的腐蚀性。

2.2.2　丙三醇（$C_3H_8O_3$）：又称甘油，分析纯，含量 98% 以上，分子量 92.09。

2.2.3　甲醛(HCHO)：分析纯，含量36%以上，分子量30.03。

2.2.4　洁净水或纯净水。

3　试验准备

3.1　试样制备

3.1.1　将样品通过孔径4.75mm筛，去掉筛上的粗颗粒部分，试样数量不少于1000g。如样品过分干燥，可在筛分之前加少量水分润湿(含水率约为3%)，用包橡胶的小锤打碎土块，然后再过筛，以防将土块作为粗颗粒筛除。当粗颗粒部分被在筛分时不能分离的杂质裹覆时，应将筛上部分的粗集料进行清洗，并回收其中的细粒放入试样中。

注：在配制稀浆封层及微表处混合料时，4.75mm部分经常是由两种以上的集料混合而成，如由3~5mm和3mm以下石屑混合，或由石屑与天然砂混合组成，可分别对每种集料按本方法测定其砂当量，然后按组成比例计算合成的砂当量。为减少工作量，通常做法是将样品按配比混合组成后用4.75mm筛过筛，测定集料混合料的砂当量，以鉴定材料是否合格。

3.1.2　按《公路工程集料试验规程》(JTG E42—2005)中T0332的方法测定试样含水率，试验用的样品，在测定含水率和取样试验期间不应丢失水分。

由于试样是加水湿润过的，对试样含水率应按现行含水率测定方法进行，含水率以两次测定的平均值计，精确至0.1%。未经过含水率测定的试样不得用于试验。

3.1.3　称取试样的湿重

根据测定的含水率，按式(6.2.6-1)计算相当于120g干燥试样的样晶湿重，准确至0.1g。

$$m_1 = \frac{120 \times (100 + w)}{100} \tag{6.2.6-1}$$

式中：w——集料试样的含水率(%)；

m_1——相当于干燥试样120g时潮湿试样的质量(g)。

3.2　配制冲洗液

3.2.1　根据需要确定冲洗液的数量，通常一次配制5L，约可进行10次试验。如试验次数较少，可以按比例减少，但不宜少于2L，以减小试验误差。冲洗液的浓度以每升冲洗液中的氯化钙、甘油、甲醛含量分别为2.79g、12.12g、0.34g控制。称取配制5L冲洗液的各种试剂的用量：氯化钙14.0g、甘油60.6g、甲醛1.7g。

3.2.2　称取无水氯化钙14.0g放入烧杯中，加洁净水30mL，充分溶解，此时溶液温度会升高，待溶液冷却至室温，观察是否有不溶的杂质，若有杂质必须用滤纸将溶渡过滤，以除去不溶的杂质。

3.2.3　倒入适量洁净水稀释，加入甘油60.6g，用玻璃棒搅拌均匀后再加入甲醛1.7g，用玻璃棒搅拌均匀后全部倒入1L量筒中，并用少量洁净水分别对盛过三种试剂的器皿洗涤三次，每次洗涤的水均放入量筒中，最后加洁净水至1L刻度线。

3.2.4　将配制的1L溶液倒入塑料桶或其他容器中，再加入4L洁净水或纯净水稀释至5L±0.005L。该冲洗液的使用期限不得超过2周，超过2周后必须废弃，其工作温度为22℃±3℃。

注：有条件时，可向专门机构购买高浓度的冲洗液，按照要求稀释后使用。

4　试验步骤

4.1　用冲洗管将冲洗液加入试筒，直到最下面的100mm刻度处(约需80mL试验用冲洗液)。

4.2　把质量相当于120g±1g干料的试样用漏斗仔细地倒入竖立的试筒中。

4.3 用手掌反复敲打试筒下部,以除去气泡,并使试样尽快润湿,然后放置10min。

4.4 待试样静止10min±1min后,在试筒上塞上橡胶塞堵住试筒,用手将试筒横向水平放置,或将试筒水平固定在振荡机上。

4.5 开动机械振荡器,在30s±1s的时间内振荡90次。用手振荡时,仅需手腕振荡,不必晃动手臂,以维持振幅230mm±25mm,振荡时间和次数与机械振荡器同。然后将试筒取下竖直放回试验台上,拧下橡胶塞。

4.6 将冲洗管插入试筒中,用冲洗液冲洗附在试筒壁上的集料,然后迅速将冲洗管插到试筒底部,不断转动冲洗管,使附着在集料表面的土粒杂质浮游上来。

4.7 缓慢匀速地向上拔出冲洗管,当冲洗管抽出液面,且保持液面位于380mm刻度线时,切断冲洗管的液流,使液面保持在380mm刻度线处,然后开动秒表,在没有扰动的情况下静置20min±15s。

4.8 在静置20min后,用尺量测从试筒底部到絮状凝结物上液面的高度(h_1)。

4.9 将配重活塞徐徐插入试筒里,直至碰到沉淀物,立即拧紧套筒上的固定螺栓。将活塞取出,用直尺插入套筒开口中,量取套筒顶面至活塞底面的高度h_2,准确至1mm,同时记录试筒内的温度,准确至1℃。

4.10 按上述步骤进行两个试样的平行试验。

注:1. 为了不影响沉淀的过程,试验必须在无振动的水平台上进行。随时检查试验的冲洗管口,防止堵塞。

2. 由于塑料在太阳光下容易变成不透明,应尽量避免将塑料试筒等直接暴露在太阳光下,盛试验溶液的塑料桶用毕要清洗干净。

5 数据整理

5.1 计算公式

试样的砂当量值按式(6.2.6-2)计算。

$$SE = \frac{h_2}{h_1} \times 100 \qquad (6.2.6-2)$$

式中:SE——试样的砂当量(%);

h_2——试筒中用活塞测定的集料沉淀物的高度(mm);

h_1——试筒中絮凝物和沉淀物的总高度(mm)。

一种集料应平行测定两次,取两个试样的平均值,并以活塞测得的砂当量为准,以整数表示。

5.2 记录表格(表6.2.6-1)

细集料砂当量试验记录表 表6.2.6-1

工程名称_____ 样品编号_____

样品描述_____ 试验环境_____

试验日期_____ 试 验 者_____ 复 核 者_____

试样湿质量(g)	试筒中絮凝物和沉淀物的总高度(mm)	试筒中用活塞测定的集料沉淀物的高度(mm)	冲洗液温度(℃)	试样砂当量测值(%)	试样砂当量平均值(%)

6.2.7 云母含量试验

1 目的、依据和适用范围

1.1 测定砂中云母的近似含量。

1.2 本试验参照的标准为《公路工程集料试验规程》(JTG E42—2005)。

2 仪器设备

2.1 放大镜(5倍左右)。

2.2 钢针。

2.3 天平:称量10%,感量不大于0.01g。

3 试验步骤

称取经缩分的试样50g,在温度为105℃±5℃的烘箱中烘干至恒重,冷却至室温后,先筛去粒径大于4.75mm和小于0.3mm的颗粒,然后根据砂的粗细不同称取试样10~20g(m_0),放在放大镜下观察,用钢针将砂中所有云母全部挑出,称量所挑出的云母质量(m_1)。

4 数据整理

4.1 计算公式

砂中云母含量按式(6.2.7-1)计算,精确至0.1%。

$$Q_e = \frac{m_1}{m_0} \times 100 \tag{6.2.7-1}$$

式中:Q_e——砂中云母含量(%);

　　　m_0——烘干试样质量(g);

　　　m_1——挑出的云母质量(g)。

4.2 记录表格见下表6.2.7-1

细集料云母含量试验记录表　　　　　　　　　　　　表6.2.7-1

工程名称_____　　　　　　　　　　　　　　　样品编号_____

样品描述_____　　　　　　　　　　　　　　　试验环境_____

试验日期_____　　　　试 验 者_____　　　复 核 者_____

试 样 编 号					
烘干试样质量(g)					
挑出的云母质量(g)					
云母含量测值(%)					
云母含量测定值(%)					

6.2.8 轻物质含量试验

1 目的、依据和适用范围

1.1 本方法用于测定砂中轻物质近似含量。

1.2 本试验参照的标准为《公路工程集料试验规程》(JTG E42—2005)。

2 仪器设备

2.1 烘箱:能控温在105℃±5℃。

2.2 天平:称量1 000g,感量不大于0.1g。

2.3 玻璃仪器:量杯(1 000mL)、量筒(250mL)、烧杯(150mL)。

2.4 比重计:测定范围1.0~2.0。

2.5 网篮:内径和高度均约为70mm,网孔孔径不大于0.3mm(可用坚固性试验用的网篮,也可用孔径0.3mm的筛)。

2.6 氯化锌:化学纯。

3 试验准备

3.1 称取经缩分的试样约800g,在105℃±5℃的烘箱中烘干至恒重,冷却后将粒径大于4.75mm和小于0.3mm的颗粒筛去,然后称取每份重约200g的试样两份备用。

3.2 配制相对密度为1.95~2.0的重液:向1 000mL的量杯中加水至600mL刻度处,再加入1500g氯化锌,用玻璃棒搅拌,使氯化锌全部溶解,待冷却至室温后(氯化锌在溶解过程中放出大量热量),将部分溶液倒入250mL量筒中测其相对密度。如溶液相对密度小于要求值,则将它倒回量杯,再加入氯化锌,溶解并冷却后测其相对密度,直至溶液相对密度达到要求数值为止。

4 试验步骤

4.1 将上述试样1份(m_0)倒入盛有重液(约500mL)的量杯中,用玻璃棒充分搅拌,使试样中的轻物质与砂分离,静置5min后,将浮起的轻物质连同部分重液倒入网篮中。轻物质留在网篮上,而重液则通过网篮流入另一容器。倾倒重液时应避免带出砂粒,一般当重液表面与砂表面相距20~30mm时即停止倾倒。流出的重液倒回盛试样的量杯中,重复上述过程,直至无轻物质浮起为止。

4.2 用清水洗净留存于网篮中的轻物质,然后将它倒入烧杯中,在105℃±5℃的烘箱中烘干至恒重,用感量为0.01g的天平称量轻物质与烧杯总量(m_1)。

5 数据整理

5.1 计算公式

砂中轻物质的含量按式(6.2.8-1)计算,精确至0.1%。

$$Q_g = \frac{m_1 - m_2}{m_0} \times 100 \qquad (6.2.8-1)$$

式中:Q_g——砂中轻物质的含量(%);

　　　m_1——烘干的轻物质与烧杯的总量(g);

　　　m_2——烧杯的质量(g);

　　　m_0——试验前烘干的试样质量(g)。

以两份试样试验结果的算术平均值作为测定值。

5.2 记录表格(表6.2.8-1)

细集料轻物质含量试验记录表　　　　　　　　　表6.2.8-1

工程名称_____　　　　　　　　　　　　　样品编号_____

样品描述_____　　　　　　　　　　　　　试验环境_____

试验日期_____　　　　试　验　者_____　　　复核者_____

试　样　编　号				
烘干试样质量(g)				
烘干的轻物质与烧杯总量(g)				
烧杯质量(g)				
轻物质含量测值(%)				
轻物质含量测定值(%)				

6.2.9　有机物含量试验

1　目的、依据和适用范围

1.1　本方法用于评定天然砂中的有机质含量是否达到影响水泥混凝土品质的程度。

1.2　本试验参照的标准为《公路工程集料试验规程》(JTG E42—2005)。

2　仪器设备

2.1　天平:感量不大于称量的0.01%。

2.2　量筒:250mL、100mL、10mL。

2.3　氢氧化钠溶液:氢氧化钠与洁净水的质量比为3:97。

2.4　其他:鞣酸、酒精、烧杯、玻璃棒和孔径为4.75mm的方孔筛。

3　试验准备

3.1　试样制备:筛去试样中粒径在4.75mm以上的颗粒,用分料器法或四分法缩分至约500g,风干备用。

3.2　标准溶液的配制方法:取2g鞣酸粉溶解于98mL浓度为10%的酒精溶液中,即得所需的鞣酸溶液。然后取该溶液2.5mL注入97.5mL浓度为3%的氢氧化钠溶液中,加塞后剧烈摇动,静置24h即得标准溶液。

4　试验步骤

4.1　向250mL量筒中倒入试样至103mL刻度处,再注入浓度为3%的氢氧化钠溶液至200mL刻度处,剧烈摇动后静置24h。

4.2　比较试样上部溶液和新配制标准溶液的颜色。盛装标准溶液与盛装试样的量筒规格应一致。

5　数据整理

5.1　报告

若试样上部的溶液颜色浅于标准溶液的颜色,则试样的有机质含量鉴定合格;如果两种溶液的颜色接近,则应将该试样(包括上部溶液)倒入烧杯中,再将烧杯放在温度为60~70℃的水槽锅中加热2~3h,然后再与标准溶液比色。如溶液的颜色深于标准色,则应按以下方法作进一步试验:

取试样1份,用3%氢氧化钠溶液洗除有机杂质,再用洁净水淘洗干净,至试样用比色法试验时溶液的颜色浅于标准色,然后用经洗除有机质的试样和未洗除有机质的试样以相同的配合比分别配成流动性基本相同的两种水泥砂浆,测定其7d和28d的抗压强度,如未经洗除有机质的砂浆强度不低于经洗除有机质的砂浆强度的95%时,则此砂可以采用。

5.2 记录表格(表6.2.9-1)

细集料有机物含量试验记录表

表6.2.9-1

工程名称_____　　　　　　　　　　　　　　　样品编号_____
样品描述_____　　　　　　　　　　　　　　　试验环境_____
试验日期_____　　　　　试　验　者_____　　　　复　核　者_____

试样上部溶液和标准溶液颜色比较结果描述				
项目	7d	7d未经洗除有机质的砂浆强度与经洗除有机质的砂浆强度比(%)	28d	28d未经洗除有机质的砂浆强度与经洗除有机质的砂浆强度比(%)
洗除有机质配成的砂浆试件抗压强度(MPa)				
未洗除有机质配成的砂浆试件抗压强度(MPa)				

6.2.10　三氧化硫(SO$_3$)含量试验

1　目的、依据和适用范围

1.1　本方法用于测定砂中是否含有有害的硫酸盐、硫化物,按SO$_3$计,并测定其含量。

1.2　本试验参照的标准为《公路工程集料试验规程》(JTG E42—2005)。

2　仪器设备

2.1　定性试验需用仪具与材料。

2.1.1　天平:称量1kg,感量不大于1g;称量100g,感量不大于0.001g。

2.1.2　筛:筛孔0.075mm。

2.1.3　烧杯:容量500mL。

2.1.4　其他:纯盐酸、10%氯化钡(BaCl$_2$)溶液、滤纸、玻璃棒及研钵等。

2.2　定量试验需用仪具与材料。

2.2.1　分析天平:感量不大于0.0001g。

2.2.2　摇瓶:1000mL。

2.2.3　无灰滤纸:要求经灼烧后无质量。

2.2.4　混合指示剂:1份甲基红和3份溴甲酚绿的0.1%酒精溶液。

2.2.5　纯盐酸。

2.2.6　10%氯化钡(BaCl₂)溶液。

2.2.7　其他：普通电炉、高温电炉、振荡器、搅拌器、抽气瓶、烧杯、坩埚及平底瓷漏斗等。

3　试验步骤

3.1　定性试验

3.1.1　用分料器法或四分法取代表样约1000g，烘干至恒重，称取烘干样约200g，在研钵中研成粉末，通过0.075mm筛，仔细拌匀粉末并称取100g，放在500mL的烧杯中，注入250mL洁净水，搅拌1～2min(数次)，经一昼夜后用滤纸过滤，然后向滤液中加2～3滴纯盐酸，注入5mL左右10%氯化钡溶液，加热至50℃，再静置一昼夜。

3.1.2　如有白色沉淀物产生，即表示砂中有SO₃，须进行定量试验测定其含量。

3.2　定量试验

3.2.1　称取通过0.075mm筛孔的烘干试样200g，装入注有500mL洁净水的烧瓶中，加塞蜡封，经常摇动，经一昼夜后，再把溶液摇浑，用抽气法过滤。

3.2.2　将100mL的过滤溶液放在250mL的烧杯中，加入4～5滴混合指示剂，使溶液变色，接着加入纯盐酸至溶液呈红色，再加4～5滴混合指示剂，煮沸后加入10%氯化钡溶液约15mL，然后搅拌均匀。为了得到较大的硫酸钡(BaSO₄)结晶，可将溶液在60～70℃的温度内加热2h，然后静置数小时。

3.2.3　用紧密滤纸将此溶液过滤，过滤前将滤纸微湿，过滤后把原装滤液的烧杯用洁净水洗几次至洁净，再将洗烧杯的水也加以过滤，最后把留在滤纸上的物质洗几遍(以1%硝酸银溶液检验Cl⁻)。

3.2.4　把过滤后留在滤纸上的物质连同滤纸一起放入已知质量的干坩埚中，将坩埚放在普通电炉上使滤纸炭化，然后再放在700～800℃高温电炉上灼烧15～20min，待灰化后取出，放在干燥器内冷却至室温，用分析天平称其总量(m_1)。

4　数据整理

4.1　计算公式

按式(6.2.10-1)计算SO₃含量，精确至0.01%。

$$P = \frac{(m_1 - m_0) \times 0.343}{40} \times 100 \qquad (6.2.10\text{-}1)$$

式中：P——SO₃含量(%)；

　　m_0——坩埚质量(g)；

　　m_1——坩埚和灰化物总质量(g)；

　0.343——硫酸钡(BaSO₄)换算为SO₃的系数；

　　40——作定量试验的试样质量(g)。

取两次试验结果的算术平均值作为测定值，若两次试验结果之差大于0.15%，应重新取样进行试验。

4.2　记录表格(表6.2.10-1)

细集料三氧化硫试验记录表　　　　　　　　　　表 6.2.10-1

工程名称_____　　　　　　　　　　　　　样品编号_____

样品描述_____　　　　　　　　　　　　　试验环境_____

试验日期_____　　　　试　验　者_____　　　复　核　者_____

定性试验			
定量试验			
试验次数	坩埚质量(g)	坩埚和灰化物总质量(g)	三氧化硫含量测值(%)	三氧化硫含量测定值(%)
1				
2				

6.2.11　氯盐含量试验

1　目的、依据和适用范围

本方法适用于建设工程中混凝土及其制品和普通砂浆用砂。

本方法参照的标准为《建设用砂》(GB/T 14684—2011)。

2　仪器设备及试剂

2.1　仪器设备

2.1.1　鼓风干燥箱:能使温度控制在 105℃±5℃。

2.1.2　天平:称量 1 000g,感量 0.1g。

2.1.3　带塞磨口瓶:1L。

2.1.4　三角瓶:300mL。

2.1.5　移液管:50mL。

2.1.6　滴定管:10mL、25mL,精度 0.1mL。

2.1.7　容量瓶:500mL。

2.1.8　1 000mL 烧杯、中速滤纸、搪瓷盘、毛刷等。

2.2　试剂

2.2.1　0.01mol/L 氯化钠标准溶液。

2.2.2　0.01mol/L 硝酸银标准溶液。

2.2.3　5% 铬酸钾指示剂溶液。

以上三种溶液配制及标定方法按《化学试剂　标准滴定溶液的制备》(GB/T 601—2016)、《化学试剂　杂质测定用标准溶液的制备》(GB/T 602—2002)的规定进行。

3　试验步骤

3.1　试验准备

3.1.1　取样及取样数量

(1)在料堆上取样时,取样部位应均匀分布。取样前先将取样部位表层铲除,然后从不同部位随机抽取大致等量的砂8份,组成一组样品。

(2)从皮带运输机上取样时,应用与皮带等宽的接料器在皮带运输机机头出料处全断面定时随机抽取大致等量的砂4份,组成一组样品。

(3)从火车、汽车、货船上取样时,应从不同部位和深度随机抽取大致等量的砂8份,组成一组样品。

(4)单次试验的最少取样数量为4.4kg。

3.1.2　试样处理

(1)用分料器法:将样品在潮湿状态下拌和均匀,然后通过分料器,取接料斗中的其中一份再次通过分料器。重复上述过程,直至把样品缩分到试验所需量为止。

(2)人工四分法:将所取样品置于平板上,在潮湿状态下拌和均匀,并堆成厚度约20mm的圆饼,然后沿互相垂直的两条直径把圆饼分成大致相等的四份,取其中对角线的两份重新拌匀,再堆成圆饼。重复上述过程,直至把样品缩分到试验所需量为止。

3.2　试样测定

3.2.1　将本方法3.1的试样筛分至约1 100g,放在干燥箱中置于105℃±5℃下烘干至恒重,待冷却至室温后,分为大致相等的两份备用。

3.2.2　称取试样500g,精确至0.1g,将试样倒入磨口瓶中,用容量瓶取500mL蒸馏水,注入磨口瓶,盖上塞子,摇动一次后,放置2h,然后每隔5min振动1次,共振动3次,使氯盐成分溶解,将磨口瓶上部已澄清的溶液过滤,然后用移液管吸取50mL滤液,注入三角瓶中,再加入5%铬酸钾指示剂1mL,用0.01mol/L硝酸银标准溶液滴定至呈现砖红色为终点,记录消耗的硝酸银标准溶液的体积,精确至1mL。

3.3　空白试验

用移液管移取50mL蒸馏水注入三角瓶中,加入5%铬酸钾指示剂1mL,并用0.01mol/L硝酸银溶液滴定至呈砖红色为止,记录空白样消耗的硝酸银溶液的体积,精确至1mL。

4　数据整理

4.1　计算公式

氯离子含量按式(6.2.11-1)计算,精确至0.01%:

$$Q_f = \frac{N(A-B) \times 0.035\,5 \times 10}{G_0} \times 100 \qquad (6.2.11\text{-}1)$$

式中:Q_f——氯离子含量(%);

N——硝酸银标准溶液的浓度(mol/L);

A——样品滴定时消耗的硝酸银标准溶液的体积(mL);

B——空白试验时消耗的硝酸银标准溶液的体积(mL);

0.035 5——换算系数;

10——全部试样溶液与所分取试样溶液的体积比;

G_0——试样质量(g)。

4.2　记录表格(表6.2.11-1)

细集料氯盐试验记录表 表 6.2.11-1

工程名称_____　　　　　　　　　　　　　　　　　样品编号_____

样品描述_____　　　　　　　　　　　　　　　　　试验环境_____

试验日期_____　　　　　试　验　者_____　　　复　核　者_____

试验次数	硝酸银溶液标定									
	氯化钠标准溶液的浓度（mol/L）	氯化钠标准溶液的体积（mL）	标准溶液滴定量（mL）			空白样滴定量 B（mL）			硝酸银溶液浓度 N（mol/L）	
			初值	终值	消耗量	初值	终值	消耗量	均值	计算值	平均值
1											
2											

序号	样品测定					
	试样质量 G_0（g）	滴定试样消耗标准溶液量 A（mL）			滴定空白样消耗标准溶液量 B（mL）	试样氯盐含量 Q_f（%）	
		初值	终值	消耗量		计算值	平均值

4.3 精密度和允许差

氯离子含量取两次试验结果的算术平均值，精确至 0.01%。

4.4 评定

采用修约值比较法进行评定。

6.2.12 坚固性试验

1 目的、依据和适用范围

1.1 本方法用以确定砂试样经饱和硫酸钠溶液多次浸泡与烘干循环，承受硫酸钠结晶压而不发生显著破坏或强度降低的性能，以评定砂的坚固性能（也称为安定性）。

1.2 本试验参照的标准为《公路工程集料试验规程》（JTG E42—2005）。

2 仪器设备

2.1 烘箱：能控温在 105℃ ±5℃。

2.2 天平：称量 200g，感量不大于 0.2g。

2.3 标准筛：孔径为 0.3mm、0.6mm、1.18mm、2.36mm、4.75mm。

2.4 容器：搪瓷盆或瓷缸，容量不小于 10L。

2.5 三脚网篮：内径及高均为 70mm，由铜丝或镀锌铁丝制成，网孔的孔径不应大于所盛试样粒级下限尺寸的一半。

2.6 试剂：无水硫酸钠或十水结晶硫酸钠（工业用）。

2.7 波美比重计。

3 试验准备

取一定数量的洁净水（多少取决于试样及容器大小），加温至 30～50℃，每 1 000mL 洁净水加入无水硫酸钠（Na_2SO_4）300～350g 或十水硫酸钠（$Na_2SO_4 \cdot 10H_2O$）700～1 000g，用玻璃棒搅拌，使其溶解并饱和，然后冷却至 20～25℃，在此温度下静置 48h，其相对密度应保持在 1.151～1.174（波美度为 18.9～21.4）范围内，试验时容器底部应无结晶存在。

4　试验步骤

4.1　将试样烘干,称取粒级分别为 0.3~0.6mm、0.6~1.18mm、1.18~2.36mm 和 2.36~4.75mm 的试样各约 100g(m_i),分别装入网篮并浸入盛有硫酸钠溶液的容器中。溶液体积应不小于试样总体积的 5 倍,其温度应保持在 20~50℃范围内。三脚网篮浸入溶液时应先上下升降 25 次以排除试样中的气泡,然后静置于该容器中。此时网篮底面应距容器底面约 30mm(由网篮脚高控制),网篮之间的间距应不小于 30mm。试样表面至少应在液面以下 30mm。

4.2　浸泡 20h 后,从溶液中提出网篮,放在 105℃±5℃的烘箱中烘烤 4h,至此完成了第一个试验循环,待试样冷却至 20~25℃后,即开始第二次循环。

从第二次循环开始,浸泡及烘烤时间均为 4h。共循环 5 次。

4.3　最后一次循环完毕后,将试样置于 25~30℃的清水中洗净硫酸钠,再在 105℃±5℃的烘箱中烘干至恒重,取出冷却至室温后,用筛孔孔径为试样粒级下限的筛过筛,并称量各粒级试样试验后的筛余量 m_i'。

注:试样中硫酸钠是否干净,可按此法检验:取洗试样的水数毫升,滴入少量氯化钡($BaCl_2$)溶液,如无白色沉淀,即说明硫酸钠已被洗净。

5　数据整理

5.1　计算公式

5.1.1　试样中各粒级颗粒的分计损失百分率按式(6.2.12-1)计算。

$$Q_i = \frac{m_i - m_i'}{m_i} \times 100 \qquad (6.2.12\text{-}1)$$

式中:Q_i——试样中各粒级颗粒的分计损失百分率(%);

m_i——每一粒级试样试验前的烘干质量(g);

m_i'——经硫酸钠溶液试验后,每一粒级筛余颗粒的烘干质量(g)。

5.1.2　试样的坚固性损失总百分率按式(6.2.12-2)计算,精确至 1%。

$$Q = \frac{\sum m_i Q_i}{\sum m_i} \qquad (6.2.12\text{-}2)$$

式中:Q——试样的坚固性损失(%);

m_i——不同粒级的颗粒在原试样总量中的分计质量(g);

Q_i——不同粒级的分计质量损失百分率(%)。

5.2　记录表格(表 6.2.12-1)

细集料坚固性试验记录表　　　　　　　　　　　　　　　表 6.2.12-1

工程名称_____　　　　　　　　　　　　　　　　样品编号_____

样品描述_____　　　　　　　　　　　　　　　　试验环境_____

试验日期_____　　　　试　验　者_____　　　　复　核　者_____

粒级(mm)	试样中各粒级的分计质量(g)	每一粒级试样试验烘干质量(g)	循环试验后筛余颗粒的烘干质量(g)	分计质量损失百分率(%)	总质量损失百分率(%)
0.3~0.6					
0.6~1.18					
1.18~2.36					
2.36~4.75					

6.3 粗集料试验

6.3.1 颗粒级配试验

1 目的、依据和适用范围

1.1 本方法适用于测定含黏性土的粗集料的颗粒组成。

1.2 本试验参照的标准为《公路工程集料试验规程》(JTG E42—2005)。

2 仪器设备

2.1 试验筛:根据需要选用规定的标准筛。

2.2 天平或台秤:感量不大于试样质量的0.1%。

2.3 烘箱:能保持温度105℃±5℃。

2.4 容器:能在此容器内剧烈搅动试样而不会使试样或水损失。

2.5 其他:盘子、铲子、毛刷等。

3 试验步骤

3.1 将来料用分料器或四分法缩分至表6.3.1-1要求的试样所需量,烘干或风干后备用。

筛分用的试样质量   表6.3.1-1

公称最大粒径(mm)	75	63	37.5	31.5	26.5	19	16	9.5	4.75
试样质量不少于(kg)	10	8	5	4	2.5	2	1	1	0.5

3.2 将试样放在浅盘内,并一起放到温度保持在105℃±5℃的烘箱内烘干24h±1h。

3.3 从烘箱中取出试样,冷却后称重,准确至样品质量的0.1%,用m_1(g)表示。

3.4 将试样放到容器内,向容器内注水,淹没试样。

3.5 剧烈搅动容器内的试样和水,使粘在粗颗粒上的粒径小于0.075mm的颗粒完全分离下来,并悬浮在水中。

3.6 在需要试验细土的液限和塑性指数时,将容器内的悬浮液倒在0.6mm筛孔的筛上,筛下放一接受悬浮液的容器。

3.7 将筛上剩余料回收到清洗容器内。

3.8 重复上述步骤至清洗容器内的水清洁。

3.9 将洗净的集料放在浅盘内,并一起放于温度为105℃±5℃的烘箱内烘干8~12h。

3.10 从烘箱中取出试样,冷却后称其质量,准确至原样品质量的0.1%,用m_2(g)表示。对试样进行筛分(干筛)。

3.11 将容器内的悬浮液澄清,使细土沉淀。在沉淀过程中分数次将上层的清水细心倒出,注意勿倒出沉淀物。

3.12 待容器底部的细土风干后,取出粉碎并拌匀。从中取出一部分做液限和塑性试验。

3.13　取部分风干细土放在105℃±5℃的烘箱内烘干24h±1h,冷却后,称量100g,用 m_3(g)表示。

3.14　将烘干细土放到一容器内,向容器内注水,并剧烈搅动容器内的水和土,使粒径小于0.075mm 颗粒与粒径 0.075~0.6mm 的颗粒分离。

3.15　将悬浮液倾倒在 0.075mm 筛孔的筛上,继续清洗筛上的剩余料,直到筛下的洗液清洁为止。

3.16　将筛在浅盘中反扣过来用水仔细冲洗,放在105℃±5℃的烘箱内烘干8~12h,冷却并称其质量,用 m_4(g)表示。

3.17　在不需要试验细土的液限和塑性指数时,可直接将悬浮液倾倒在 0.075mm 筛孔的筛上,反复清洗容器内的集料,直到容器内的水洁净。

3.18　按本方法3.16的方法将筛上的清洁料收回,与容器内的清洁料一起烘干,冷却,并称其质量,用 m_5(g)表示。

3.19　将烘干的集料进行筛分。

4　数据整理

4.1　计算公式

4.1.1　按式(6.3.1-1)计算粒径小于0.6mm 的颗粒含量。

$$C = \frac{m_1 - m_2}{m_1} \times 100 \qquad (6.3.1-1)$$

式中:C——粒径小于0.6mm 的颗粒含量(%);

m_1——烘干试样的质量(g);

m_2——0.6mm 筛孔筛上集料的烘干质量(g)。

4.1.2　按式(6.3.1-2)计算细土中粒径小于0.075mm 的颗粒的含量。

$$F' = \frac{m_3 - m_4}{m_3} \times 100 \qquad (6.3.1-2)$$

式中:F'——细土中粒径小于0.075mm 的颗粒含量(%);

m_3——细土的烘干质量(g);

m_4——0.075~0.6mm 颗粒的烘干质量(g)。

4.1.3　按式(6.3.1-3)计算整个集料中粒径小于0.075mm 的颗粒含量。

$$F = C \times F' \qquad (6.3.1-3)$$

式中:F——整个集料中粒径小于0.075mm 的颗粒含量(%)。

4.1.4　按式(6.3.1-4)计算集料中粒径小于0.075mm 的颗粒含量。

$$G = \frac{m_1 - m_5}{m_1} \times 100 \qquad (6.3.1-4)$$

式中:G——集料中粒径小于0.075mm 的颗粒含量(%);

m_5——0.075mm 筛上全部颗粒的烘干质量(g)。

4.2　记录表格(表6.3.1-2)

粗集料颗粒级配试验记录表　　　　　　　　　　　　表 6.3.1-2

工程名称＿＿＿＿＿＿＿　　　　　　　　　　　　　　　样品编号＿＿＿＿＿＿＿

样品描述＿＿＿＿＿＿＿　　　　　　　　　　　　　　　试验环境＿＿＿＿＿＿＿

试验日期＿＿＿＿＿＿＿　　　　　试　验　者＿＿＿＿＿＿＿　　　复　核　者＿＿＿＿＿＿＿

筛孔尺寸（mm）	试验1（质量：　　g）				试验2（质量：　　g）				平均质量通过率（%）	允许通过率（%）	
	留筛质量（g）	分计筛余（%）	累计筛余（%）	质量通过率（%）	留筛质量（g）	分计筛余（%）	累计筛余（%）	质量通过率（%）		上限	下限
53.0											
37.5											
31.5											
26.5											
19.0											
16.0											
13.2											
9.5											
4.75											
2.36											
1.18											
0.6											
0.3											
0.15											
0.075											
筛底质量（g）											
筛分后总质量（g）											
损耗质量（g）											
损耗率（%）											

6.3.2　密度及吸水率试验

1　目的、依据和适用范围

1.1　本方法适用于测定碎石、砾石等各种粗集料的表观相对密度、表干相对密度、毛体积相对密度、表观密度、表干密度、毛体积密度,以及粗集料的吸水率。

1.2　本方法测定的结果不适用于仲裁及沥青混合料配合比设计计算理论密度时使用。

1.3　本试验参照的标准为《公路工程集料试验规程》(JTG E42—2005)。

2　仪器设备

2.1　天平或浸水天平:可悬挂吊篮测定集料的水中质量,称量应满足试样数量称量要求,感量不大于最大称量的0.05%。

2.2　容量瓶:1 000mL,也可用磨口的广口玻璃瓶代替,并带玻璃片。

2.3　烘箱:能控制温度在105℃±5℃。

2.4　标准筛:4.75mm、2.36mm。

2.5　其他:刷子、毛巾等。

3　试验步骤

3.1　将来样过筛,对水泥混凝土的集料采用4.75mm筛,对沥青混合料的集料用2.36mm筛,分别筛去筛孔以下的颗粒。然后用四分法或分料器法缩分至表6.3.2-1要求的质量,分两份备用。

测定密度所需要的试样最小质量
表6.3.2-1

公称最大粒径(mm)	4.75	9.5	16	19	26.5	31.5	37.5	63	75
每一份试样的最小质量(kg)	0.8	1	1	1	1.5	1.5	2	3	3

3.2　将每一份集料试样浸泡在水中,仔细洗去附在集料表面的尘土和石粉,直到经多次漂洗至水清澈为止。清洗过程中不得散失集料颗粒。

3.3　取一份试样装入容量瓶(广口瓶)中,注入洁净的水(可滴入数滴洗涤灵),水面高出试样,轻轻摇动容量瓶,使附着在石料上的气泡逸出。盖上玻璃片,在室温下浸水24h。

注:水温应在15~25℃范围内,浸水最后2h内的水温相差不得超过2℃。

3.4　向瓶中加水至水面凸出瓶口,然后盖上容量瓶塞,或用玻璃片沿广口瓶瓶口迅速滑行,使其紧贴瓶口水面。玻璃片与水面之间不得有空隙。

3.5　确认瓶中没有气泡,擦干瓶外的水分后,称取集料试样、水、瓶及玻璃片的总质量(m_2)。

3.6　将试样倒入浅搪瓷盘中,稍稍倾斜搪瓷盘,倒掉流动的水,再用毛巾吸干漏出的自由水,需要时可称取带表面水的试样质量(m_4)。

3.7　用拧干的湿毛巾轻轻擦干颗粒的表面水,至表面看不到发亮的水迹,即为饱和面干状态。当粗集料尺寸较大时,可逐颗擦干。注意拧湿毛巾时不要太用劲,防止拧得太干。擦颗粒的表面水时,既要将表面水擦掉,又不能将颗粒内部的水吸出。整个过程中不得有集料丢失。

3.8　立即称取饱和面干集料的表干质量(m_3)。

3.9　将集料置于浅盘中,放入105℃±5℃的烘箱中烘干至恒重。取出浅盘,放在带盖的容器中冷却至室温,称取集料的烘干质量(m_0)。

注:恒重是指在相邻两次称量间隔时间大于3h的情况下,其前后两次称量之差小于该项试验所要求的精密度,即0.1%。一般在烘箱中烘烤的时间不得少于4~6h。

3.10　将瓶洗净,重新装入洁净水,盖上容量瓶塞,或用玻璃片紧贴广口瓶瓶口水面。玻璃片与水面之间不得有空隙。确认瓶中没有气泡,擦干瓶外水分后称取水、瓶及玻璃片的总质量(m_1)。

4 数据整理

4.1 计算公式

4.1.1 表观相对密度γ_a、表干相对密度γ_s、毛体积相对密度γ_b按下列各式计算至小数点后三位。

$$\gamma_a = \frac{m_0}{m_0 + m_1 - m_2} \tag{6.3.2-1}$$

$$\gamma_s = \frac{m_3}{m_3 + m_1 - m_2} \tag{6.3.2-2}$$

$$\gamma_b = \frac{m_0}{m_3 + m_1 - m_2} \tag{6.3.2-3}$$

上述式中:γ_a——集料的表观相对密度,无量纲;

$\quad\quad\quad\gamma_s$——集料的表干相对密度,无量纲;

$\quad\quad\quad\gamma_b$——集料的毛体积相对密度,无量纲;

$\quad\quad\quad m_0$——集料的烘干质量(g);

$\quad\quad\quad m_1$——水、瓶及玻璃片的总质量(g);

$\quad\quad\quad m_2$——集料试样、水、瓶及玻璃片的总质量(g);

$\quad\quad\quad m_3$——集料的表干质量(g)。

4.1.2 集料的吸水率w_x、含水率w以烘干试样为基准,按式$(6.3.2-4)$、式$(6.3.2-5)$计算,精确至0.1%。

$$w_x = \frac{m_3 - m_0}{m_0} \times 100 \tag{6.3.2-4}$$

$$w = \frac{m_4 - m_0}{m_0} \times 100 \tag{6.3.2-5}$$

上述式中:m_4——集料饱和状态下含表面水的湿质量(g);

$\quad\quad\quad w_x$——集料的吸水率$(\%)$;

$\quad\quad\quad w$——集料的含水率$(\%)$。

当水泥混凝土集料需要以饱和面干试样作为基准求取集料的吸水率w_x时,按式$(6.3.2-6)$计算,精确至0.1%,但需在报告中予以说明。

$$w_x = \frac{m_3 - m_0}{m_3} \times 100 \tag{6.3.2-6}$$

式中:w_x——集料的吸水率$(\%)$。

4.1.3 粗集料的表观密度ρ_a、表干密度ρ_s、毛体积密度ρ_b按下列各式计算至小数点后三位。

$$\rho_a = \gamma_a \times \rho_T \text{ 或 } \rho_a = (\gamma_a - \alpha_T) \times \rho_\Omega \tag{6.3.2-7}$$

$$\rho_s = \gamma_s \times \rho_T \text{ 或 } \rho_s = (\gamma_s - \alpha_T) \times \rho_\Omega \tag{6.3.2-8}$$

$$\rho_b = \gamma_b \times \rho_T \text{ 或 } \rho_b = (\gamma_b - \alpha_T) \times \rho_\Omega \tag{6.3.2-9}$$

上述式中：ρ_a——集料的表观密度(g/cm^3)；

$\quad\quad\quad\rho_s$——集料的表干密度(g/cm^3)；

$\quad\quad\quad\rho_b$——集料的毛体积密度(g/cm^3)；

$\quad\quad\quad\rho_T$——试验温度 T 时水的密度(g/cm^3)；

$\quad\quad\quad\alpha_T$——试验温度 T 时的水温修正系数；

$\quad\quad\quad\rho_\Omega$——水在 4℃ 时的密度($1.000g/cm^3$)。

4.2　记录表格(表6.3.2-2)

粗集料密度及吸水率试验记录表　　　　　　　　　表6.3.2-2

工程名称＿＿＿＿＿＿＿＿　　　　　　　　　　样品编号＿＿＿＿＿＿＿＿

样品描述＿＿＿＿＿＿＿＿　　　　　　　　　　试验环境＿＿＿＿＿＿＿＿

试验日期＿＿＿＿＿＿＿　　　试 验 者＿＿＿＿＿＿＿　　复 核 者＿＿＿＿＿＿＿

试 验 次 数	1	2
烘干试样质量(g)		
水＋瓶＋玻璃片的总质量(g)		
试样＋水＋瓶＋玻璃片的总质量(g)		
表干质量(g)		
饱和状态下含表面水的湿质量(g)		
试验水温 T(℃)		
水在试验温度 T 时密度(g/cm^3)		
表观相对密度		
表干相对密度		
毛体积相对密度		
吸水率(%)		
含水率(%)		
表观相对密度平均值		
表干相对密度平均值		
毛体积相对密度平均值		
吸水率平均值(%)		
含水率平均值(%)		
表观密度(g/cm^3)		
表干密度(g/cm^3)		
毛体积密度(g/cm^3)		

4.3　精密度和允许差

重复试验的精密度,两次结果之差对相对密度不得超过0.02,对吸水率不得超过0.2%。

6.3.3　含泥量及泥块含量试验

1　目的、依据和适用范围

1.1　测定碎石或砾石中粒径小于0.075mm的尘屑、淤泥和黏土的总含量及4.75mm以

267

上泥块颗粒含量。

1.2 本试验参照的标准为《公路工程集料试验规程》(JTG E42—2005)。

2 仪器设备

2.1 台秤:感量不大于称量的0.1%。

2.2 烘箱:能控制温度在105℃±5℃。

2.3 标准筛:测泥含量时,用孔径为1.18mm、0.075mm的方孔筛各1只;测泥块含量时,用2.36mm、4.75mm的方孔筛各1只。

2.4 容器:容积约10L的桶或搪瓷盘。

2.5 浅盘、毛刷等。

3 试验准备

按《公路工程集料试验规程》(JTG E42—2005)中T 0301方法取样,将来样用四分法或分料器法缩分至表6.3.3-1所规定的量(注意防止细粉丢失并防止所含黏土块被压碎),置于温度为105℃±5℃的烘箱内烘干至恒重,冷却至室温后分成两份备用。

含泥量及泥块含量试验所需试样最小质量   表6.3.3-1

公称最大粒径(mm)	4.75	9.5	16	19	26.5	31.5	37.5	63	75
试样的最小质量(kg)	1.5	2	2	6	6	10	10	20	20

4 试验步骤

4.1 含泥量试验步骤

4.1.1 称取一份试样(m_0)装入容器内,加水,浸泡24h,用手在水中淘洗颗粒(或用毛刷洗刷),使尘屑、黏土与较粗颗粒分开,并使之悬浮于水中;缓缓地将浑浊液倒入1.18mm、0.075mm的套筛上,滤去粒径小于0.075mm的颗粒。试验前筛的两面应先用水湿润,在整个试验过程中,应注意避免粒径大于0.075mm的颗粒丢失。

4.1.2 再次加水于容器中,重复上述步骤,直到洗出的水清澈为止。

4.1.3 用水冲洗余留在筛上的细粒,并将0.075mm筛放在水中(使水面略高于筛内颗粒)来回摇动,以充分洗除粒径小于0.075mm的颗粒。而后将两只筛上余留的颗粒和容器中已经洗净的试样一并装入浅盘中,置于温度为105℃±5℃的烘箱中烘干至恒重,取出冷却至室温后,称取试样的质量(m_1)。

4.2 泥块含量试验步骤

4.2.1 取试样一份。

4.2.2 用4.75mm筛将试样过筛,称出筛去粒径在4.75mm以下颗粒后的试样质量(m_2)。

4.2.3 将试样在容器中摊平,加水使水面高出试样表面,24h后将水放掉,用手捻压泥块,然后将试样放在2.36mm筛上用水冲洗,直至洗出的水清澈为止。

4.2.4 小心地取出2.36mm筛上试样,置于温度为105℃±5℃的烘箱中烘干至恒重,取出冷却至室温后称量(m_3)。

5 数据整理

5.1 计算公式

碎石或砾石的含泥量按式(6.3.3-1)计算,精确至0.1%。

$$Q_n = \frac{m_0 - m_1}{m_0} \times 100 \qquad (6.3.3-1)$$

式中：Q_n——碎石或砾石的含泥量(%)；

　　　m_0——试验前烘干试样的质量(g)；

　　　m_1——试验后烘干试样的质量(g)。

以两次试验的算术平均值作为测定值，两次结果的差值超过0.2%时，应重新取样进行试验。对沥青路面用集料，此含泥量记为粒径小于0.075mm颗粒含量。

碎石或砾石中黏土泥块含量按式(6.3.3-2)计算，精确至0.1%。

$$Q_k = \frac{m_2 - m_3}{m_2} \times 100 \qquad (6.3.3-2)$$

式中：Q_k——碎石或砾石中黏土泥块含量(%)；

　　　m_2——4.75mm筛的筛余量(g)；

　　　m_3——试验后烘干试样的质量(g)。

5.2　记录表格(表6.3.3-2)

粗集料含泥量及泥块含量试验记录表　　　　　表6.3.3-2

工程名称＿＿＿＿＿＿＿＿　　　　　　　　　　　　样品编号＿＿＿＿＿＿＿＿

样品描述＿＿＿＿＿＿＿＿　　　　　　　　　　　　试验环境＿＿＿＿＿＿＿＿

试验日期＿＿＿＿＿＿　　　　试　验　者＿＿＿＿＿＿　　复核者＿＿＿＿＿＿

试　验　次　数		1	2
含泥量	含泥量试验前烘干试样的质量(g)		
	含泥量试验后烘干试样的质量(g)		
	试样含泥量或粒径小于0.075mm颗粒含量测值(%)		
	试样含泥量或粒径小于0.075mm颗粒含量测定值(%)		
泥块含量	4.75mm筛孔余量(g)		
	泥块含量试验后烘干试样的质量(g)		
	集料中黏土泥块含量测值(%)		
	集料中黏土泥块含量测定值(%)		

5.3　精密度及允许差

以两个试样两次试验结果的算术平均值作为测定值，两次结果的差值超过0.1%时，应重新取样进行试验。

6.3.4　针片状颗粒含量试验(游标卡尺法)

1　目的、依据和适用范围

1.1　本方法适用于测定粗集料的针状及片状颗粒含量，以百分率计。

1.2　本方法测定的针片状颗粒，是指用游标卡尺测定的粗集料颗粒的最大长度(或宽

269

度)方向的尺寸与最小厚度(或直径)方向的尺寸之比大于 3 的颗粒。有特殊要求需采用其他比例时,应在试验报告中注明。

1.3　本方法测定的粗集料中针片状颗粒的含量,可用于评价集料的形状和抗压碎能力,以评定石料生产厂的生产水平及该材料在工程中的适用性。

1.4　本试验参照的标准为《公路工程集料试验规程》(JTG E42—2005)。

2　仪器设备

2.1　标准筛:方孔筛 4.75mm。

2.2　游标卡尺:精密度为 0.1mm。

2.3　天平:感量不大于 1g。

3　试验步骤

3.1　按《公路工程集料试验规程》(JTG E42—2005)中 T 0301 方法,采集粗集料试样。

3.2　按分料器法或四分法选取 1kg 左右的试样。对每一种规格的粗集料,应按照不同的公称粒径,分别取样检验。

3.3　用 4.75mm 标准筛将试样过筛,取筛上部分供试验用,称取试样的总质量 m_0,准确至 1g,试样数量应不少于 800g,并不少于 100 颗颗粒。

注:对 2.36～4.75mm 级粗集料,由于卡尺量取有困难,故一般不作测定。

3.4　将试样平摊于桌面上,首先用目测挑出接近立方体的颗粒,剩下可能属于针状(细长)和片状(扁平)的颗粒。

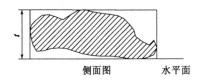

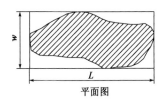

图 6.3.4-1　针片状颗粒稳定状态

3.5　按图 6.3.4-1 所示的方法将欲测量的颗粒放在桌面上成一稳定的状态,图中颗粒平面方向的最大长度为 L,侧面厚度的最大尺寸为 t,颗粒最大宽度为 $w(t < w < L)$,用卡尺逐颗测量石料的 L、t,将 $L/t \geq 3$ 的颗粒(即最大长度方向与最大厚度方向的尺寸之比大于 3 的颗粒)分别挑出作为针片状颗粒。称取针片状颗粒的质量 m_1,准确至 1g。

注:稳定状态是指平放的状态,不是直立状态,侧面厚度的最大尺寸 t 为图中状态的颗粒顶部至平台的厚度,是在最薄的一个面上测量的,但并非颗粒中最薄部位的厚度。

4　数据整理

4.1　计算公式

按式(6.3.4-1)计算针片状颗粒含量。

$$Q_e = \frac{m_1}{m_0} \times 100 \qquad (6.3.4\text{-}1)$$

式中:Q_e——针片状颗粒含量(%);

　　m_1——试验用的集料总质量(g);

　　m_0——针片状颗粒的质量(g)。

4.2　记录表格(表 6.3.4-1)

粗集料密度及吸水率试验记录表 表 6.3.4-1

工程名称＿＿＿＿＿＿＿ 样品编号＿＿＿＿＿＿＿

样品描述＿＿＿＿＿＿＿ 试验环境＿＿＿＿＿＿＿

试验日期＿＿＿＿＿＿＿ 试 验 者＿＿＿＿＿＿＿ 复 核 者＿＿＿＿＿＿＿

粒径范围	试样总质量(g)	针片状颗粒质量(g)	针片状颗粒含量测值(%)	针片状颗粒含量平均值(%)	追加测定后针片状颗粒含量平均值(%)
混合集料					
粒径大于9.5mm					
粒径小于9.5mm					

4.3 精密度及允许差

试验要平行测定两次,计算两次结果的平均值,如两次结果之差小于平均值的20%,取平均值为试验值;如大于或等于20%,应追加测定一次,取三次结果的平均值为测定值。

5 报告

试验报告应报告集料的种类、产地、岩石名称、用途。

6.3.5 软弱颗粒含量试验

1 目的、依据和适用范围

1.1 本方法用于测定碎石、砾石及破碎砾石中软弱颗粒含量。

1.2 本试验参照的标准为《公路工程集料试验规程》(JTG E42—2005)。

2 仪器设备

2.1 天平或台秤:称量5g,感量不大于5g。

2.2 标准筛:孔径为4.75mm、9.5mm、16mm 的方孔筛。

2.3 压力机。

2.4 其他:浅盘、毛刷等。

3 试验步骤

称风干试样2kg(m_1),如颗粒粒径大于31.5mm,则称4kg,过筛分成4.75~9.5mm、9.5~16mm、16mm 以上各1份;将每份中每一颗颗粒大面朝下稳定地平放在压力机平台中心,按颗粒大小分别加以0.15kN、0.25kN、0.34kN 荷载,破裂的颗粒即属于软弱颗粒,将其弃去,称出未破裂颗粒的质量(m_2)。

4 数据整理

4.1 计算公式

按式(6.3.5-1)计算软弱颗粒含量,精确至0.1%。

$$P = \frac{m_1 - m_2}{m_1} \times 100 \qquad (6.3.5\text{-}1)$$

式中:P——粗集料的软弱颗粒含量(%);

m_1——各粒级颗粒总质量(g);

m_2——试验后各粒级完好颗粒总质量(g)。

4.2 记录表格(表6.3.5-1)

粗集料软弱颗粒含量试验记录表 　　　表6.3.5-1

工程名称_____ 　　　　　　　　　　　　样品编号_____

样品描述_____ 　　　　　　　　　　　　试验环境_____

试验日期_____ 　　　试 验 者_____ 　　　复 核 者_____

试样编号	公称粒级(mm)	试样各粒级颗粒总质量(g)	试验后各粒级完好颗粒总质量(%)	软弱颗粒含量测值(%)	软弱颗粒含量测定值(%)
	4.75~9.5				
	9.5~16				
	16以上				

6.3.6 有机物含量试验

1 目的、依据和适用范围

1.1 用比色法测定砾石中的有机物含量。

1.2 本试验参照的标准为《公路工程集料试验规程》(JTG E42—2005)。

2 仪器设备

2.1 天平:感量不大于称量的0.1%。

2.2 量筒:100mL、250mL、1 000mL 各一个。

2.3 氢氧化钠溶液:氢氧化钠与蒸馏水的质量比为3:97。

2.4 其他:鞣酸、酒精、烧杯、玻璃棒和19mm 标准筛等。

3 试验准备

3.1 试样制备:筛去试样中粒径在19mm 以上的颗粒,剩余的用四分法或分料器法缩分至约1kg,风干后备用。

3.2 标准溶液的配制方法:取2g鞣酸粉溶解于98mL 浓度为10%的酒精溶液中,即得所需的鞣酸溶液。然后取该溶液2.5mL 注入97.5mL 浓度为3%的氢氧化钠溶液中,加塞后剧烈摇动,静置24h即得标准溶液。

4 试验步骤

4.1 向1 000mL量筒中倒入干试样至600mL刻度处,再注入浓度为3%的氢氧化钠溶液至800mL刻度处,剧烈搅动后静置24h。

4.2 比较试样上部溶液和新配制标准溶液的颜色,盛装标准溶液与盛装试样的量筒规格应一致。

5 数据整理

5.1 评定

若试样上部的溶液颜色浅于标准溶液的颜色,则试样的有机质含量鉴定合格;如果两种溶液的颜色接近,则应将该试样(包括上部溶液)倒入烧杯中放在温度为60~70℃的水槽中加热2~3h,然后再与标准溶液比色。如溶液的颜色深于标准色,则应配制成混凝土作进一步试验。

5.2 记录表格(表6.3.6-1)

粗集料密度及吸水率试验记录表

表6.3.6-1

工程名称＿＿＿＿＿＿＿＿＿＿＿ 样品编号＿＿＿＿＿＿＿＿＿＿＿

样品描述＿＿＿＿＿＿＿＿＿＿＿ 试验环境＿＿＿＿＿＿＿＿＿＿＿

试验日期＿＿＿＿＿＿＿＿＿＿＿ 试 验 者＿＿＿＿＿＿＿＿＿＿＿ 复 核 者＿＿＿＿＿＿＿＿＿＿＿

试样上部溶液和标准溶液颜色比较结果描述					
项　目	7d	7d未经洗除有机质的强度与经洗除有机质的强度比(%)	28d	28d未经洗除有机质的强度与经洗除有机质的强度比(%)	
洗除有机质配成的试件抗压强度(MPa)					
未洗除有机质配成的试件抗压强度(MPa)					

6.3.7 三氧化二硫(SO_3)含量试验

1 目的、依据和适用范围

本方法适用于建筑工程中水泥混凝土及其制品用卵石和碎石。其他工程用卵石和碎石也可参照本方法执行。

本方法所参照的标准为《建筑用卵石、碎石》(GB/T 14685—2011)。

2 仪器设备及试剂

2.1 仪器设备

2.1.1 鼓风烘箱:能使温度控制在105℃±5℃。

2.1.2 台秤:称量10kg,感量10g。

2.1.3 天平:称量1kg,感量1g,1台;称量100g,感量为0.001g,1台。

2.1.4 高温炉:最高温度1 000℃。

2.1.5 方孔筛:孔径为 75μm 的筛 1 只。

2.1.6 烧杯:300mL。

2.1.7 量筒:20mL、100mL。

2.1.8 粉磨钵或破碎机。

2.1.9 干燥器:瓷坩埚、搪瓷盘、毛刷、定量滤纸等。

2.2 试剂

2.2.1 浓度为 10% 的氯化钡溶液:将 5g 氯化钡溶于 50mL 蒸馏水中。

2.2.2 1+1 的稀盐酸:将浓盐酸与同体积的蒸馏水混合。

2.2.3 1% 硝酸银溶液:将 1g 硝酸银溶于 100mL 蒸馏水中,再加入 5~10mL 硝酸,存于棕色瓶中。

3 试验步骤

3.1 试验准备

3.1.1 取样及取样数量

(1)在料堆上取样时,取样部位应均匀分布。取样前先将取样部位表层铲除,然后从不同部位抽取大致等量的石子 15 份(在料堆的顶部、中部和底部均匀分布的 15 个不同部位取得),组成一组样品。

(2)从皮带运输机上取样时,应用与皮带等宽的接料器在皮带运输机机尾的出料处定时抽取大致等量的石子 8 份,组成一组样品。

(3)从火车、汽车、货船上取样时,应从不同部位和深度抽取大致等量的石子 16 份,组成一组样品。

(4)单次试验的最少取样数量应按试验要求的粒级和数量取样。

3.1.2 试样处理

将所取样品置于平板上,在自然状态下拌和均匀,并堆成堆体,然后沿互相垂直的两条直径把堆体分成大致相等的四份,取其中对角线的两份重新拌匀,再堆成堆体。重复上述过程,直至把样品缩分到试验所需量为止。

3.2 试样测定

3.2.1 按本方法 3.1 要求取样,筛除粒径大于 37.5mm 的颗粒,然后缩分至约 1.0kg,风干后粉磨,筛除粒径大于 75μm 的颗粒。将粒径小于 75μm 的粉状试样再按四分法缩分至 30~40g,放在烘箱中于 105℃±5℃ 下烘干至恒量,待冷却至室温后备用。

3.2.2 称取粉状试样 1g,精确至 0.001g。将粉状试样倒入 300mL 烧杯中,加入 20~30mL 蒸馏水及 10mL 稀盐酸,然后放在电炉上加热至微沸,并保持微沸 5min,使试样充分分解后取下,用中速滤纸过滤,用温水洗涤 10~12 次。

3.2.3 加入蒸馏水调整滤液体积至 200mL,煮沸后,搅拌滴加 10mL 浓度为 10% 的氯化钡溶液,并将溶液煮沸数分钟,取下静置至少 4h(此时滤液体积应保持在 200mL),用慢速滤纸过滤,用温水洗涤至氯离子反应消失(用 1% 硝酸银溶液检验)。

3.2.4 把沉淀物滤纸一起放入已恒量的瓷坩埚中,将坩埚放在普通电炉上使滤纸炭化,然后再放在 800℃ 高温电炉上灼烧 30min。取出瓷坩埚,放在干燥器内冷却至室温,称其质量,精确至 0.001g。如此反复灼烧,直至恒量。

4　数据整理

4.1　计算公式

试样中三氧化硫的含量按式(6.3.7-1)计算,精确至0.1%。

$$Q_d = \frac{G_2 \times 0.343}{G_1} \times 100 \qquad (6.3.7\text{-}1)$$

式中:Q_d——三氧化硫含量(%);

　　　G_1——粉磨试样质量(g);

　　　G_2——灼烧后沉淀物的质量(g);

　0.343——硫酸钡($BaSO_4$)换算成SO_3的系数。

4.2　记录表格(表6.3.7-1)

粗集料三氧化硫试验记录表　　　　　　　　　　表6.3.7-1

工程名称_____　　　　　　　　　　　　样品编号_____

样品描述_____　　　　　　　　　　　　试验环境_____

试验日期_____　　　试　验　者_____　　　复核者_____

样品试验				
试验次数	坩埚质量(g)	坩埚和灰化物总质量(g)	三氧化硫含量测值(%)	三氧化硫含量测定值(%)
1				
2				

4.3　精密度和允许差

三氧化硫含量取两次试验结果的算术平均数,精确至0.1%。若两次试验结果之差大于0.2%,须重新试验。

6.3.8　压碎值试验

1　目的、依据和适用范围

1.1　集料压碎值用于衡量石料在逐渐增加的荷载下抵抗压碎的能力,是衡量石料力学性质的指标,以评定其在公路工程中的适用性。

1.2　本试验参照的标准为《公路工程集料试验规程》(JTG E42—2005)。

2　仪器设备

2.1　石料压碎值试验仪:由内径150mm、两端开口的钢制圆形试筒,压柱和底板组成,其形状和尺寸见图6.3.8-1、表6.3.8-1。试筒内壁、压柱的底面及底板的上表面等与石料接触的表面都应进行热处理,使表面硬化,达到维氏硬度65,并保持光滑状态。

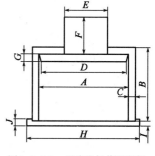

图6.3.8-1　压碎指标值测定仪

试筒、压柱和底板尺寸   表 6.3.8-1

部 位	符 号	名 称	尺寸(mm)
试筒	A	内径	150 ±0.3
	B	高度	125 ~ 128
	C	壁厚	≥12
压柱	D	压头直径	149 ±0.2
	E	压杆直径	100 ~ 149
	F	压柱总长	100 ~ 110
	G	压头厚度	≥25
底板	H	直径	200 ~ 220
	I	厚度(中间部分)	6.4 ±0.2
	J	边缘厚度	10 ±0.2

2.2　金属棒:直径 10mm,长 450 ~ 600mm,一端加工成半球形。

2.3　天平:称量 2 ~ 3kg,感量不大于 1g。

2.4　标准筛:筛孔尺寸为 13.2mm、9.5mm、2.36mm 的方孔筛各 1 个。

2.5　压力机:500kN,应能在 10min 内达到 400kN。

2.6　金属筒:圆柱形,内径 112.0mm,高 179.4mm,容积 1767cm^3。

3　试验准备

3.1　采用风干石料,用 13.2mm、9.5mm 标准筛过筛,取 9.5 ~ 13.2mm 的试样三组各 3 000g,供试验用。如过于潮湿需加热烘干,烘箱温度不得超过 100℃,烘干时间不超过 4h。试验前,石料应冷却至室温。

3.2　每次试验的石料数量应满足按下述方法夯击后石料在试筒内的深度为 100mm。

将试样分 3 次(每次数量大体相同)均匀装入试模中,每次均将试样表面整平,用金属棒的半球面端从石料表面上均匀捣实 25 次,最后用金属棒作为直刮刀将表面仔细整平,称取量筒中试样质量(m_0)。以相同质量的试样进行压碎值的平行试验。

4　试验步骤

4.1　将试筒安放在底板上。

4.2　将要求质量的试样分 3 次(每次数量大体相同)均匀装入试模中,每次均将试样表面整平,用金属棒的半球面端从石料表面上均匀捣实 25 次,最后用金属棒作为直刮刀将表面仔细整平。

4.3　将装有试样的试模放到压力机上,同时将加压头放入试筒内石料面上,注意使压头摆平,勿楔挤试模侧壁。

4.4　开动压力机,均匀地施加荷载,在 10min 左右的时间内达到总荷载 400kN,稳压 5s,然后卸荷。

4.5　将试模从压力机上取下,取出试样。

4.6　用 2.36mm 标准筛筛分经压碎的全部试样,可分几次筛分,均需筛到在 1min 内无明显的筛出物为止。

4.7 称取通过2.36mm筛孔的全部细料质量(m_1),准确至1g。

5 数据整理

5.1 计算公式

石料压碎值按式(6.3.8-1)计算,精确至0.1%。

$$Q'_a = \frac{m_1}{m_0} \times 100 \qquad (6.3.8\text{-}1)$$

式中:Q'_a——石料压碎值(%);

m_1——试验前试样质量(g);

m_0——试验后通过2.36mm筛孔的细料质量(g)。

5.2 精密度及允许差

以三个试样平行试验结果的算术平均值作为压碎值的测定值。

5.3 记录表格(表6.3.8-2)

粗集料三氧化硫试验记录表 表6.3.8-2

工程名称_____ 样品编号_____

样品描述_____ 试验环境_____

试验日期_____ 试 验 者_____ 复 核 者_____

试样编号	试验前试验质量(g)	通过2.36mm筛孔的细集料质量(g)	压碎值(%)	压碎值测定值(%)	换算水泥混凝土后压碎值测定值(%)

6.3.9 坚固性试验

1 目的、依据和适用范围

1.1 本方法是确定碎石或砾石经饱和硫酸钠溶液多次浸泡与烘干循环,承受硫酸钠结晶压而不发生显著破坏或强度降低的性能,是测定石料坚固性能(也称安定性)的方法。

1.2 本试验参照的标准为《公路工程集料试验规程》(JTG E42—2005)。

2 仪器设备

2.1 烘箱:能使温度控制在105℃±5℃。

2.2 天平:称量5kg,感量不大于1g。

2.3 标准筛:根据试样的粒级,按表6.3.9-1选用。

坚固性试验所需的各粒级试样质量 表6.3.9-1

公称粒级(mm)	2.36~4.75	4.75~9.5	9.5~19	19~37.5	37.5~63	63~75
试样质量(g)	500	500	1 000	1 500	3 000	5 000

注:1.粒级为9.5~19mm的试样中,应含有9.5~16mm粒级颗粒40%,16~19mm粒级颗粒60%。

2.粒级为19~37.5mm的试样中,应含有19~31.5mm粒级颗粒40%,31.5~37.5mm粒级颗粒60%。

2.4 容器:搪瓷盆或瓷缸,容积不小于50L。

2.5 三脚网篮:网篮的外径为100mm,高为150mm,采用孔径不大于2.36mm的铜网或水锈钢丝制成;检验37.5~75mm的颗粒时,应采用外径和高均为250mm的网篮。

2.6 试剂:无水硫酸钠和十水结晶硫酸钠(工业用)。

3 试验准备

3.1 硫酸钠溶液的配制

取一定数量的蒸馏水,加温至30~50℃,每1000mL蒸馏水加入无水硫酸钠(Na_2SO_4)300~350g或十水硫酸钠($Na_2SO_4 \cdot 10H_2O$)700~1000g,用玻璃棒搅拌,使其溶解并饱和,然后冷却至20~25℃;在此温度下静置48h,其相对密度应保持在1.151~1.174(波美度为18.9~21.4)范围内。试验时容器底部应无结晶存在。

3.2 试样的制备

将试样按表6.3.9-1的规定分级,洗净,放入105℃±5℃的烘箱内烘干4h,取出并冷却至室温,然后按表6.3.9-1规定的质量称取各粒级试样质量m_i。

4 试验步骤

4.1 将所称取的不同粒级的试样分别装入三脚网篮并浸入盛有硫酸钠溶液的容器中,溶液体积应不小于试样总体积的5倍,温度应保持在20~25℃的范围内。三脚网篮浸入溶液时应先上下升降25次以排除试样中的气泡,然后静置于该容器中。此时,网篮底面应距容器底面约30mm(由网篮脚高控制),网篮之间的间距应不小于30mm,试样表面至少应在液面以下30mm。

4.2 浸泡20h后,从溶液中提出网篮,放在105℃±5℃的烘箱中烘烤4h,至此,完成了第一次试验循环。待试样冷却至20~25℃后,即开始第二次循环。从第二次循环起,浸泡及烘烤时间均可为4h。

4.3 完成五次循环后,将试样置于25~30℃的清水中洗净硫酸钠,再放入105℃±5℃的烘箱中烘干至恒重,待冷却至室温后,用试样粒级下限筛孔过筛,并称量各粒级试样试验后的筛余量m_i'。

注:试样中硫酸钠是否洗净,可按此法检验:取洗试样的水数毫升,滴入少量氯化钡($BaCl_2$)溶液,如无白色沉淀,即说明硫酸钠已被洗净。

4.4 对粒径大于19mm的试样部分,应在试验前后分别记录其颗粒数量,并作外观检查,描述颗粒的裂缝、剥落、掉边和掉角等情况及其所占的颗粒数量,作为分析其坚固性时的补充依据。

5 数据整理

5.1 计算公式

试样中各粒级颗粒的分计质量损失百分率按式(6.3.9-1)计算。

$$Q_i = \frac{m_i - m_i'}{m_i} \times 100 \qquad (6.3.9\text{-}1)$$

式中:Q_i——各粒级颗粒的分计质量损失百分率(%);

   m_i——各粒级试样试验前的烘干质量(g);

   m_i'——经硫酸钠溶液法试验后各粒级筛余颗粒的烘干质量(g)。

试样总质量损失百分率按式(6.3.9-2)计算,精确至1%。

$$Q = \frac{\sum m_i Q_i}{\sum m_i}$$ (6.3.9-2)

式中:Q——试样总质量损失百分率(%);

m_i——试样中各粒级的分计质量(g);

Q_i——各粒级的分计质量损失百分率(%)。

5.2　记录表格(表6.3.9-2)

粗集料坚固性试验记录表　　　　　　　　　　　表6.3.9-2

工程名称＿＿＿＿＿＿＿＿＿　　　　　　　　　　　　　样品编号＿＿＿＿＿＿＿＿

样品描述＿＿＿＿＿＿＿＿＿　　　　　　　　　　　　　试验环境＿＿＿＿＿＿＿＿

试验日期＿＿＿＿＿＿＿　　　　　试 验 者＿＿＿＿＿＿＿　　　复 核 者＿＿＿＿＿＿＿

公称粒级 (mm)	试样中各粒级的 分计质量 (g)	试验前烘干 试样质量 (g)	循环试验后筛余 颗粒的烘干 质量(g)	分计质量损失 百分率(%)	总质量损失 百分率(%)
2.36 ~ 4.75					
4.75 ~ 9.5					
9.5 ~ 19.0					
19.0 ~ 37.5					
37.5 ~ 63.0					
63.0 ~ 75.0					
试验前粒径大于19mm试样颗粒数					
试验后粒径大于19mm试样颗粒数					
试验后粒径大于19mm试样颗粒数的裂 缝、剥落、掉边和掉角等情况及其所占的颗粒 数量					

6.3.10　磨光值试验

1　目的、依据和适用范围

1.1　集料磨光值是利用加速磨光机磨光集料,用摆式摩擦系数测定仪测定的集料经磨光后的摩擦系数值,以 PSV 表示。

1.2　本方法适用于各种粗集料的磨光值测定。

1.3　本试验参照的标准为《公路工程集料试验规程》(JTG E42—2005)。

2　仪器设备

2.1　加速磨光试验机(图6.3.10-1),应符合相关仪器设备的标准,由下列部分组成。

2.1.1　传动机构:包括电机、同步齿轮等。

2.1.2　道路轮:外径406mm,用于安装14块试件,能在周边夹紧,以形成连续的石料颗粒表面,转速为320r/min ±5r/min。

2.1.3 橡胶轮:直径200mm,宽44mm,用于磨粗金刚砂的橡胶轮(标记C)、细金刚砂的橡胶轮(标记X),轮胎初期硬度691RHD ±31RHD。

注:橡胶轮过度磨损时(一般20轮次后)必须更换。

2.1.4 磨料供给系统:用于存储磨料和控制溜砂量。

2.1.5 供水系统。

2.1.6 配重:包括调整臂、橡胶轮和配重锤。

2.1.7 试模:8副。

2.1.8 荷载调整机构:包括手轮、凸轮,能支撑配重,调节橡胶轮对道路轮的压力为725N ±10N,并保持使用过程中恒定。

2.1.9 控制面板。

2.2 摆式摩擦系数测定仪(图6.3.10-2),简称摆式仪,应符合相关仪器设备的标准,由下列部分组成。

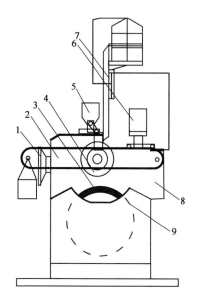

图6.3.10-1 加速磨光试验机

1-荷载调整系统;2-调整臂(配重);3-道路轮;4-橡胶轮;5-细料储砂斗;6-粗料储砂斗;7-供水系统;8-机体;9-试块(14块)

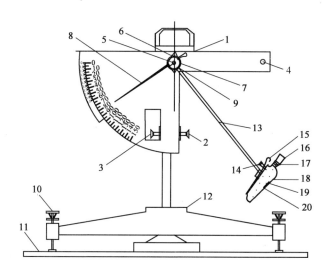

图6.3.10-2 摆式摩擦系数测定仪

1-紧固把手;2,3-升降把手;4-释放开关;5-转向调节螺盖;6-调节螺母;7-针簧片或毡垫;8-指针;9-连接螺母;10-调平螺栓;11-底座;12-水准跑;13-卡环;14-定位螺栓;15-举升柄;16-平衡锤;17-并紧螺母;18-滑溜块;19-橡胶片;20-止滑螺栓

2.2.1 底座:由T形腿、调平螺栓和水准泡组成。

2.2.2 立柱:由立柱、导向杆和升降机构组成。

2.2.3 悬臂和释放开关:能挂住摆杆使之处于水平位置,并能释放摆杆使摆落下摆动。

2.2.4 摆动轴心:连接和固定摆的位置,保证摆在摆动平面内能自由摆动。由摆动轴、轴承和紧固螺母组成。

2.2.5 求数系统:指示摆值。

2.2.6　摆头及橡胶片:它对摆动中心有规定力矩,对路面有规定压力,本身有前与后、左与右的力矩平衡,橡胶片尺寸为 31.75mm×25.4mm×6.35mm。

2.3　磨光试件测试平台:供固定试件及摆式摩擦系数测定仪用。

2.4　天平:感量不大于0.1g。

2.5　烘箱:装有温度控制器。

2.6　黏结剂:能使集料与砂、试模牢固黏结,确保在试验过程中不致发生试件摇动或脱落,常用环氧树脂6101(E-44)及固化剂等。

2.7　丙酮。

2.8　砂:<0.3mm,洁净、干燥。

2.9　金刚砂:30 号(棕刚玉粗砂)、280 号(绿碳化硅细砂),用作磨料,只允许一次性使用,不得重复使用。

2.10　橡胶石棉板:厚1mm。

2.11　标准集料试样:由指定的集料产地生产的符合规格要求的集料,每轮两块,只允许使用一次,不得重复使用。

2.12　其他:油灰刀、洗耳球、各种工具等。

3　试验准备

3.1　试验前应按相关试验规程对摆式仪进行检查或标定。

3.2　将集料过筛,别除针片状颗粒,取9.5～13.2mm 的集料颗粒用水洗净后置于温度为105℃±5℃的烘箱中烘干。

注:根据需要,也可采用4.75～9.5mm 的粗集料进行磨光值试验。

3.3　将试模拼装并涂上脱模剂(或肥皂水)后烘干。安装试模端板时要注意使端板与模体齐平(使弧线半滑)。

3.4　用清水淘洗小于0.3mm 的砂,置于105℃±5℃的烘箱中烘干成干砂。

3.5　预磨新橡胶轮:新橡胶轮正式使用前要在安装好试件的道路轮上进行预磨,C 轮用粗金刚砂预磨6h,X 轮用细金刚砂预磨6h,然后方能投入正常试验。

4　试件制备

4.1　排料:每种集料宜制备6～10块试件,从中挑选4块试件供两次平行试验用。将9.5～13.2mm 集料颗粒尽量紧密地排列于试模中(大面、平面向下)。排料时应除去高度大于试模的不合格颗粒。采用4.75～9.5mm 的粗集料进行磨光试验时,各道工序需更加仔细。

4.2　吹砂:用小勺将干砂填入已排妥的集料间隙中,并用洗耳球轻轻吹动干砂,使之填充密实。然后再吹去多余的砂,使砂与试模台阶大致齐平,但台阶上不得有砂。用洗耳球吹动干砂时不得碰动集料,且不得使集料试样表面附有砂粒。

4.3　配制环氧树脂砂浆:将固化剂与环氧树脂按一定比例(如使用6101 环氧树脂时为1:4)配料、拌匀制成黏结剂,再与干砂按1:4～1:4.5 的质量比拌匀制成环氧树脂砂浆。

注:一块试模中的环氧树脂砂浆各组成材料的用量通常为:环氧树脂9.0g、固化剂2.4g、干砂48g,允许根据所选用的黏结剂品种及试件的强度对此用量作适当调整。用4.75～9.5mm 的集料试验时,环氧树脂砂浆用量应酌情增加。

4.4 填充环氧树脂砂浆:用小油灰刀将拌好的环氧树脂砂浆填入试模中,并尽量填充密实,但不得碰动集料。然后用热油灰刀在试模上刮去多余的填料,并将表面反复抹平,使填充的环氧树脂砂浆与试模顶部齐平。

4.5 养护:通常在40℃烘箱中养护3h,再自然冷却9h后拆模;如在室温下养护,时间应更长,使试件达到足够强度。有集料颗粒松动脱落,或有环氧树脂砂浆渗出表面时,试件应予废弃。

5 试验步骤

5.1 试件分组:每轮1次磨14块试件,每种集料为2块试件,包括6种试验用集料和1种标准集料。

5.2 试件编号:在试件的环氧树脂砂浆衬背和弧形侧边上用记号笔对6种集料编号1~12,1种集料赋予相邻两个编号,标准试件为13号、14号。

5.3 试件安装:按表6.3.10-1的序号将试件排列在道路轮上,其中1号位和8号位为标准试件。试件应将有标记的一侧统一朝外(靠活动盖板一侧),每两块试件间加垫一片或数片1mm厚的橡胶石棉板垫片,垫片与试件端部断面相仿,但略低于试件高度2~3mm。然后盖上道路轮外侧板,边拧螺钉边用橡胶锤敲打外侧板,确保试件与道路轮紧密配合,以避免在磨光过程中试件断裂或松动。随后将道路轮安装到轮轴上。

试件在道路轮上的排列次序　　　　　　　　表6.3.10-1

位置号	1	2	3	4	5	6	7	8	9	10	11	12	13	14
试件号	13	9	3	7	5	1	11	14	10	4	8	6	2	12

5.4 磨光过程操作

5.4.1 试件的加速磨光应在室温为20℃±5℃的房间内进行。

5.4.2 粗砂磨光:

(1)把标记C的橡胶轮安装在调整臂上,盖上道路轮罩,下面置一积砂盘,给储水支架上的储水罐加满水,调节流量阀,使水流暂时中断。

(2)准备好30号金刚砂粗砂,装入专用储砂斗,将储砂斗安装在橡胶轮侧上方的位置上并接上微型电机电源。转动荷载调整手轮,使凸轮转动放下橡胶轮,将橡胶轮的轮幅完全压着道路轮上的集料试件表面。

(3)调节溜砂量:用专用接料斗在出料口接住溜出的金刚砂,同时开始计时,1min后移出料斗,用天平称出溜砂量,使流量为27g/min±7g/min,如不满足要求,应用调速按钮或调节储料斗控制闸板的方法调整。

(4)在控制面板上设定转数为57 600转,按下电源开关,启动磨光机开始运转,同时按动粗砂调速按钮,打开储砂斗控制闸板,使金刚砂溜砂量控制为27g/min±7g/min。此时立即调节流量计,使水的流量达到60mL/min。

(5)在试验进行1h和2h时磨光机自动停机(注意不要按下面板上的复零按钮和电源开关),用毛刷和小铲清除箱体上和沉在机器底部积砂盘中的金刚砂,检查并拧紧道路轮上有可能松动的螺母,再起动磨光机,至转数显示屏上显示57 600转时磨光机自动停止,所需的磨光时间约为3h。

(6)转动荷载调整手轮使凸轮托起调整臂,清洗道路轮和试件,除去所有残留的金刚砂。

5.4.3　细砂磨光:

(1)卸下 C 标记橡胶轮,更换为 X 标记橡胶轮,见本方法5.4.2(1)的方法安装。

(2)准备好280号金刚砂细砂,按本方法5.4.2(2)的方法装入专用储砂斗。

(3)重复本方法5.4.2(3)的步骤,调节溜砂量使流量为3g/min ±1g/min。

(4)按本方法5.4.2(4)的步骤设定转数为57 600转,开始磨光操作,控制金刚砂溜砂量为3g/min ±1g/min,水的流量达到60mL/min。

(5)将试件磨2h后停机作适当清洁,按本方法5.4.2(5)的方法检查并拧紧道路轮螺母,然后再起动磨光机,至57 600转时自动停机。

(6)按本方法5.4.2(6)的方法清理试件及磨光机。

5.5　磨光值测定

5.5.1　在试验前2h和试验过程中应控制室温为20℃ ±2℃。

5.5.2　将试件从道路轮上卸下并清洗试件,用毛刷清洗集料颗粒的间隙,去除所有残留的金刚砂。

5.5.3　将试件表面向下放在18～20℃的水中2h,然后取出试件,按下列步骤用摆式摩擦系数测定仪测定磨光值。

(1)调零:将摆式仪固定在测试平台上,松开固定把手,转动升降把手,使摆升高并能自由摆动,然后锁紧固定把手,转动调平旋钮,使水准泡居中。当摆从右边水平位置落下并拨动指针后,指针应指零。若指针不指零,应拧紧或放松指针调节螺母,直至空摆时指针指零。

(2)固定试件:将试件放在测试平台的固定槽内,使摆可在其上面摆过,并使滑溜块居于试件轮迹中心。应使摆式仪摆头滑溜块在试件上的滑动方向与试件在磨光机上橡胶轮的运行方向一致,即测试时试件上作标记的弧形边背向测试者。

(3)测试:调节摆的高度,使滑溜块在试件上的滑动长度为76mm,用喷水壶喷洒清水润湿试件表面(注意:在试验中的任何时刻,试件都应保持湿润),将摆向右提起挂在悬臂上,同时用左手拨动指针使之与摆杆轴线平行。按下释放开关,使摆回落向左运动,当摆达到最高位置下落时,用左手将摆杆接住,读取指针所指(小度盘)位置上的值,记录测试结果,准确到0.1。

注:摆式仪使用新橡胶片时应该预磨使之达到稳定状态,预磨的方法是用新橡胶片在干燥的试块上(不用磨光后的试件)摆动10次,然后在湿润的试块上摆动20次。另外,橡胶片不得被油类污染。

(4)一块试件重复测试5次,5次读数的最大值和最小值之差不得大于3。取5次读数的平均值作为该试件的磨光值读数(PSV_r)。标准试件的磨光值读数用PSV_{br}表示。

5.6　1种集料重复测试2次,每次都需同时对标准集料试件进行测试。

6　数据整理

6.1　计算公式

6.1.1　按式(6.3.10-1)计算两次平行试验4块试件(每轮2块)的算术平均值PSV_{ra},精确到0.1。但4块试件的磨光值读数PSV_r的最大值与最小值之差不得大于4.7,否则试验作废,应重新试验。

$$PSV_{ra} = \sum PSV_{ri}/4 \qquad (6.3.10\text{-}1)$$

式中：$i = 1 \sim 4$；

$\quad$ PSV_{ri}——4块试件的磨光值读数。

$\quad$ 6.1.2 $\quad$ 按式(6.3.10-2)计算两次平行试验4块标准试件(每轮2块)的算术平均值 PSV_{bra}，准确到0.1。但4块标准试件磨光值读数的平均值 PSV_{bra} 必须在 $46 \sim 52$ 范围内，否则试验作废，应重新试验。

$$PSV_{bra} = \sum PSV_{bri}/4 \qquad (6.3.10\text{-}2)$$

式中：$i = 1 \sim 4$；

$\quad$ PSV_{bra}——4块标准试件的磨光值读数。

$\quad$ 6.1.3 $\quad$ 按式(6.3.10-3)计算集料的 PSV 值，取整数。

$$PSV = PSV_{ra} + 49 - PSV_{bra} \qquad (6.3.10\text{-}3)$$

$\quad$ 6.2 $\quad$ 记录表格(表6.3.10-2)

粗集料磨光值试验记录表 $\hfill$ 表6.3.10-2

工程名称＿＿＿＿＿＿ $\hfill$ 样品编号＿＿＿＿＿＿

样品描述＿＿＿＿＿＿ $\hfill$ 试验环境＿＿＿＿＿＿

试验日期＿＿＿＿＿＿ $\qquad$ 试 验 者＿＿＿＿＿＿ $\qquad$ 复 核 者＿＿＿＿＿＿

试验次数	试件名称														
	试件编号	1	2	3	4	5	6	7	8	9	10	11	12	13	14
1	磨光值读数														
	平均值														
2	磨光值读数														
	平均值														
试件的磨光值 PSV_{ra}															

标准试件的磨光值 PSV$_{bra}$											
集料的磨光值 PSV											
集料的磨光值平均值 PSV											

7　报告

试验报告应报告集料的磨光值 PSV、两次平行试验的试样磨光值读数平均值 PSV$_{ra}$和标准试件磨光值读数平均值 PSV$_{bra}$。

6.3.11　磨耗试验(洛杉矶法)

1　目的、依据和适用范围

1.1　本方法用于测定标准条件下粗集料抵抗摩擦、撞击的能力,以磨耗损失(%)表示。

1.2　本方法适用于各种等级规格集料的磨耗试验。

1.3　本试验参照的标准为《公路工程集料试验规程》(JTG E42—2005)。

2　仪器设备

2.1　洛杉矶磨耗试验机:圆筒内径 710mm ±5mm,内侧长 510mm ±5mm,两端封闭,投料口的钢盖通过紧固螺栓和橡胶垫与钢筒紧闭密封。钢筒的回转速率为 30 ~33r/min。

2.2　钢球:直径约 46.8mm,质量为 390 ~445g,大小稍有不同,以便按要求组合成符合要求的总质量。

2.3　台秤:感量 5g。

2.4　标准筛:符合要求的标准筛系列,以及筛孔为 1.7mm 的方孔筛一个。

2.5　烘箱:能使温度控制在 105℃ ±5℃ 范围内。

2.6　容器:搪瓷盘等。

3　试验步骤

3.1　将不同规格的集料用水冲洗干净,置于烘箱中烘干至恒重。

3.2　对所使用的集料,根据实际情况按表 6.3.11-1 选择最接近的粒级类别,确定相应的试验条件,按规定的粒级组成备料、筛分。其中,水泥混凝土用集料宜采用 A 级粒度;对于沥青路面及各种基层、底基层的粗集料,表中的 16mm 筛孔也可用 13.2mm 筛孔代替;对非规格材料,应根据材料的实际粒度,从表 6.3.11-1 中选择最接近的粒级类别及试验条件。

粗集料洛杉矶试验条件 表 6.3.11-1

粒度类别	粒级组成（mm）	试样质量（g）	试样总质量(g)	钢球数量（个）	钢球总质量(g)	转动次数（转）	适用的粗集料 规格	适用的粗集料 公称粒径(mm)
A	26.5~37.5	1 250±25	5 000±10	12	5 000±25	500		
	19.0~26.5	1 250±25						
	16.0~19.0	1 250±10						
	9.5~16.0	1 250±10						
B	19.0~26.5	2 500±10	5 000±10	11	4 850±25	500	S6	15~30
	16.0~19.0	2 500±10					S7	10~30
							S8	10~25
C	9.5~16.0	2 500±10	5 000±10	8	3 320±20	500	S9	10~20
							S10	10~15
	4.75~9.5	2 500±10					S11	5~15
							S12	5~10
D	2.36~4.75	5 000±10	5 000±10	6	2 500±15	500	S13	3~10
							S14	3~5
E	63~75	2 500±50	10 000±100	12	5 000±25	1 000	S1	40~75
	53~63	2 500±50						
	37.5~53	5 000±50					S2	40~60
F	37.5~53	5 000±50	10 000±75	12	5 000±25	1 000	S3	30~60
	26.5~37.5	5 000±25					S4	25~50
G	26.5~37.5	5 000±25	10 000±50	12	5 000±25	1 000	S5	20~40
	19~26.5	5 000±25						

注:1. 表中 16mm 也可用 13.2mm 代替。

2. A 级适用于未筛碎石混合料及水泥混凝土用集料。

3. C 级中 S12 可全部采用 4.75~9.5mm 颗粒 5 000g;S9 及 S10 可全部采用 9.5~16mm 颗粒 5 000g。

4. E 级中 S2 缺 63~75mm 颗粒可用 53~63mm 颗粒代替。

3.3 分级称量(准确至 5g),称取总质量(m_1),装入磨耗机圆筒中。

3.4 选择钢球,使钢球的数量及总质量符合表 6.3.11-1 中规定。将钢球加入钢筒中,盖好筒盖,紧固密封。

3.5 将计数器调整到零位,设定要求的回转次数。对水泥混凝土集料,回转次数为 500 转;对沥青混合料集料,回转次数应符合表 6.3.11-1 的要求。启动磨耗机,以 30~33r/min 转速转动至要求的回转次数为止。

3.6 取出钢球,将经过磨耗后的试样从投料口倒入接受容器(搪瓷盘)中。

3.7 将试样用 1.7mm 的方孔筛过筛,筛去试样中被撞击磨碎的细屑。

3.8 用水冲干净留在筛上的碎石,置于 105℃ ±5℃ 烘箱中烘干至恒重(通常不少于 4h),准确称量(m_2)。

4 数据整理

4.1 计算公式

按式(6.3.11-1)计算粗集料洛杉矶磨耗损失,精确至 0.1%。

$$Q = \frac{m_1 - m_2}{m_1} \times 100 \qquad (6.3.11\text{-}1)$$

式中：Q——洛杉矶磨耗损失(%)；

m_1——装入圆筒中的试样质量(g)；

m_2——试验后在1.7mm筛上洗净烘干的试样质量(g)。

4.2 记录表格(表6.3.11-2)

粗集料磨耗值试验记录表 表6.3.11-2

工程名称_____ 样品编号_____

样品描述_____ 试验环境_____

试验日期_____ 试 验 者_____ 复 核 者_____

试验次数	1				2			
粒级组成								
各粒级烘干试样质量(g)								
试样总质量 m_1(g)								
钢球数量(个)								
钢球总质量(g)								
转动次数(转)								
>1.7mm筛孔质量 m_2(g)								
磨耗测值(%)								
磨耗测定值(%)								

5 报告

试验报告应记录所使用的粒级类别和试验条件。

粗集料的磨耗损失取两次平行试验结果的算术平均值作为测定值,两次试验的差值应不大于2%,否则须重做试验。

6.3.12 碱活性检验(砂浆长度法)

1 目的、依据和适用范围

1.1 本方法用于测定水泥砂浆试件的长度变化,以鉴定水泥中的碱与活性集料间的反应所引起的膨胀是否具有潜在危害。

1.2 本试验参照的标准为《公路工程集料试验规程》(JTG E42—2005)。

2 仪器设备

2.1 标准筛:按细集料(砂)筛分试验规定选用。

2.2 拌和锅、铲、量筒、秒表、跳桌等。

2.3 镘刀及截面为 14mm×13mm、长 120～150mm 的硬木捣棒。

2.4 试模和测头(埋钉):金属试模,规格为 25.4mm×25.4mm×285mm。试模两端正中有小孔,测头以不锈金属制成。

2.5 养护筒:用耐腐材料(塑料)制成,应不漏水,不透气,加盖后放在养护室中能确保筒内空气相对湿度为 95% 以上。筒内设有试件架,架下盛有水,试件垂直立于架上并不与水接触。

2.6 测长仪:测量范围为 275～300mm,精密度 0.01mm。

2.7 储存室(箱):温度为 38℃±2℃。

3 试验准备

3.1 试样制备

3.1.1 水泥:检定一般集料活性时,应使用含碱量高于 0.8% 的硅酸盐水泥。对于具体工程,如使用几种水泥,使用含碱量大于 0.6% 的水泥均应进行试验。

注:水泥含碱量以氧化钠(Na_2O)计,氧化钾(K_2O)换算为氧化钠时乘以换算系数 0.658。

3.1.2 集料:对于砂料,使用工程实际采用的砂或拟用的砂;对于集料,应把活性、非活性集料分别破碎成表 6.3.12-1 所示的级配,并根据岩相检验的结果将活性与非活性集料按比例组合成试验用砂。

砂 料 级 配 表

表 6.3.12-1

筛孔尺寸(mm)	4.75～2.36	2.36～1.18	1.18～0.6	0.60～0.3	0.3～0.15
分级质量比(%)	10	25	25	25	15

3.1.3 砂浆配合比:水泥与砂的质量比为 1:2.25。一组 3 个试件共需水泥 400g、砂 900g。砂浆用水量按《水泥胶砂流动度测定方法》(GB 2419—2005)选定,但跳桌跳动次数改为 10 次/6s,以流动度在 105～120mm 为准。

3.2 试件制作

3.2.1 成型前 24h,将试验所用材料(水泥、砂、拌和用水等)放入 20℃±2℃ 的恒温室中。

3.2.2 砂浆制备:将水倒入拌和锅内,加入水泥拌和 30s,再加入砂料的一半拌和 30s,最后加入剩余的砂料拌和 90s。

3.2.3 砂浆分两层装入试模内,每层捣实 20 次;浇第一层后安放测头再浇第二层(注意测头周围砂浆应填实),浇捣完毕后用镘刀刮除多余砂浆,抹平表面并编号。

4 试验步骤

4.1 试件成型完毕后,带模放入标准养护室,养护 24h±4h 后脱模。脱模后立即测量试件的长度,此长度为试件的基准长度。测长应在 20℃±2℃ 的恒温室中进行。每个试件至少重复测试两次,取差值在仪器精密度范围内的两个读数的平均值作为长度测定值。待测的试件须用湿布覆盖,以防止水分蒸发。

4.2 测长后将试件放入养护筒中,筒壁衬以吸水纸使筒内空气为水饱和蒸汽,盖严筒盖,放入 38℃±2℃ 养护室(箱)里养护(一个筒内的试件品种应相同)。

4.3 测长龄期自测基长后算起,分为 14d、1 个月、2 个月、3 个月、6 个月、9 个月、12 个月几个龄期,如有必要还可适当延长。在测长的前一天,应把养护筒从38℃±2℃的养护室(箱)中取出,放入20℃±2℃的恒温室。试件的测长方法与测基长时相同,每个龄期测长完毕后,应将试件放入养护筒中,盖好筒盖,放回38℃±2℃的养护室(箱)中继续养护到下一个测试龄期。

4.4　测长时应观察试件的变形、裂缝、渗出物,特别要注意有无胶体物质出现,并作详细记录。

5　数据整理

5.1　计算公式

试件的膨胀率按式(6.3.12-1)计算。

$$\Sigma_t = \frac{L_t - L_0}{L_0 - 2\Delta} \times 100 \qquad\qquad (6.3.12\text{-}1)$$

式中:Σ_t——试件在龄期t内的膨胀率(%);

L_t——试件在龄期t的长度(mm);

L_0——试件的基准长度(mm);

Δ——测头(即埋钉)的长度(mm)。

以三个试件测值的平均值作为某一龄期膨胀度的测定值。

注:一组三个试件测值的离散程度应符合下列要求:膨胀率小于0.02%时,单个测值与平均值的差值不得大于0.003%;膨胀率大于0.02%时,单个测值与平均值的差值不得大于平均值的15%。超过以上规定时需查明原因,取其余两个测值的平均值作为该龄期膨胀率的测定值。当一组试件的测值少于两个时,该龄期的膨胀率通过补充试验确定。

5.2　评定

对于砂料,当砂浆半年膨胀率超过0.1%或3个月的膨胀率越过0.05%时(只在缺少半年膨胀率时才有效),即为具有危害性的活性集料。反之,如低于上述数值,则评为非活性集料。

对于集料,当砂浆半年膨胀率低于0.1%或3个月的膨胀率低于0.05%时(只在缺少半年膨胀率时才有效),即为非活性集料。如超过上述数值,尚不能作最后结论,应根据混凝土的试验结果作出最后的评定。

5.3　记录表格(表6.3.12-2)

粗集料碱活性试验记录表　　　　　　　　　　　　　表6.3.12-2

工程名称_____　　　　　　　　　　　　　样品编号_____

样品描述_____　　　　　　　　　　　　　试验环境_____

试验日期_____　　　　试　验　者_____　　　　复　核　者_____

序号	试件的基准长度(mm)			测头的长度(mm)
	1	2	平均	
试样一				
试样二				
试样三				

续上表

龄期	序号	试件长度(mm)			试件在龄期内的膨胀率(%)	膨胀率平均值(%)
		1	2	平均		
14d	试样一					
	试样二					
	试样三					
1个月	试样一					
	试样二					
	试样三					
	试样二					
	试样三					
2个月	试样一					
	试样二					
	试样三					
3个月	试样一					
	试样二					
	试样三					
6个月	试样一					
	试样二					
	试样三					
9个月	试样一					
	试样二					
	试样三					
12个月	试样一					
	试样二					
	试样三					

6.4 水和外加剂

6.4.1 水的 SO_4^{2-} 离子含量——重量法

1 目的、依据和适用范围

1.1 本试验的目的在于了解水的硫酸根离子的总量。

1.2 本试验参照的标准为《水和废水监测分析方法》(第四版)。

1.3 本试验方法适用于测定地表水、地下水、咸水、生活污水及工业废水中的硫酸盐。水样有颜色不影响测定。

1.4 本方法可测定硫酸盐含量10mg/L(以 SO_4^{2-})以上的水样。测定上限为5 000mg/L。

2　仪器设备及试剂

2.1　仪器设备

2.1.1　蒸气浴或水浴。

2.1.2　烘箱。

2.1.3　马福炉。

2.1.4　滤纸:酸洗并进行过硬化处理、能阻留微细沉淀的致密无灰分滤纸(即慢速定量滤纸)。

2.1.5　滤膜:孔径为 0.45μm。

2.1.6　炉结玻璃坩埚:约 30mL。

2.1.7　铂蒸发皿:75mL。

2.2　试剂

2.2.1　(1+1)盐酸。

2.2.2　100g/L 氯化钡溶液:将 100g±1g 二水合氯化钡($BaCl_2 \cdot 2H_2O$)溶于约 800mL 水中,加热有助于溶解,冷却并稀释至 1L。此溶液能长期保持稳定,1mL 可沉淀约 $40mgSO_4^{2-}$。

2.2.3　0.1% 甲基红指示液

2.2.4　硝酸银溶液(约 0.1mol/L):将 0.17g 硝酸银溶解于 80mL 水中,加 0.1mL 硝酸,稀释至 100mL。储存于棕色试剂瓶中,避光保存。

2.2.5　无水碳酸钠。

2.2.6　(1+1)氨水。

3　试验步骤

3.1　沉淀

3.1.1　移取适量经 0.45μm 滤膜过滤的水样(测可溶性硫酸盐)置于 500mL 烧杯中,加 2 滴甲基红指示液,用盐酸或氨水调至试液呈橙黄色,再加 2mL 盐酸,然后补加水使试液的总体积约为 200mL。加热煮沸 5min(此时若试液出现不溶物,应过滤后再进行沉淀),缓慢加入约 10mL 热的氯化钡溶液,直到不再出现沉淀,再过量 2mL。继续煮沸 20min,放置过夜,或在 50~60℃下保持 6h 使沉淀陈化。

3.1.2　如果要回收和测定不溶物中的硫酸盐,则取适量混匀水样,经定量滤纸过滤,将滤纸转移到铂蒸发皿中,在低温燃烧器上加热灰化滤纸,并将 4g 无水碳酸钠同皿中残渣混合,于 900℃使混合物熔融。放冷,用 50mL 热水溶解熔融混合物,并全量转移到 500mL 烧杯中(洗净蒸发皿),将溶液酸化后再按前述方法进行沉淀。

3.1.3　如果水样中二氧化硅及有机物的浓度能引起干扰(如 SiO_2 浓度超过 25mL/L),则应除去。方法是将水样分次置于铂蒸发皿中,在水浴上蒸发至近干,加 1mL 盐酸,将皿倾斜并转动使酸和残渣完全接触,并继续蒸发至干。再放入 180℃的炉内完全烘干(如果水样中含有机质,就在燃烧器的火焰上或者马福炉中加热使之炭化,然后用 2mL 水和 1mL 盐酸把残渣浸湿,再在蒸气浴上蒸干),加入 2mL 盐酸,用少量的热水反复洗涤不溶的二氧化硅,将滤液和洗液合并,弃去残渣。滤液和洗液按上述方法进行沉淀。

3.2　过滤

3.2.1　用已经恒重过的烧结玻璃坩埚(G4)过滤沉淀。用橡皮头的玻璃棒将烧杯中的沉淀安全转移到坩埚中去,用热水少量多次地洗涤沉淀,直到没有氯离子为止。

3.2.2　在含约5mL硝酸银溶液的小烧杯中检验洗涤过程中的氯化物。收集约5mL的过滤洗涤水,如果没有沉淀生成或者溶液不变浑浊,即表明沉淀中已不含氯离子。

3.2.3　检验坩埚下侧的边沿上有无氯离子。

3.3　干燥和称重

取下坩埚并在105℃±2℃干燥1~2h。然后将坩埚放在干燥器中,冷却至室温后,称重。再将坩埚放在烘箱中干燥10min,冷却,称重,直到前后两次的质量差不大于0.000 2g为止。

4　数据整理

4.1　计算公式

$$SO_4^{2-}(mg/L) = \frac{m \times 0.411\,5 \times 1\,000}{V} \qquad (6.4.1\text{-}1)$$

式中:m——从试样中沉淀出来的硫酸钡的质量(mg);

　　　V——试液的体积(mL);

0.411 5——$BaSO_4$ 的质量换算为 SO_4^{2-} 的系数。

要得到试样中硫酸盐的总浓度(即可溶以及不可溶态的),可将不溶物中的硫酸盐加上可溶态硫酸盐。

4.2　记录表格(表6.4.1-1)

水中 SO_4^{2-} 含量试验记录表

表6.4.1-1

工程名称_____　　　　　　　　　　　　　　样品编号_____
样品描述_____　　　　　　　　　　　　　　试验环境_____
试验日期_____　　　　试　验　者_____　　　复　核　者_____

所取试样体积(mL)		
灼烧温度(℃)		
试验次数	1	2
(坩埚+沉淀)质量(g)		
坩埚编号		
空坩埚质量(g)		
沉淀质量(g)		
SO_4^{2-}(mg/L)		
平均 SO_4^{2-}(mg/L)		

6.4.2　水的 Cl⁻ 离子含量

1　目的、依据和适用范围

1.1　本试验的目的在于了解水中易溶盐氯根的总量。

1.2　本试验参照的标准为《水质　氯化物的测定　硝酸银滴定法》(GB 11896—89)。

1.3　本方法适用于天然水总氯化物测定,也适用于经过适当稀释的高矿化废水(咸水、海水等)及经过各种预处理的生活污水和工业废水。

1.4　本法适用的浓度范围为10~500mg/L。高于500mg/L的样品,经稀释后可以扩大其适用范围。低于10mg/L的样品,滴定终点不易掌握,建议采用离子色谱法。

2　仪器设备及试剂

2.1　仪器设备

2.1.1　棕色酸式滴定管(25mL)。

2.1.2　锥形瓶:250mL。

2.1.3　吸量管:25mL、50mL。

2.2　试剂

2.2.1　高锰酸钾:$C(1/5KMnO_4) = 0.01mol/L$。

2.2.2　过氧化氢(H_2O_2):30%。

2.2.3　乙醇(C_6H_5OH):95%。

2.2.4　硫酸溶液:$C(1/2H_2SO_4) = 0.05mol/L$。

2.2.5　氢氧化钠溶液:$C(NaOH) = 0.05mol/L$。

2.2.6　氢氧化铝悬浮液:溶解125g硫酸铝钾$[KAl(SO_4)_2 \cdot 12H_2O]$于1L蒸馏水中,加热至60℃,然后边搅拌边缓缓加入55mL浓氨水放置约1h后,移至大瓶中,用倾泻法反复洗涤沉淀物,直至洗出液不含氯离子为止。用水稀至约300mL。

2.2.7　氯化钠标准溶液:$C(NaCl) = 0.0141mol/L$,相当于500mg/L氯化物含量。将氯化钠(NaCl)置于瓷坩埚内,在500~600℃下灼烧40~50min。在干燥器中冷却后称取8.2400g,溶于蒸馏水中,在容量瓶中稀释至1000mL。用吸管吸取10.0mL,在容量瓶中准确稀释至100mL。

1.00mL此标准溶液含0.50mg氯化物(Cl^-)。

2.2.8　硝酸银标准溶液:$C(AgNO_3) = 0.0141mol/L$,称取2.3950g于105℃烘半小时的硝酸银$(AgNO_3)$,溶于蒸馏水中,在容量瓶中稀释至1000mL,储于棕色瓶中。

用氯化钠标准溶液标定其浓度:

用吸管准确吸取25.00mL氯化钠标准溶液于250mL锥形瓶中,加蒸馏水器25mL。另取一锥形瓶,量取蒸馏水50mL作空白。各加入1mL铬酸钾溶液,在不断的摇动下用硝酸银标准溶液滴定至砖红色沉淀刚刚出现为止。计算每毫升硝酸银溶液相当的氯化物量,然后校正其浓度,再作最后标定。

1.00mL此标准溶液含0.50mg氯化物(Cl^-)。

2.2.9　铬酸钾溶液:50g/L,称取5g铬酸钾(K_2CrO_4)溶于少量蒸馏水中,滴加硝酸银溶液至有红色沉淀生成。摇匀,静置12h,然后过滤并用蒸馏水将滤液稀释至100mL。

2.2.10　酚酞指示剂溶液:称取0.5g酚酞溶于50mL 95%乙醇中。加入50mL蒸馏水,再滴加0.05mol/L氢氧化钠溶液使呈微红色。

3　试验步骤

3.1　干扰的排除

若无以下各种干扰,此节可省去。

3.1.1　如水样浑浊及带有颜色,则取150mL水样或取适量水样稀释至150mL,置于250mL锥形瓶中,加入2mL氢氧化铝悬浮液,振荡过滤,弃去最初滤下的20mL,用干的清洁锥形瓶接取滤液备用。

3.1.2　如果有机物含量高或色度高,可用马福炉灰化法预先处理水样。取适量废水样于瓷蒸发皿中,调节pH值至8~9,置水浴上蒸干,然后放入马福炉中在600℃下灼烧1h,取出冷却后,加10mL蒸馏水,移入250mL锥形瓶中,并用蒸馏水清洗三次,一并转入锥形瓶中,调节pH值到7左右,稀释至50mL。

3.1.3 由有机质产生的较轻色度,可以加入0.01mol/L高锰酸钾2mL,煮沸。再滴加乙醇,以除去多余的高锰酸钾至水样褪色,过滤。滤液储于锥形瓶中备用。

3.1.4 如果水样中含有硫化物、亚硫酸盐或硫代硫酸盐,则加氢氧化钠溶液将水样调至中性或弱碱性,加入1mL30%过氧化氢,摇匀。1min后加热至70~80℃,以除去过量的过氧化氢。

3.2 测定

3.2.1 用吸管吸取50mL水样或经过预处理的水样(若氯化物含量高,可取适量水样用蒸馏水稀释至50mL),置于锥形瓶中。另取一锥形瓶,加入50mL蒸馏水作空白试验。

3.2.2 如水样pH值在6.5~10.5范围内,可直接滴定,超出此范围的水样应以酚酞作指示剂,用稀硫酸或氢氧化钠的溶液调节至红色刚刚退去。

3.2.3 加入1mL铬酸钾溶液,用硝酸银标准溶液滴定至砖红色沉淀刚刚出现为止。记下硝酸银用量V_1。

同法作空白滴定。记下硝酸银用量V_2。

4 数据整理

4.1 计算公式

氯根含量按式(6.4.2-1)、式(6.4.2-2)计算:

$$氯离子(毫克当量/升) = (V_1 - V_2) \times N \times \frac{1\,000}{V} \qquad (6.4.2-1)$$

$$氯离子(mg/L) = (V_1 - V_2) \times M \times \frac{1\,000}{V} \times 35.45 \qquad (6.4.2-2)$$

上述式中:V——取样体积(mL);

$\qquad V_1$——滴定水样时,硝酸银的消耗量(mL);

$\qquad V_2$——滴定蒸馏水时,硝酸银的消耗量(mL);

$\qquad M$——硝酸银当量浓度;

35.45——每一毫克当量氯离子的质量(mg)。

4.2 记录表格(表6.4.2-1)

水中Cl⁻含量试验记录表 　　　　　　　　表6.4.2-1

工程名称_____　　　　　　　　　　　　　样品编号_____

样品描述_____　　　　　　　　　　　　　试验环境_____

试验日期_____　　　　　试 验 者_____　　　　复 核 者_____

试验次数	硝酸银溶液标定									
	氯化钠标准溶液的浓度(mol/L)	氯化钠标准溶液的体积(mL)	标液滴定量(mL)			空白滴定量(mL)				硝酸银溶液浓度(mol/L)	
			初值	终值	消耗量	初值	终值	消耗量	均值	计算值	平均值
1											
2											

续上表

干扰排除				
干扰判断	□浑浊及带颜色	□有机物含量高或色度高	□由有机质产生较轻色度	□含硫化物、亚硫酸盐或硫代硫酸盐

去浊去色预处理	灰化预处理		高锰酸钾氧化预处理	去硫化物等预处理	
加入的氢氧化铝悬浮液体积(mL)	温度(℃)	定容体积(mL)	加入的高锰酸钾溶液体积(mL)	加入的氢氧化钠量(mL)	加入的过氧化氢量(mL)

水样测定						
序号	取样量(mL)	滴定水样消耗标准溶液量(mL)			滴定空白消耗标准溶液量(mL)	水样氯化物含量(mg/L)	
		初值	终值	消耗量		计算值	平均值

5　报告

试验方法、水中的氯根含量(mg/L)。

6.4.3　水的可溶物含量

1　目的、依据和适用范围

1.1　本试验的目的在于了解水的可溶物含量。

1.2　本试验参照的标准为《生活饮用水标准检验方法　感官性状和物理指标》(GB/T 5750.4—2006)

1.3　本方法适用于生活饮用水及其水源水中溶解性总固体的测定。

1.4　水样经过滤后,在一定温度下烘干,所得的固体残渣称为溶解性总固体,包括不易挥发的可溶物盐类、有机物及能通过滤器的不溶性微粒等。

烘干温度一般采用105℃±3℃。但105℃的烘干温度不能彻底除去高矿化水样中盐类所含的结晶水。采用180℃±3℃的烘干温度,可得到较为准确的结果。

当水样的溶解性总固体中含有多量氯化钙、硝酸钙、氯化镁、硝酸镁时,由于这些化合物具有强烈的吸湿性使称量不能恒定质量,此时可在水样中加入适量的碳酸钠溶液,从而得到改进。

2　仪器设备及试剂

2.1　仪器设备

2.2.1　分析天平,感量0.1mg。

2.2.2　水浴锅。

2.2.3　电恒温干燥箱。

2.2.4　瓷蒸发皿(100mL)。

2.2.5 干燥器(用硅胶做干燥剂)

2.2.6 中速定量滤纸或滤膜(孔径0.45μm)及相应滤器。

2.2 试剂

碳酸钠溶液(10g/L):称取10g无水碳酸钠(Na_2CO_3),溶入纯水中,稀释至1 000mL。

3 试验步骤

3.1 将蒸发皿洗净,放在180℃±3℃烘箱内烘30min,取出,于干燥器内冷却30min,称量,直至恒定质量(两次称量质量相差小于0.000 4g)。

3.2 吸取100mL水样于蒸发皿中,精确加入25.0mL碳酸钠溶液(10g/L)于蒸发皿中,混匀。同时做一个只加25.0mL碳酸钠溶液(10g/L)的空白试验,计算水样结果时应减去碳酸钠空白的质量。

注:若烘干温度为180℃±3℃,则蒸发皿及可溶物质量指加入碳酸钠溶液后可溶物与蒸发皿的质量。

4 数据整理

4.1 计算公式

$$\rho(TDS) = (m_1 - m_0) \times 1\,000 \times 1\,000/V \qquad (6.4.3\text{-}1)$$

式中:$\rho(TDS)$——水样中溶解性总固体的质量浓度(mg/L);

$\quad m_0$——蒸发皿的质量(g);

$\quad m_1$——蒸发皿和溶解性总固体的质量(g);

$\quad V$——水样体积(mL)。

结果精确至0.1mg/L。

4.2 记录表格(表6.4.3-1)

水中可溶物含量试验记录表 表6.4.3-1

工程名称_____ 样品编号_____

样品描述_____ 试验环境_____

试验日期_____ 试　验　者_____ 复　核　者_____

试验次数		1	2
可溶物	烘干温度(℃)	□105±3	□180±3
	试样蒸发皿编号		
	蒸发皿质量(g)		
	蒸发皿及可溶物质量(g)		
	碳酸钠空白蒸发皿编号		
	蒸发皿质量(g)		
	加入碳酸钠溶液体积(mL)		
	蒸发皿及碳酸钠质量(g)		
	碳酸钠空白质量(g)		
	水样体积(mL)		
	可溶物含量(mg/L)		
	可溶物含量平均值(mg/L)		

4.3 精密度和允许差

279 个试验室测定溶解性总固体为 170.5mg/L 的合成水样,105℃烘干,测定的相对标准偏差为 4.9%,相对误差为 2.0%;204 个试验室测定同一合成水样,180℃烘干,测定的相对标准差为 5.4%,相对误差为 0.4%。

6.4.4 水的不溶物含量

1 目的、依据和适用范围

1.1 本试验的目的在于了解水的不溶物含量。

1.2 本试验参照的标准为《水质 悬浮物的测定 重量法》(GB 11901—89)。

1.3 本方法适用于地面水、地下水,也适用于生活污水和工业废水中悬浮物的测定。

1.4 水质中的悬浮物是指水样通过孔径为 0.45μm 的滤膜,截留在滤膜上并于 103 ~ 105℃烘干至恒重的固体物质。

2 仪器设备及试剂

2.1 仪器设备

全玻璃微孔滤膜过滤器、吸滤瓶、真空泵、无齿扁嘴镊子、滤膜(孔径 0.45μm)。

2.2 试剂

蒸馏水或同等纯度的水。

采集的水样应尽快分析测定。如需放置,应储存在 4℃冷藏箱中,但最长不得超过 7d。

注:不能加入任何保护剂,以防破坏物质在固、液间的分配平衡。

3 试验步骤

3.1 滤膜准备

用扁嘴无齿镊子夹取微孔滤膜放于事先恒重的称量瓶里,移入烘箱中于 103 ~ 105℃烘干半小时后取出,置于干燥器内冷却至室温,称其质量。反复烘干、冷却、称量,直至两次称量的质量差≤0.2mg。将恒重的微孔滤膜正确放在滤膜过滤器的滤膜托盘上,加盖配套的漏斗,并用夹子固定好。以蒸馏水湿润滤膜,并不断吸滤。

3.2 测定

量取充分混合均匀的试样 100mL,抽吸过滤,使水分全部通过滤膜。再以每次 10mL 蒸馏水连续洗涤三次,继续吸滤以除去痕量水分。停止吸滤后,仔细取出载有悬浮物的滤膜放在原恒重的称量瓶里,移入烘箱中于 103 ~ 105℃下烘干 1h 后移入干燥器中,使冷却到室温,称其质量。反复烘干、冷却、称量,直至两次称量的质量差≤0.4mg 为止。

注:滤膜上截留过多的悬浮物可能夹带过多的水分,除延长干燥时间外,还可能造成过滤困难,遇此情况,可酌情少取试样。滤膜上悬浮物过少,则会增大称量误差,影响测定精度,必要时,可增大试样体积。一般以 5 ~ 100mg 悬浮物量作为量取试样体积的适用范围。

4 数据整理

4.1 计算公式

悬浮物含量 C(mg/L)按式(6.4.4-1)计算:

$$C = \frac{(A - B) \times 10^6}{V} \qquad\qquad (6.4.4\text{-}1)$$

式中:C——水中悬浮物浓度(mg/L);

　　　A——悬浮物 + 滤膜 + 称量瓶质量(g);

　　　B——滤膜 + 称量瓶质量(g);

　　　V——试样体积(mL)。

4.2　记录表格(表6.4.4-1)

水中不溶物含量试验记录表　　　　　　　　　　表6.4.4-1

工程名称_____　　　　　　　　　　样品编号_____

样品描述_____　　　　　　　　　　试验环境_____

试验日期_____　　　　试　验　者_____　　　复　核　者_____

	试验次数	1	2
不溶物	称量瓶质量 + 滤纸质量(g)		
	称量瓶质量 + 滤纸质量 + 不溶物质量(g)		
	水样体积(mL)		
	不溶物含量(mg/L)		
	不溶物含量平均值(mg/L)		

6.4.5　水的 pH 值(酸碱度)

1　目的、依据和适用范围

1.1　本试验的目的在于了解水和外加剂的 pH 值。

1.2　本试验参照的标准为《水质　pH 值的测定　玻璃电极法》(GB 6920—86)。

1.3　本方法适用于饮用水、地面水及工业废水 pH 值的测定。

2　仪器设备

2.1.1　酸度计。

2.1.2　甘汞电极。

2.1.3　玻璃电极。

3　试验步骤

3.1　按仪器说明书校正仪器。

3.2　测量:先用水,再用测试溶液冲洗电极,然后将电极浸入溶液,摇动试杯,使均匀,稳定1min后读数,结果即为 pH 值。

4　数据整理

4.1　结果表示

酸度计测出的结果即为溶液的 pH 值。

4.2　记录表格(表6.4.5-1)

水的 pH 试验记录表　　　　　　　　　　　表 6.4.5-1

工程名称＿＿＿＿＿　　　　　　　　　　　　样品编号＿＿＿＿＿

样品描述＿＿＿＿＿　　　　　　　　　　　　试验环境＿＿＿＿＿

试验日期＿＿＿＿＿　　　试 验 者＿＿＿＿＿　　复 核 者＿＿＿＿＿

样品测定				
试验次数			1	2
pH	测值			
	平均值			
酸度计标定				
仪器校正				
标液温度(℃)	标准溶液的 pH(S)值	测定结果		允许误差
				±0.1
				±0.1
				±0.1

4.3　精密度和允许差

室内允许差为 0.2;室间允许差为 0.5。

6.4.6　外加剂氯离子含量

1　目的、依据和适用范围

1.1　本试验的目的在于了解水和外加剂的氯离子含量。

1.2　本试验参照的标准为《混凝土外加剂匀质性试验方法》(GB/T 8077—2012)。

1.3　本方法适用于高性能减水剂(早强型、标准型、缓凝型)、高效减水剂(标准型、缓凝型)、普通减水剂(早强型、标准型、缓凝型)、引气减水剂、泵送剂、早强剂、缓凝剂、引气剂、防水剂、防冻剂和速凝剂共十一类混凝土外加剂。

2　仪器设备及试剂

2.1　仪器设备

电位测定仪或酸度计、银电极或氯电极、甘汞电极、电磁搅拌器、滴定管 25mL、移液管 10mL、电子天平(分度值为 0.1mg)。

2.2　试剂

2.2.1　硝酸(1+1)。

2.2.2　硝酸银溶液(17g/L):17g 硝酸银水溶解后放入 1L 棕色容量瓶稀释至刻度,摇匀,用 0.100 0mol/L 氯化钠标准溶液标定。

2.2.3　氯化钠标准溶液:称取 10g 已于 130～150℃烘干 2h 的氯化钠(基准试剂),置于干燥器中冷却,然后精确称取 5.844 3g,用水溶解,并稀释至 1L,摇匀。

2.2.4　硝酸银溶液的标定:用移液管吸取 10mL 0.100mol/L 的氯化钠标准溶液于烧杯中,加水稀释至 200mL,加 4mL 硝酸溶液,在电磁搅拌下用硝酸银溶液以电位滴定法测定终点,再加入 10mL 0.100mol/L 的氯化钠标准溶液,继续用硝酸银溶液滴定至第二个终点,用二次微商法计算硝酸银溶液消耗的体积 V_{01}、V_{02}。

3　试验步骤

3.1　准确称取外加剂试样 0.500 0 ~ 5.000 0g,放入烧杯。

3.2　加 200mL 水和 4mL 硝酸,搅拌至彻底溶解,如不能完全溶解,用快速滤纸过滤,并用蒸馏水洗涤残渣至无氯离子为止。

3.3　用移液管加入 10mL 0.100mol/L 的氯化钠标准溶液,加入电磁搅拌子,置于电磁搅拌器上,开动搅拌器,插入银电极(或氯电极)及甘汞电极,电极与电位计相连。

3.4　用硝酸银溶液缓慢滴定,观察电势突变,继续滴入硝酸银溶液,直至电势趋向变化平缓,得到第一个等当点,记录电势和对应的滴定管读数。

3.5　在同一溶液用移液管再加入 10mL 0.100mol/L 的氯化钠标准溶液,继续用硝酸银溶液缓慢滴定,得到第二个等当点,记录电势和对应的硝酸银溶液消耗的体积(用二次微商法算出硝酸银溶液消耗的体积 V_1、V_2)。

4　数据整理

4.1　计算公式

硝酸银溶液的标定:

$$V_0 = V_{01} - V_{02} \qquad (6.4.6\text{-}1)$$

式中:V_0——10mL 0.100mol/L 的氯化钠标准溶液消耗硝酸银溶液的体积(mL);

V_{01}——加 10mL 0.100mol/L 的氯化钠标准溶液消耗硝酸银溶液的体积(mL);

V_{02}——加 20mL 0.100mol/L 的氯化钠标准溶液消耗硝酸银溶液的体积(mL);

硝酸盐溶液的浓度:

$$C = \frac{C'V'}{V_0} \qquad (6.4.6\text{-}2)$$

式中:C'——氯化钠标准浓度(mol/L);

V'——氯化钠标准溶液的体积(mL)。

外加剂氯离子的含量:

通过电压对体积二次导数(即 $\Delta^2 E/\Delta V^2$)变为零求出滴定终点,用内插法求出。外加剂中氯离子所消耗的硝酸银体积 V 为:

$$V = \frac{(V_1 - V_{01}) + (V_2 - V_{02})}{2} \qquad (6.4.6\text{-}3)$$

式中:V_1——试样溶液加 10mL 0.100mol/L 的氯化钠标准溶液消耗硝酸银溶液的体积(mL);

V_2——试样溶液加 20mL 0.100mol/L 的氯化钠标准溶液消耗硝酸银溶液的体积(mL)。

$$X = \frac{CV \times 35.43}{m \times 10\,000} \qquad (6.4.6\text{-}4)$$

式中:m——外加剂的质量(g)。

4.2　记录表格(表6.4.6-1)

硝酸银溶液的滴定记录表 表 6.4.6-1

工程名称＿＿＿＿＿＿＿＿＿ 样品编号＿＿＿＿＿＿＿＿＿

样品描述＿＿＿＿＿＿＿＿＿ 试验环境＿＿＿＿＿＿＿＿＿

试验日期＿＿＿＿＿＿＿＿ 试 验 者＿＿＿＿＿＿＿＿ 复 核 者＿＿＿＿＿＿＿＿

加 10mL 0.100 0mol/L 氯化钠标准溶液				加 20mL 0.100 0mol/L 氯化钠标准溶液			
滴加硝酸银溶液体积 V_{01}(mL)	电势 E(mV)	$\Delta E/\Delta V$ (mV/mL)	$\Delta^2 E/\Delta V^2$ (mV/mL)^2	滴加硝酸银溶液体积 V_{02}(mL)	电势 E(mV)	$\Delta E/\Delta V$ (mV/mL)	$\Delta^2 E/\Delta V^2$ (mV/mL)^2

4.3 允许偏差

室内允许差 0.05%；室间允许差 0.08%。

6.4.7 外加剂的减水率

1 目的、依据和适用范围

1.1 本试验的目的在于了解水和外加剂的减水率含量。

1.2 本试验参照的标准为《普通混凝土拌合物性能试验方法标准》(GB/T 50080—2016)

1.3 减水率为坍落度基本相同时基准混凝土和掺外加剂混凝土单位用水量之差与基准混凝土单位用水量之比。减水率检验仅在减水剂和引气剂中进行，它是区别高效型与普通型减水剂的主要功能技术指标之一。混凝土中掺用适量减水剂，在保持坍落度不变的情况下，可减少单位用水量 5%～20%，从而增加了混凝土的密实度，提高混凝土的强度和耐久性。

2 仪器设备

2.1 坍落度筒。

2.2 薄钢板。

2.3 捣棒。

2.4 小铲。

2.5 钢尺。

2.6 抹刀。

3 试验步骤

基准混凝土和掺外加剂混凝土坍落度试验步骤：

3.1 湿润坍落筒，将它放在平整、刚性好、湿润不吸水的底板上，然后用脚踩踏板，固动坍落度筒，把混凝土分三层装入筒内，每层捣实的高度大致为坍落筒高的 1/3。

3.2 每层用捣棒插捣 25 次，插捣应沿螺旋方向由外向中心进行，并且应在每层的截面上均匀插捣,插底层时,插捣棒应贯穿整个深度,插捣筒边时,捣棒可稍倾斜。插捣第二层和顶层时,应插透本层至下一层的表面,把混凝土表面抹平。

3.3 清除筒边底板上的混凝土后,小心平稳地提起坍落筒,提筒过程在 3～7s 内完成,提升中注意不得使混凝土试体受到碰撞或振动。试验时从开始上料到提起全过程应不大于 150s。

3.4 提起坍落筒后,立即测量筒高与坍落后混凝土试体最高点之间的高度差,以得其坍落度值。

3.5 分别记录基准混凝土和掺外加剂混凝土坍落度相同时的单位用水量 W_0 和 W_1。

4 数据整理

4.1 计算公式

减水率按式(6.4.7-1)计算:

$$W_R = \frac{W_0 - W_1}{W_0} \times 100 \qquad (6.4.7-1)$$

式中:W_R——减水率(%);

W_0——基准混凝土单位用水量(kg/m^3);

W_1——掺外加剂的混凝土单位用水量(kg/m^3)。

4.2 记录表格(表6.4.7-1)

外加剂减水率试验记录表 表6.4.7-1

工程名称_____ 样品编号_____

样品描述_____ 试验环境_____

试验日期_____ 试 验 者_____ 复 核 者_____

序号	基准混凝土坍落度（mm）	受检混凝土坍落度（mm）	基准混凝土、受检混凝土单位用水量(kg/m³)	减水率（%）	代表值（%）
1					
2					
3					

4.3 精密度和允许差

W_R 以三批试验的算术平均值计,精确到1%。若三批试验的最大值或最小值有一个与中间值之差超过中间值的15%,则把最大值与最小值一并舍去,取中间值作为该组试验的减水率;若有两个测值与中间值之差均超过15%,则该批试验结果无效,应该重做。

6.4.8 外加剂的泌水率比

1 目的、依据和适用范围

1.1 本试验的目的在于了解水和外加剂的泌水率比。

1.2 本试验参照的标准为《混凝土外加剂》(GB 8076—2008)。

1.3　混凝土的泌水率与混凝土的离析性有很大的联系,掺加一些外加剂后能明显改善混凝土的泌水率,进而影响混凝土的工作性。掺加外加剂的混凝土与不掺加外加剂的混凝土(即基准混凝土)的泌水率的比值(即泌水率比),在一定程度上能反映外加剂的性能。

2　仪器设备

2.1　带盖容器,内径为18.5cm,高20cm。

2.2　抹灰刀。

2.3　5mL量筒。

2.4　吸管。

3　试验步骤

3.1　先称容器质量,然后用湿布润湿容器,将混凝土拌和物一次装入,在振动台上振20s,抹平(试样表面应比筒口低20mm),再称筒加试样质量,加盖防止水分蒸发。

3.2　吸泌水,自抹面开始计算时间,在前60min,每隔10min吸水一次,以后每隔20min吸水一次,直至连续三次无泌出水为止。每次吸水前5min,应将筒底一侧垫高约20mm,使筒倾斜,以便吸水。吸水后,将筒轻轻放平盖好。将每次吸出的水注入带塞的量筒内,最后计算出总的泌水量,精确至1g。

4　数据整理

4.1　计算公式

4.1.1　泌水率按式(6.4.8-1)、式(6.4.8-2)计算:

$$B = \frac{V_w}{\dfrac{W}{G} \times G_w} \times 100 \qquad (6.4.8\text{-}1)$$

$$G_w = G_1 - G_0 \qquad (6.4.8\text{-}2)$$

上述式中:B——泌水率(%);

$\quad V_w$——泌水总量(s);

$\quad W$——混凝土拌合物的用水量(g);

$\quad G$——混凝土拌合物的总质量(g);

$\quad G_w$——试样质量(g);

$\quad G_1$——筒及试样重(g);

$\quad G_0$——筒重(g)。

4.1.2　泌水率比按式(6.4.8-3)计算:

$$R_B = \frac{B_t}{B_c} \times 100 \qquad (6.4.8\text{-}3)$$

式中:R_B——泌水率之比(%);

$\quad B_c$——基准混凝土泌水率(%);

$\quad B_t$——受检混凝土泌水率(%)。

4.2　记录表格(表6.4.8-1)

外加剂泌水率试验记录表 表 6.4.8-1

工程名称_____ 样品编号_____

样品描述_____ 试验环境_____

试验日期_____ 试 验 者_____ 复 核 者_____

压力泌水率 B_p	次数	基准混凝土			受检混凝土		
		V_{10}(mL)	V_{140}(mL)	B_p(%)	V_{10}(mL)	V_{140}(mL)	B_p(%)
	1						
	2						
	3						
平均压力泌水率(%)		$B_{p0}=$			$B_{pa}=$		
压力泌水率比 R_b(%)							
结论							
常压泌水率比 B	次数	基准混凝土			受检混凝土		
		W　(kg)	G　(kg)		W　(kg)	G　(kg)	
		G_0(kg)	G_1(kg)	V_w(kg)	B	G_0(kg)	G_1(kg)	V_w(kg)	B
	1								
	2								
	3								
平均泌水率(%)		$B_c=$			$B_t=$		
常压泌水率比 R_r(%)							

4.3 精密度和允许差

泌水率值取三个试验的算术平均值,精确至 0.1% 。若三个试样的最大值或最小值中有一个与中间之差大于中间值的 15% ,则把最大值与最小值一并舍去,取中间值作为该组试验的泌水率;若最大值和最小值与中间值之差均大于中间值的 15% ,则应重做。

6.4.9 外加剂的抗压强度比

1 目的、依据和适用范围

1.1 本试验的目的在于了解水和外加剂的抗压强度比,是评定外加剂质量等级的主要指标之一。

1.2 本试验参照的标准为《混凝土外加剂》(GB 8076—2008)。

2 仪器设备

2.1.1　数显液压机(设备型号:YES—2000,设备编号:JC—051)和液压万能试验机(设备型号:WE—300B,设备编号:JC—031),精度(示值的相对误差)不大于±2%,选取时其量程应能使试件的预期破坏荷载值不小于全量程的20%,也不大于全量程的80%。

2.1.2　直尺1个。

2.1.3　四轮运试件手推车1台。

2.1.4　独轮手推车1台。

2.1.5　扫把1个。

2.1.6　搓子1个。

2.1.7　抹布2块。

2.1.8　活扳手1把。

2.1.9　劳动保护用品(手套、口罩、眼镜)。

3　试验步骤

3.1　首先打开信号转换器,待到数字稳定,准备试验。

3.2　打开计算机,进入该试验的编号窗口。

3.3　带好劳保用品,将试块擦拭干净,测量尺寸,并据此计算试件的承压面积$A(\text{mm}^2)$。若实测尺寸与公称尺寸之差不超过1mm,可按公称尺寸进行计算,如:对150mm×150mm×150mm的立方体抗压强度混凝土试块而言,$A = 150\text{mm} \times 150\text{mm} = 22\,500\text{mm}^2$。检查外观,试压承压面平面度公差为每100mm不超过0.05mm,承压面与相邻面的垂直度公差不应超过±1°。

3.4　将试件放在试验机的下压板上,试件的承压面应与成型时的顶面垂直,试件的中心应与试验机下压板中心对准。开动试验机与试件接近,调整球座,使其均衡,同时把信号转换器数字调整到零点。

3.5　混凝土试件的试验应连续而均匀地加荷,加荷速度应为:混凝土强度等级低于C30时,取0.3~0.5MPa/s;混凝土强度等级高于C30且低于C60时,取0.5~0.8MPa/s;混凝土强度等级高于C60时,取0.8~1.0MPa/s。试件接近破坏而开始迅速变形时,停止调整试验机油门,直至试件破坏,然后记录破坏荷载F。

基准混凝土试件抗压强度按式(6.4.9-1)计算;

$$S_{\text{t}} = \frac{F_{\text{t}}}{A_{\text{t}}} \tag{6.4.9-1}$$

式中:S_{t}——基准混凝土立方体试件抗压强度(MPa),精确至0.1MPa;

　　　F_{t}——基准混凝土试件破坏荷载(N);

　　　A_{t}——基准混凝土试件承压面积(mm^2)。

掺加外加剂混凝土试件抗压强度按式(6.4.9-2)计算:

$$S_{\text{c}} = \frac{F_{\text{c}}}{A_{\text{c}}} \tag{6.4.9-2}$$

式中:S_{c}——掺外加剂混凝土立方体试件抗压强度(MPa),精确至0.1MPa;

　　　F_{c}——掺外加剂混凝土试件破坏荷载(N);

　　　A_{c}——掺外加剂混凝土试件承压面积(mm^2)。

3.6 试验完毕关闭计算机,断开设备电源,清除试验完的混凝土试块及余渣,保持设备的清洁卫生。

3.7 抗压强度比以掺外加剂混凝土与基准混凝土同龄期抗压强度之比表示,按式(6.4.9-3)计算:

$$R_s = \frac{S_c}{S_t} \qquad\qquad (6.4.9\text{-}3)$$

4 报 告

4.1 记录表格

本试验所用技术记录表格见表6.4.9-1。

抗压强度比试验记录表   表6.4.9-1

工程名称＿＿＿＿＿＿＿   样品编号＿＿＿＿＿＿＿

样品描述＿＿＿＿＿＿＿   试验环境＿＿＿＿＿＿＿

试验日期＿＿＿＿＿＿＿   试 验 者＿＿＿＿＿＿＿   复 核 者＿＿＿＿＿＿＿

配合比(kg/m³)		水泥	砂	石子	水	外加剂	坍落度(mm)		
基准混凝土									
掺外加剂混凝土									
试验序号	试件编号	抗压强度测定值(MPa)						抗压强度比(%)		
		基准混凝土			掺外加剂混凝土			3d	7d	28d
		3d	7d	28d	3d	7d	28d			
	平均									
	平均									
	平均									
抗压强度比(%)										

4.2 精密度和允许差

试验结果以三个试件测值的算术平均值作为该组试件的抗压强度值(精确至0.1MPa)。若三个测值中有一个超过中间值的15%,只取中间值为抗压强度值;如果有两个超过中间值的15%,则该组试件的试验结果无效。

6.5 水泥混凝土试验

6.5.1 混凝土抗压强度

1 目的、依据和适用范围

本方法规定了测定水泥混凝土抗压极限强度的方法和步骤。本方法可用于确定水泥混凝土的强度等级,作为评定水泥混凝土品质的主要指标。

本方法适于各类水泥混凝土立方体试件的极限抗压强度试验。

本方法引用的标准为《液压式万能试验机》(GB/T 3159—2008)、《试验机通用技术要求》(GB/T 2611—2007)、《公路工程水泥及水泥混凝土试验规程》(JTG E 30—2005)。

2 仪器设备

2.1 压力机或万能试验机。

2.2 球座。

2.3 混凝土强度等级大于或等于C60时,试验机上下压板之间应各垫一钢垫板,平面尺寸应不小于试件的承压面,其厚度至少为25mm。钢垫板应机械加工,其平面度允许偏差±0.04mm;表面硬度大于或等于55HRC;硬化层厚度约5mm。试件周围应设置防崩裂网罩。

3 试验步骤

试件的制备和养护应符合《公路工程水泥及水泥混凝土试验规程》(JTG E30—2005)中关于"水泥混凝土试件制作与硬化水泥混凝土现场取样方法"的规定。应同龄期者为一组,每组为三个同条件制作和养护的混凝土试块。至试验龄期时,自养护室取出试件,应尽快试验,避免其湿度变化。

取出试件,检查其尺寸及形状,相对两面应平行。量出棱边长度,精确至1mm。试件受力截面面积按其与压力机上下接触面的平均值计算。在破型前,保持试件原有湿度,在试验时擦干试件。

以成型时侧面为上下受压面,试件中心应与压力机几何对中。

强度等级小于C30的混凝土取0.3~0.5MPa/s的加荷速度;强度等级大于C30且小于C60时,则取0.5~0.8MPa/s的加荷速度;强度等级大于C60的混凝土取0.8~1.0MPa/s的加荷速度。当试件接近破坏而开始迅速变形时,应停止调整试验机油门,直至试件破坏,记下破坏极限荷载$F(N)$。

以三个试件测值的算术平均值为测定值,计算精确至0.1MPa。三个测值中最大值或最小值中如有一个与中间值之差超过中间值的15%,则取中间值为测定值;如最大值和最小值与中间值之差均超过中间值的15%,则该组试验结果无效。

混凝土强度等级小于C60时,非标准试件的抗压强度应乘以尺寸换算系数(表6.5.1-1)。当混凝土强度等级大于或等于C60时,宜用标准试件;使用非标准试件时,换算系数由试验确定。

立方体抗压强度尺寸换算系数

表 6.5.1-1

试件尺寸(mm×mm×mm)	100×100×100	200×200×200
尺寸换算系数	0.95	1.05

4 数据整理

4.1 计算公式

混凝土立方体试件抗压强度按式(6.5.1-1)计算:

$$f_{cu} = \frac{F}{A} \tag{6.5.1-1}$$

式中: f_{cu} ——混凝土立方体抗压强度(MPa);

F ——极限荷载(N);

A ——受压面积(mm^2)。

4.2 记录表格(表 6.5.1-2)

混凝土抗压强度试验记录表

表 6.5.1-2

工程名称_____　　　　　　　　　　　　　试件编号_____

试件描述_____　　　　　　　　　　　　　试验环境_____

仪器设备_____　　　　　　　　　　　　　依据标准_____

试验日期_____　　　　　试 验 者_____　　　　复 核 者_____

混凝土种类						养护条件				
试件编号	成型日期	强度等级	试验日期	龄期(d)	试件尺寸(mm)	极限荷载(kN)	抗压强度测值(MPa)	抗压强度测定值(MPa)	换算成标准试件抗压强度值(MPa)	

6.5.2 混凝土抗弯拉强度

1 目的、依据和适用范围

本方法规定了测定水泥混凝土抗弯拉极限强度的方法,以提供设计参数,检查水泥混凝土施工品质和确定抗弯拉弹性模量试验加荷标准。

本方法适用于各类水泥混凝土棱柱体试件。

本试验引用的标准为《公路工程水泥及水泥混凝土试验规程》(JTG E30—2005)、《液压式万能试验机》(GB/T 3159—2008)、《试验机通用技术要求》(GB/T 2611—2007)。

2　仪器设备

2.1　压力机或万能试验机。

2.2　抗弯拉试验装置(即三分点处双点加荷和三点自由支承式混凝土抗弯拉强度与抗弯拉弹性模量试验装置)。

3　试验步骤

试件的制备和养护应符合《公路工程水泥及水泥混凝土试验规程》(JTG E30—2005)中关于混凝土样品的规定,同时在试件中部1/3区段内表面不得有直径超过5mm、深度超过2mm的空洞。试件应取同龄期者为一组,每组为三根同条件制作和养护的试件。

试件取出后,用湿毛巾覆盖并及时进行试验,保持试件干湿状态不变。在试件中部量出其宽度和高度,精确至1mm。

调整两个可移动支座,将试件安放在支座上,试件成型时的侧面朝上,几何对中后,务必使支座及承压面与活动船形垫块的接触面平稳、均匀,否则应垫平。

加荷时,应保持均匀、连续。当混凝土的强度等级小于C30时,加荷速度为0.02～0.05MPa/s;当混凝土强度等级大于或等于C30且小于C60时,加荷速度为0.05～0.08MPa/s;当混凝土的强度等级大于或等于C60时,加荷速度为0.08～0.10MPa/s。当试件接近破坏而开始迅速变形时,不得调整试验机油门,直至试件破坏,记下破坏极限荷载F(N)。

记录下最大荷载和试件下边缘断裂的位置。

以三个试件测值的算术平均值为测定值。三个试件中最大值或最小值中如有一个与中间值之差超过中间值的15%,则把最大值和最小值舍去,以中间值作为试件的抗弯拉强度;如最大值和最小值与中间值之差均超过中间值15%,则该组试验结果无效。

三个试件中如有一个断裂面位于加荷点外侧,则混凝土抗弯拉强度按另外两个试件的试验结果计算。如果这两个测值的差值不大于这两个测值中较小值的15%,则以两个测值的平均值为测试结果,否则结果无效。

如果有两根试件均出现断裂面位于加荷点外侧,则该组结果无效。

注:断面位置在试件断块短边一侧的底面中轴线上量得。

采用100mm×100mm×400mm非标准试件时,在三分点加荷的试验方法同前,但所取得的抗弯拉强度值应乘以换算系数0.85。当混凝土强度等级大于或等于C60时,应采用标准试件。

4　数据整理

4.1　计算公式

当断面发生在两个加荷点之间时,抗弯拉强度f_f按式(6.5.2-1)计算:

$$f_f = \frac{FL}{bh^2} \qquad (6.5.2\text{-}1)$$

式中:f_f——抗弯拉强度(MPa);

　F——极限荷载(N);

　L——支座间距离(mm);

　b——试件宽度(mm);

　h——试件高度(mm)。

4.2　记录表格(表6.5.2-1)

混凝土抗弯拉强度试验记录表　　　　　　表6.5.2-1

工程名称_____　　　　　　　　　　　　　　　　　试件编号_____

试件描述_____　　　　　　　　　　　　　　　　　试验环境_____

仪器设备_____　　　　　　　　　　　　　　　　　依据标准_____

试验日期_____　　　　　试　验　者_____　　　复　核　者_____

混凝土种类								养护条件					
试件编号	强度等级（MPa）	成型日期	试验日期	龄期（d）	支座间跨度（mm）	截面宽度（mm）	截面高度（mm）	极限荷载（kN）	断裂面是否位于加荷点外侧	抗弯拉强度测值（MPa）	抗弯拉强度测定值（MPa）	尺寸换算系数	换算成标准试件抗弯拉强度（MPa）
				7									
				28									

6.5.3　混凝土配合比

1　目的、依据和适用范围

1.1　本方法采用《普通混凝土配合比设计规程》(JGJ 55—2011)、《公路工程水泥及水泥混凝土试验规程》(JTG E30—2005)、《普通混凝土拌合物性能试验方法标准》(GB/T 50080—2016)、《混凝土结构工程施工质量验收规范》(GB 50204—2015)。

1.2　本方法适用于工业与民用建筑及一般构筑物所采用的普通混凝土的配合比设计。

2　仪器设备

2.1　混凝土搅拌机。

2.2　振动台。

2.3　坍落度筒。

2.4　含气量测定仪。

2.5　维勃稠度仪。

2.6　压力泌水仪等。

3　试验步骤

3.1　混凝土配制强度应按下列规定确定：

3.1.1　当混凝土的设计强度等级小于C60时，配制强度应按式(6.5.3-1)计算：

$$f_{cu,0} \geq f_{cu,k} + 1.645\sigma \qquad (6.5.3-1)$$

式中：$f_{cu,0}$——混凝土配制强度(MPa)；

　　　$f_{cu,k}$——混凝土立方体抗压强度标准值(MPa)；

σ——混凝土强度标准差(MPa)。

3.1.2　当设计强度等级大于或等于 C60 时,配制强度应按式(6.5.3-2)计算:

$$f_{cu,0} \geq 1.15 f_{cu,k} \qquad (6.5.3-2)$$

3.2　混凝土强度标准差应按照下列规定确定。

3.2.1　当具有近 1~3 个月的同一品种、同一强度等级混凝土的强度资料时,其强度标准差 σ 应按式(6.5.3-3)计算:

$$\sigma = \sqrt{\frac{\sum\limits_{i=1}^{n} f_{cn,i}^2 - n m_{f_{cu}}^2}{n-1}} \qquad (6.5.3-3)$$

式中:σ——混凝土强度标准差;

$f_{cu,i}$——第 i 组的试件强度(MPa);

$m_{f_{cu}}$——n 组试件的强度平均值(MPa);

n——试件组数,n 值应大于或等于 30。

注:当混凝土强度等级不大于 C30,其强度标准差 σ 计算值小于 3.0MPa 时,σ 应取 3.0MPa;当混凝土强度等级大于 C30 且小于 C60,其强度标准差 σ 计算值小于 4.0MPa 时,σ 应取不小于 4.0MPa。

3.2.2　当没有近期的同一品种、同一强度等级混凝土强度资料时,其强度标准差 σ 可按表 6.5.3-1 取值。

标准差 σ 值　　　　　　　　　　　　　表 6.5.3-1

混凝土强度标准值	≤C20	C25~C45	C50~C55
σ(MPa)	4.0	5.0	6.0

4　混凝土配合比的计算

4.1　计算要求

进行混凝土配合比计算时,其计算公式和有关参数表格中的数值均以干燥状态集料为基准。当以饱和面干集料为基准进行计算时,则应做相应的修正。

注:干燥状态集料是指含水率小于 0.5% 的细集料或含水率小于 0.2% 的粗集料。

4.2　水胶比

4.2.1　混凝土强度等级小于 C60 等级时,混凝土水胶比宜按式(6.5.3-4)计算:

$$\frac{W}{B} \geq \frac{\alpha_a \times f_b}{f_{cu,0} + \alpha_a \times \alpha_b \times f_b} \qquad (6.5.3-4)$$

式中:α_a、α_b——回归系数;

f_b——胶凝材料(水泥与矿物掺和料按使用比例混合)28d 胶砂强度(MPa)。

当胶凝材料 28d 胶砂抗压强度 f_b 无实测值时,可按式(6.5.3-5)计算:

$$f_b = \gamma_f \gamma_s f_{ce} \qquad (6.5.3-5)$$

式中:γ_f、γ_s——粉煤灰影响系数和粒化高炉矿渣粉影响系数,可按表 6.5.3-2 选用;

f_{ce}——水泥 28d 胶砂抗压强度(MPa),可实测。

粉煤灰影响系数 γ_f 和粒化高炉矿渣粉影响系数 γ_s　　　　表 6.5.3-2

掺量（%）	种类	
	粉煤灰影响系数 γ_f	粒化高炉矿渣粉影响系数 γ_s
0	1.00	1.00
10	0.90 ~ 0.95	1.00
20	0.80 ~ 0.85	0.95 ~ 1.00
30	0.70 ~ 0.75	0.90 ~ 1.00
40	0.60 ~ 0.65	0.80 ~ 0.90
50	—	0.70 ~ 0.85

注:1. 采用Ⅰ级、Ⅱ级粉煤灰宜取上限值。

2. 采用 S75 级粒化高炉矿渣粉宜取下限值,采用 S95 级粒化高炉矿渣粉宜取上限值,采用 S105 级粒化高炉矿渣粉可取上限值增加 0.05。

3. 超出表中掺量时,粉煤灰和粒化高炉矿渣粉影响系数应经试验确定。

当无水泥 28d 抗压强度实测值时,可按式(6.5.3-6)确定:

$$f_{ce} = \gamma_c f_{ce,g} \tag{6.5.3-6}$$

式中:γ_c——水泥强度等级值的富余系数,可按实际统计资料确定,当缺乏实际统计资料时,可按表 6.5.3-3 选用;

$f_{ce,g}$——水泥强度等级值(MPa)。

水泥强度等级值的富余系数 γ_c　　　　表 6.5.3-3

水泥强度等级值	32.5	42.5	52.5
富余系数	1.12	1.16	1.10

4.2.2　回归系数 α_a 和 α_b 宜按下列规定确定:

(1)回归系数 α_a 和 α_b 应根据工程所使用的原材料,通过试验建立的水胶比与混凝土强度关系式确定。

(2)当不具有上述试验统计资料时,可按表 6.5.3-4 采用。

回归系数 α_a、α_b 选用表　　　　表 6.5.3-4

系数	粗集料品种	
	碎石	卵石
α_a	0.53	0.49
α_b	0.20	0.13

4.2.3　混凝土的最大水胶比应符合《混凝土结构设计规范》(GB 50010—2010)的规定。

4.2.4　除配制 C15 及以下强度等级的混凝土外,混凝土的最小胶凝材料用量应符合表 6.5.3-5 的规定。

混凝土的最小胶凝材料用量　　　　表 6.5.3-5

最大水胶比	最小胶凝材料用量(kg/m³)		
	素混凝土	钢筋混凝土	预应力混凝土
0.60	250	280	300
0.55	280	300	300
0.50	320		
≤0.45	320		

4.3　用水量和外加剂用量

4.3.1　每立方米干硬性或塑性混凝土的用水量应符合下列规定：

（1）水胶比在 0.40~0.80 时，可按表6.5.3-6、表6.5.3-7选取。

（2）水胶比小于 0.40 时，可通过试验确定。

干硬性混凝土的用水量（单位：kg/m³）　　表6.5.3-6

拌合物稠度		卵石最大粒径（mm）			碎石最大粒径（mm）		
项目	指标	10.0	20.0	40.0	16.0	20.0	40.0
维勃稠度（s）	16~20	175	160	145	180	170	155
	11~15	180	165	150	185	175	160
	5~10	185	170	155	190	180	165

塑性混凝土的用水量（单位：kg/m³）　　表6.5.3-7

拌合物稠度		卵石最大粒径（mm）				碎石最大粒径（mm）			
项目	指标	10.0	20.0	31.5	40.0	16.0	20.0	31.5	40.0
坍落度（mm）	10~30	190	170	160	150	200	185	175	165
	35~50	200	180	170	160	210	195	185	175
	55~70	210	190	180	170	220	205	195	185
	75~90	215	195	185	175	230	215	205	195

注：1. 本表用水量是采用中砂时的取值。采用细砂时，每立方米混凝土用水量可增加 5~10kg；采用粗砂时则可减少 5~10kg。
　　2. 掺用矿物掺和料和外加剂时，用水量应相应调整。

4.3.2　掺外加剂时，每立方米流动性或大流动性混凝土用水量可按式（6.5.3-7）计算：

$$m_{w0} = m_{w0'}(1 - \beta) \tag{6.5.3-7}$$

式中：m_{w0}——满足实际坍落度要求的每立方米混凝土用水量（kg/m³）；

　　　$m_{w0'}$——未掺外加剂时推定的满足实际坍落度要求的每立方米混凝土用水量（kg/m³），以本方法表6.5.3-7中坍落度90mm的用水量为基础，按坍落度每增大20mm用水量增加5kg/m³来计算，当坍落度增大到180mm以上时，随坍落度相应增加的用水量可减少；

　　　β——外加剂的减水率（%），应经混凝土试验确定。

4.3.3　每立方米混凝土中外加剂用量 m_{a0} 应按式（6.5.3-8）计算：

$$m_{a0} = m_{b0}\beta_a \tag{6.5.3-8}$$

式中：m_{a0}——每立方米混凝土中外加剂用量（kg/m³）；

　　　m_{b0}——计算配合比每立方米混凝土中胶凝材料用量（kg/m³），计算应符合本方法4.4.1的规定；

　　　β_a——外加剂掺量（%），应经混凝土试验确定。

4.3.4　长期处于潮湿或水位变动的寒冷和严寒环境以及盐冻环境的混凝土应掺用引气剂。引气剂掺量应根据混凝土含气量要求经试验确定；掺用引气剂的混凝土最小含气量应符合表6.5.3-8的规定,最大不宜超过7.0%。

掺用引气剂的混凝土最小含气量 表6.5.3-8

粗集料最大公称粒径 （mm）	最小含气量（%）	
	潮湿或水位变动的寒冷和严寒环境	盐冻环境
40.0	4.5	5.0
25.0	5.0	5.5
20.0	5.5	6.0

4.4　胶凝材料、矿物掺和料和水泥用量

4.4.1　每立方米混凝土的胶凝材料用量m_{b0}应按式(6.5.3-9)计算：

$$m_{b0} = \frac{m_{w0}}{W/B} \qquad (6.5.3-9)$$

式中：m_{b0}——计算配合比每立方米混凝土中胶凝材料用量(kg/m^3)；

　　　m_{w0}——计算配合比每立方米混凝土的用水量(kg/m^3)；

　　　W/B——混凝土水胶比。

4.4.2　每立方米混凝土的矿物掺和料用量m_{f0}应按式(6.5.3-10)计算：

$$m_{f0} = m_{b0}\beta_f \qquad (6.5.3-10)$$

式中：m_{f0}——计算配合比每立方米混凝土中矿物掺合料用量(kg/m^3)；

　　　β_f——矿物掺合料掺量(%)，应根据试验确定，并符合相关规定。

4.4.3　每立方米混凝土的水泥用量m_{c0}(kg/m^3)可按式(6.5.3-11)计算：

$$m_{c0} = m_{b0} - m_{f0} \qquad (6.5.3-11)$$

4.5　砂率

4.5.1　砂率(β_s)应根据集料的技术指标、混凝土拌和物性能和施工要求,参考既有历史资料确定。

4.5.2　当缺乏砂率的历史资料时,混凝土砂率的确定应符合下列规定：

(1)坍落度小于10mm的混凝土,其砂率应经试验确定。

(2)坍落度为10~60mm的混凝土砂率,可根据粗集料品种、最大公称粒径及水灰比按表6.5.3-9选取。

混凝土的砂率（%） 表6.5.3-9

水胶比 （W/B）	卵石最大粒径（mm）			碎石最大粒径（mm）		
	10.0	20.0	40.0	16.0	20.0	40.0
0.40	26~32	25~31	24~30	30~35	29~34	27~32
0.50	30~35	29~34	28~33	33~38	32~37	30~35
0.60	33~38	32~37	31~36	36~41	35~40	33~38
0.70	36~41	35~40	34~39	39~44	38~43	36~41

注：1.本表数值为中砂的选用砂率,对细砂或粗砂,可相应地减少或增大砂率。

　　2.只用一个单粒级粗集料配制混凝土时,砂率应适当增大。

　　3.采用人工砂配制混凝土时,砂率可适当增大。

（3）坍落度大于60mm的混凝土砂率，可经试验确定，也可在表6.5.3-9的基础上，按坍落度每增大20mm，砂率增大1%的幅度予以调整。

4.6　粗、细集料用量

4.6.1　采用重量法计算粗、细集料用量时，应按式（6.5.3-12）、式（6.5.3-13）计算：

$$m_{f0} + m_{c0} + m_{g0} + m_{s0} + m_{w0} = m_{cp} \qquad (6.5.3\text{-}12)$$

$$\beta_s = \frac{m_{s0}}{m_{g0} + m_{s0}} \times 100\% \qquad (6.5.3\text{-}13)$$

上述式中：m_{g0}——每立方米混凝土的粗集料用量（kg/m³）；

$\qquad\quad m_{s0}$——每立方米混凝土的细集料用量（kg/m³）；

$\qquad\quad m_{w0}$——每立方米混凝土的用水量（kg/m³）；

$\qquad\quad \beta_s$——砂率（%）；

$\qquad\quad m_{cp}$——每立方米混凝土拌合物的假定重量（kg/m³），其值可取2 350～2 450kg/m³。

4.6.2　采用体积法计算混凝土配合比时，砂率应按式（6.5.3-13）计算，粗、细集料用量按式（6.5.3-14）计算：

$$\frac{m_{f0}}{\rho_f} + \frac{m_{c0}}{\rho_c} + \frac{m_{g0}}{\rho_g} + \frac{m_{s0}}{\rho_s} + \frac{m_{w0}}{\rho_w} + 0.01\alpha = 1 \qquad (6.5.3\text{-}14)$$

式中：ρ_c——水泥密度（kg/m³），按《水泥密度测定方法》（GB/T 208—2014）测定，可取2 900～3 100kg/m³；

$\qquad\ \rho_f$——矿物掺和料密度（kg/m³），按《水泥密度测定方法》（GB/T 208—2014）测定；

$\qquad\ \rho_g$——粗集料的表观密度（kg/m³），应按《普通混凝土用砂、石质量及检验方法标准》（JGJ 52—2006）测定；

$\qquad\ \rho_s$——细集料的表观密度（kg/m³），应按《普通混凝土用砂、石质量及检验方法标准》（JGJ 52—2006）测定；

$\qquad\ \rho_w$——水的密度（kg/m³），可取1 000kg/m³；

$\qquad\ \alpha$——混凝土的含气量百分数，不使用引气型外加剂时，α可取为1。

5　混凝土配合比的试配、调整与确定

5.1　试配

5.1.1　混凝土试配应采用强制式搅拌机，搅拌机应符合现行行业标准《混凝土试验用搅拌机》（JG 244）的规定，搅拌方法宜与施工采用的方法相同。

5.1.2　试验室成型条件应符合现行国家标准《普通混凝土拌合物性能试验方法标准》（GB/T 50080）的规定。

5.1.3　每盘混凝土试配的最小搅拌量应符合表6.5.3-10的规定，并应不小于搅拌机公称容量的1/4且不应大于搅拌机公称容量。

混凝土试配的最小搅拌量
表6.5.3-10

集料最大料径(mm)	最小拌和的拌合物数量(L)
≤31.5	20
40	25

5.1.4 按计算配合比进行试拌。计算水胶比宜保持不变,并应通过调整配合比其他参数使混凝土拌合物性能符合设计和施工要求,然后修正计算配合比,提出试拌配合比。

5.1.5 应在试拌配合比的基础上,进行混凝土强度试验,并应符合下列规定:

(1)至少应采用三个不同的配合比。当采用三个不同的配合比时,其中一个应为本方法5.1.4确定的试拌配合比,另外两个配合比的水胶比宜较试拌配合比分别增加和减少0.05;用水量应与试拌配合比相同,砂率可分别增加和减少1%。

(2)进行混凝土强度试验时,应继续保持拌合物性能符合设计和施工要求。

(3)进行混凝土强度试验时,每种配合比至少应制作一组(三块)试件,标准养护到28d或设计规定龄期时试压。

5.2 配合比的调整与确定

5.2.1 配合比调整应符合下述规定:

(1)根据试验得出的混凝土强度结果,宜绘制强度与胶水比的线性关系图或用插值法确定略大于配制强度的强度对应的胶水比。

(2)在试拌配合比的基础上,用水量 m_w 和外加剂用量 m_a 应根据确定的水胶比作调整。

(3)胶凝材料用量 m_b 应以用水量乘以确定的胶水比计算得出。

(4)粗集料和细集料用量(m_g 和 m_s)应在用水量和胶凝材料用量上进行调整。

5.2.2 混凝土拌合物表观密度和配合比校正系数的计算应符合下列规定。

(1)配合比调整后的混凝土拌合物的表观密度应按式(6.5.3-15)计算:

$$\rho_{c,c} = m_f + m_c + m_g + m_s + m_w \tag{6.5.3-15}$$

(2)混凝土配合比校正系数 δ 按式(6.5.3-16)计算:

$$\delta = \frac{\rho_{c,t}}{\rho_{c,c}} \tag{6.5.3-16}$$

式中: $\rho_{c,t}$ ——混凝土表观密度实测值(kg/m³);

$\rho_{c,c}$ ——混凝土表观密度计算值(kg/m³)。

(3)当混凝土拌合物表观密度实测值与计算值之差的绝对值不超过计算值的2%时,按本方法5.2.1确定的配合比可维持不变;当两者之差超过2%时,应将配合比中每项材料用量均乘以校正系数 δ 。

5.2.3 配合比调整后,应测定拌和物水溶性氯离子含量,试验结果应符合《普通混凝土配合比设计规程》(JGJ 55—2011)中相关规定。

5.2.4 生产单位可根据常用材料设计出常用的混凝土配合比备用,并应在使用过程中予以验证或调整。遇有下列情况之一时,应重新进行配合比设计:

(1)对混凝土性能有特殊要求时;

(2)水泥、外加剂或矿物掺和料品种、质量有显著变化时。

表 6.5.3-11

混凝土配合比试验记录表

工程名称＿＿＿＿＿＿　　试件编号＿＿＿＿＿＿　　试件描述＿＿＿＿＿＿

仪器设备＿＿＿＿＿＿　　试验环境＿＿＿＿＿＿　　依据标准＿＿＿＿＿＿

试验日期＿＿＿＿＿＿　　试验者＿＿＿＿＿＿　　复核者＿＿＿＿＿＿

水泥厂家、品种、强度等级	粗集料厂家及规格	细集料厂家及规格	掺和料厂家、品种及等级	外加剂厂家、品种及掺量
设计强度（MPa）	配制强度（MPa）	细集料含水率（%）	粗集料含水率（%）	设计坍落度（mm）
水胶比	单位用水量（kg）	单位水泥用量（kg）	砂率（%）	假定表观密度（kg/m³）
水泥密度（kg/m³）	粗集料密度（kg/m³）	细集料密度（kg/m³）	掺和料密度（kg/m³）	混凝土的含气量百分数

试配配比（kg/m³）

水泥	粗集料	细集料	掺和料	水	外加剂	水胶比

拌合量（L）：　单位比

制件日期	样品编号
表观密度	黏聚性
稠度	保水性
含砂情况	抗渗性能
坍落度（mm）	
抗压强度（MPa）	7d 　 28d
抗折强度（MPa）	7d 　 28d

水胶比增加（kg/m³）

水泥	粗集料	细集料	掺和料	水	外加剂	水胶比

拌合量（L）：　单位比

制件日期	样品编号
表观密度	黏聚性
稠度	保水性
含砂情况	抗渗性能
坍落度（mm）	
抗压强度（MPa）	7d 　 28d
抗折强度（MPa）	7d 　 28d

水胶比减少（kg/m³）

水泥	粗集料	细集料	掺和料	水	外加剂	水胶比

拌合量（L）：　单位比

制件日期	样品编号
表观密度	黏聚性
稠度	保水性
含砂情况	抗渗性能
坍落度（mm）	
抗压强度（MPa）	7d 　 28d
抗折强度（MPa）	7d 　 28d

6 报告

记录表格见表6.5.3-11。

6.5.4 混凝土坍落度

1 目的、依据和适用范围

混凝土由各组成材料按一定比例配合、搅拌而成。混凝土拌和物的和易性是一项综合性的指标,它包括流动性、黏聚性和保水性三个方面的性能。由于它的内涵较为复杂,根据我国的现行标准规定,采用"坍落度"和"维勃稠度"来测定混凝土拌合物的流动性(本试验适用于坍落度值大于10mm,集料粒径不大于31.5mm混凝土拌合物)。

本试验采用的标准为《公路工程水泥及水泥混凝土试验规程》(JTG E30—2005)。

2 仪器设备

用金属材料制成的标准坍落度筒(图6.5.4-1)和弹头型捣棒、铁锹、直尺、镘刀、磅秤。

3 试验步骤

按比例配出15kg拌和材料(如水泥:1.9kg;砂:4.2kg;石:7.7kg;水:1.2kg),将它们倒在拌和板上并用铁锹拌匀,再将中间扒一凹洼,边加水边进行拌和,直至拌和均匀。

用湿布将拌和板及坍落度筒内外擦净、润滑,并在筒顶部加上漏斗,放在拌和板上。用双脚踩紧踏板,使其位置固定。

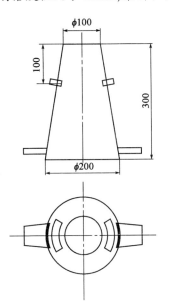

图6.5.4-1 坍落度筒(尺寸单位:mm)

用小铲将拌好的拌合物分三层均匀地装入筒内,每层装入高度在插捣后大致为筒高的三分之一。顶层装料时,应使拌和物高出筒顶。插捣过程中,如试样低于筒口,则应随时添加,以使试样自始至终高于筒顶。每装一层用捣棒插捣25次,插捣应在全部面积上进行,沿螺旋线由边缘渐向中心。在筒边插捣时,捣棒应稍有倾斜,然后垂直插捣中心部分。每层插捣时应捣至下层20~30mm为止。

插捣完毕后卸下漏斗,将多余的拌和物用镘刀刮去,使之与筒顶面齐平,筒周围拌和板上的杂物必须刮净、清除。

将坍落度筒小心平稳地垂直向上提起,不得歪斜,提离过程在5~10s内完成,将筒放在拌和物试体一旁,量出坍落后拌和物试体最高点与筒的高度差(以mm为单位,读数精确至1mm,并修约至5mm),该值即为该拌合物的坍落度。从开始装料到提起坍落度筒的整个过程在150s内完成。

当坍落度筒提离后,如试件发生崩坍或一边剪坏现象,则应重新取样进行试验。如第二次仍然出现这种现象,则表示该拌和物和易性不好,应予记录备案。

测定坍落度后,观察拌和物的下述性质并记录。

黏聚性:用捣棒在已坍落的拌和物锥体侧面轻轻敲打,如果锥体逐步下沉,表示黏聚性良好;如果突然倒塌、部分崩裂或石子离析,则为黏聚性不好的表现。

保水性:提起坍落度筒后如有较多的稀浆从底部析出,锥体部分的拌和物也因失浆而集料外露,则表明保水性不好。如无这种现象,则表明保水性良好。

4　数据整理

记录表格见表6.5.4-1。

混凝土坍落度试验记录表

表6.5.4-1

工程名称_____　　　　　　　　　　　　　　　样品型号_____

样品描述_____　　　　　　　　　　　　　　　试验环境_____

仪器设备_____　　　　　　　　　　　　　　　依据标准_____

试验日期_____　　　　试　验　者_____　　　　复核者_____

样品编号	混凝土配合比	混凝土等级	时间	坍落度(mm)

6.5.5　混凝土凝结时间

1　目的、依据和适用范围

本方法适用于对从混凝土拌合物中筛出的砂浆用贯入阻力法来确定坍落度值不为零的混凝土拌合物凝结时间的测定。

本试验采用的标准为《普通混凝土拌合物性能试验方法标准》(GB/T 50080—2002)。

2　仪器设备

贯入阻力仪(图6.5.5-1)应由加荷装置、测针、砂浆试样筒和标准筛组成,可以是手动的,也可以是自动的。贯入阻力仪应符合下列要求。

2.1　加荷装置(贯入阻力仪):最大测量值不小于1 000N,精确至±10N。

2.2　测针:长约100mm,承压面积为100mm²、50mm²和20mm²三种,在距离贯入端25mm处刻有一圈标记。

2.3　砂浆试样筒:上口直径为160mm,下口直径为150mm,净高150mm,刚性不透水,并配有盖子。

2.4　捣棒:直径16mm,长650mm,符合《混凝土坍落度仪》(JG/T 248—2009)的规定。

2.5　标准筛:孔径4.75mm,符合《试验筛　金属丝编织网、穿孔板和电成型薄板筛孔的基本尺寸》(GB/T 6005—2008)规定的金属方孔筛。

2.6　其他:铁制拌和板、吸液管和玻璃片。

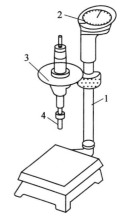

图6.5.5-1　贯入阻力仪

1-主体;2-刻度盘;3-手轮;4-测针

3 试验步骤

3.1 取混凝土拌合物代表样,用4.75mm筛尽快地筛出砂浆,经过人工翻拌均匀后,一次装入一个试模。每批混凝土拌合物取一个试样,共取三个试样,分装三个试模。对坍落度不大于70mm的混凝土宜用振实台振实砂浆,振实应持续到表面出浆为止,应避免过振。对坍落度大于70mm的混凝土宜用捣棒人工捣实,沿螺旋方向由外向中心均匀插捣25次,然后用橡皮锤轻击试模侧面以排除在捣实过程中留下的空洞。进一步整平砂浆的表面,使其低于试模上沿约10mm,砂浆试样筒应立即加盖。

3.2 砂浆试样制备完毕,编号后应置于温度为20℃±2℃的环境中或现场同条件下待试,并在以后的整个测试过程中,环境温度应始终保持在20℃±2℃。现场同条件下测试时,应与现场条件保持一致。在整个测试过程中,除在吸取泌水时或进行贯入试验外,试样筒应始终加盖。

3.3 凝结时间测定从水泥与水接触瞬间开始计时。根据混凝土拌合物的性能,确定测针试验时间,以后每隔0.5h测试一次,在临近初凝时可增加测定次数。

3.4 在每次测试前2min,将一片20mm厚的垫块垫入筒底,使其倾斜,用吸管吸取表面的泌水,吸水后将其平稳地复原。

3.5 测试时将砂浆试样筒置于贯入阻力仪上,测针端部与砂浆表面接触,然后在10s±2s内均匀地使测针贯入砂浆25mm±2mm深度,记录贯入压力,精确至10N;记录测试时间,精确至1min;记录环境温度,精确至0.5℃。

3.6 各测点的间距应大于测针直径的两倍且不小于15mm,测点与试样筒壁的距离应不小于25mm。

3.7 每个试样在0.2~28MPa之间做贯入阻力测试,应至少进行6次,最后一次的单位面积贯入阻力应不低于28MPa。从加水时算起,常温下普通混凝土3h后开始测定,以后每次间隔为0.5h;早强混凝土或气温较高的情况下,宜在2h后开始测定,以后每隔0.5h测一次;缓凝混凝土或低温情况下,可在5h后开始测定,以后每隔2h测一次。在临近初、终凝时间时可增加测定次数。

3.8 在测试过程中应根据砂浆凝结状况,适时更换测针。更换测针宜按表6.5.5-1选用。

测针选用参考表   表6.5.5-1

贯入阻力(MP)	0.2~3.5	3.5~20.0	20.0~28.0
平头测针圆面积(mm²)	100	50	20

4 数据整理

4.1 计算公式

贯入阻力的结果计算以及初凝时间和终凝时间的确定应按下述方法进行。

贯入阻力应按式(6.5.5-1)计算:

$$f_{PR} = \frac{P}{A} \tag{6.5.5-1}$$

式中:f_{PR}——贯入阻力(MPa);

P——测针贯入深度为25mm时的贯入压力(N)；

A——测试面积(mm^2)。

计算应精确至0.1MPa。

凝结时间宜通过线性回归方法确定,即将贯入阻力f_{PR}和时间t分别取自然对数$\ln f_{PR}$和$\ln t$,然后以$\ln f_{PR}$为自变量、$\ln t$当作因变量作线性回归,得到回归方程式：

$$\ln t = A + B\ln f_{PR} \qquad (6.5.5\text{-}2)$$

式中:t——时间(min)；

f_{PR}——贯入阻力(MPa)；

A、B——线性回归系数。

根据式(6.5.5-3)求得当贯入阻力为3.5MPa时为初凝时间t_s,贯入阻力为28MPa时为终凝时间t_e：

$$t_s = e^{A+B\ln 3.5} \qquad (6.5.5\text{-}3)$$
$$t_e = e^{A+B\ln 28} \qquad (6.5.5\text{-}4)$$

式中:t_s——初凝时间(min)；

t_e——终凝时间(min)；

A、B——线性回归系数。

凝结时间也可用绘图拟合法确定,即以贯入阻力为纵坐标,经过的时间为横坐标(精确至1min),绘制出贯入阻力与时间之间的关系曲线。在3.5MPa和28MPa画两条平行于横坐标的直线,分别与曲线相交的两个交点的横坐标即为混凝土拌合物的初凝和终凝时间。

用三个试验结果的初凝和终凝时间的算术平均值分别作为此次试验的初凝和终凝时间。如果三个测值的最大值或最小值中有一个与中间值之差超过中间值的10%,则以中间值试验结果；如果最大值和最小值与中间值之差均超过中间值的10%,则此次试验无效。

凝结时间修约至5min。

4.2　记录表格(表6.5.5-2)

混凝土凝结时间试验记录表　　　　　　　　　表6.5.5-2

工程名称_____　　　　　　　　　　　样品名称_____

样品描述_____　　　　　　　　　　　试验环境_____

仪器设备_____　　　　　　　　　　　依据标准_____

试验日期_____　　　　试　验　者_____　　　　复　核　者_____

1				2				3			
加水时间				加水时间				加水时间			
测试时间	贯入压力(N)	测针截面面积(mm^2)	单位面积贯入阻力(MPa)	测试时间	贯入压力(N)	测针截面面积(mm^2)	单位面积贯入阻力(MPa)	测试时间	贯入压力(N)	测针截面面积(mm^2)	单位面积贯入阻力(MPa)

续上表

测试时间	贯入压力（N）	测针截面面积（mm²）	单位面积贯入阻力（MPa）	测试时间	贯入压力（N）	测针截面面积（mm²）	单位面积贯入阻力（MPa）	测试时间	贯入压力（N）	测针截面面积（mm²）	单位面积贯入阻力（MPa）

时间贯入阻力曲线			编号	初凝时间	初凝时间平均值	终凝时间	终凝时间平均值
			1				
			2				
			3				
混凝土种类			搅拌方式				
混凝土配比							

5 报告

试验报告应包括以下内容：

(1)要求检测的项目名称、执行标准；

(2)原材料的品种、规格和产地以及混凝土配合比；

(3)试验日期及时间；

(4)仪器设备的名称、型号和编号；

(5)环境温度和湿度；

(6)每次贯入阻力试验时对应的环境温度、时间、贯入压力、测试面积和计算出来的贯入阻力值；

(7)贯入阻力和时间曲线、初凝时间和终凝时间；

(8)要说明的其他内容。

注：规程规定了三种规格的针，试验时从粗到细，依次使用，出现下述两种情况之一时应考虑换针：

1.压入不到规定深度时。

2.能压入，但测针周围试样有松动隆起时。

3.一些试验室购买的自动凝结时间仪只有两根针。用细针测试时，当指针指向读数盘第一个红色读数时，为初凝时刻。用粗针测试时，当指针指向读数盘第二个红色读数时，为终凝时刻。但测试时指针要么不到，要么超过，很难恰好指到红色读数。按《普通混凝土拌合物性能试验方法标准》（GB/T 50080—2016）规定，测针至少要采用3根。因此，这类自动凝结时间测定仪严格地讲不能使用。

6.5.6 混凝土劈裂抗拉强度

1 目的、依据和适用范围

本试验规定了测定混凝土立方体试件的劈裂抗拉强度方法和步骤，本方法适用于各类混凝土的立方体试件。

本试验采用的标准为《普通混凝土力学性能试验方法标准》(GB 50081—2002)。

2　仪器设备

2.1　压力机或万能试验机。

2.2　劈裂钢垫条和三合板垫层(或纤维板垫层)。

2.3　钢垫条顶面为直径150mm弧形,长度不短于试件边长。木质三合板或硬质纤维板垫层的宽度为20mm,厚为3～4mm,垫层不得重复使用。见图6.5.6-1。

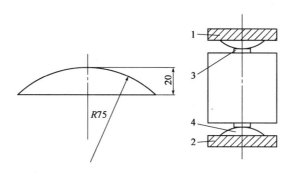

图6.5.6-1　劈裂抗拉试验用钢垫条(尺寸单位:mm)
1-上压板;2-下压板;3-垫层;4-垫条

3　试验步骤

3.1　试件从养护地点取出后应及时进行试验,将试件表面与上、下承压板面擦干净。

3.2　将试件放在试验机下压板的中心位置,劈裂承压面和劈裂面应与试件成型时的顶面垂直;在上、下压板与试件之间垫以圆弧形垫块及垫条各一个,垫块与垫条应与试件上、下面的中心线对准并与成型时的顶面垂直。宜把垫条及试件安装在定位架上使用。

3.3　开动试验机,当上压板与圆弧形垫块接近时,调整球座,使接触均衡。加荷应连续均匀。当混凝土强度等级小于C30时,加荷速度取每秒钟0.02～0.05MPa;当混凝土强度等级大于或等于C30且小于C60时,取每秒钟0.05～0.08MPa;当混凝土强度等级大于或等于C60时,取每秒钟0.08～0.10MPa。至试件接近破坏时,应停止调整试验机油门,直至试件破坏,然后记录破坏荷载。

4　数据整理

4.1　计算公式

混凝土劈裂抗拉强度应按式(6.5.6-1)计算:

$$f_u = \frac{2F}{\pi A} = 0.637\frac{F}{A} \qquad (6.5.6-1)$$

式中:f_u——混凝土劈裂抗拉强度(MPa);

　　　F——试件破坏荷载(N);

　　　A——试件劈裂面面积(mm^2)。

劈裂抗拉强度计算精确到0.01MPa。

强度值的确定应符合下列规定:

(1)三个试件测值的算术平均值作为该组试件的强度值(精确至0.01MPa)。

（2）三个测值中的最大值或最小值中如有一个与中间值的差值超过中间值的15%，则把最大及最小值一并舍除，取中间值作为该组试件的抗压强度值。

（3）如最大值与最小值与中间值的差均超过中间值的15%，则该组试件的试验结果无效。

采用100mm×100mm×100mm非标准试件测得的劈裂抗拉强度值，应乘以尺寸换算系数0.85；当混凝土强度等级大于或等于C60时，宜采用标准试件；使用非标准试件时，尺寸换算系数应由试验确定。

4.2 记录表格（表6.5.6-1）

混凝土劈裂抗拉试验记录表　　　　　　　　　表6.5.6-1

工程名称＿＿＿＿＿＿＿＿　　　　　　　　　　　　　　样品型号＿＿＿＿＿＿＿＿

样品描述＿＿＿＿＿＿＿＿　　　　　　　　　　　　　　试验环境＿＿＿＿＿＿＿＿

仪器设备＿＿＿＿＿＿＿＿　　　　　　　　　　　　　　依据标准＿＿＿＿＿＿＿＿

试验日期＿＿＿＿＿＿＿＿　　　　试　验　者＿＿＿＿＿＿　　　复　核　者＿＿＿＿＿＿

混凝土种类						养护条件			
样品编号	制件日期	强度等级（MPa）	试验日期	龄期（d）	试件尺寸（mm）	劈裂面面积（mm²）	极限荷载（kN）	劈裂抗拉强度测值（MPa）	劈裂抗拉强度测定值（MPa）
				7					
				28					

6.5.7　混凝土抗渗性

1　目的、依据和适用范围

本方法规定了水泥混凝土抗渗性试验的方法和步骤。

本方法适用于检测水泥混凝土硬化后的防水性能以及测定其抗渗等级。

本方法引用的标准为《公路工程水泥及水泥混凝土试验规程》（JTG E30—2005）。

2　仪器设备

2.1　水泥混凝土渗透仪：应能使水压按规定方法稳定地作用在试件上。

2.2　成型试模：上口径175mm，下口径185mm，高150mm的锥台或上下直径与高度均为150mm的圆柱体。

2.3　螺旋加压器、烘箱、电炉、浅盘、铁锅、钢丝锯等。

3　试验步骤

3.1　试件的制备和养生应符合相关规定。试块养护期不少于28d，不超过90d。试件成型后24h拆模，用钢丝刷刷净两端面水泥浆膜，标准养护龄期为28d。

试件到龄期后取出，擦干表面，用钢丝刷刷净两端面，待表面干燥后，在试件侧面滚涂一层

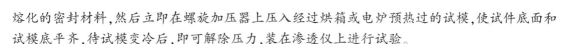

熔化的密封材料,然后立即在螺旋加压器上压入经过烘箱或电炉预热过的试模,使试件底面和试模底平齐,待试模变冷后,即可解除压力,装在渗透仪上进行试验。

如果在试验过程中,水从试件周边渗出,说明密封不好,要重新密封。

3.2　试验时,水压从0.1MPa开始,每隔8h增加水压0.1MPa,并随时注意观察试件端面情况,一直加至6个试件中有3个试件表面发现渗水,记下此时的水压力,即可停止试验。

注:当加压至设计抗渗等级,经8h后第三个试件仍不渗水,表明混凝土已满足设计要求,也可停止试验。

4　数据整理

4.1　计算公式

混凝土的抗渗等级以每组6个试件中有4个试件未发现有渗水现象时的最大水压力表示。抗渗等级按式(6.5.7-1)计算:

$$S = 10H - 1 \qquad (6.5.7\text{-}1)$$

式中:S——混凝土抗渗等级;

　　　H——第三个试件顶面开始有渗水时的水压力(MPa)。

4.2　记录表格(表6.5.7-1)

混凝土抗渗试验记录表

表6.5.7-1

工程名称_____　　　　　　　　　　　　样品型号_____

样品描述_____　　　　　　　　　　　　试验环境_____

仪器设备_____　　　　　　　　　　　　依据标准_____

试验日期_____　　　　试　验　者_____　　　复　核　者_____

混凝土种类				养护条件					
样品编号	试验时间		水压（MPa）	试验情况					
	日期	时间		1	2	3	4	5	6
			0.1						
			0.2						
			0.3						
			0.4						
			0.5						
			0.6						
			0.7						
			0.8						
			0.9						
			1.0						
			1.1						
			1.2						
检测停止时的水压(MPa)			检测停止时渗水试件的个数			实测抗渗等级			

6.6 现场试验检测

水泥混凝土面层的平整度和厚度检测是必检项目且为验收项目,平整度的试验操作方法与土基和基层平整度试验操作方法相同,可参考第2.5.3节内容。厚度的试验操作方法与基层厚度试验操作方法相同,可参考第3.3.2节内容。

6.6.1 回弹仪测定水泥混凝土强度

1 目的、依据和适用范围

对结构中的混凝土强度有怀疑时,可按本方法进行检测,检测结果可作为处理混凝土质量的依据。被检测的混凝土强度不宜在10~60MPa外。本方法具体参照的规范为《回弹仪检定规程》(JJG 817—2011)、《回弹法检测混凝土抗压强度技术规程》(JGJ/T 23—2011)、《混凝土强度检验评定标准》(GB/T 50107—2010)。

2 仪器设备

2.1 回弹仪(分度值2),如图6.6.1-1所示。

2.2 钢砧(洛氏硬度HRC60±2)等。

3 试验步骤

3.1 检测前应将回弹仪在钢砧上标定,标定值应为80±2。标定方法为:保持室温5~35℃,干燥,钢砧应放在平稳刚度大的物体上,测回弹时,弹击杆分4次旋转,每次旋转90°,连续3次回弹的平均值应为80±2。

3.2 对长度不少于3m的构件,其测区数应不少于10个;对长度小于3m且高度低于0.6m的构件,其测区数量可适当减少,但不应少于5个。

3.3 相邻两测区的间距应控制在2m以内,测区离构件边缘的距离不宜大于0.5m,且不宜小于0.2m。测区的面积不宜大于$0.04m^2$。

3.4 测区应选在使回弹仪处于水平方向的位置,检测混凝土浇筑侧面。当不能满足这一要求时,方可选在非水平方向。

3.5 测区宜选在构件的两个对称测面上,也可选在一个可测面上,且应均匀分布,在构件的受力部分及薄弱部位必须布置测区,并应避开预埋件。

3.6 检测面应为原状混凝土面,并应清洁、平整,不应有疏松层、浮浆及蜂窝、麻面,必要时可用砂轮清除疏松层和杂物。

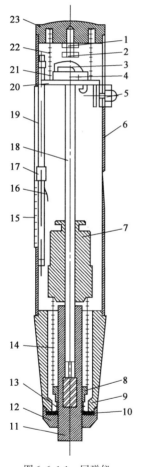

图6.6.1-1 回弹仪

1-紧固螺母;2-调零螺钉;3-挂钩;4-挂钩销;5-按钮;6-机壳;7-弹击锤;8-拉簧座;9-卡环;10-密封垫圈;11-弹击杆;12-盖帽;13-缓冲压簧;14-弹击拉簧;15-刻度尺;16-指针片;17-指针块;18-中心导杆;19-指针;20-导向法兰;21-挂钩压簧;22-复位压簧;23-尾盖

3.7　检测时回弹仪的轴线应始终垂直于结构或构件的混凝土检测面,缓慢匀速施压,准确读数,快速复位。

3.8　测点宜在测区范围内均匀分布,相邻两测点的净距一般不少于20mm,测点距构件边缘或外露钢筋等的距离一般不少于30mm,测点不应在气孔或外露石子上,同一测点只允许弹击一次。应记录16个回弹值,回弹值读数精确至1。

3.9　回弹值测量完毕后,应在有代表性的位置上测量炭化深度值,测点数不应少于构件测区数的30%,应取其平均值作为该构件每个测区的炭化深度值。

4　计算

计算测区平均回弹值时,应从该测区的16个回弹值中剔除3个最大值和3个最小值,然后用余下的10个计算出该测区的平均值。

$$R_m = \frac{\sum\limits_i^n R_i}{10} \tag{6.6.1-1}$$

非水平方向检测混凝土侧面时:$R_m = R_{m\alpha} + R_{a\alpha}$

其中,$R_{a\alpha}$为检测时的回弹修正值,可按表查询。

根据回弹值和炭化深度值,按《回弹法检测混凝土抗压强度技术规程》(JGJ/T 23—2011)中表A换算求得该测区混凝土强度。

构件的测区混凝土强度平均值应根据各测区的混凝土强度换算值计算。当测区数为10个及以上时,还应计算强度标准差。平均值及标准差应按下列公式计算。

$$m_{f_{cu}} = \frac{\sum\limits_{i=1}^n f_{cu,i}^c}{n} \tag{6.6.1-2}$$

$$S_{f_{cu}} = \sqrt{\frac{\sum (m_{f_{cu},i})^2 - n(m_{f_{cu}})^2}{n-1}} \tag{6.6.1-3}$$

上述式中:$m_{f_{cu}}$——结构或者构建测区混凝土强度换算值的平均值;

　　　　　n——测区数目,若是对批量检测的构件,即为被抽取构件的测区之和;

　　　　　$S_{f_{cu}}$——测区换算强度的标准差。

当构件测区数目小于10个时,则:

$$m_{f_{cu,e}} = f_{cu,min}^c \tag{6.6.1-4}$$

当构件测区中的强度出现小于10MPa时,则:

$$m_{f_{cu,e}} < 10MPa \tag{6.6.1-5}$$

当构件测区数目不少于10个时,应以式(6.6.1-6)计算推定值:

$$m_{f_{cu,e}} = m_{f_{cu}} - KS_{f_{cu}} \tag{6.6.1-6}$$

其中,K为推定系数,一般取1.645,当需要推定强度区间时,按国家相关规定取值。

当按批测量构件时,若:

(1)该批构件平均值小于25MPa,则:

$$S_{f_{cu}} > 4.5MPa \tag{6.6.1-7}$$

(2)该批构件平均值不小于25MPa,则:

$$S_{f_{cu}} > 5.5\text{MPa} \tag{6.6.1-8}$$

5 报告

记录表格见表6.6.1-1。

水泥混凝土强度试验记录表(回弹仪法)　　　表6.6.1-1

工程名称＿＿＿＿＿＿　　　　　　　　测区状态＿＿＿＿＿＿

检测部位＿＿＿＿＿＿　　　　　　　　构件信息＿＿＿＿＿＿

试验环境＿＿＿＿＿＿　　　　　　　　试验日期＿＿＿＿＿＿

试 验 者＿＿＿＿＿＿　　　　　　　　复 核 者＿＿＿＿＿＿

测区混凝土强度计算值						泵送混凝土	
测区序号	测区均值	检测角度修正值	检测面修正值	测区混凝土换算强度（MPa）	泵送混凝土修正后测区强度值(MPa)	测区示意图	
					构件强度推定值（MPa）	强度等级（MPa）	判定结果

6.6.2　超声回弹法测定水泥混凝土抗弯强度

1　目的、依据和适用范围

1.1　本试验的依据为《公路路基路面现场测试规程》(JTG E60—2008)。

1.2　水泥混凝土路面的混凝土抗弯强度是标准条件下梁式试件的龄期为28d时的抗弯强度。本方法适用于采用回弹仪、低频超声仪在现场对水泥混凝土路面按综合法快速检测,并利用测强曲线方程推算混凝土的抗弯强度。

1.3　本方法适用于视密度为 $1.9 \sim 2.5\text{t/m}^3$,板厚大于100mm,龄期大于14d,强度已达到设计抗压强度的80%以上的水泥混凝土。

1.4　本方法不适用于下列情况的水泥混凝土:

(1)隐蔽或外露局部缺陷区;

(2)裂缝或微裂区(包括路面伸缩缝和工作缝);

(3)路面角隅钢筋和边缘钢筋处,特别是超声波与钢筋方向相同时。

1.5　现场用超声波回弹法测定不能代替试验室标准条件下的抗弯强度测定,本试验不适用于作为仲裁试验或工程验收的最终依据。

2 仪器设备及材料

2.1 超声波检测仪:有良好的稳定性,仪器具有示波屏显示及手动游标测度功能。显示应清晰、稳定,其声时范围应为 $0.5 \sim 9.999 \mu s$,测试精度为 $0.1 \mu s$;声时显示调节在 $20 \sim 30 \mu s$ 范围内时,2h 内声时显示的漂移不得大于 $\pm 0.2 \mu s$。超声波在空气中传播的计算声速与实测声速值相比,误差不大于 $\pm 0.5\%$。

2.2 换能器:为厚度振动形式压电材料,其频率在 $50 \sim 100 kHz$ 范围内,实测频率与标称频率相差不大于 $\pm 10\%$。

2.3 耦合剂:采用易于变形,有较大的声阻,有较好黏性且不流淌的材料,通常采用黄蜡油,也可使用凡士林、蜡泥型料等。

2.4 回弹仪应符合下列规定:

2.4.1 水平锤击时,在弹击锤脱钩的瞬间,回弹仪的标称动能应为 2.207J。

2.4.2 弹击锤与弹击杆碰撞的瞬间,弹击拉簧处于自由状态,此时弹击锤起点应位于刻度尺的零点处。

2.4.3 在洛氏硬度为 HRC60 ±2 的钢砧上,回弹仪的率定值为 80 ±2。

2.5 手持砂轮。

2.6 其他:油污清洁剂、毛刷、抹布等。

3 试验步骤

3.1 回弹仪率定试验

在每次测定前,均应在钢砧上进行率定。率定时,钢砧应稳固地平放在刚度大的混凝土地坪上。回弹仪向下弹击时,弹击杆分 4 次旋转,每次旋转约 90°,弹击 3 ~ 5 次,取其中最后连续 3 次且读数稳定的回弹值进行平均作为率定值。如率定试验结果不在规定的 80 ±2 范围内,应对回弹仪进行常规保养后再进行率定,如再次率定仍不合格,应送检定单位检验后使用。

3.2 测区和测点布置

3.2.1 按《公路路基路面现场测试规程》(JTG E60—2008)中附录 A 的方法选择测定的水泥混凝土板,将每一块水泥混凝土路面板作为一个试样,均匀布置 10 个测区,每个测区面积不宜小于 150mm×550mm (图 6.6.2-1),测试表面应清洁、干燥、平整,不应有蜂窝、麻面,对浮浆和油垢以及粗糙处应清洗或用砂轮片磨平,并擦净残留粉尘。

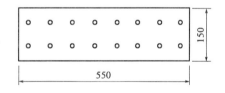

图 6.6.2-1 弹值测点分布图(尺寸单位:mm)

3.2.2 每个测区的测点宜在测区范围内均匀分布,但不得布置在气孔或外露石子上,相邻两测点的距离不宜小于 30mm。

3.3 回弹值测定

在测试过程中,回弹仪的轴线应始终垂直于混凝土表面,具体操作应符合下列规定:

3.3.1 将回弹仪的弹击杆顶住混凝土表面,轻压仪器,使按钮松开,使弹击杆徐徐伸出,并使挂钩挂上弹击锤。

3.3.2 手持回弹仪对混凝土表面缓慢均匀施压,待弹击锤脱钩,冲击弹击杆后,弹击锤即带动指针向后移动到达一定位置,指针刻度在刻度尺上的示值即为该点的回弹值。

3.3.3 使用上述方法在混凝土表面依次读数并记录回弹值,如条件不利于读数,可按下按钮,锁住机芯,将回弹仪移至他处读数,精确至 1 个单位。

3.3.4 使用完毕后应将弹击杆压入仪器内,经弹击后按下按钮,锁住机芯,待下一次使用。

3.4 超声声时值测量

3.4.1 在进行回弹值测试的同一测区内布置三条测轴线(图 6.6.2-2),作为换能器布置区。

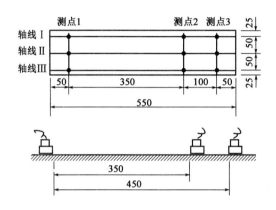

图 6.6.2-2 换能器布置图(尺寸单位:mm)

3.4.2 在换能器放置处抹上耦合剂。

注:测量超声声时时,耦合剂应与建立测强曲线时所用的耦合剂相同。

3.4.3 将换能器分别放置在轴线Ⅰ的 1 点、2 点处,换能器与路面混凝土应充分接触,耦合良好,发射和接收两换能器直径与测轴线重合,边缘与测距线相切。超声波仪振幅应调到规定振幅(2.5~3.0cm)。测读声时 t_{11},准确至 0.1μs。

3.4.4 放置在 1 点处的换能器不动,将放置在 2 点处的换能器移至 3 点处,再测读声时 t_{12},准确至 0.1μs。

3.4.5 按上述方法测量测轴线Ⅱ、Ⅲ,分别得声时为 t_{21}、t_{22}、t_{31}、t_{32}。

3.5 炭化深度测定

3.5.1 龄期超过 3 个月的水泥混凝土路面,回弹值测量完毕后,可在每个测区上选择一处测量混凝土的炭化深度值。当相邻测区的混凝土生产工艺条件相同,龄期基本相同时,该测区测得的炭化深度值也可代表相邻测区的炭化深度值。

3.5.2 测量炭化深度值时,可用合适的工具在测区表面形成直径约为 15mm 的孔洞(其深度略大于混凝土的炭化深度),然后用吸耳球吹去孔洞中的粉末和碎屑(不得用液体冲洗),并立即用浓度为 1% 的酚酞酒精溶液洒在孔洞内壁的边缘处,当已炭化与未炭化界限清晰时(未炭化部分变成紫红色),用游标卡尺测量已炭化与未炭化交界面至混凝土表面的垂直距离 1~2 次,该距离即为混凝土的炭化深度值,每次测读精确至 0.5mm。

4 数据处理

4.1 按式(6.6.2-1)~式(6.6.2-4)计算测区的超声波声速,准确至 0.01km/s。

$$v_{i1} = \frac{350}{t_{i1}} \qquad\qquad (6.6.2\text{-}1)$$

$$v_{i2} = \frac{450}{t_{i2}} \qquad\qquad (6.6.2\text{-}2)$$

$$v_i = \frac{1}{2}(v_{i1} + v_{i2}) \qquad\qquad (6.6.2\text{-}3)$$

$$v = \frac{v_1 + v_2 + v_3}{3} \qquad\qquad (6.6.2\text{-}4)$$

上述式中：v_{i1}——第 i 条测轴线 1 点与 2 点 350mm 测距声速（km/s），$i = 1 \sim 3$；

v_{i2}——第 i 条测轴线 1 点与 3 点 450mm 测距声速（km/s），$i = 1 \sim 3$；

v_i——第 i 条测轴线平均声速（km/s），$i = 1 \sim 3$；

v——测区平均声速（km/s）；

t_{i1}——第 i 条测轴线 350mm 测距声时（μs）；

t_{i2}——第 i 条测轴线 450mm 测距声时（μs）。

注：当三条测轴线平均声速 v_i 中有两条测轴线平均声速与测区的平均声速 v 之差都超过测区平均声速的 15% 时，该测区检测结果无效。

4.2　炭化深度按式（6.6.2-5）进行计算：

$$\overline{L} = \frac{1}{n}\sum_{i=1}^{n} L_i \qquad\qquad (6.6.2\text{-}5)$$

式中：$\overline{L}$——平均炭化深度（mm）；

L_i——第 i 个测点炭化深度（mm）；

n——测点数。

4.3　回弹值按式（6.6.2-6）计算，并按式（6.6.2-7）对实测回弹值进行炭化深度修正计算。

$$\overline{N}_n = \frac{\sum N_i}{10} \qquad\qquad (6.6.2\text{-}6)$$

式中：$\overline{N}_n$——测区平均回弹值，准确至 0.1；

N_i——第 i 个测点的回弹值。

当回弹仪非水平方向测试混凝土浇筑测面时，应根据回弹仪轴线与水平方向的角度将测得的数据按式（6.6.2-7）进行修正，计算非水平方向测定的回弹修正值。当测定水泥混凝土路面为向下垂直方向时，测试角度为 $-90°$。回弹值修正值 ΔN 见表 6.6.2-1。

$$\overline{N} = \overline{N}_n + \Delta N \qquad\qquad (6.6.2\text{-}7)$$

式中：$\overline{N}$——经非水平测定修正的测区平均回弹值；

$\overline{N}_n$——回弹仪实测的测区平均回弹值；

ΔN——非水平测定的修正回弹值，由表 6.6.2-1 或内插法求得，准确至 0.1。

非水平方向测定的修正回弹值 表 6.6.2-1

$\dfrac{\Delta N}{\overline{N_n}}$	与水平方向所处的角度							
	$+90°$	$+60°$	$+45°$	$+30°$	$-30°$	$-45°$	$-60°$	$-90°$
20	-6.0	-5.0	-4.0	-3.0	$+2.5$	$+3.0$	$+3.5$	$+4.0$
30	-5.0	-4.0	-3.5	-2.5	$+2.0$	$+2.5$	$+3.0$	$+3.5$
40	-4.0	-3.5	-3.0	-2.0	$+1.5$	$+2.0$	$+2.5$	$+3.0$
50	-3.5	-3.0	-2.5	-1.5	$+1.0$	$+1.5$	$+2.0$	$+2.5$

注:表中未列入的 $\overline{N_n}$ 可用内插法求得。

如平均炭化深度值 $\overline{L}$ 小于或等于 $0.4mm$ 时,按无炭化处理(即平均值炭化深度为 0);如大于或等于 $6.0mm$ 时,取 $6.0mm$。对新浇混凝土龄期不超过 3 个月者,可视为无炭化。

$$N' = 0.879\,5N - 1.444\,3L + 4.48 \tag{6.6.2-8}$$

式中:N'——修正后的测区回弹值,当 $L = 0$ 时,$N' = N$。

$\quad\quad N$——实测的测区平均回弹值;

$\quad\quad L$——炭化深度(mm)。

4.4 混凝土抗弯强度推算

4.4.1 测强曲线方程的确定。

建立专用测强曲线方程。取用与路面混凝土相同的原材料,设计几种不同水灰比的混凝土配合比(一般设计 4 种配合比,其中包括路面施工时配合比),对每种配合比成型 $150mm \times 150mm \times 550mm$ 的梁式试件(不少于 6 个),在标准条件下养护 28d 后,按上述方法进行超声及回弹检测,并按水泥混凝土试验规程进行抗弯强度试验,再用二元非线性方程按式(6.6.2-9)回归,确定回归系数,得出测强曲线方程,相对标准误差 e_r 应不大于 12%。

$$R_f = av^b e_r^c N \tag{6.6.2-9}$$

式中:R_f——混凝土抗弯强度(MPa);

$\quad\quad v$——超声声速(km/s);

$\quad\quad N$——修正后的回弹值;

$\quad a、b、c$——回归系数;

$\quad\quad e_r$——相对标准误差(%),按式(6.6.2-10)计算。

$$e_r = \sqrt{\frac{\sum (R'_{fi}/R_{fi} - 1)^2}{n - 1}} \times 100 \tag{6.6.2-10}$$

式中:R'_{fi}——第 i 块试件实测抗弯强度(MPa);

$\quad\quad R_{fi}$——第 i 块试件由超声、回弹推算的抗弯强度(MPa);

$\quad\quad n$——试件数(按单块计)。

4.4.2 混凝土路面抗弯强度推定。

(1)每一段(或子段)中每一幅为一个单位作为抗弯强度评定对象。

(2)评定抗弯强度第一条件值和第二条件值按式(6.6.2-11)、式(6.6.2-12)计算。

$$R_{n1} = 1.18(\overline{R}_n - m \times S_n) \tag{6.6.2-11}$$

$$R_{n2} = 1.18 (R_{fi})_{min} \tag{6.6.2-12}$$

上述式中：R_{n1}——抗弯强度第一条件值(MPa)，准确至0.1MPa；

$\quad\quad R_{n2}$——抗弯强度第二条件值(MPa)，准确至0.1MPa；

$\quad\quad m$——合格判定系数值，当$n = 10 \sim 14$时，$m = 1.70$；当$n = 15 \sim 24$时，$m = 1.65$；

$\quad\quad n \geqslant 25$时，$m = 1.60$；

$(R_{fi})_{min}$——所有推算的抗弯强度中的最小值(MPa)；

$\quad\quad R_{fi}$——第i测区推算的抗弯强度(MPa)；

$\quad\quad S_n$——抗弯强度标准差(MPa)，按式(6.6.2-13)计算，准确至0.1MPa，其中n为测区数；

$$S_n = \sqrt{\frac{\sum (R_{fi})^2 - n (\overline{R}_2)^2}{n - 1}} \tag{6.6.2-13}$$

$\quad\quad \overline{R}_n$——抗弯强度平均值(MPa)，按式(6.6.2-14)计算，准确至0.1MPa。

$$\overline{R}_n = \frac{1}{2}\sum R_{fi} \tag{6.6.2-14}$$

4.4.3　按式(6.6.2-15)以第一条件值及第二条件值中的小者作为混凝土抗弯强度评定值R_n。

$$R_n = \min\{R_{n1}, R_{n2}\} \tag{6.6.2-15}$$

5　报告

5.1　记录表格(表6.6.2-2)

水泥混凝土强度试验记录表(回弹仪法) 表6.6.2-2

工程名称_____　　　　　　测区状态_____

检测部位_____　　　　　　构件信息_____

试验环境_____　　　　　　试验日期_____

试　验　者_____　　　　　　复　核　者_____

回弹测试面		回弹测试角度		超声测试方式		粗集料类型		超声测试声速修正系数	
测区序号	回弹值				测区回弹代表值	测区回弹修正值	声速平均值（km/s）	修正后声速值（km/s）	混凝土强度换算值（MPa）

测区序号	回弹值					测区回弹代表值	测区回弹修正值	声速平均值（km/s）	修正后声速值（km/s）	混凝土强度换算值（MPa）

最大值	最小值	平均值	标准差	测区混凝土强度推定值

检测结论：

5.2 报告

(1)水泥混凝土路面抗弯强度检测结果；

(2)水泥混凝土路面抗弯强度评定结果。

6.6.3 路面弯沉试验(FWD)

1 目的、依据和适用范围

1.1 本试验的依据为《公路路基路面现场测试规程》(JTG E60—2008)。本方法适用于各类 Lacroix 型(洛克鲁瓦型)自动弯沉仪在新建、改建路面工程的质量验收中,在无严重坑槽、车辙等病害的正常条件下连续采集沥青路面弯沉数据。

1.2 本方法的数据采集、传输、记录和处理由专用软件自动控制进行。

2 仪器设备

2.1 Lacroix 型自动弯沉仪:由承载车、测量机架及控制系统、位移、温度和距离传感器、数据采集与处理系统等基本部分组成。

2.2 设备承载车技术要求和参数:

自动弯沉仪的承载车辆应为单后轴、单侧双轮组的载重车,其标准条件参考贝克曼梁测定路基路面回弹弯沉试验方法中 BZZ—100 车型的标准参数。

2.3 测试系统基本技术要求和参数:

2.3.1 位移传感器分辨率:0.01mm。

2.3.2 位移传感器有效量程:≥3mm。

2.3.3 设备工作环境温度:0~60℃。

2.3.4 距离标定误差:≤1%。

3 试验步骤

3.1 准备工作

3.1.1　位移传感器标定:每次测试之前必须按照设备使用手册规定的方法进行位移传感器的标定,记录下标定数据并存档。

3.1.2　检查承载车轮胎气压:每次测试之前都必须检查后轴轮胎气压,应满足 0.70MPa ± 0.05MPa 的要求。

3.1.3　检查承载车轮载:一般每年检查一次,即使承载车因改装等原因改变了后轴载,也必须进行此项工作,后轴应满足 100kN ± 1kN 的要求。

3.1.4　检查测量架的易损部件情况,及时更换损坏部件。

3.1.5　打开设备电源,控制面板功能键、指示灯、显示器等应正常。

3.1.6　开动承载车测试 2 ~ 3 个步距,测试机构应正常,否则需要调整。

3.2　测试步骤

3.2.1　测试系统在开始测试前需要通电预热,时间不少于设备操作手册要求,并开启工程警灯和导向标等警告标志。

3.2.2　在测试路段前 20m 处将测量架放落在路面上,并检查各机构的部件情况。

3.2.3　操作人员按照设备使用手册的规定和测试路段的现场技术要求设置完毕所需的测试状态。

3.2.4　驾驶员缓慢加速承载车到正常测试速度,沿正常行车轨迹驶入测试路段。

3.2.5　操作人员将测试路段起终点、桥涵等特殊位置的桩号输入记录数据中。

3.2.6　当测试车辆驶入测试路段后,操作人员停止数据采集和记录,并恢复仪器各部分至初始状态,驾驶员缓慢停止承载车,提起测量架。

3.2.7　操作人员检查数据文件,文件应完整,内容应正常,否则需要重新测试。

3.2.8　关闭测试系统电源,结束测试。

4　数据处理

4.1　计算

4.1.1　采用自动弯沉仪采集路面弯沉盆峰值数据。

4.1.2　数据组中左臂测值、右臂测值按单独弯沉处理。

4.1.3　对原始弯沉测试数据进行温度、坡度、相关性等修正。

4.2　弯沉值的横坡修正

当路面横坡不超过 4% 时,不进行超高影响修正;当横坡超过 4% 时,超高影响的修正参照表6.6.3-1 的规定进行。

弯沉值横坡修正 表 6.6.3-1

横坡范围	高位修正系数	低位修正系数
>4%	$\dfrac{1}{1-i}$	$\dfrac{1}{1+i}$

注:i 是路面横坡(%)。

5　报告

5.1　记录表格(表6.6.3-2)

路面弯沉试验记录表（FWD）   表 6.6.3-2

工程名称_____   测区状态_____
检测部位_____   试验环境_____
试验日期_____   试 验 者_____   复 核 者_____

桩　　　号	弯 沉 值	桩　　　号	弯 沉 值

5.2　报告

测试报告中应包括以下内容：

弯沉平均值、标准差、代表值、测试时的路面温度及温度修正值。

6.6.4　道面摩擦系数（摆式仪）

1　目的和适用范围

本方法适用于以摆式摩擦系数测定仪（摆式仪）测定沥青路面、标线或其他材料试件的抗滑性，用以评定路面或路面材料在潮湿状态下的抗滑能力。

2　仪具与材料

2.1　摆式仪：摆及摆的连接部分总质量为 1 500g ± 30g，摆动中心至摆的重心距离为 410mm ± 5mm，测定时摆在路面上的滑动长度为 126mm ± 1mm，摆上橡胶片端部距摆动中心的距离为 510mm，橡胶片对路面的正向静压力为 22.2N ± 0.5N。

2.2　橡胶片：当用于测定路面抗滑值时，其尺寸为 6.35mm × 25.4mm × 76.2mm，橡胶质量应符合表 6.6.4-1 的要求。当橡胶片使用后，端部在长度方向上的磨耗超过 1.6mm 或边缘在宽度方向上的磨耗超过 3.2mm，或有油类污染时，应更换新橡胶片。新橡胶片应先在干燥路面上测试 10 次后再用于测试。橡胶片的有效使用期为 1 年。

橡胶物理性质技术要求   表 6.6.4-1

性质指标	温度（℃）				
	0	10	20	30	40
弹性（%）	43 ~ 49	58 ~ 65	66 ~ 73	71 ~ 77	74 ~ 79
硬度	55 ± 5				

2.3　滑动长度量尺：长 126mm。

2.4　喷水壶。

2.5　硬毛刷。

2.6　路面温度计：分度不大于 1 ℃。

2.7　其他：皮尺或钢卷尺、扫帚、粉笔等。

3　方法与步骤

3.1　准备工作

3.1.1　检查摆式仪的调零灵敏情况，并定期进行仪器的标定。当用于路面工程检查验收时，仪器必须重新标定。

3.1.2 对测试路段按随机取样选点的方法,决定测点所在横断面位置。测点应选在行车道的轮迹带上,距路面边缘不应小于1m,并用粉笔作出标记。测点位置宜紧靠铺砂法测定构造深度的测点位置,与其一一对应。

3.2 试验步骤

3.2.1 仪器调平

(1)将仪器置于路面测点上,并使摆的摆动方向与行车方向一致。

(2)转动底座上的调平螺栓,使水准泡居中。

3.2.2 调零

(1)放松上、下两个紧固把手,转动升降把手,使摆升高并能自由摆动,然后旋紧紧固把手。

(2)将摆向右运动,按下安装于悬臂上的释放开关,使摆上的卡环进入开关槽,放开释放开关,摆即处于水平释放位置,并把指针抬至与摆杆平行处。

(3)按下释放开关,使摆向左带动指针摆动,当摆达到最高位置后下落时,用左手将摆杆接住,此时指针应指零。若不指零时,可稍旋紧或放松摆的调节螺母,重复本项操作,直至指针指零。调零允许误差为±1。

3.2.3 校核滑动长度

(1)用扫帚扫净路面表面,并用橡胶刮板清除摆动范围内路面上的松散粒料。

(2)让摆自由悬挂,提起摆头上的举升柄,将底座上的垫块置于定位螺栓下面,使摆头上的滑溜块升高。放松紧固把手,转动上升降把手,使摆缓缓下降。当滑溜块上的橡胶片刚刚接触路面时,即将紧固把手旋紧,使摆头固定。

(3)提起举升柄,取下垫块,使摆向右运动。然后,手提举升柄使摆慢慢向左运动,直至橡胶片的边缘刚刚接触路面。在橡胶片的外边摆动方向设置标准量尺,尺的一端正对该点。再用手提起举升柄,使滑溜块向上抬起,并使摆继续运动至左边,使橡胶片返回落下再一次接触路面,橡胶片两次触地的距离(即滑动长度)应在126mm左右。若滑动长度不符合标准时,则升高或降低仪器底正面的调平螺栓来校正,但需调平水准泡,重复此项校核,直至滑动长度符合要求。而后,将摆和指针置于水平释放位置。

注:校核滑动长度时,应以橡胶片长边刚刚接触路面为准,不可借摆的力量向前滑动,以免标定的滑动长度过长。

3.2.4 用喷壶的水浇洒试测路面,并用橡胶刮板刮除表面泥浆。

3.2.5 再次洒水,并按下释放开关,使摆在路面滑过,指针即可指示出路面的摆值。但第一次测定,不做记录。当摆杆回落时,用左手接住摆,右手提起举升柄使滑溜块升高,将摆向右运动,并使摆杆和指针重新置于水平释放位置。

3.2.6 重复步骤(5)的操作,测定5次,并读记每次测定的摆值,即BPN。5次数值中最大值与最小值的差值不得大于3BPN。如差值大于3BPN,应检查产生的原因,并再次重复上述各项操作,至符合规定为止。取5次测定的平均值作为每个测点路面的抗滑值(即摆值FB),取整数,以BPN表示。

3.2.7 在测点位置上用路表温度计测记潮湿路面的温度,准确至1℃。

3.2.8 按以上方法,同一处平行测定不少于三次,三个测点均位于轮迹带上,测点间距3~5m。该处的测定位置以中间测点的位置表示。每一处均取三次测定结果的平均值作为试验结果,精确至 1BPN。

4 结果与计算

4.1 抗滑值的温度修正

当路面温度为 $T(℃)$ 时测得的摆值为 BPN_t,必须换算成标准温度 20 ℃ 的摆值 BPN_{20}:

$$BPN_{20} = BPN_t + \Delta BPN \qquad (6.6.4-1)$$

式中:BPN_{20}——换算成标准温度 20 ℃ 时的摆值(BPN);

$\quad BPN_t$——路面温度 $T(℃)$ 时测得的摆值(BPN),T 为测定的路表潮湿状态下的温度;

$\quad \Delta BPN$——温度修正值,按表 6.6.4-2 采用。

温 度 修 正 值   表 6.6.4-2

温度 $T(℃)$	0	5	10	15	20	25	30	35	40
温度修正值 ΔBPN	-6	-4	-3	-1	0	$+2$	$+3$	$+5$	$+7$

4.2 记录表格(表 6.6.4-3)

道面摩擦系数试验记录表(摆式仪)   表 6.6.4-3

工程名称_____   测区状态_____   试验环境_____

试验日期_____   试 验 者_____   复 核 者_____

路面类型					结构层次					
序号	桩号	测点位置	摆值						路面温度(℃)	换算成20℃时的摆值	抗滑值平均值
			1	2	3	4	5	均值			

4.3 报告

4.3.1 测试日期、测点位置、天气情况、洒水后潮湿路面的温度,并描述路面类型、外观、结构类型等。

4.3.2 列表逐点报告路面抗滑值的测定值 BPN_t、经温度修正后的 BPN_{20}、现场温度及三次测定的平均值。

4.3.3 每一个评定路段路面抗滑的平均值、标准差、变异系数。

6.6.5 道面构造深度(铺砂法)

1 目的和适用范围

本方法适用于测定沥青路面及水泥混凝土路面表面构造深度,用以评定路面表面的宏观粗糙度、路面表面的排水性能及抗滑性能。

2　仪具与材料

2.1　人工铺砂仪:由圆筒、推平板组成。

量砂筒(图 6.6.5-1):一端是封闭的,容积为 25mL±0.15mL,可通过称量砂筒中水的质量以确定其容积 V,并调整其高度,使其容积符合规定要求。带一专门的刮尺将筒口量砂刮平。

推平板(图 6.6.5-1):应为木制或铝制,直径 50mm,底面粘一层 1.5mm 厚的橡胶片,上面有一圆柱把手。

刮平尺:可用 30cm 钢板尺代替。

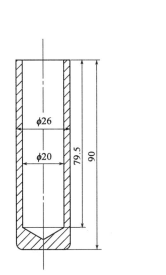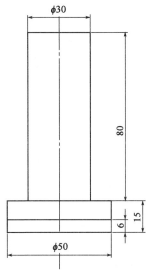

图 6.6.5-1　量砂筒和推平板(尺寸单位:mm)

2.2　量砂:足够数量的干燥、洁净的匀质砂,粒径 0.15~0.3mm。

2.3　量尺:钢板尺、钢卷尺,或将直径换算成构造深度作为刻度单位的专用构造深度尺。

2.4　其他:装砂容器(小铲)、扫帚或毛刷、挡风板等。

3　方法与步骤

3.1　准备工作

量砂准备:取洁净的细砂晾干过筛,取 0.15~0.3mm 的砂置于适当的容器中备用。量砂只能在路面上使用一次,不宜重复使用。回收砂必须经干燥、过筛处理后方可使用。

按照随机选样的方法,决定测点所在横断面位置。测点应选在车道的轮迹带上,距路面边缘不应小于 1m。

3.2　试验步骤

3.2.1　用扫帚或毛刷子将测点附近的路面清扫干净,面积不小于 30cm×30cm。

3.2.2　用小铲装砂沿筒向圆筒注满砂,手提圆筒上方,在硬质路表面上轻轻地叩打三次,使砂密实,补足砂面钢尺一次刮平。注意:不可直接用量砂筒装砂,以免影响量砂密度的均匀性。

3.2.3　将砂倒在路面上,用底面粘有橡胶片的推平板由里向外重复做推铺运动,稍稍用力将砂细致地尽可能地向外推开,使砂填入凹凸不平的路表面的空隙中,尽可能将砂推成圆形,并不得在表面上留有浮动余砂。注意:推铺时不可用力过大或向外推挤。

3.2.4 用钢板尺测量构成的圆形的两个垂直方向的直径,取其平均值,准确至5mm。

3.2.5 按以上方法,同一处平行测定不少于三次,三个测点均位于轮迹带上,测点间距3~5m。该处的测定位置以中间测点的位置表示。

4 计算

路面表面构造深度测定结果按式(6.6.5-1)计算:

$$TD = \frac{1\ 000V}{\frac{\pi D^2}{4}} = \frac{31\ 831}{D^2} \quad\quad\quad (6.6.5-1)$$

式中:TD——路面表面构造深度(mm);

V——砂的体积($25cm^3$);

D——推平砂的平均直径(mm)。

每一处均取三次路面构造深度的测定结果的平均值作为试验结果,准确至0.01mm。计算每一个评定区间路面构造深度的平均值、标准差、变异系数。

5 报告

记录表格见表6.6.5-1。

道面构造深度试验记录表(铺砂法) 表6.6.5-1

工程名称_____ 测区状态_____

试验环境_____ 试验日期_____

试 验 者_____ 复 核 者_____

道面类型					结构层次		
桩号	位置	铺砂直径(mm)			构造深度(mm)		备注
		1	2	平均	单值	平均	

第7章　沥青混凝土面层试验检测

7.1　沥青

7.1.1　针入度

1　目的、依据和适用范围

本方法适用于测定道路石油沥青、聚合物改性沥青针入度及液体石油沥青蒸馏或乳化沥青蒸发后残留物的针入度，以0.1mm计，其标准试验条件为温度25℃，荷重100g，贯入时间5s。

针入度指数 PI 用以描述沥青的温度敏感性，宜在15℃、25℃、30℃等三个或三个以上温度条件下测定针入度后按规定的方法计算得到，若30℃时的针入度值过大，可采用5℃代替。当量软化点 T_{800} 相当于沥青针入度为800时的温度，用以评价沥青的高温稳定性。当量脆点 $T_{1.2}$ 相当于沥青针入度为1.2时的温度，用以评价沥青的低温抗裂性能。

2　仪器设备

2.1　针入度仪：为提高试验精度，针入度试验宜采用能够自动计时的针入度仪进行测定，要求针和针连杆必须在无明显摩擦下垂直运动，针的贯入深度必须准确至0.1mm。针和针连杆组合件总质量为50g±0.05g，另附50g±0.05g砝码一只，试验时总质量为100g±0.05g。仪器应有放置平底玻璃保温皿的平台，并有调节水平的装置，针连杆应与平台相垂直。应有针连杆制动按钮，使针连杆可自由下落。针连杆应易于装拆，以便检查其质量。仪器还设有可自由转动与调节距离的悬臂，其端部有一面小镜或聚光灯泡，借以观察针尖与试样表面的接触情况。应对装置的标准性经常校验。当采用其他试验条件时，应在试验结构中注明。

2.2　标准针（图7.1.1-1）：由硬化回火的不锈钢制成，洛氏硬度HRC54~60，表面粗糙度Ra0.2~0.3μm，针及针杆总质量2.5g±0.05g。针杆上应印有号码标志。针应设有固定用装置盒（筒），以免碰撞针尖。每根针必须附有计量部门的检验单，并定期检验其尺寸。

2.3　盛样皿：金属制，圆柱形平底。小盛样皿的内径55mm，深35mm（适用于针入度小于200的试样）；大盛样皿的内径70mm，深45mm（适用于针入度为200~350的试样）；对针入度大于350的试样需使用特殊盛样皿，其深度不小于60mm，容积不小于125mL。

2.4　恒温水槽：容量不小于10L，控温的准确度为0.1℃。水槽中应设有一带孔的搁架，位于水面下不少于100mm、距水槽底不得少于50mm处。

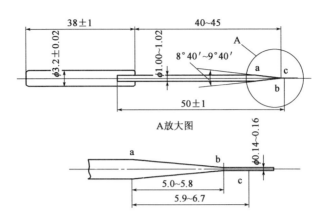

图7.1.1-1 标准针(尺寸单位:mm)

2.5 平底玻璃皿:容积不小于1L,深度不小于80mm。内设有一不锈钢三角支架,能使盛样皿稳定。

2.6 温度计或温度传感器:精度为0.1℃。

2.7 计时器:精度为0.1s。

2.8 位移计或位移传感器:精度为0.1mm。

2.9 盛样皿盖:平底玻璃,直径不小于盛样皿开口尺寸。

2.10 溶剂:氯乙烯等。

2.11 其他:电炉或电沙浴、石棉网、金属锅或瓷把坩埚等。

3 试验步骤

3.1 准备试验

3.1.1 按《公路工程沥青及沥青混合料试验规程》(JTG E20—2011)中T 0602的方法准备试样。

3.1.2 按试验要求将恒温水槽调节到要求的试验温度25℃、15℃、30℃,保持稳定。

3.1.3 将试样注入盛样皿中,试样高度应超过预计针入度值10mm,并盖上盛样皿,以防落入灰尘。盛有试样的盛样皿在15～30℃室温中冷却不少于1.5h(小盛样皿)、2h(大盛样皿)或3h(特殊盛样皿)后,应移入保持规定试验温度±0.1℃的恒温水槽中,并应保温不少于1.5h(小盛样皿)、2h(大盛样皿)或2.5(特殊盛样皿)。

3.1.4 调整针入度仪使之水平。检查针连杆和导轨,确认无水和其他外来物,无明显摩擦。用三氯乙烯或其他溶剂清晰标准针,并擦干。将标准针插入针连杆,用螺钉固紧。按试验条件,加上附加砝码。

3.2 试验步骤

3.2.1 取出达到恒温的盛样皿,并移入水温控制在试验温度±0.1℃(可用恒温水槽中的水)的平底玻璃皿中的三角支架上,试样表面以上的水层深度不小于10mm。

3.2.2 将盛有试样的平底玻璃皿置于针入度仪的平台上。慢慢放下针连杆,用适当位置的反光镜或灯光反射观察,使针尖恰好与试样表面接触,将位移计或刻度盘指针复位为零。

3.2.3 开始试验,按下释放键,这时计时与标准针落下贯入试样同时开始,至5s时自动停止。

3.2.4　读取位移计或刻度盘指针读数,准确至 0.1mm。

3.2.5　同一试样平行试验至少三次,各测试点之间及与盛样皿边缘的距离不应小于 10mm。每次试验后应将盛有盛样皿的平底玻璃皿放入恒温水槽,使平底玻璃皿中水温保持试验温度。每次试验应换一根干净的标准针或将标准针取下用蘸有三氯乙烯溶剂的棉花或布揩净,再用棉花或布擦干。

3.2.6　测定针入度大于 200 的沥青试样时,至少用三支标准针,每次试验后将针留在试样中,直至三次平行试验完成后,才能将标准针取出。

3.2.7　测定针入度指数 PI 时,按同样的方法在 15℃、25℃、30℃等三个或三个以上(必要时增加 10℃、20℃等)温度消减下分别测定沥青针入度,但用于仲裁试验的温度条件应为 5 个。

4　数据整理

4.1　计算公式

(1)对三个或三个以上不同温度条件下测试的针入度值取对数,令 $y = \lg P$、$x = T$,按式(7.1.1-1)的针入度对数与温度的针线关系,进行 $y = a + bx$ 一元一次方程的直线回归,取针入度温度指数 A_{lgPen}。

$$\lg P = K + A_{\mathrm{lgPen}} \times T \tag{7.1.1-1}$$

式中:$\lg P$——不同温度条件下测得的针入度值的对数;

　　　T——试验温度(℃);

　　　K——回归方程的常数项 a;

A_{lgPen}——回归方程的系数 b。

按公式回归时必须进行相关性检验,直线回归相关系数 R 不得小于 0.997(置信度 95%),否则,试验无效。

(2)按式(7.1.1-2)确定沥青的针入度指数,并记为 PI。

$$PI = \frac{20 - 500 A_{\mathrm{lgPen}}}{1 + 50 A_{\mathrm{lgPen}}} \tag{7.1.1-2}$$

(3)按式(7.1.1-3)确定沥青的当量软化点 T_{800}。

$$T_{800} = \frac{\lg 800 - K}{A_{\mathrm{lgPen}}} = \frac{2.903\,1 - K}{A_{\mathrm{lgPen}}} \tag{7.1.1-3}$$

(4)按式(7.1.1-4)确定沥青的当量脆点 $T_{1.2}$。

$$T_{1.2} = \frac{\lg 1.2 - K}{A_{\mathrm{lgPen}}} = \frac{0.079\,2 - K}{A_{\mathrm{lgPen}}} \tag{7.1.1-4}$$

(5)按式(7.1.1-5)计算沥青的塑性温度范围 ΔT。

$$\Delta T = T_{800} - T_{1.2} = \frac{2.823\,9}{A_{\mathrm{lgPen}}} \tag{7.1.1-5}$$

4.2　记录表格(表7.1.1-1)

沥青针入度试验记录表　　　　　　　　　　表 7.1.1-1

工程名称＿＿＿＿＿＿＿＿　　　　　　　　　　　　样品名称＿＿＿＿＿＿＿＿

样品描述＿＿＿＿＿＿＿＿　　　　　　　　　　　　试验环境＿＿＿＿＿＿＿＿

试验日期＿＿＿＿＿＿＿＿　　　　试　验　者＿＿＿＿＿＿＿＿　　复核者＿＿＿＿＿＿＿＿

沥青入模后开始室温静置时间：	开始放入规定水槽时间：	从规定水槽取出后开始试验时间：
沥青入模后开始室温静置时间：	开始放入规定水槽时间：	从规定水槽取出后开始试验时间：
沥青入模后开始室温静置时间：	开始放入规定水槽时间：	从规定水槽取出后开始试验时间：

针入度试验	试验温度(℃)									
	试验次数	1	2	3	1	2	3	1	2	3
	针入度值(0.1mm)									
	平均针入度值(0.1mm)									
	直线回归相关系数 R				针入度指数					

4.3　精密度和允许差

(1) 当试验结果小于 50(0.1mm) 时,重复试验的允许误差为 2(0.1mm),再现性试验的允许误差为 4(0.1mm)。

(2) 当试验结果大于或等于 50(0.1mm) 时,重复性试验的允许误差为平均值的 4%,再现性试验的允许误差为平均值的 8%。

5　报告

(1) 应报告标准温度(25℃)时的针入度以及其他试验温度 T 所对应的针入度,以及由此求取针入度指数 PI、当量软化点 T_{800}、当量脆点 $T_{1.2}$ 的方法和结果。当采用公式计算法时,应报告按式 7.1.1-1 回归的直线系数 R。

(2) 同一试样三次平行试验结果的最大值和最小值之差在表 7.1.1-2 的允许误差范围内时,计算三次试验结果的平均值,取整数作为针入度试验结果,以 0.1mm 计。

试 验 允 许 误 差　　　　　　　　　表 7.1.1-2

针入度(0.1mm)	允许误差(0.1mm)
0~49	2
50~149	4
150~249	12
250~500	20

当试验值不符合此要求时,应重新进行试验。

7.1.2　延度

1　目的、依据和适用范围

1.1　本方法适用于测定道路石油沥青、聚合物改性沥青、液体石油沥青蒸馏残留物和乳化沥青残留物等材料的延度。

1.2　沥青延度的试验温度与拉伸速率可根据要求采用,通常采用的试验温度为25℃、15℃、10℃、5℃,拉伸速度为5cm/min±0.25cm/min。当低温采用1cm/min±0.5cm/min拉伸速度时,应在报告中注明。

2　仪器设备

2.1　延度仪(图7.1.2-1):延度仪长度不宜大于150cm,仪器应有自动控温、控速系统。应满足试件浸没于水中,能保持规定的试验温度及规定的拉伸速度拉伸试件,且试验时应无明显振动。

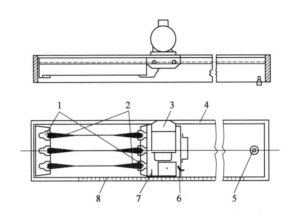

图7.1.2-1　延度仪
1-试模;2-试样;3-电机;4-水槽;5-泄水孔;6-开关柄;7-指针;8-标尺

2.2　试模(图7.1.2-2):黄铜制,由两个端模和两个侧模组成,试模内侧表面粗糙度 Ra 0.2μm。

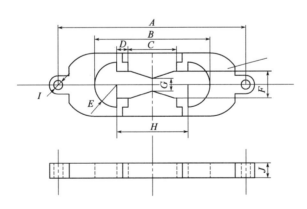

图7.1.2-2　试模
A-两端模环中心店距离,112.5mm±1mm;B-试件总长,75mm±0.5mm;C-模端间距,30mm±0.3mm;D-肩长,7mm±0.2mm;E-半径,16mm±0.25mm;F-最小横断面宽,10mm±0.1mm;G-模端口宽,20mm±0.2mm;H-两半圆圆心间距离,43mm±0.1mm;I-模端孔直径,6.6mm±0.1mm;J-厚度,10mm±0.1mm

2.3　试模底板:玻璃或磨光的铜板、不锈钢板(表面粗糙度 Ra0.2μm)。

2.4 恒温水槽:容量不少于10L,控制温度的准确度为0.1℃。水槽中应设有带孔搁架,搁架距水槽底不小于50mm。试件侵入水中深度不小于100mm。

2.5 温度计:量程0~50℃,分度值0.1℃。

2.6 砂浴或其他加热炉具。

2.7 甘油滑石粉隔离剂(甘油与滑石粉的质量比为2:1)。

2.8 其他:平刮刀、石棉网、酒精、食盐等。

3 试验步骤

3.1 准备工作

3.1.1 将隔离剂拌和均匀,涂于清洁、干燥的试模底板和两个侧模的内侧表面,并将试模在底板上装安。

3.1.2 仔细将试样自试模的一端至另一端往返数次缓缓注入模中,最后略高出试模。灌模时不得使气泡混入。

3.1.3 试件在室温中冷却不少于1.5h,然后用热刮刀刮除高出试模的沥青,使沥青面与试模面齐平。沥青的刮法应自试模的中间刮向两端,且表面应刮得平滑。再将试模连同底板放入规定试验温度的水槽中保温1.5h。

3.1.4 检查延度仪延伸速度是否符合规定要求,然后移动滑板使其指针正对标尺的零点。对延度仪注水,并保温达到试验温度±0.1℃。

3.2 试验步骤

3.2.1 将保温后的试件连同底板移入延度仪的水槽中,然后将盛有试样的试模自玻璃板或不锈钢板上取下,将试模两端的孔分别套在滑板及槽端固定板的金属柱上,并取下侧模。水面距试件表面应不小于25mm。

3.2.2 开动延度仪,并注意观察试样的延伸情况。此时应注意,在试验过程中,水温应始终保持在试验温度规定范围内,且仪器不得有振动,水面不得有晃动,当水槽采用循环水时,应暂时中断循环,停止水流。在试验中,当发现沥青细丝浮于水面或沉入槽底时,应在水中加入酒精或食盐,调整水的密度至与试样相近后,重新试验。

3.2.3 试件拉断时,读取指针多指标尺上的度数,以cm计。在正常情况下,试件延伸时应成锥尖状,拉断时实际断面接近于零。如不能得到这样的结果,则应在报告中注明。

4 数据整理

同一样品,每次平行试验不少于三个,如三个测定结果均大于100cm,试验结果记作">100cm";有特殊需要也可分别记录实测值。三个测定结果中,当有一个以上的测定值小于100cm时,若最大值或最小值与平均值之差满足重复性试验要求,则取三个测定结果的平均值的整数作为延度试验结果;若平均值大于100cm,记作">100cm";若最大值或最小值与平均值之差不符合重复性试验要求,试验重新进行。

5 报告

5.1 记录表格(表7.1.2-1)

5.2 精密度和允许差

当试验结果小于100cm时,重复性试验的允许误差为平均值的20%,再现性试验的允许误差为平均值的30%。

沥青延度试验记录表　　　　　　　　　　　　表 7.1.2-1

工程名称＿＿＿＿＿＿＿＿＿　　　　　　　　　　　样品名称＿＿＿＿＿＿＿＿＿

样品描述＿＿＿＿＿＿＿＿＿　　　　　　　　　　　试验环境＿＿＿＿＿＿＿＿＿

试验日期＿＿＿＿＿＿＿＿＿　　　试　验　者＿＿＿＿＿＿＿　　复　核　者＿＿＿＿＿＿＿

试验温度(℃)			
沥青入模后开始 室温静置时间		开始放入规定 水槽时间	从规定水槽取出后 开始试验时间
试验速度(cm/min)	延度(cm)		
	试件 1	试件 2	试件 3	平均值

7.1.3　软化点(环球法)

1　目的、依据和适用范围

本方法适用于测定道路石油沥青、聚合物改性沥青的软化点,也适用于测定液体石油沥青、煤沥青蒸馏残留物或乳化沥青蒸发残留物的软化点。

2　仪器设备

2.1　软化点试验仪。

2.1.1　钢球:直径 9.53mm,质量 3.5g±0.05g。

2.1.2　试样环(图 7.1.3-1):黄铜或不锈钢等制成。

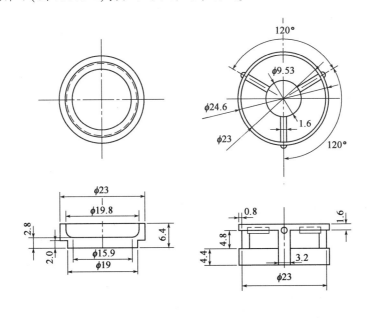

图 7.1.3-1　试样环(尺寸单位:mm)

2.1.3　钢球定位环:黄铜或不锈钢等制成。

2.1.4　金属支架:由两个主杆和三层平行的金属板组成。上层为一圆盘,直径略大于烧杯直径,中间有一圆孔,用以插放温度计。中层板(图7.1.3-2)上有两个孔,放置金属环,中间有一小孔可支持温度计的测温端部。一侧立杆距环上面51mm处刻有水高标记。环下面距下层底板为25.4mm,而下底板距烧杯底不得小于12.7mm,也不得大于19mm。三层金属板和两个主杆由两个螺母固定在一起。

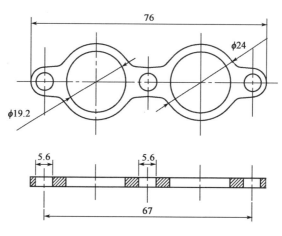

图7.1.3-2　中层板(尺寸单位:mm)

2.1.5　耐热玻璃烧杯:容量800～1 000mL,直径不小于86mm,高不低于120mm。

2.1.6　温度计:量程 0～100℃,分度值0.5℃。

2.2　装有温度调节器的电炉或其他加热炉具(液化石油、天然气等)。采用带有振荡搅拌器的加热电炉,振荡子置于烧杯底部。

2.3　当采用自动软化点仪(图7.1.3-3)时,各项要求应与本方法2.1、2.2相同,温度采用温度传感器测定,并能自动显示或记录,且应对自动装置的准确性经常校验。

2.4　试样底板:金属板(表面粗糙度应达Ra0.8μm)或玻璃板。

2.5　恒温水槽:控温的准确度为±0.5℃。

2.6　平直刮刀。

2.7　甘油、滑石粉隔离剂(甘油与滑石粉的质量比为2:1)。

2.8　蒸馏水或纯净水。

2.9　其他:石棉网。

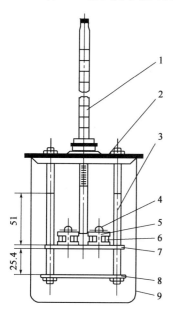

图7.1.3-3　软化点试验仪
1-温度计;2-上盖板;3-立杆;4-钢球;5-钢球定位环;
6-金属环;7-中层板;8-下底板;9-烧杯

3　试验步骤

3.1　准备工作

3.1.1　将试样环置于涂有甘油滑石粉隔离剂的试样底板上。将准备好的沥青试样徐徐注入试样环内至略高出环面的位置。如估计试样软化点高于120℃，则试样环和试样底板(不用玻璃板)均应预热至80~100℃。

3.1.2　试样在室温冷却30min后，用热刮刀刮除环面上的试样，应使其与环面齐平。

3.2　试验步骤

3.2.1　试样软化点在80℃以下者：

(1)将装有试样的试样环连同试样底板置于装有5℃±0.5℃水的恒温水槽中至少15min；同时将金属支架、钢球、钢球定位环等置于相同水槽中。

(2)烧杯内注入新煮沸并冷却至5℃的蒸馏水或纯净水，水面略低于立杆上的深度标记。

(3)从恒温水槽中取出盛有试样的试样环放置在支架中层板的圆孔中，套上定位环；然后将整个环架放入烧杯中，调整水面至深度标记，并保持水温为5℃±0.5℃。环架上任何部分不得附有气泡。将0~100℃的温度计由上层板中心孔垂直插入，使端部测温头底部与试样环下面齐平。

(4)将盛有水和环架的烧杯移至放有石棉网的加热炉具上，然后将钢球放在定位环中间的试样中央，立即开始电磁振荡搅拌器，使水微微振荡，并开始加热，使杯中水温在3min内调节至维持每分钟上升5℃±0.5℃。在加热过程中，应记录每分钟上升的温度值，如温度上升速度超出此范围，则试验应重做。

(5)试样受热软化逐渐下坠，至与下层底板表面接触时，立即读取温度，准确至0.5℃。

3.2.2　试样软化点在80℃以上者：

(1)将装有试样的试样环连同试样底板置于装有32℃±1℃甘油的恒温槽中至少15min；同时将金属支架、钢球、钢球定位环等仪置于甘油中。

(2)在烧杯内注入预先加热至32℃的甘油，其液面略低于立杆上的深度标记。

(3)从恒温槽中取出装有试样的试样环，按本方法3.2.1的方法进行测定，准确至1℃。

4　数据整理

同一试样平行试验两次，当两次测定值的差值符合重复性试验允许误差要求时，取其平均值作为软化点试验结果，准确至0.5℃。

5　报告

5.1　记录表格(表7.1.3-1)

5.2　精密度和允许差

5.2.1　当试样软化点小于80℃时，重复性试验的允许误差为1℃，再现性试验的允许误差为4℃。

5.2.2　当试样软化点大于或等于80℃时，重复性试验的误差为8℃。

沥青延度试验记录表　　　　　　　　　　表 7.1.3-1

工程名称＿＿＿＿＿＿＿＿＿　　　　　　　　　　样品名称＿＿＿＿＿＿＿＿＿

样品描述＿＿＿＿＿＿＿＿＿　　　　　　　　　　试验环境＿＿＿＿＿＿＿＿＿

试验日期＿＿＿＿＿＿　　　　　试 验 者＿＿＿＿＿＿　　　　复 核 者＿＿＿＿＿＿

灌模时间			切模后开始养生时间								开始试验时间					
试件编号	烧杯内液体种类	开始加热液体温度（℃）	烧杯中液体温度上升记录（℃）													软化点（℃）	平均值（℃）
			第1分钟末	第2分钟末	第3分钟末	第4分钟末	第5分钟末	第6分钟末	第7分钟末	第8分钟末	第9分钟末	第10分钟末	第11分钟末	第12分钟末	第13分钟末	第14分钟末	第15分钟末	第16分钟末		

7.1.4　闪点(克利夫兰开口杯法)

1　目的、依据和适用范围

本方法适用于用克里夫兰开口杯(简称COC)测定黏稠石油沥青、聚合物改性沥青以及闪点在79℃以上的液体石油沥青的闪点和燃点,以评定施工安全。

2　仪器设备

2.1　克利夫兰开口杯式闪点仪(图 7.1.4-1)。

2.1.1　克利夫兰开口杯(图 7.1.4-2):黄铜或铜合金制成,内径直径 63.5mm ±0.5mm,

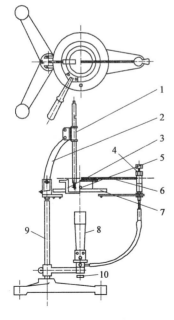

图 7.1.4-1　闪点仪

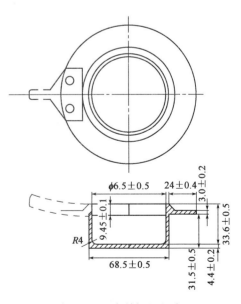

图 7.1.4-2　克利夫兰开口杯
(尺寸单位:mm)

1-温度计;2-温度计支架;3-金属试验杯;4-火焰调节开关;5-标准球;
6-慧眼喷嘴;7-加热板;8-加热器具;9-加热板支架;10-加热器调节钮

深33.6mm±0.5mm,在内壁与杯上口的距离为9.4mm±0.4mm处刻有一道环状标线,带一弯柄把手。

2.1.2　加热板(图7.1.4-3):黄铜或铸铁制成,直径145～160mm,厚约6.5mm,上有石棉垫板,中心有圆孔,以支撑金属试样杯。在距中心58mm处有一个与标准试样大小相当的ϕ4.0mm±0.2mm电镀金属小球,供火焰调节对照使用。

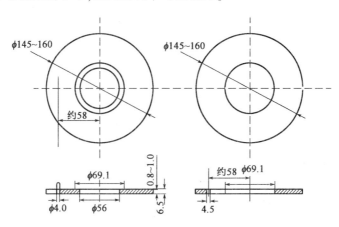

图7.1.4-3　加热板(尺寸单位:mm)

2.1.3　温度计:量程0～360℃,分度值2℃。

2.1.4　点火器:金属管制,端部为产生火焰的尖嘴,端部外径约为1.6mm,内径为0.7～0.8mm,与可燃气体压力容器(如液化丙烷气或天然气)连接,火焰大小可以调节。点火器可以150mm半径水平旋转,且端部恰好通过坩埚中心上方2～2.5mm,也可采用电动旋转点火用具,但火焰通过金属试验杯的试件应为1.0s左右。

2.1.5　铁支架:高约500mm,附有温度计夹及试样杯支架,支脚为高度调节器,使加热顶部水平。

2.2　放风屏:金属薄板制,从三面将仪器围住挡风,内壁涂成黑色,高约600mm。

2.3　加热源附近有调节器的1kW电炉或燃气炉:根据需要,可以控制加热试样的温度速度14～17℃/min、5.5℃/min±0.5℃/min。

3　试验步骤

3.1　准备工作

3.1.1　将试样杯用溶剂洗净、烘干,装于支架上。加热板放在可调电炉上,如用气炉时加热板距炉口约50mm,接好可燃气管道或电源。

3.1.2　安装温度计,垂直插入试样杯中,温度计的水银球距杯底约6.5mm,位置在与点火相对一侧距杯边缘16mm处。

3.1.3　准备沥青试样后,将其注入试样杯中至标线处,并使试样杯外部不沾有沥青。

注:试样加热温度不能超过闪点以下55℃。

3.1.4　全部装置应置于室内光线较暗且无显著空气流通的地方,并用防风屏三面围护。

3.1.5　将点火器转向一侧试验点火,调节火苗至标准球的形状或直径为4mm±0.8mm的小球形试焰。

3.2 试验步骤

3.2.1 开始加热试样,升温速度迅速达到 14～17℃/min。待试样温度达到预期闪点56℃时,调节加热器,降低升温速度,以便在预期闪点前28℃时能使升温速度控制在5.5℃/min±0.5℃/min。

3.2.2 试样温度达到预期闪点前28℃时开始,每隔2℃将点火器的试焰沿试验杯口中心以150mm半径作弧水平扫过一次;从试验杯口的一边至另一边所经过的时间约1s。此时应确认点火器的试焰为直径4mm±0.8mm的火球,并位于坩埚上方2～2.5mm处。

3.2.3 当试样液面上最初出现一瞬间即灭的蓝色火焰时,立即从温度计上读记温度,作为试样的闪点。

3.2.4 继续加热,保持试样升温速度在5.5℃/min±0.5℃/min,并按上述操作要求用点火器点火试验。

3.2.5 当试样接触火焰立即着火,并能继续燃烧不少于5s时,停止加热,并读记温度计上的温度,作为试样的燃点。

4 数据整理

同一试样至少平行试验两次,两次测定结果的差值不超过重复性试验与允许误差8℃时,取平均值的整数作为试验结果。

当试验室大气压在95.3kPa(715mmHg)时,修正值增加2.8℃;当试验室大气压为84.5～73.3kPa(634～550mmHg)时,修正值增加5.5℃。

4.1 记录表格(表7.1.4-1)

沥青闪点试验记录表(克利夫兰开口杯法)　　　　　　　　　表7.1.4-1

工程名称＿＿＿＿＿＿＿＿＿　　　　　　　　　　样品名称＿＿＿＿＿＿＿＿＿
样品描述＿＿＿＿＿＿＿＿＿　　　　　　　　　　试验环境＿＿＿＿＿＿＿＿＿
试验日期＿＿＿＿＿＿＿＿＿　　　试　验　者＿＿＿＿＿＿＿＿＿　　复核者＿＿＿＿＿＿＿＿＿

沥青种类		沥青标号	
试验次数			
开口杯内液体每分钟末的温度上升记录(℃)	第1分钟末温度		
	第2分钟末温度		
	第3分钟末温度		
	第4分钟末温度		
	第5分钟末温度		
	第6分钟末温度		
	第7分钟末温度		
	第8分钟末温度		
	第9分钟末温度		
	第10分钟末温度		
	第11分钟末温度		

试验次数			
开口杯内液体每分钟末的温度上升记录(℃)	第12分钟末温度		
	第13分钟末温度		
	第14分钟末温度		
大气压强(kPa)			
闪点	测值		
	测定值		
	气压修正值		
	修正后测定值		

4.2　精密度和允许差

重复性试验的允许误差为:闪点8℃,燃点8℃;再现性试验的允许误差为:闪点16℃,燃点14℃。

7.1.5　含蜡量(蒸馏法)

1　目的、依据和适用范围

本方法适用于采用裂解蒸馏法测定道路石油沥青中的蜡含量。

2　仪器设备

2.1　蒸馏烧瓶(图7.1.5-1):采用耐热玻璃制成。

2.2　自动制冷装置:冷浴槽可容纳三套蜡冷却过滤装置,冷却温度能达到-30℃,并且能控制在-30℃±0.1℃。冷却液介质可采用工业酒精或乙二醇的水溶液。

2.3　蜡冷却过滤装置(图7.1.5-2):由砂芯过滤漏斗、吸滤瓶、冷却筒、柱杆塞等组成,砂芯过滤漏斗的孔径为10~16μm。

2.4　蜡过滤瓶:类似锥形瓶,有一个分支,能够进行真空抽吸。

2.5　立式可调高温炉:恒温550℃±10℃。

2.6　分析天平:感量不大于0.1mg、0.1g,各1台。

2.7　温度计:-30~+60℃,分度值0.5℃。

2.8　锥形烧瓶:150mL、250mL数个。

2.9　玻璃漏斗:直径40mm。

2.10　真空泵。

2.11　无水乙醚、无水乙醇:分析纯。

2.12　石油醚(60~90℃):分析纯。

2.13　工业酒精。

2.14　干燥器。

2.15　烘箱:控制温度100℃±5℃。

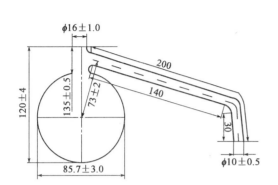

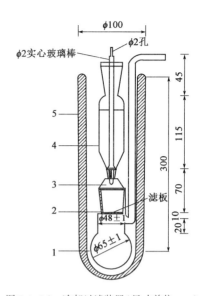

图 7.1.5-1　蒸馏烧瓶(尺寸单位:mm)　　　　图 7.1.5-2　冷却过滤装置(尺寸单位:mm)

1-吸滤瓶;2-砂芯过滤漏斗;3-柱杆塞;4-试样冷却筒;5-冷浴槽

2.16　其他:电热套、量筒、烧杯、冷凝管、蒸馏水、燃气灯等。

3　试验步骤

3.1　准备工作

3.1.1　将蒸馏烧瓶洗净、烘干后称其质量,准确至 0.1g,然后置于干燥箱中备用。

3.1.2　将 150mL、250mL 锥形瓶洗净、烘干、编号后称其质量,准确至 0.1mg,然后置于干燥器中备用。

3.1.3　将冷却装置各部洗净、干燥,其中砂芯过滤漏斗用洗液浸泡后用蒸馏水冲洗干净,然后烘干备用。

3.1.4　准备沥青试样。

3.1.5　将高温炉预加热并控制炉内恒温 550℃ ±10℃。

3.1.6　在烧杯内备好碎冰水。

3.2　试验步骤

3.2.1　向蒸馏烧瓶中装入沥青试样(m_b)50g ±1g,准确至 0.1g。用软木塞盖严蒸馏瓶。用已知质量的锥形瓶作接收器,浸在装有碎冰的烧杯中。

3.2.2　将盛有试样的蒸馏瓶置于恒温 550℃ ±10℃ 的高温电炉中,蒸馏瓶支管与置于冰水中的锥形瓶连接。随后蒸馏瓶底将渐渐烧红。

用燃气灯时,应调节火焰高度将蒸馏瓶周围包住。

3.2.3　调节加热强度(即调节蒸馏瓶至高温炉的距离或燃气灯火焰大小),从开始加热起 5 ~8min 内开始初馏(支管端口流出第一滴馏分),然后以每秒两滴(4 ~5mL/min)的流出速度继续蒸馏至无馏分油,瓶内蒸馏残留物完全形成焦炭为止。全部蒸馏过程必须在 25min 内完成。蒸馏完支管中残留的馏分不应流入接收器中。

3.2.4　将盛有馏分油的锥形瓶从冰水中取出,拭干瓶外水分,置于室温下冷却称其质量,得到馏分油总质量(m_1),准确至 0.05g。

3.2.5　将盛有馏分油的锥形瓶盖上盖,并摇晃锥形瓶使试样均匀。加热时温度不要太高,避免有蒸发损失;然后,将熔化的馏分油注入另一已知质量的锥形瓶(250mL)中,称取用于脱蜡的馏分油质量 $1 \sim 3g(m_2)$,准确至0.1mg。估计蜡含量高的试样馏分油数量宜少取,反之需多取,使其冷冻过滤后能得到 $0.05 \sim 0.1g$ 的蜡,但取样质量不得超过10g。

3.2.6　准备好符合控温精度的自动制冷装置,向冷浴中注入适量的冷液(工业酒精),其液面比试样冷却筒内液面(无水乙醇—乙醇)高100mm以上。设定制冷温度,使其冷浴温度保持在 $-20℃ \pm 0.5℃$ 。把温度计浸没在冷浴150mm深处。

3.2.7　将吸滤瓶、玻璃过滤漏斗、试样冷却筒和柱杆塞组成冷冻过滤组件。

3.2.8　将盛有馏分油的锥形瓶注入10mL无水乙醚,使其充分溶解;然后将其注入试样冷却筒中,再用15mL无水乙醚分两次清洗盛油的锥形瓶,并将清洗液倒入试样冷却筒中;再将25mL无水乙醇注入试样冷却筒内,与无水乙醚充分混合均匀。

3.2.9　将冷却过滤组件放入已经预冷的冷浴中,冷却1h,使蜡充分结晶。再往带有磨口塞的试管中装入30mL无水乙醚—无水乙醇(体积比为1∶1)混合液(做清洗用),并放入冷浴中冷却至 $-20℃ \pm 0.5℃$,恒温15min以后再使用。

3.2.10　当试样冷却筒中溶液冷却结晶后,拔起柱杆塞,过滤结晶析出的蜡,并将柱杆塞用适当的方法悬吊在试样冷却筒中,保持自然过滤30min。

3.2.11　当砂芯过滤漏斗内看不到液体时,启动真空泵,使滤液的过滤速度为每秒1滴左右,抽虑至无液体滴落;再一次加入30mL已冷却的无水乙醚—无水乙醇(体积比为1∶1)混合液,洗涤蜡层、柱杆塞及试样冷却筒内壁;继续过滤,当溶剂在蜡层上看不见时,继续抽滤5min,将蜡中溶剂抽干。

3.2.12　从冷浴中取出冷冻过滤组件,取下吸滤瓶,将其中溶液倾入一回收瓶中。吸滤瓶也用无水乙醚—无水乙醇混合液冲洗3次,每次用 $10 \sim 15mL$,并将洗液并入回收瓶中。

3.2.13　将冷冻过滤组件(不包括吸滤瓶)装在蜡过滤瓶上,用30mL已预热至 $30 \sim 40℃$ 的石油醚将砂芯过滤漏斗、试样冷却筒和柱杆塞的蜡溶解;拔起柱杆塞,待漏斗中无溶液后,再用热石油醚溶解漏斗中的蜡两次,每次用量35mL;然后立即用真空泵吸滤,至无液体滴落。

3.2.14　将吸滤瓶中蜡溶液倾入已称质量的锥形瓶中,并用常温石油醚分3次清洗吸滤瓶,每次用量 $5 \sim 10mL$ 。洗液倒入锥形瓶的蜡溶液中。

3.2.15　将盛有蜡溶液的锥形瓶放在适宜的热源上蒸馏到石油醚蒸发净尽后,将锥形瓶置于温度为 $105℃ \pm 5℃$ 的烘箱中除去石油醚;然后放入真空干燥箱($105℃ \pm 5℃$ 、残压 $21 \sim 35kPa$)中1h,再置于干燥器中冷却1h后称其质量,得到析出蜡的质量,准确至0.1mg。

3.2.16　同一沥青试样蒸馏后,应从馏分油中取两个以上试件进行平行试验。当取两个试样试验的结果超出重复性试验允许误差要求时,需追加试验。当为仲裁性试验时,平行试验数应为三个。

4　数据整理

4.1　计算公式

4.1.1　沥青试样的蜡含量按式(7.1.5-1)计算:

$$P_p = \frac{m_1 \times m_w}{m_b \times m_2} \times 100 \tag{7.1.5-1}$$

式中：P_p——蜡含量(%)；

$\quad m_b$——沥青试样质量(g)；

$\quad m_1$——馏分油总质量(g)；

$\quad m_2$——用于测定蜡的馏分油质量(g)

$\quad m_w$——析出蜡的质量(g)。

4.1.2 所进行的平行试验结果最大值与最小值之差符合重复性试验误差要求时，取其平均值作为蜡含量结果，准确至一位小数(%)；当超过重复性试验误差时，以分离得到的蜡质量(g)为横轴、蜡的质量百分率为纵轴，按直线关系回归求出蜡的质量为0.075g时蜡的百分率，作为蜡含量的结果，准确至一位小数(%)。

注：关系直线的方向系数应为正值，否则应重新试验。

4.2 记录表格(表7.1.5-1)

沥青蜡含量试验记录表(蒸馏法)　　　　　　表7.1.5-1

工程名称_____　　　　　　　　样品名称_____

样品描述_____　　　　　　　　试验环境_____

试验日期_____　　　试 验 者_____　　复 核 者_____

沥青种类				沥青标号		
试样编号	沥青试样质量(g)	馏分油总质量(g)	用于测定蜡的馏分油质量(g)	析出蜡的质量(g)	蜡含量测值(%)	蜡含量平均值(%)

4.3 精密度和允许差(表7.1.5-2)

蜡含量测定时重复性试验的允许误差　　　　　　表7.1.5-2

蜡含量(%)	重复性(%)	再现性(%)
0~1.0	0.1	0.3
1.0~3.0	0.3	0.5
>3.0	0.5	1.0

7.1.6 密度

1 目的、依据和适用范围

本方法适用于使用比重瓶测定沥青材料的密度与相对密度。非特殊要求，本方法宜在试验温度25℃、15℃下测定沥青密度与相对密度。

注:对液体石油沥青,也可以采用适宜的液体比重计测定密度与相对密度。

2　仪器设备

2.1　比重瓶(图7.1.6-1):玻璃制,瓶塞下部与瓶口需仔细研磨。瓶塞中间有一个垂直孔,其下部为凹形,以便由孔中排出空气。比重瓶的容积为20~30mL,质量不超过40g。

2.2　恒温水槽:控温的准确度为0.1℃。

2.3　烘箱:200℃,装有温度自动调节器。

2.4　天平:感量不大于1mg。

2.5　滤筛:0.6mm、2.36mm,各1个。

2.6　温度计:量程0~50℃,分度值0.1℃。

2.7　烧杯:600~800mL。

2.8　真空干燥器。

2.9　洗液:玻璃仪器清洗液、三氯乙烯(分析纯)等。

2.10　蒸馏水(纯净水)。

2.11　表面活性剂:洗衣粉(或洗涤灵)。

2.12　其他:软布、滤纸等。

3　试验步骤

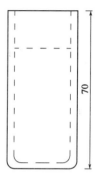

图7.1.6-1　比重瓶
(尺寸单位:mm)

3.1　准备工作

3.1.1　用洗液、水、蒸馏水先后仔细洗涤比重瓶,然后烘干其质量(mg),准确至1mg。

3.1.2　将盛有冷却蒸馏水的烧杯浸入恒温水槽中保温,在烧杯中插入温度计,水的深度必须超过比重瓶顶部40mm以上。

3.1.3　使恒温水槽及烧杯中的蒸馏水达到规定的试验温度±0.1℃。

3.2　比重瓶水值的测定步骤

3.2.1　将比重瓶及瓶塞放入恒温水槽的烧杯中,烧杯浸没水中的深度应不小于100mm,烧杯口露出水面,并用夹具将其固定。

3.2.2　待烧杯中水温再次达到规定温度并保温30min后,将瓶塞塞入瓶中,使多余的水由瓶塞上的毛细孔挤出。此时比重瓶内不得有气泡。

3.2.3　将烧杯从水槽中取出,再从烧杯中取出比重瓶,立即用干净软布将瓶塞顶部擦拭一次,再迅速擦干比重瓶外的水分,称其质量(m_2),准确至1mg。瓶塞顶部只能擦拭一次,即使由于膨胀瓶塞上有小水滴也不能再擦拭。

3.2.4　以$m_2 - m_1$作为试验温度时比重瓶的水值。

注:比重瓶的水值应经常校正,一般每年至少进行一次。

3.3　液体沥青试样的试验步骤

3.3.1　将试样过筛(0.6mm)后注入干燥比重瓶中至满,不得混入气泡。

3.3.2　将盛有试样的比重瓶及瓶塞移入恒温水槽(测定温度±0.1℃)内盛水的烧杯中,水面应在瓶口下约40mm,不得使水浸入瓶内。

3.3.3　待烧杯内的水温达到要求的温度后保温30min,然后将瓶塞塞上,使多余的试样由瓶塞的毛细孔挤出。用蘸有三氯乙烯的棉花擦净孔口挤出的试样,并保持孔中充满试样。

3.3.4 从水中取出比重瓶,立即用干净软布擦去瓶外的水分或黏附的试样(不得再擦孔口)后,称其质量(m_3),准确至三位小数。

3.4 黏稠沥青试样的试验步骤

3.4.1 按本方法准备沥青试样,沥青的加热温度宜不高于估计软化点以上100℃(石油沥青或聚合物改性沥青)。将沥青小心注入比重瓶中,约至2/3高度。不得使试样黏附瓶口或上方瓶壁,并防止混入气泡。

3.4.2 取出盛有试样的比重瓶,移入干燥器中,在室温下冷却不少于1h,连同瓶塞称其质量m_4,准确至三位小数。

3.4.3 将盛有蒸馏水的烧杯放入已达试验温度的恒温水槽中,然后将称量后盛有试样的比重瓶放入烧杯中(瓶塞也放进烧杯中),等烧杯中的水温达到规定试验温度后保温30min,使比重瓶中气泡上升到水面,待确认比重瓶已经恒温无气泡后,再将比重瓶的瓶塞塞紧,使多余的水从塞孔溢出,此时不得带入气泡。

3.4.4 取出比重瓶,按前述方法迅速擦干瓶外水分后称其质量(m_5),准确至三位小数。

3.5 固体沥青试样的试验步骤

3.5.1 试验前,如试样表面潮湿,可在干燥洁净的环境下自然吹干,或置于50℃烘箱中烘干。

3.5.2 将50~100g试样打碎,过0.6mm及2.36mm筛。取0.6~2.36mm的粉碎试样不少于5g,放入清洁干燥的比重瓶中,塞紧瓶塞后称其质量(m_6),准确至三位小数。

3.5.3 取下瓶塞,将恒温水槽内烧杯中的蒸馏水注入比重瓶,水面高于试样约10mm,同时加入几滴表面活性剂溶液(如1%洗衣液、洗涤灵),并摇动比重瓶,使大部分试样沉入水底,必须使试样颗粒表面所吸附的气泡逸出。摇动时不要使试样摇出瓶外。

3.5.4 取下瓶塞,将盛有试样和蒸馏水的比重瓶放入真空干燥器中抽真空,逐渐达到真空度98kPa(735mmHg),不少于15min。当比重瓶试样表面仍有气泡时,可再加几滴表面活性剂溶液,摇动后再抽真空。必要时,可反复操作,直至无气泡为止。

注:抽真空不宜过快,以防止试样被带出比重瓶。

3.5.5 将保温烧杯中的蒸馏水再注入比重瓶中至满,轻轻塞好瓶塞,然后将带塞的比重瓶放入盛有蒸馏水的烧杯中,并塞紧瓶塞。

3.5.6 将装有比重瓶的盛水烧杯再置于恒温水槽(试验温度±0.1℃)中保持至少30min,然后取出比重瓶,迅速擦干瓶外水分后称其质量(m_7),准确至三位小数。

4 数据整理

4.1 计算公式

4.1.1 试验温度下液体沥青试样的密度和相对密度按式(7.1.6-1)、式(7.1.6-2)计算:

$$\rho_b = \frac{m_3 - m_1}{m_2 - m_1} \times \rho_w \qquad (7.1.6\text{-}1)$$

$$\gamma_b = \frac{m_3 - m_1}{m_2 - m_1} \qquad (7.1.6\text{-}2)$$

上述式中:ρ_b——试样在试验温度下的密度(g/cm^3);

γ_b——试样在试验温度下的相对密度；

m_1——比重瓶质量(g)；

m_2——比重瓶与盛满水的合计质量(g)；

m_3——比重瓶与盛满试样的合计质量(g)；

ρ_w——试验温度下水的密度(g/cm³)，15℃水的密度为0.999 1g/cm³，25℃水的密度为0.997 1g/cm³。

4.1.2　试验温度下黏稠沥青试样的密度和相对密度按式(7.1.6-3)、式(7.1.6-4)计算。

$$\rho_b = \frac{m_4 - m_1}{(m_2 - m_1) - (m_5 - m_4)} \times \rho_w \qquad (7.1.6-3)$$

$$\gamma_b = \frac{m_4 - m_1}{(m_2 - m_1) - (m_5 - m_4)} \qquad (7.1.6-4)$$

上述式中：m_4——比重瓶与沥青试样的合计质量(g)；

m_5——比重瓶与试样和水的合计质量(g)。

4.1.3　试验温度下固体沥青试样的密度与相对密度按式(7.1.6-5)、式(7.1.6-6)计算。

$$\rho_b = \frac{m_6 - m_1}{(m_2 - m_1) - (m_7 - m_6)} \times \rho_w \qquad (7.1.6-5)$$

$$\gamma_b = \frac{m_6 - m_1}{(m_2 - m_1) - (m_7 - m_6)} \qquad (7.1.6-6)$$

上述式中：m_6——比重瓶与沥青试样的合计质量(g)；

m_7——比重瓶与试样和水的合计质量(g)。

4.2　记录表格(表7.1.6-1)

沥青密度试验记录表　　　　　　　　　　　　表7.1.6-1

工程名称＿＿＿＿＿＿　　　　　　　　样品名称＿＿＿＿＿＿

样品描述＿＿＿＿＿＿　　　　　　　　试验环境＿＿＿＿＿＿

试验日期＿＿＿＿＿　　试　验　者＿＿＿＿＿　　复　核　者＿＿＿＿＿

试验次数	试验温度(℃)	沥青入模时间		瓶+样品称量时间		瓶+样品+水称量时间		
		空瓶质量 m_1(g)	瓶质量加盛满水的质量 m_2(g)	瓶加样品质量 m_3、m_4 或 m_6(g)	瓶加样品盛满水的质量 m_5 或 m_7(g)	沥青相对密度 γ_b	15℃或25℃水密度 ρ_w (g/cm³)	沥青密度 ρ_b (g/cm³)
1								
2								
平均值								

4.3　精密度和允许差

同一试样应平行试验两次，当两次试验结果的差值符合重复性试验的允许误差要求时，以平均值作为沥青的密度试验结果，并准确至三位小数，试验报告应注明试验温度。

对黏稠石油沥青及液体沥青的密度，重复性试验的允许误差为0.003g/cm³，再现性试验

的允许误差为 $0.007g/cm^3$。

对固体沥青,重复性试验的允许误差为 $0.01g/cm^3$,再现性试验的允许误差为 $0.02g/cm^3$。相对密度的允许误差要求与密度相同(无单位)。

7.1.7 溶解度

1 目的、依据和适用范围

本方法适用于测定道路石油沥青、聚合物改性沥青、液体石油沥青或乳化沥青蒸发后残留物的溶解度。非经注明,溶剂为三氯乙烯。

2 仪器设备

2.1 分析天平:感量不大于0.1mg。

2.2 锥形烧瓶:250mL。

2.3 古氏坩埚:50mL。

2.4 玻璃纤维滤纸:直径2.6cm,最小过滤孔0.6μm。

2.5 过滤瓶:250mL。

2.6 洗瓶。

2.7 量筒:100mL。

2.8 干燥器。

2.9 烘箱:装有温度自动调节器。

2.10 水槽。

2.11 三氯乙烯:化学纯。

3 试验步骤

3.1 准备工作

3.1.1 按规定方法准备沥青试样。

3.1.2 将玻璃纤维滤纸置于洁净的古氏坩埚中的底部,用溶剂冲洗滤纸和古氏坩埚,使溶剂挥发后,置于温度为105℃±5℃的烘箱内干燥至恒重(一般为15min),然后移入干燥器中冷却,冷却时间不少于30min,称其质量(m_1),准确至0.2mg。

3.1.3 称取已烘干的锥形烧瓶和玻璃棒的质量(m_2),准确至0.1mg。

3.2 试验步骤

3.2.1 用预先干燥的锥形烧瓶称取沥青试样2g(m_3),准确至0.1mg。

3.2.2 在不断摇动下,分次加入三氯乙烯100mL,直至试样溶解后盖上瓶塞,并在室温下放置至少15min。

3.2.3 将已称质量的滤纸及古氏坩埚,安装在过滤烧瓶上,用少量的三氯乙烯润湿玻璃纤维滤纸;然后,将沥青溶液沿玻璃棒倒入玻璃纤维滤纸中,并以连续滴状速度进行过滤,直至全部溶液过滤完;用少量溶剂分次清洗锥形烧瓶,将全部不溶物移至坩埚中;再用溶剂洗涤古氏坩埚的玻璃纤维滤纸,直至滤液无色透明为止。

3.2.4 取出古氏坩埚,置于通风处,直至无溶剂气味为止;然后,将古氏坩埚移入温度为105℃±5℃的烘箱中至少20min;同时,将原锥形瓶、玻璃棒等也置于烘箱中烘至恒重。

3.2.5 取出古氏坩埚及锥形瓶等置于干燥器中冷却30min±5min后,分别称其质量

（m_4、m_5），直至连续称量的差不大于0.3mg为止。

4　数据整理

4.1　计算公式

沥青试样的可溶物含量按式(7.1.7-1)计算。

$$S_b = \left[1 - \frac{(m_4 - m_1) + (m_5 - m_2)}{m_3 - m_2} \right] \times 100 \tag{7.1.7-1}$$

式中：S_b——沥青试样的溶解度(％)；

　　m_1——古氏坩埚与玻璃纤维滤纸的合计质量(g)；

　　m_2——锥形瓶与玻璃棒的合计质量(g)；

　　m_3——锥形瓶、玻璃棒与沥青试样的合计质量(g)；

　　m_4——古氏坩埚、玻璃纤维滤纸与不溶物的合计质量(g)；

　　m_5——锥形瓶、玻璃棒与黏附不溶物的合计质量(g)。

4.2　记录表格(表7.1.7-1)

沥青溶解度试验记录表　　　　　　　　　　　　　　表7.1.7-1

工程名称＿＿＿＿＿＿＿＿＿＿　　　　　　　　　　样品名称＿＿＿＿＿＿＿＿＿

样品描述＿＿＿＿＿＿＿＿＿＿　　　　　　　　　　试验环境＿＿＿＿＿＿＿＿＿

试验日期＿＿＿＿＿＿＿＿＿　　　试　验　者＿＿＿＿＿＿＿＿　　复　核　者＿＿＿＿＿＿＿＿＿

沥青种类		沥青标号	
试样编号			
古氏坩埚与玻璃纤维滤纸的合计质量(g)			
锥形瓶与玻璃棒的合计质量(g)			
锥形瓶、玻璃棒与沥青试样的合计质量(g)			
古氏坩埚、玻璃纤维滤纸与不溶物的合计质量(g)			
锥形瓶、玻璃棒与黏附不溶物的合计质量(g)			
溶解度测值(％)			
溶解度测定值(％)			

4.3　精密度和允许差

同一试样至少平行试验两次，当两次结果之差不大于0.1％时，取其平均值作为试验结果。对于溶解度大于99.0％的试验结果，准确至0.01％；对于溶解度小于或等于99.0％的试验结果，准确至0.1％。

当试验结果平均值大于99.0％时，重复性试验的允许差为0.1％，复现性试验的允许差为0.5％。

7.1.8　动力黏度

1　目的、依据和适用范围

本方法适用于真空减压毛细管黏度计测定黏稠石油沥青的动力黏度。非经注明，试验温度为60℃，真空度为40kPa。

2 仪器设备

2.1 真空减压毛细管黏度计(图 7.1.8-1):一组 3 支毛细管,通常采用美国沥青学会式 (Asphalt Institute,即 AI 式)毛细管测定,也可采用坎农曼宁式(Cannon-Manning,即 CM 式)或改进坎培式(Modified Koppers,即 MK 式)毛细管测定。

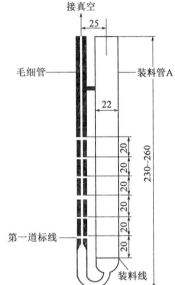

图 7.1.8-1 真空减压毛细管黏度计
(尺寸单位:mm)

2.2 温度计:50 ~ 100℃,分度为 0.03℃,不得大于 0.1℃。

2.3 恒温水槽:硬玻璃制,其高度需使黏度计置入时最高一条时间标线在液面下至少 20mm,内设有加热和温度自动控制器,能使水温保持在试验温度 ±0.1℃,并有搅拌器及夹持设备。水槽中不同位置的温度差不得大于 ±0.1℃。

2.4 真空减压系统:应能使真空迅速达到 40kPa ±66.5Pa (300mmHg ±0.5mmHg) 的压力。各连接处不得漏气,以保证密闭。在开启毛细管减压阀进行测定时,应不出现水银柱降低的情况。在开口端连接水银压力计,可读至 133Pa (1mmHg)的刻度,用真空泵或气泵抽真空。

2.5 秒表:2 个,分度 0.1s,总量程 15min 的误差不大于 ±0.05%。

2.6 烘箱:有自动温度控制器。

2.7 溶剂:三氯乙烯(化学纯)等。

2.8 其他:洗液、蒸馏水等。

3 试验步骤

3.1 准备工作

3.1.1 估计试样的黏度,根据试样流经规定体积的时间是否在 60s 以上,来选择真空毛细管黏度计的型号。

3.1.2 将真空毛细管黏度计用三氯乙烯等溶剂洗涤干净。如黏度计粘有油污,可用洗液、蒸馏水等仔细洗涤。洗涤后置于烘箱中烘干或用通过棉花的热空气吹干。

3.1.3 准备沥青试样,将脱水过筛的试样仔细加热至充分流动状态。在加热时,予以适当搅拌,以保证加热均匀。然后将试样倾入另一个便于灌入毛细管的小盛样器中,数量约为 50mL,并用盖盖好。

3.1.4 将水槽加热,并调节恒温至 60℃ ±0.1℃范围之内,温度计应预先校验。

3.1.5 将选用的真空毛细管黏度计和试样置于烘箱(135℃ ±5℃)中加热 30min。

3.2 试验步骤

3.2.1 将加热的黏度计置于一个容器中,然后将热沥青试样自装料管 A 注入毛细管黏度计,试样应不致粘在管壁上,并使试样液面在 E 标线处 ±2mm 之内。

3.2.2 将装好试样的毛细管黏度计放回电烘箱(135℃ ±5.5℃)中,保温 10min ±2min,以使管中试样所产生的气泡逸出。

3.2.3 从烘箱中取出 3 支毛细管黏度计,在室温条件下冷却 2min 后,安装在保持试验温度的恒温水槽中,其位置应使 Ⅰ 标线在水槽液面以下至少 20mm。自烘箱中取出黏度计至装好放入恒温水槽的操作时间应控制在 5min 之内。

3.2.4　将真空系统与黏度计连接,关闭活塞或阀门。

3.2.5　开动真空泵或抽气泵,使真空度达到40kPa(±66.5Pa)(300mmHg ±0.5mmHg)。

3.2.6　黏度计在恒温水槽中保持30min后,打开连接减压系统阀门,当试样吸到第一标线时同时开动两个秒表,测定通过连续的一对标线间隔时间,准确至0.1s,记录第一个超过60s的标线符号及间隔时间。

3.2.7　按此方法对另两支黏度计作平行试验。

3.3　试验结束后,从恒温水槽中取出毛细管,按下列顺序进行清洗:

3.3.1　将毛细管倒置于适当大小的烧杯中,放入预热至135℃的烘箱中0.5~1h,使毛细管中的沥青充分流出,但时间不能太长,以免沥青烘焦附在管中。

3.3.2　从烘箱中取出烧杯及毛细管,迅速用洁净棉纱轻轻地把毛细管口周围的沥青擦净。

3.3.3　从试样管口注入三氯乙烯溶剂,然后用吸耳球对准毛细管上口抽吸,沥青渐渐被溶解,从毛细管口吸出,进入吸耳球,反复几次,直至注入的三氯乙烯抽出时为清澈透明为止,最后用蒸馏水洗净、烘干,收藏备用。

4　数据整理

4.1　计算公式

沥青试样的动力黏度按式(7.1.8-1)计算。

$$\eta = K \times t \qquad (7.1.8\text{-}1)$$

式中:η——沥青试样在测定温度下的动力黏度(Pa·s);

　　　K——选择的第一对超过60s的一对标线间的黏度计常数(Pa·s/s);

　　　t——通过第一对超过60s标线的时间间隔(s)。

4.2　记录表格(表7.1.8-1)

沥青动力黏度试验记录表　　　　　　　　　　表7.1.8-1

工程名称＿＿＿＿＿＿＿＿　　　　　　　　样品名称＿＿＿＿＿＿＿＿

样品描述＿＿＿＿＿＿＿＿　　　　　　　　试验环境＿＿＿＿＿＿＿＿

试验日期＿＿＿＿＿＿＿　　　试验者＿＿＿＿＿＿　　复核者＿＿＿＿＿＿

沥青种类			沥青标号	
黏度计编号	黏度计常数 (Pa·s/s)	通过第一对超过60s 标线的时间间隔	动力黏度 (Pa·s)	动力黏度平均值 (Pa·s)

4.3　精密度和允许差

一次试验的3支黏度计平行试验结果的误差应不大于平均值的7%,否则,应重新试验。符合此要求时,取3支黏度计测定结果的平均值作为沥青动力黏度的测定值。

重复性试验的允许差为平均值的7%;复现性试验的允许差为平均值的10%。

7.1.9 薄膜烘箱试验

1 目的、依据和适用范围

本方法适用于测定道路石油沥青、聚合物改性沥青薄膜加热后的质量损失,并根据需要,测定薄膜加热后残留物的针入度、延度、软化点、黏度等性质的变化,以评定沥青的耐老化性能。

2 仪器设备

2.1 薄膜加热烘箱(图 7.1.9-1):工作温度范围可达 200℃,控温的准确度为 1℃,装有温度调节器和可转动的圆盘架(图 7.1.9-2)。圆盘架直径 360~370mm,上有浅槽 4 个,供放置盛样皿,转盘中心由一垂直轴悬挂于烘箱的中央,由传动机构使转盘水平转动,速度为5.5r/min ± 1r/min。门为双层,两层之间应留有间隙,内层门为玻璃制,只要打开外门,即可通过玻璃窗读取烘箱中温度计的读数。烘箱应能自动通风,为此在烘箱底部及顶部分别设有空气入口和出口,以供热空气和蒸气的逸出和空气进入。

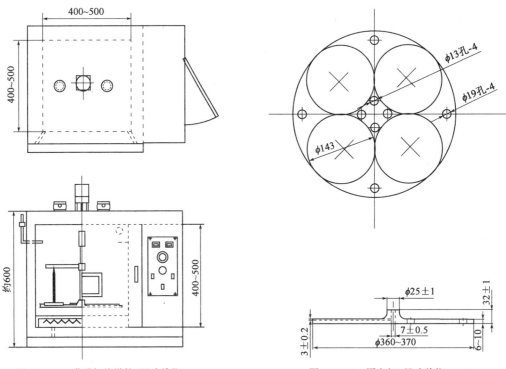

图 7.1.9-1 薄膜加热烘箱(尺寸单位:mm)　　　　图 7.1.9-2 圆盘架(尺寸单位:mm)

2.2 盛样皿(图 7.1.9-3):可用不锈钢或铝制成,不少于 4 个,在使用中不变形。

2.3 温度计:量程 0~200℃,分度值为 0.5℃(允许由普通温度计代替)。

2.4 分析天平:感量不大于 1mg。

2.5 其他:干燥器、计时器等。

3 试验步骤

3.1 准备工作

3.1.1 将洁净、烘干、冷却后的盛样皿编号,称其质量(m_0),准确至 1mg。

3.1.2　准备沥青试样，分别注入4个已称质量的盛样皿中50g±0.5g，并形成沥青厚度均匀的薄膜，放入干燥器中冷却至室温后称取质量(m_1)，准确至1mg。同时按规定方法，测定沥青试样薄膜加热试验前的针入度、黏度、软化点、脆点及延度等。当试验项目需要，预计沥青数量不够时，可增加盛样皿数目，但不允许将不同标号的沥青，同时放在一个烘箱中试验。

3.1.3　将温度计垂直悬挂于转盘轴上，位于转盘中心，水银球应在转盘顶面上的6mm处，并将烘箱加热且保持至163℃±1℃。

3.2　试验步骤

3.2.1　把烘箱调整水平，使转盘在水平面上以5.5r/min±1r/min的速度旋转，转盘与水平面倾斜角不大于3°，温度计位置距转盘中心和边缘距离相等。

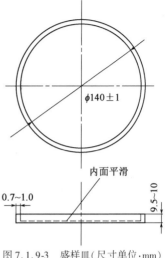

图7.1.9-3　盛样皿(尺寸单位:mm)

3.2.2　在烘箱达到恒温163℃后，将盛样皿迅速放入烘箱内的转盘上，并关闭烘箱门和开动转盘架;烘箱内温度回升至162℃时开始计时，并在163℃±1℃温度下保持5h。但从放置试样开始至试验结束的总时间，不得超过5.25h。

3.2.3　试验结束后，从烘箱中取出盛样皿，如果不需要测定试样的质量变化，按本方法3.2.5进行;如果需要测定试样的质量变化，随机取其中两个称样皿放入干燥器中冷却至室温后，分别称其质量(m_2)，准确至1mg。

3.2.4　试样称量后，将盛样皿放回163℃±1℃的烘箱中转动15min;取出试样，立即按照本方法3.2.5的步骤进行工作。

3.2.5　将每个盛样皿中的试样，用刮刀或刮铲刮入一适当的容器内，置于加热炉上加热，并适当搅拌，使其充分融化达流动状态，倒入针入度盛样皿或延度、软化点等试模内，并按规定方法进行针入度等各项薄膜加热试验后残留的相应试验。如在当日不能进行试验时，试样应放置在容器内，但全部试验必须在加热后72h内完成。

4　数据整理

4.1　计算公式

4.1.1　沥青薄膜试验后质量变化按式(7.1.9-1)计算，准确至三位小数(质量减少为负值，质量增加为正值)。

$$L_{\mathrm{T}} = \frac{m_2 - m_1}{m_1 - m_0} \times 100 \qquad (7.1.9\text{-}1)$$

式中:L_{T}——试样薄膜加热质量变化(％);

m_0——盛样皿质量(g);

m_1——薄膜烘箱加热前盛样皿与试样的合计质量(g);

m_2——薄膜烘箱加热后盛样皿与试样的合计质量(g)。

4.1.2　沥青薄膜烘箱试验后，残留物针入度比以残留物针入度与原试样针入度的比值按式(7.1.9-2)计算。

$$K_{\mathrm{P}} = \frac{P_2}{P_1} \times 100 \qquad (7.1.9\text{-}2)$$

式中：K_{P}——试样薄膜加热后残留物针入度比(%)；

P_1——薄膜加热试验前原试样的针入度(0.1mm)；

P_2——薄膜烘箱加热后残留物的针入度(0.1mm)。

4.1.3 沥青薄膜加热试验的残留物软化点增值按式(7.1.9-3)计算。

$$\Delta T = T_2 - T_1 \qquad (7.1.9\text{-}3)$$

式中：ΔT——薄膜加热试验后软化点增值(℃)；

T_1——薄膜加热试验前软化点(℃)；

T_2——薄膜加热试验后软化点(℃)。

4.1.4 沥青薄膜加热试验黏度比按式(7.1.9-4)计算。

$$K_{\eta} = \frac{\eta_2}{\eta_1} \qquad (7.1.9\text{-}4)$$

式中：K_{η}——薄膜加热试验前后60℃黏度比；

η_1——薄膜加热试验后60℃黏度(Pa·s)；

η_2——薄膜加热试验前60℃黏度(Pa·s)。

4.1.5 沥青的老化指数按式(7.1.9-5)计算。

$$C = l_g l_g(\eta_2 \times 10^3) - l_g l_g(\eta_1 \times 10^3) \qquad (7.1.9\text{-}5)$$

式中：C——沥青薄膜加热试验的老化指数。

4.2 记录表格(表7.1.9-1)

沥青动力黏度试验记录表　　　　　　　　　　　　　表7.1.9-1

工程名称＿＿＿＿＿＿＿＿　　　　　　　　　　样品名称＿＿＿＿＿＿＿＿

样品描述＿＿＿＿＿＿＿＿　　　　　　　　　　试验环境＿＿＿＿＿＿＿＿

试验日期＿＿＿＿＿＿＿＿　　　　试 验 者＿＿＿＿＿＿＿＿　　　　复核者＿＿＿＿＿＿＿＿

试样编号		1	2
试验后质量损失	试样器质量(g)		
	加热前盛样器与试样的合计质量(g)		
	加热后盛样器与试样的合计质量(g)		
	加热损失质量(g)		
	加热损失质量率(%)		
残留针入度与原试样针入度比值	加热前原试样针入度(0.1mm)		
	加热后残留物针入度(0.1mm)		
	残留物针入度比(%)		
	残留物针入度比平均值(%)		

续上表

试样编号			1	2
残留物延度	试验温度(℃)			
	试验编号			
	延度值(cm)			
	延度平均值(cm)			
加热试验黏度比	加热前60℃黏度(Pa·s)			
	加热后60℃黏度(Pa·s)			
	加热前后60℃黏度比			
	黏度比平均值			
沥青老化指数				
沥青老化指数平均				
结论				

4.3 精密度和允许差

(1)当薄膜加热后质量变化小于或等于0.4%时,重复性试验的允许误差为0.04%,复现性试验的允许差为0.16%。

(2)当薄膜加热后质量变化大于0.4%时,重复性试验的允许误差为平均值的8%,复现性试验的允许差为平均值的40%。

(3)残留物针入度、软化点、延度、黏度等性质试验的允许误差应符合相应的试验方法的规定。

5 报告

本试验的报告应注明下列结果:

(1)质量变化。当两个试样皿的质量变化符合重复性试验的允许误差要求时,取其平均值作为试验结果,准确至三位小数。

(2)根据需要,报告残留物的针入度及针入度比、软化点及软化点增值、黏度及黏度比、老化指数、延度、脆点等各项性质的变化。

7.1.10 沥青与粗集料的黏附性试验

1 目的、依据和适用范围

本方法适用于检验各类乳化沥青与粗集料表面的黏附性,以评定粗集料的抗水剥离能力。

2 仪器设备

2.1 标准筛:方孔筛,31.5mm、19.0mm、13.2mm。

2.2 滤筛:筛孔为1.18mm、0.6mm。

2.3 烧杯:400mL、1 000mL。

2.4 烘箱:具有温度自动控制调节器、鼓风装置,控温范围105℃±5℃。

2.5 秒表。

2.6 天平:感量不大于0.1g。

2.7 水:蒸馏水或纯净水。

2.8 工程实际使用碎石。

2.9 其他:细线或细金属丝、铁支架、电炉、玻璃棒等。

3 阳离子乳化沥青与粗集料的黏附性试验方法

3.1 准备工作

3.1.1 将道路工程用集料过筛,取19.0~31.5mm的颗粒洗净,然后置于105℃±5℃的烘箱中烘干3h。

3.1.2 从烘箱中取出5颗集料冷却至室温,逐个用细线或金属丝系好,悬挂于支架上。

3.2 试验步骤(图7.1.10-1)

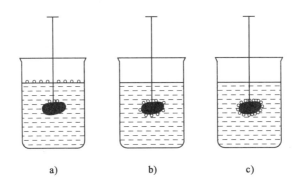

a)   b)   c)

图7.1.10-1 水煮法试验示意图

3.2.1 取两个烧杯,分别盛入800mL蒸馏水(或纯净水)及经1.18mm滤筛过滤的300mL乳液试样。

3.2.2 对于阳离子乳化沥青,先将集料颗粒放进盛水烧杯中浸水1min,随后立即放入乳化沥青中浸泡1min,然后将集料颗粒悬挂在室温中放置24h。

3.2.3 将集料颗粒逐个用线提起,浸入盛有沸水的大烧杯中央,调整加热炉,使烧杯中的水保持微沸。

3.2.4 浸煮3min后,将集料从水中取出,观察粗集料颗粒上沥青膜的裹覆面积。

4 阴离子乳化沥青与粗集料的黏附性

4.1 准备工作

4.1.1 取试样约300mL放入烧杯中。

4.1.2 将道路工程用碎石过筛,取13.2~19.0mm的颗粒洗净,然后置于105℃±5℃的烘箱中烘干3h。

4.1.3 取出集料约50g在室温以间距30mm以上排列冷却至室温,约1h。

4.2 试验步骤

4.2.1 将冷却的集料颗粒排列在0.6mm滤筛上。

4.2.2 将滤筛连同集料一起浸入乳液的烧杯中1min,然后取出架在支架上,在室温下放置24h。

4.2.3　将滤网连同附有沥青薄膜的集料一起浸入另一个盛有1 000mL洁净水并已加热至40℃±1℃保温的烧杯中浸5min,仔细观察集料颗粒表面沥青膜的裹覆面积,作出综合评定。

5　非离子乳化沥青与粗集料的黏附性试验方法

非离子乳化沥青与粗集料的黏附性试验同阴离子乳化沥青。

6　报告

6.1　记录表格(表7.1.10-1)

沥青动力黏度试验记录表　表7.1.10-1

工程名称＿＿＿＿＿＿＿＿＿＿　　　　　　　　　　样品名称＿＿＿＿＿＿＿＿＿＿

样品描述＿＿＿＿＿＿＿＿＿＿　　　　　　　　　　试验环境＿＿＿＿＿＿＿＿＿＿

试验日期＿＿＿＿＿＿＿＿＿＿　　试　验　者＿＿＿＿＿＿＿＿＿＿　　复核者＿＿＿＿＿＿＿＿＿＿

	样品名称	样品编号	样品描述	规格型号
原材	沥青			
	粗集料			
与粗集料黏附性	试验方法			
	试件编号	集料粒径(mm)	试验后石料表面沥青膜剥落情况	黏附性等级
	综合评定			

6.2　报告

(1)同一试样至少平行试验两次,根据多数颗粒的裹覆情况作出评定。

(2)试验结果:试验报告以碎石裹覆面积大于2/3或不足2/3的形式报告。

7.2　沥青混合料

7.2.1　马歇尔稳定度试验

1　目的、依据和适用范围

1.1　本方法适用于马歇尔稳定度试验和浸水马歇尔稳定度试验,以进行沥青混合料的配合比设计或沥青路面施工质量检验。浸水马歇尔稳定度试验(根据需要,也可进行真空饱水马歇尔试验)供检验沥青混合料受水损害时抵抗剥落的能力时使用,通过测试其水稳定性检验配合比设计的可行性。

1.2 本方法适用于按规范成型的标准马歇尔试件圆柱体和大型马歇尔试件圆柱体。

2 仪器设备

2.1 沥青混合料马歇尔试验仪:符合国家标准《马歇尔稳定度试验仪》(JT/T 119—2006)技术要求的产品,对用于高速公路和一级公路的沥青混合料宜采用自动马歇尔试验仪,用计算机或 X-Y 记录仪记录荷载—位移曲线,并具有自动测定荷载与试件垂直变形的传感器、位移计,能自动显示或打印试验结果。对 $\phi101.6mm \times 63.5mm$ 的标准马歇尔试件,试验仪最大荷载不小于25kN,读数准确度100N,加载速率应能保持50mm/min±5mm/min。钢球直径16mm±0.05mm,上下压头曲率半径为50.8mm±0.08mm。当采用 $\phi152.4mm \times 95.3mm$ 大型马歇尔试件时,试验仪最大荷载不得小于50kN,读数准确度为100N。上下压头的曲率内径为152.4mm±0.2mm,上下压头间距19.05mm±0.1mm。

2.2 恒温水槽:控温准确度为1℃,深度不小于150mm。

2.3 真空饱水容器:包括真空泵及真空干燥器。

2.4 烘箱。

2.5 天平:感量不大于0.1g。

2.6 温度计:分度为1℃。

2.7 卡尺。

2.8 其他:棉纱、黄油。

3 标准马歇尔试验方法

3.1 准备工作

3.1.1 制作符合要求的马歇尔试件,标准马歇尔尺寸应符合直径101.6mm±0.2mm、高63.5mm±1.3mm 的要求。对大型马歇尔试件,尺寸应符合直径152.4mm±0.2mm、高95.3mm±2.5mm 的要求。一组试件的数量最少不得少于4个。

3.1.2 量测试件的直径及高度:用卡尺测量试件中部的直径,用马歇尔试件高度测定器或用卡尺在十字对称的4个方向量测离试件边缘10mm 处的高度,准确至0.1mm,并以其平均值作为试件的高度。如试件高度不符合63.5mm±1.3mm 或95.3mm±2.5mm 要求或两侧高度差大于2mm 时,此试件应作废。

3.1.3 按规定方法测定试件的密度、空隙率、沥青体积百分率、沥青饱和度、矿料间隙率等物理指标。

3.1.4 将恒温水槽调节至要求的试验温度,对黏稠石油沥青或烘箱养生过的乳化沥青混合料为60℃±1℃,对煤沥青混合料为33.8℃±1℃,对空气养生的乳化沥青或液体沥青混合料为25℃±1℃。

3.2 试验步骤

3.2.1 将试件置于已达规定温度的恒温水槽中保温,保温时间对标准马歇尔试件需30~40min,对大型马歇尔试件需45~60min。试件之间应有间隔,底下应垫起,距水槽底部不小于5cm。

3.2.2　将马歇尔试验仪的上下压头放入水槽或烘箱中达到同样温度(图7.2.1-1)。将上下压头从水槽或烘箱中取出擦拭干净内面。为使上下压头滑动自如,可在下压头的导棒上涂少量黄油。再将试件取出置于下压头上,盖上上压头,然后装在加载设备上。

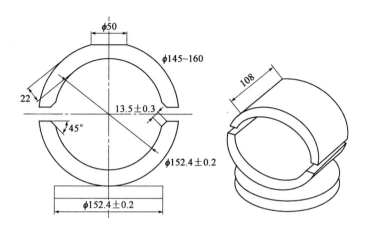

图7.2.1-1　马歇尔试验压头(尺寸单位:mm)

3.2.3　在上压头的球座上放妥钢球,并对准荷载测定装置的压头。

3.2.4　当采用自动马歇尔试验仪时,将自动马歇尔试验仪的压力传感器、位移传感器与计算机或X-Y记录仪正确连接,调整好适宜的放大比例。调整好计算机程序或将X-Y记录仪的记录笔对准原点。

3.2.5　当采用压力环和流值计时,将流值计安装在导棒上,使导向套管轻轻地压住上压头,同时将流值计读数调零。调整压力环中百分表,对零。

3.2.6　启动加载设备,使试件承受荷载,加载速度为50mm/min±5mm/min。计算机或X-Y记录仪自动记录传感器压力和试件变形曲线并将数据自动存入计算机。

3.2.7　当试验荷载达到最大值的瞬间,取下流值计,同时读取压力环中百分表读数及流值计的流值读数。

3.2.8　从恒温水槽中取出试件至测出最大荷载值的时间,不得超过30s。

4　浸水马歇尔试验方法

浸水马歇尔试验方法与标准马歇尔试验方法的不同之处在于,试件在已达规定温度恒温水槽中的保温时间为48h,其余均与标准马歇尔试验方法相同。

5　真空饱水马歇尔试验方法

试件先放入真空干燥器中,关闭进水胶管,开动真空泵,使干燥器的真空度达到97.3kPa(730mmHg)以上,维持15min,然后打开进水胶管,靠负压进入冷水流使试件全部浸入水中,浸水15min后恢复常压,取出试件再放入已达规定温度的恒温水槽中保温48h,其余均与标准马歇尔试验方法相同。

6　计算

6.1　试件的稳定度及流值

6.1.1　当采用自动马歇尔试验仪时,将计算机采集的数据绘制成压力和试件变形曲线,或由 X-Y 记录仪自动记录的荷载—变形曲线,按图 7.2.1-2 所示的方法在切线方向延长曲线与横坐标相交于 O_1,将 O_1 作为修正原点,从 O_1 起量取相应于荷载最大值时的变形作为流值(FL),以 mm 计,准确至 0.1mm。最大荷载即为稳定度(MS),以 kN 计,准确至 0.01kN。

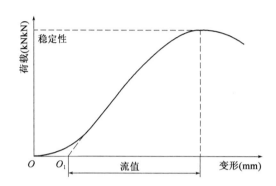

图 7.2.1-2 马歇尔试验结果的修正方法

6.1.2 采用压力环和流值计测定时,根据压力环标定曲线,将压力环中百分表的读数换算为荷载值,或者由荷载测定、装置读取的最大值即为试样的稳定度(MS),以 kN 计,准确至 0.01kN。由流值计及位移传感器测定装置读取的试件垂直变形,即为试件的流值(FL),以 mm 计,准确至 0.1mm。

6.2 试件的马歇尔模数按式(7.2.1-1)计算。

$$T = \frac{MS}{FL} \tag{7.2.1-1}$$

式中:T——试件的马歇尔模数(kN/mm);

MS——试件的稳定度(kN);

FL——试件的流值(mm)。

6.3 试件的浸水残留稳定度按式(7.2.1-2)计算。

$$MS_0 = \frac{MS_1}{MS} \times 100 \tag{7.2.1-2}$$

式中:MS_0——试件的浸水残留稳定度(%);

MS_1——试件浸水48h后的稳定度(kN)。

6.4 试件的真空饱水残留稳定度按式(7.2.1-3)计算。

$$MS'_0 = \frac{MS_2}{MS} \times 100 \tag{7.2.1-3}$$

式中:MS'_0——试件的真空饱水残留稳定度(%);

MS_2——试件真空饱水后浸水48h后的稳定度(kN)。

7 报告

7.1 记录表格(表7.2.1-1)

沥青动力黏度试验记录表　　　　　　　　　　　表 7.2.1-1

工程名称＿＿＿＿＿＿＿＿＿＿　　　　　　　　样品名称＿＿＿＿＿＿＿＿＿＿

样品描述＿＿＿＿＿＿＿＿＿＿　　　　　　　　试验环境＿＿＿＿＿＿＿＿＿＿

试验日期＿＿＿＿＿＿＿＿＿＿　　试　验　者＿＿＿＿＿＿＿＿　　复　核　者＿＿＿＿＿＿＿＿

混合料类型		沥青标号		油石比（%）		混合料理论最大相对密度 γ_t		矿料的合成毛体积相对密度 γ_{sb}		
矿料规格										
矿料相对密度										
矿料比例（%）										
试件编号	试件厚度（mm）单值		试件在空气中的质量(g)	试件在水中的质量(g)	试件表干质量(g)	试件毛体积相对密度	空隙率（%）	矿料间隙率（%）	稳定度（kN）	流值（mm）	马歇尔模数（kN/mm）
1								环境条件			
2											
3											
4											
5											
6											
平均值			—	—	—						

7.2　精密度及允许差

当一组测定值中某个测定值与平均值之差大于标准差的 k 倍时，该测定值应予舍弃，并以其余测定值的平均值作为试验结果。当试件数目 n 为 3、4、5、6 个时，k 值分别为 1.15、1.46、1.67、1.82。

7.3　报告

报告中需列出马歇尔稳定度、流值、马歇尔模数，以及试件尺寸、密度、孔隙率、沥青用量、沥青体积百分率、沥青饱和度、矿料间隙率等各项物理指标。当采用自动马歇尔试验时，试验结果应附上荷载—变形曲线原件或自动打印结果。

7.2.2　密度及理论最大相对密度试验

(一)表干法测密度

1　目的、依据和适用范围

1.1　本方法用于测定吸水率不大于 2% 的各种沥青混合料试件，包括密级配沥青混凝土、沥青玛蹄脂碎石混合料(SMA)和沥青稳定碎石等沥青混合料试件的毛体积相对密度和毛体积密度。标准温度为 25℃ ±0.5℃。

1.2　本方法测定的毛体积相对密度和毛体积密度适用于计算沥青混合料试件的孔隙率、矿料孔隙率等各项体积指标。

2　仪器设备

2.1　浸水天平或电子秤:当最大称量在3kg以下时,感量不大于0.1g;最大称量3kg以上时,感量不大于0.5g。应有测量水中重的挂钩。

2.2　网篮。

2.3　溢流水箱(图7.2.2-1):使用洁净水,有水位溢流装置,保持试件和网篮浸入水中后的水位一定。能调整水温至25℃±0.5℃。

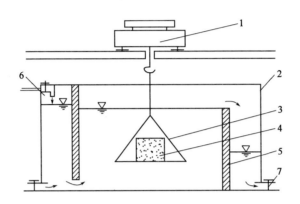

图7.2.2-1　溢流水箱及下挂法水中重称量方法示意图

1-浸水天平或电子天平;2-溢流水箱;3-网篮;4-试件;5-水位隔板;6-注水口;7-放水阀门

2.4　试件悬吊装置:天平下方悬吊网篮及试件的装置,吊线应采用不吸水的细尼龙线绳,并有足够的长度。对轮碾成型机成型的板块状试件可用铁丝悬挂。

2.5　真空负压装置和负压容器:如图7.2.2-2所示。

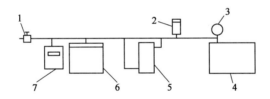

图7.2.2-2　理论最大密度仪示意图

1-检测接口;2-调压装置;3-真空表;4-真空泵;5-干燥或积水装置;6-负压容器;7-压力表

2.6　秒表。

2.7　毛巾。

2.8　电风扇或烘箱。

3　试验步骤

3.1　准备试件。本试验可以采用室内成型的试件,也可以采用工程现场钻芯、切割等方法获得的试件。试验前试件宜在阴凉处保存(温度不宜高于35℃),且放置在水平的平面上,注意不要使试件产生变形。

3.2　选择适宜的浸水天平或电子天平,最大称量应满足试件质量的要求。

3.3　除去试件表面的浮粒,称取干燥试件的空中质量(m_a),根据选择的天平感量读数,准确甚至0.1g或0.5g。

3.4　将溢流水箱水温保持在25℃±0.5℃。挂上网篮,浸入溢流水箱中,调节水位,将天平调平复零,把试件置于网篮中(注意不要晃动水)浸水3～5min,称取水中质量(m_w)。若天平读数持续变化,不能很快达到稳定,说明试件吸水较严重,不适用于此法测定,应改用蜡封法测定。

3.5　从水中取出试件,用洁净柔软的拧干湿毛巾轻轻擦去试件的表面水(不得吸走空隙内的水),称取试件的表干质量(m_f)。从试件拿出水面到擦拭结束不宜超过5s,称量过程中流出的水不得再擦拭

3.6　对从工程现场钻取的非干燥试件可先称取水中质量(m_w)和表干质量(m_f),然后用电风扇将试件吹干至恒重(一般不少于12h,当不需进行其他试验时,也可用60℃±5℃烘箱烘干至恒重),再称取空中质量(m_a)。

4　数据整理

4.1　计算公式

4.1.1　按式(7.2.2-1)计算试件的吸水率,取一位小数。

$$S_a = \frac{m_f - m_a}{m_f - m_w} \times 100 \tag{7.2.2-1}$$

式中:S_a——试件的吸水率(%);

　　m_a——干燥试件的空中质量(g);

　　m_w——试件的水中质量(g);

　　m_f——试件的表干质量(g)。

4.1.2　按式(7.2.2-2)、式(7.2.2-3)计算试件毛体积相对密度和毛体积密度,取三位小数。

$$\gamma_f = \frac{m_a}{m_f - m_w} \tag{7.2.2-2}$$

$$\rho_f = \frac{m_a}{m_f - m_w} \times \rho_w \tag{7.2.2-3}$$

上述式中:γ_f——试件毛体积相对密度,无量纲;

　　ρ_f——试件毛体积密度(g/cm³);

　　ρ_w——25℃时水的密度,取0.9971g/cm³。

4.1.3　按式(7.2.2-4)计算试件空隙率,取一位小数。

$$VV = \left(1 - \frac{\gamma_f}{\gamma_t}\right) \times 100 \tag{7.2.2-4}$$

式中:VV——试件的空隙率(%);

　　γ_t——沥青混合料理论最大相对密度,按本方法4.7的计算或实测得到,无量纲;

　　γ_f——试件的毛体积相对密度,无量纲,通常采用表干法测定;当试件吸水率$S_a > 2\%$时,宜采用蜡封法测定;当按规定容许采用水中重法测定时,也可采用表观相对密度代替。

4.1.4　按式(7.2.2-5)计算矿料的合成毛体积相对密度,取三位小数。

$$\gamma_{sb} = \frac{100}{\dfrac{P_1}{\gamma_1} + \dfrac{P_2}{\gamma_2} + \cdots + \dfrac{P_n}{\gamma_n}} \tag{7.2.2-5}$$

式中：γ_{sb}——矿料的合成毛体积相对密度，无量纲；

P_1、$P_2 \cdots P_n$——各种矿料占矿料总质量的百分率(%)，其和为100；

γ_1、$\gamma_2 \cdots \gamma_n$——各种矿料的相对密度，无量纲。

4.1.5 按式(7.2.2-6)计算矿料的合成表观相对密度，取三位小数。

$$\gamma_{sa} = \frac{100}{\dfrac{P_1}{\gamma'_1} + \dfrac{P_2}{\gamma'_2} + \cdots + \dfrac{P_n}{\gamma'_n}} \tag{7.2.2-6}$$

式中：γ_{sa}——矿料的合成毛体积相对密度，无量纲；

γ'_1、$\gamma'_2 \cdots \gamma'_n$——各种矿料的表观相对密度，无量纲。

4.1.6 确定矿料的有效相对密度，取三位小数。

(1)对非改性沥青混合料，采用真空法实测理论最大相对密度，取平均值。按式(7.2.2-7)计算合成矿料的有效相对密度。

$$\gamma_{se} = \frac{100 - P_b}{\dfrac{100}{\gamma_t} - \dfrac{P_b}{\gamma_b}} \tag{7.2.2-7}$$

式中：γ_{se}——合成矿料的有效相对密度，无量纲；

P_b——沥青用量，即沥青质量占沥青混合料总质量的百分比(%)；

γ_t——实测的沥青混合料理论最大相对密度，无量纲；

γ_b——25℃时沥青的相对密度，无量纲。

(2)对改性沥青及SMA等难以分散的混合料，有效相对密度宜直接由矿料的合成毛体积相对密度与合成表观相对密度按式(7.2.2-8)计算确定，其中沥青吸收系数 C 值根据材料的吸水率由式(7.2.2-9)求得，合成矿料的吸水率按式(7.2.2-10)计算。

$$\gamma_{se} = C \times \gamma_{sa} + (1 - C) \times \gamma_{sb} \tag{7.2.2-8}$$

$$C = 0.033w_x^2 - 0.2936w + 0.9339 \tag{7.2.2-9}$$

$$w_x = \left(\frac{1}{\gamma_{sb}} - \frac{1}{\gamma_{sa}}\right) \times 100 \tag{7.2.2-10}$$

上述式中：C——沥青吸收系数，无量纲；

w_x——合成矿料的吸水率(%)。

4.1.7 确定沥青混合料的理论最大相对密度，取三位小数。

(1)对非改性的普通沥青混合料，采用真空法实测沥青混合料的理论最大相对密度 γ_t。

(2)对改性沥青或SMA混合料按式(7.2.2-11)式(7.2.2-12)计算沥青混合料对应油石比的理论最大相对密度。

$$\gamma_t = \frac{100 + P_a}{\dfrac{100}{\gamma_{se}} + \dfrac{P_a}{\gamma_b}} \tag{7.2.2-11}$$

$$\gamma_{t} = \frac{100 + P_{a} + P_{x}}{\dfrac{100}{\gamma_{se}} + \dfrac{P_{a}}{\gamma_{b}} + \dfrac{P_{x}}{\gamma_{x}}} \qquad (7.2.2\text{-}12)$$

上述式中：γ_{t}——计算沥青混合料对应油石比的理论最大相对密度,无量纲；

$\qquad P_{a}$——油石比,即沥青质量占矿量总质量的百分比(%)

$$P_{a} = \frac{P_{b}}{100 - P_{b}} \times 100$$

$\qquad P_{x}$——纤维用量,即纤维质量占矿料总质量的百分比(%)；

$\qquad \gamma_{x}$——25℃时纤维的相对密度,由厂方提供或实测得到,无量纲；

$\qquad \gamma_{se}$——合成矿料的有效相对密度,无量纲；

$\qquad \gamma_{b}$——25℃时沥青的相对密度,无量纲。

（3）对旧路面钻取芯样的试件缺乏材料密度、配合比及油石比的沥青混合料,可采用真空法实测沥青混合料的理论最大相对密度 γ_{t}。

4.1.8　按式(7.2.2-13)、式(7.2.2-14)计算试件的空隙率、矿料间隙率 VMA 和有效沥青饱和度 VFA,取一位小数。

$$VMA = \left(1 - \frac{\gamma_{t}}{\gamma_{sb}} \times \frac{P_{s}}{100}\right) \times 100 \qquad (7.2.2\text{-}13)$$

$$VFA = \frac{VMA - VV}{VMA} \times 100 \qquad (7.2.2\text{-}14)$$

上述式中：VV——沥青混合料试件的空隙率(%)；

$\qquad VMA$——沥青混合料试件的矿料间隙率(%)；

$\qquad VFA$——沥青混合料试件的有效沥青饱和度(%)；

$\qquad P_{s}$——各种矿料占沥青混合料总质量的百分率之和(%)

$$P_{s} = 100 - P_{b}$$

$\qquad \gamma_{sb}$——矿料的合成毛体积相对密度,无量纲。

4.1.9　按式(7.2.2-15)～式(7.2.2-17)计算沥青结合料被矿粉吸收的比例及有效沥青含量、有效沥青体积百分率,取一位小数。

$$P_{ba} = \frac{\gamma_{se} - \gamma_{sb}}{\gamma_{se} - \gamma_{sb}} \times \gamma_{b} \times 100 \qquad (7.2.2\text{-}15)$$

$$P_{be} = P_{b} - \frac{P_{ba}}{100} \times P_{s} \qquad (7.2.2\text{-}16)$$

$$V_{be} = \frac{\gamma_{f} \times P_{be}}{\gamma_{b}} \qquad (7.2.2\text{-}17)$$

上述式中：P_{ba}——沥青混合料中被矿料吸收的沥青质量占总质量的百分率(%)；

$\qquad P_{be}$——沥青混合料中的有效沥青含量(%)；

$\qquad V_{be}$——沥青混合料试件的有效沥青体积百分率(%)。

4.1.10　按式(7.2.2-18)计算沥青混合料的粉胶比,取一位小数。

$$FB = \frac{P_{0.075}}{P_{be}} \qquad (7.2.2\text{-}18)$$

式中:FB——粉胶比,沥青混合料的矿料中 0.075mm 通过率与有效沥青含量的比值,无量纲;

$P_{0.075}$——矿料级配中 0.075mm 的通过百分比(水洗法)(%)。

4.1.11　按式(7.2.2-19)计算集料的比表面积,按式(7.2.2-20)计算沥青混合料沥青膜有效厚度。各种集料粒径的表面积系数按表7.2.1-1取用。

$$SA = \sum(P_i \times FA_i) \tag{7.2.2-19}$$

$$DA = \frac{P_{be}}{\rho_b \times P_s \times SA} \times 1\,000 \tag{7.2.2-20}$$

上述式中:SA——集料的比表面积(m^2/kg);

P_i——集料各粒径的质量通过率(%);

FA_i——各筛孔对应集料的表面积系数(m^2/kg),按表7.2.2-1确定;

DA——沥青膜有效厚度(μm);

ρ_b——沥青25℃时的密度(g/cm^3)。

集料的表面积系数及比表面积计算示例　　　　　表 7.2.2-1

筛孔尺寸(mm)	19	16	13.2	9.5	4.75	2.36	1.18	0.6	0.3	0.15	0.075
表面积系数 FA_i (m^2/kg)	0.004 1	—	—	—	0.004 1	0.008 2	0.016 4	0.028 7	0.061 4	0.122 9	0.327 7
集料各粒径的质量通过百分率 P_i(%)	100	92	85	76	60	42	32	23	16	12	6
集料的比表面积 $FA_i \times P_i$ (m^2/kg)	0.41	—	—	—	0.25	0.34	0.52	0.66	0.98	1.47	1.97
集料比表面积总和 SA(m^2/kg)	$SA = 0.41 + 0.25 + 0.34 + 0.52 + 0.66 + 0.98 + 1.47 + 1.97 = 6.60$										

4.1.12　粗集料骨架间隙率可按式(7.2.2-21)计算,取一位小数。

$$VCA_{mix} = 100 - \frac{\gamma_f}{\gamma_{ca}} \times P_{ca} \tag{7.2.2-21}$$

式中:VCA_{mix}——粗集料骨架间隙率(%);

P_{ca}——矿料中所有粗集料质量占沥青混合料总质量的百分率(%),按式(7.2.2-22)计算

$$P_{ca} = P_s \times PA_{4.75}/100 \tag{7.2.2-22}$$

其中　$PA_{4.75}$——矿料级配中 4.75mm 筛余量,即 100 减去 4.75 的通过率;

γ_{ca}——矿料中所有粗集料的合成毛体积相对密度,按式(7.2.2-23)计算,无量纲

$$\gamma_{ca} = \frac{P_{1c} + P_{2c} + \cdots + P_{nc}}{\dfrac{P_{1c}}{\gamma_{1c}} + \dfrac{P_{2c}}{\gamma_{2c}} + \cdots + \dfrac{P_{nc}}{\gamma_{nc}}} \tag{7.2.2-23}$$

其中　$P_{1c}\cdots P_{nc}$——矿料中各种粗集料占矿料总质量的百分比(%);

$\gamma_{ac}\cdots\gamma_{nc}$——矿料中各种粗集料的毛体积相对密度。

4.2　记录表格(表7.2.2-2)

沥青混合料密度试验记录表(表干法)　　表7.2.2-2

工程名称_____　　　　　　　试件型号_____

试件描述_____　　　　　　　试验环境_____

试验日期_____　　试　验　者_____　　复核者_____

试件的吸水率(%) $S_a = \dfrac{m_f - m_a}{m_f - m_w} \times 100$				毛　体　积		试件的空隙率 VV(%)		沥青混合料实际最大干密度 ρ_m(g/cm³)	沥青混合料的标准密度 ρ_0(g/cm³)
干燥试件空中质量 m_a(g)	试件的水中质量 m_w(g)	试件的表干质量 m_f(g)	吸水率 S_a(%)	相对密度 $\gamma_f = \dfrac{m_a}{m_f - m_w}$	密度 $\rho_f = \gamma_f \times \rho_w$	试件毛体积相对密度 γ_t	空隙率 $VV = \left(1 - \dfrac{\gamma_f}{\gamma_t}\right) \times 100$		

4.3　精密度和允许差

试件毛体积密度试验重复性允许误差为 0.020g/cm³。试件毛体积相对密度试验重复性的允许误差为 0.020。

5　报告

应在试验报告中注明沥青混合料的类型及测定密度采用的方法。

(二)水中称量法测密度

1　目的、依据和适用范围

1.1　水中重法适用于测定吸水率小于 0.5% 的密实沥青混合料试件的表观相对密度或表观密度。标准温度为 $25℃ \pm 0.5℃$。

1.2　当试件很密实,几乎不存在与外界连通的开口孔隙时,可采用本方法测定的表观相对密度代替表干法测定的毛体积相对密度。并据此计算沥青混合料试件的空隙率、矿料间隙率等各项体积指标。

2　仪器设备

2.1　浸水天平或电子秤:当最大称量在3kg以下时,感量不大于0.1g;最大称量3kg以上时,感量不大于0.5g。应有测量水中重的挂钩。

2.2　网篮。

2.3　溢流水箱:使用洁净水,有水位溢流装置,保持试件和网篮浸入水中后的水位一定。能调整水温至 $25℃ \pm 0.5℃$。

2.4　试件悬吊装置:天平下方悬吊网篮及试件的装置,吊线应采用不吸水的细尼龙线绳,并有足够的长度。对轮碾成型机成型的板块状试件可用铁丝悬挂。

2.5　秒表。

2.6　毛巾。

2.7　电风扇或烘箱。

3　试验步骤

3.1 选择适宜的浸水天平或电子天平,最大称量应满足试件质量的要求。

3.2 除去试件表面的浮粒,称取干燥试件的空中质量(m_a),根据选择的天平的感量读数,准确至0.1g或0.5g。

3.3 挂上网篮,浸入溢流水箱的水中,调节水位,将天平调平并复零,把试件置于网篮中(注意不要使水晃动),待天平稳定后立即读数,称取水中质量(m_w)。若天平读数持续变化,不能在数秒钟内达到稳定,则说明试件有吸水情况,不适用于此法测定,应改用蜡封法测定。

3.4 对从施工现场钻取的非干燥试件,可先称取水中质量(m_w),然后用电风扇将试件吹干至恒重(一般不少于12h,当不需进行其他试验时,也可用60℃±5℃烘箱烘干至恒重),再称取空中质量(m_a)。

4 数据整理

4.1 计算公式

4.1.1 按式(7.2.2-24)、式(7.2.2-25)计算用水中重法测定的沥青混合料试件的表观相对密度及表观密度,取三位小数。

$$\gamma_a = \frac{m_a}{m_a - m_w} \qquad (7.2.2\text{-}24)$$

$$\rho_a = \frac{m_a}{m_a - m_w} \times \rho_w \qquad (7.2.2\text{-}25)$$

上述式中:γ_a——在25℃温度条件下试件的表观相对密度,无量纲;

ρ_a——在25℃温度条件下试件的表观密度(g/cm^3);

m_a——干燥试件的空中质量(g);

m_w——试件的水中质量(g);

ρ_w——在25℃温度条件下水的密度,取0.9971g/cm^3。

4.1.2 当试件的吸水率小于0.5%时,以表观相对密度代替毛体积相对密度,按表干法计算试件的理论最大相对密度及空隙率、沥青的体积百分率、矿料间隙率、粗集料骨架间隙率、沥青饱和度等各项提及指标。

4.2 记录表格(表7.2.2-3)

沥青混合料密度试验记录表(水中称量法)   表7.2.2-3

工程名称＿＿＿＿＿＿＿＿＿   试件配比＿＿＿＿＿＿＿＿＿

样品描述＿＿＿＿＿＿＿＿＿   试验环境＿＿＿＿＿＿＿＿＿

试验日期＿＿＿＿＿＿＿＿＿   试 验 者＿＿＿＿＿＿＿   复 核 者＿＿＿＿＿＿＿

试件编号	干燥试件空气中质量 m_a(g)	试件水中质量 m_w(g)	试验水温 (℃)	水的密度 ρ_w (g/cm^3)	试件表观相对密度 $\gamma_a = \dfrac{m_a}{m_a - m_w}$	试件表观密度 $\rho_a = \gamma_a \cdot \rho_w$ (g/cm^3)

5　报告

应在试验报告中注明沥青混合料的类型及测定密度的方法。

(三) 蜡封法测密度

1　目的、依据和适用范围

1.1　本方法用于测定吸水率大于2%的沥青混凝土或沥青碎石混合料试件的毛体积相对密度或毛体积密度。标准温度25℃±0.5℃。

1.2　本方法测定的毛体积相对密度适用于计算沥青混合料试件的空隙率、矿料间隙率等各项体积指标。

2　仪器设备

2.1　浸水天平或电子秤:当最大称量在3kg以下时,感量不大于0.1g;最大称量3kg以上时,感量不大于0.5g。应有测量水中重的挂钩。

2.2　网篮。

2.3　水箱:使用洁净水,有水位溢流装置,保持试件和网篮浸入水中后的水位一定。

2.4　试件悬吊装置:天平下方悬吊网篮及试件的装置,吊线应采用不吸水的细尼龙线绳,并有足够的长度。对轮碾成型机成型的板块状试件可用铁丝悬挂。

2.5　石蜡:熔点已知。

2.6　冰箱:可保持温度为4～5℃。

2.7　铅或铁块等重物。

2.8　滑石粉。

2.9　秒表。

2.10　电风扇。

2.11　其他:电炉或燃气炉。

3　试验步骤

3.1　选择适宜的浸水天平或电子天平,最大称量应满足试件质量的要求。

3.2　称取干燥试件的空中质量(m_a),根据选择的天平的感量读数,准确至0.1g或0.5g。当为钻芯法取得的非干燥试件时,应用电风扇吹干12h以上至恒重作为空中质量,但不得用烘干法。

3.3　将试件置于冰箱中,在4～5℃条件下冷却不少于30min。

3.4　将石蜡熔化至其熔点以上5.5℃±0.5℃。

3.5　从冰箱中取出试件立即浸入石蜡液中。至全部表面被石蜡封住后迅速取出试件,在常温下放置30min,称取蜡封试件的空中质量(m_p)。

3.6　挂上网篮,浸入溢流水箱中,调节水位,将天平调平或复零。调整水温并保持在25℃±0.5℃内,将蜡封试件放入网篮浸水约1min,读取水中质量(m_c)。

3.7　如果试件在测定密度后还需要做其他试验时,为便于除去石蜡,可事先在干燥试件表面涂一薄层滑石粉,称取涂滑石粉后的试件质量(m_s),然后再蜡封测定。

3.8　用蜡封法测定时,石蜡对水的相对密度按下列步骤实测确定:

3.8.1　取一块铅或铁块之类的重物,称取空中质量(m_g)。

3.8.2 测定重物在水温25℃±0.5℃的水中质量(m'_g);

3.8.3 待重物干燥后,按上述试件蜡封的步骤将重物蜡封后测定其空中质量(m_d)及水温25℃±0.5℃的水中质量(m'_d);

3.8.4 按式(7.2.2-26)计算石蜡对水的相对密度。

$$\gamma_p = \frac{m_d - m_g}{(m_d - m_g) - (m'_d - m'_g)} \tag{7.2.2-26}$$

式中:γ_p——在25℃温度条件下石蜡对水的相对密度,无量纲;

m_g——重物的空中质量(g);

m'_g——蜡封后重物的水中质量(g);

m_d——蜡封后重物的空中质量(g);

m'_d——蜡封后重物的水中质量(g)。

4 数据整理

4.1 计算公式

4.1.1 计算试件的毛体积相对密度,取三位小数。

(1)蜡封法测定的试件毛体积相对密度按式(7.2.2-27)计算。

$$\gamma_f = \frac{m_a}{(m_p - m_c) - \dfrac{m_p - m_a}{\gamma_p}} \tag{7.2.2-27}$$

式中:γ_f——由蜡封法测定的试件毛体积相对密度,无量纲;

m_a——试件的空中质量(g);

m_p——蜡封试件的空中质量(g);

m_c——蜡封后试件的水中质量(g)。

(2)涂滑石粉后用蜡封法测定的试件毛体积相对密度按式(7.2.2-28)计算。

$$\gamma_f = \frac{m_a}{(m_p - m_c) - \left(\dfrac{m_p - m_s}{\gamma_p} + \dfrac{m_s - m_a}{\gamma_s}\right)} \tag{7.2.2-28}$$

式中:m_s——试件涂滑石粉后的空中质量(g);

γ_s——滑石粉对水的相对密度。

(3)试件的毛体积密度按式(7.2.2-29)计算。

$$\rho_f = \gamma_f \times \rho_w \tag{7.2.2-29}$$

式中:ρ_f——蜡封法测定的试件毛体积密度(g/cm³);

ρ_w——在25℃温度条件下水的密度,取0.9971g/cm。

4.1.2 按表干法计算试件的理论最大理论相对密度及空隙率、沥青的体积百分率、矿料间隙率、粗集料骨架间隙率、沥青饱和度等各项体积指标。

4.2 记录表格(表7.2.2-4)

沥青混凝土密度及理论最大相对密度试验记录表(蜡封法)　　表7.2.2-4

工程名称＿＿＿＿＿＿＿＿　　　　　　　　　　　　　　试件型号＿＿＿＿＿＿＿＿

试件描述＿＿＿＿＿＿＿＿　　　　　　　　　　　　　　试验环境＿＿＿＿＿＿＿＿

试验日期＿＿＿＿＿＿＿＿　　　　试　验　者＿＿＿＿＿＿＿＿　　复　核　者＿＿＿＿＿＿＿＿

序号	试件编号	试件的空中质量（g）	蜡封试件的空中质量（g）	蜡封后试件的水中质量（g）	试件毛体积相对密度	试件涂滑石粉后的空中质量（g）	滑石粉对水的相对密度	在25℃温度条件下水的密度	蜡封法测定的试件毛体积密度（g/cm³）	试件毛体积密度平均值

5　报告

应在试验报告中注明沥青混合料的类型及测定密度的方法。

(四)真空法理论最大相对密度

1　目的、依据和适用范围

1.1　本方法适用于真空法测定沥青混合料理论最大相对密度,供沥青混合料配合比设计、路况调查或路面施工质量管理计算空隙率、压实度等使用。

1.2　本方法不适用于吸水率大于3%的多孔性集料的沥青混合料。

2　仪器设备

2.1　天平:称量5kg以上,感量不大于0.1g;称量2kg以下,感量不大于0.05g。

2.2　负压容器:根据试样数量,选用表7.2.2-5中的A、B、C任何一种类型。负压容器口带橡皮塞,上接橡胶管,管口下方有滤网,防止细料部分吸入胶管。为便于抽真空时观察气泡情况,负压容器至少有一面透明或者采用透明的密封盖。

负　压　容　器　类　型　　　　　　表7.2.2-5

类型	容　　器	附　属　设　备
A	耐压玻璃、塑料或金属制的罐,容积大于2 000mL	有密封盖,接真空胶管,与真空泵连接
B	容积大于2 000mL的真空容量瓶	带胶皮塞,接真空胶管,与真空泵连接
C	4 000mL耐压真空干燥器	带胶皮塞,放气阀,接真空及胶皮管与真空泵连接

2.3　真空负压装置:由真空泵、真空表、调压装置、压力表及干燥或积水装置等组成。

2.3.1　真空泵应使负压容器内产生3.7kPa±0.3kPa(27.5mmHg±2.5mmHg)负压;真空表分度值不得大于2kPa。

2.3.2　调压装置应具备过压调节功能,以保持负压容器的负压稳定在要求范围内,同时还应具有卸除真空压力的功能。

2.3.3　压力表应经过标定,能够测定0～4kPa(0～30mmHg)负压。当采用非水银压力表分度值0.1mmHg,示值误差为0.2kPa。压力表不得直接与真空装置连接,应当独与负压容器相接。

2.3.4 采用干燥或积水装置主要是为了防止负压容器内的水分进入真空泵内。

2.4 振动装置:试验过程中根据需要可以开启或关闭。

2.5 恒温水箱:水温控制25℃±0.5℃。

2.6 温度计:分度值0.5℃。

2.7 其他:玻璃板、平底盘、铲子等。

3 试验步骤

3.1 准备工作

3.1.1 按表7.2.2-6获取沥青混合料试样。

沥青混合料取样质量

表7.2.2-6

公称最大粒径(mm)	试样最小质量(g)	公称最大粒径(mm)	试样最小质量(g)
4.75	500	26.5	2 500
9.5	1 000	31.5	3 000
13.2 或 16	1 500	37.5	3 500
19	2 000		

注:1. 按照击实发拌制沥青混合料,分别拌制两个平行试样,放置于平底盘中。
2. 按照沥青取样方法从拌和楼、运料车或者摊铺现场取样,趁热缩分成两个平行试样,分别放置于平底盘中。
3. 从沥青路面上钻芯取样或切割试样,或者其他来源的冷沥青混合料,应置125℃±5℃烘箱中加热至变软、松散后,然后缩分成两个平行试样,分别放置于平底盘中。

3.1.2 将平底盘中的热沥青混合料,在室温中冷却或者用电风扇吹,一边冷却一边将沥青混合料团块仔细分散,粗集料不破碎,细集料团块分散到小于6.4mm。若混合料坚硬时可用烘箱适当加热后再分散,加热温度不超过60℃。分散试样时可用铲子翻动分散,在温度较低时应用手掰开,不得用锤打碎,防止集料破碎。当试样是从施工现场采取的非干燥混合料时,应用电风扇吹干至恒重后在操作。

3.1.3 负压容器标定方法。

(1)采用A类容器时,将容器全部浸入25℃±0.5℃的恒温水槽中,负压容器完全浸没、恒温10min±1min后,称取容器的水中质量m_1。

(2)B、C类负压容器:

①大端口的负压容器,需要有大于负压容器端口的玻璃板。将负压容器和玻璃板放进水槽中,注意轻轻摇动负压容器使容器内汽包排除。恒温10min±1min,取出负压容器和玻璃板,向负压容器内加满25℃±0.5℃水至液面稍微溢出,用玻璃板先盖住容器端口1/3,然后慢慢沿容器端口水平方向移动盖住整个端口,注意查看有没有气泡。擦除负压容器四周的水,称取盛满水的负压容器质量为m_b。

②小口的负压容器,需要采用中间带垂直的塞子,其下部为凹槽,一边与空气从孔中排除。将负压容器和塞子放进水槽中,注意轻轻摇动负压容器使容器内气泡排除。恒温10min±1min,在水中将瓶塞塞进平口,使多余的水由瓶塞上的孔中挤出。取出负压容器,将负压容器用干净软布将瓶塞顶部擦拭一次,再迅速擦除负压容器外面的水分,最后称取质量m_b。

3.1.4 将负压容器干燥、编号,称取其干燥质量。

3.2　试验步骤

3.2.1　将沥青混合料试样装入干燥的负压容器中,称容器及沥青混合料总质量,得到试样的净质量 m_a,试样质量应不小于上述规定的最小数量。

3.2.2　在负压容器中注入约25℃(即25℃±0.5℃)的水将混合料全部浸没。并较混合料顶面高出约2cm。

3.2.3　将负压容器放到试验仪上,与真空泵、压力表等连接,开动真空泵,使负压容器内负压在2min内达到3.7kPa±0.3kPa(27.5mmHg±2.5mmHg)时,开始计时,同时开动振动装置和抽真空,持续15min±2min。

3.2.4　当抽真空结束后,关闭真空装置和振动装置,打开调压阀慢慢卸压,卸压速度不得大于8kPa/s(通过真空表读数控制),使负压容器内压力逐渐恢复。

3.2.5　当负压容器采用 A 类容器时,将装盛试样的容器浸入保温至25℃±0.5℃的恒温水槽中,恒温10min±1min后,称取负压容器与沥青混合料的水中质量(m_2)。

3.2.6　当负压容器采用 B、C 类容器时,将装有沥青混合料试样的容器侵入保温至25℃±0.5℃的恒温水槽,恒温10min±1min后,注意容器中不得有汽包,擦净容器外的水分,称取容器、水和沥青混合料试样的总质量(m_c)。

4　数据整理

4.1　计算公式

4.1.1　采用 A 类容器时,沥青混合料的理论最大相对密度按式(7.2.2-30)计算。

$$\gamma_t = \frac{m_a}{m_a - (m_2 - m_1)} \tag{7.2.2-30}$$

式中:γ_t——沥青混合料理论最大相对密度;

　　m_a——干燥沥青混合料试样的空气中质量(g);

　　m_1——负压容器在25℃水中的质量(g);

　　m_2——负压容器与沥青混合料一起在25℃水中的质量(g)。

4.1.2　采用 B、C 类容器作负压容器时,沥青混合料的理论最大相对密度按式(7.2.2-31)计算。

$$\gamma_t = \frac{m_a}{m_a + m_b - m_c} \tag{7.2.2-31}$$

式中:m_b——装满25C 水的负压容器质量(g);

　　m_c——25℃时试样、水与负压容器的总质量(g)。

4.1.3　沥青混合料25℃时的理论最大密度按式(7.2.2-32)计算。

$$\rho_t = \gamma_t \times \rho_w \tag{7.2.2-32}$$

式中:ρ_t——沥青混合料的理论最大密度(g/cm^3);

　　ρ_w——25℃时水的密度,0.997 1g/cm^3。

4.2　记录表格(表7.2.2-7)

沥青混合料理论最大相对密度试验记录表(真空法)　　　　表 7.2.2-7

工程名称＿＿＿＿＿＿＿＿＿　　　　　　　　　　规格型号＿＿＿＿＿＿＿＿＿

试件描述＿＿＿＿＿＿＿＿＿　　　　　　　　　　试验环境＿＿＿＿＿＿＿＿＿

试验日期＿＿＿＿＿＿＿　　　　试　验　者＿＿＿＿＿＿＿　　　复　核　者＿＿＿＿＿＿＿

试件编号	容器类型	干燥试样在空气中质量	负压容器在25℃水中质量	负压容器与沥青混合料一起在25℃水中的质量	装满25℃水的负压容器质量	25℃时试样、水与负压容器的总质量	试样理论最大相对密度	试样在25℃水中理论最大密度测值 $\rho_{t} = \gamma_{t} \times \rho_{w}$ （g/cm³）	理论最大相对密度平均值	理论最大密度平均值（g/cm³）

4.3　精密度和允许差

重复性试验的允许误差为 $0.011 \mathrm{g/cm^3}$，再现性试验的允许误差为 $0.019 \mathrm{g/cm^3}$。

4.4　评定

4.4.1　需要进行修正试验的情况。

(1)对现场钻取芯样或切割后的试样,粗集料有破碎情况,破碎面没有裹覆沥青。

(2)沥青与集料拌和不均匀,部分集料没有完全裹覆沥青。

4.4.2　修正试验方法。

(1)完成本方法3.2.5后,将负压容器静置一段时间式混合料沉淀后,使容器慢慢倾斜,使容器内水通过 $0.075 \mathrm{mm}$ 筛滤掉。

(2)将残留部分的沥青混合料细心倒入一个平底盘中,然后用适当水涮容器和 $0.075 \mathrm{mm}$ 筛网,并将其也倒入平底盘中,重复几次直到无残留混合料。

(3)静置一段时间后,稍微提高平底盘一端,使试样中部分水倒出平底盘,并用吸耳球慢慢吸去水。

(4)将试样在平底盘中尽量摊开,用吹风机或电风扇吹干,并不断翻拌试样。每 $15 \mathrm{min}$ 称量一次,当两次质量相差小于 0.05% 认为达到表干状态,称取质量为表干质量,用表干质量代替 m_a 重新计算。

5　报告

同一试样至少平行试验两次,计算平均值作为试验结果,取三位小数。采用修正试验时需要在报告中注明。

(五)溶剂法理论最大相对密度

1　目的、依据和适用范围

1.1　本方法适用于采用溶剂法测定沥青混合料理论最大相对密度,供沥青混合料配合比设计、路况调查或路面施工质量管理计算空隙率、压实度等使用。

1.2　本方法不适用于吸水率大于 1.5% 的沥青混合料。

2　仪器设备

2.1　恒温水槽:可使水温控制 25℃ ±0.5℃。

2.2　天平:感量不大于 0.1g。

2.3　广口容量瓶:1 000mL、有磨口瓶塞。

2.4　溶剂:三氯乙烯。

2.5　温度计:分度为 0.5℃。

3　试验步骤

3.1　准备工作

3.1.1　按以下几种方法获得沥青混合料试样,试样数量宜不少于表 7.2.2-6 的规定数量。

3.1.2　将沥青混合料团块仔细分散,粗集料不破碎,细集料团块分散到小于 6.4mm。若混合料坚硬时可用烘箱适当加热后分散,一般加热温度不超过 60℃,分散试样应用手掰开,不得用锤打碎,防止集料破碎。当试样是从路上采取的非干燥混合料时,应用电风扇吹干至恒重后再操作。

3.2　试验步骤

3.2.1　称取干燥的广口容量瓶质量(m_c)。

3.2.2　广口容量瓶充满三氯乙烯溶剂,加磨口瓶塞放入 25℃ ±0.1℃恒温水槽中保温 15min,取出擦静,称取瓶与溶剂合计质量(m_e)。

3.2.3　将瓶中溶剂倒出,干燥,取沥青混合料试验 200g 左右装入比重瓶,称取瓶与混合料合计质量(m_b)。

3.2.4　向瓶中混合料加入 250mL 三氯乙烯溶剂,将比重瓶浸入 25℃ ±0.1℃恒温水槽中,并不时摇晃,使沥青溶解,同时赶走气泡,持续 1~2h。

3.2.5　待沥青完全溶解且已无气泡冒出时,注入已保温为 25℃ 的溶解至满,加磨口瓶塞,称取与沥青混合料及溶解的总质量(m_a)。

4　数据整理

4.1　计算公式

沥青混合料的理论最大相对密度按式(7.2.2-33)计算。

$$\gamma_t = \frac{m_b - m_c}{\dfrac{(m_e - m_c) - (m_a - m_b)}{\gamma_c}} \tag{7.2.2-33}$$

式中:γ_t——沥青混合料理论最大相对密度;

　　　m_a——容量瓶充满混合料与溶剂的总质量(g);

　　　m_b——瓶加混合料的合计质量(g);

　　　m_c——容量瓶的质量(g);

　　　m_e——容量瓶充满溶剂的合计质量(g);

　　　γ_c——三氯乙烯溶剂对水的相对密度,常温条件下可取 1.464 2。

4.2　记录表格(表 7.2.2-8)

沥青混合料理论最大相对密度试验记录表(溶剂法)   表 7.2.2-8

工程名称_____   规格型号_____

样品描述_____   试验环境_____

试验日期_____   试 验 者_____   复 核 者_____

序号	试件编号	容量瓶的质量(g)	容量瓶充满混合料与溶剂的总质量(g)	瓶加混合料的合计质量(g)	容量瓶充满溶剂的合计质量(g)	三氯乙烯溶剂对水的相对密度(g)	沥青混合料理论最大相对密度	最大相对密度平均值

5 报告

同一试样至少平行试验两次,计算平均值作为试验结果,取三位小数。

7.2.3 配合比设计

1 目的、依据和适用范围

1.1 本方法适用于沥青混合料配合比设计,依据《公路沥青路面施工技术规范》(JTG F40—2004)进行设计,相关试验依据《公路工程沥青及沥青混合料试验规程》(JTG E20—2011)和《公路工程集料试验规程》(JTG E42—2005)。

1.2 本方法采用马歇尔试验配合比设计方法,沥青混合料技术要求应符合《公路沥青路面施工技术规范》(JTG F40—2004)。

2 仪器设备

2.1 车辙试验机。

2.2 沥青混合料稳定度测定仪。

2.3 浸水天平。

2.4 沥青混合料理论最大相对密度仪。

2.5 李氏比重瓶。

2.6 洛杉矶磨耗试验机。

2.7 电液式压力试验机。

2.8 测力延度仪低温针入度试验器。

2.9 全自动沥青软化点试验器等。

3 试验步骤

3.1 沥青混合料必须在对同类公路配合比设计和使用情况调查研究的基础上,充分借鉴成功的经验,选用符合要求的材料,进行配合比设计。

3.2 沥青混合料的矿料级配应符合工程规定的设计级配范围。密级配沥青混合料宜根据公路等级、气候及交通条件按表 7.2.3-1 选择采用粗型(C 型)或细型(F 型)混合料,并在表7.2.3-2范围内确定工程设计级配范围,通常情况下工程设计级配范围不宜超出表7.2.3-2的要求。其他类型的混合料宜直接以表7.2.3-3～表7.2.3-7作为工程设计级配范围。

粗型和细型密级配沥青混凝土的关键性筛孔通过率　　　　表7.2.3-1

混合料类型	公称最大粒径（mm）	用以分类的关键性筛孔（mm）	粗型密级配		细型密级配	
			名称	关键性筛孔通过率（%）	名称	关键性筛孔通过率（%）
AC-25	26.5	4.75	AC-25C	<40	AC-25F	>40
AC-20	19	4.75	AC-20C	<45	AC-20F	>45
AC-16	16	2.36	AC-16C	<38	AC-16F	>38
AC-13	13.2	2.36	AC-13C	<40	AC-13F	>40
AC-10	9.5	2.36	AC-10C	<45	AC-10F	>45

密级配沥青混凝土混合料矿料级配范围　　　　表7.2.3-2

级配类型		通过下列筛孔(mm)的质量百分率(%)												
		31.5	26.5	19	16	13.2	9.5	4.75	2.36	1.18	0.6	0.3	0.15	0.075
粗粒式	AC-25	100	90～100	75～90	65～83	57～76	45～65	24～52	16～42	12～33	8～24	5～17	4～13	3～7
中粒式	AC-20		100	90～100	78～92	62～80	50～72	26～56	16～44	12～33	8～24	5～17	4～13	3～7
	AC-16			100	90～100	76～92	60～80	34－62	20～48	13～36	9～26	7～18	5～14	4～8
细粒式	AC-13				100	90～100	68～85	38～68	24～50	15～38	10～28	7～20	5～15	4～8
	AC-10					100	90～100	45～75	30～58	20～44	13～32	9～23	6～16	4～8
砂粒式	AC-5						100	90～100	55～75	35～55	20～40	12～28	7～18	5～10

沥青玛蹄脂碎石混合料矿料级配范围　　　　表7.2.3-3

级配类型		通过下列筛孔(mm)的质量百分率(%)											
		26.5	19	16	13.2	9.5	4.75	2.36	1.18	0.6	0.3	0.15	0.075
中粒式	SMA-20	100	90～100	72～92	62～82	40～55	18～30	13～22	12～20	10～16	9～14	8～13	8～12
	SMA-16		100	90～100	65～85	45～65	20～32	15～24	14～22	12～18	10～15	9～14	8～12
细粒式	SMA-13			100	90～100	50～75	20～34	15～26	14～24	12～20	10～16	9～15	8～12
	SMA-10				100	90～100	28～60	20～32	14～26	12～22	10～18	9～16	8～13

开级配排水式磨耗层混合料矿料级配范围　　　　表7.2.3-4

级配类型		通过下列筛孔(mm)的质量百分率(%)										
		19	16	13.2	9.5	4.75	2.36	1.18	0.6	0.3	0.15	0.075
中粒式	OGFC-16	100	90～100	70～90	45～70	12～30	10～22	6～18	4～15	3～12	3～8	2～6
	OGFC-13		100	90～100	60～80	12～30	10～22	6～18	4～15	3～12	3～8	2～6
细粒式	OGFC-10			100	90～100	50～70	10～22	6～18	4～15	3～12	3～8	2～6

密级配沥青碎石混合料矿料级配范围　　表 7.2.3-5

级配类型		通过下列筛孔(mm)的质量百分率(%)													
		53	37.5	31.5	26.5	19	16	13.2	9.5	4.75	2.36	1.18	0.6	0.3	0.15	0.075
特粗式	ATB-40	100	90~100	75~92	65~85	49~71	43~63	37~57	30~50	20~40	15~32	10~25	8~18	5~14	3~10	2~6
	ATB-30		100	90~100	70~90	53~72	44~66	39~60	31~51	20~40	15~32	10~25	8~18	5~14	3~10	2~6
粗粒式	ATB-25			100	90~100	60~80	48~68	42~62	32~52	20~40	15~32	10~25	8~18	5~14	3~10	2~6

半开级配沥青碎石混合料矿料级配范围　　表 7.2.3-6

级配类型		通过下列筛孔(mm)的质量百分率(%)											
		26.5	19	16	13.2	9.5	4.75	2.36	1.18	0.6	0.3	0.15	0.075
中粒式	AM-20	100	90~100	60~85	50~75	40~65	15~40	5~22	2~16	1~12	0~10	0~8	0~5
	AM-16		100	90~100	60~85	45~68	18~40	6~25	3~18	1~14	0~10	0~8	0~5
细粒式	AM-13			100	90~100	50~80	20~45	8~28	4~20	2~16	0~10	0~8	0~6
	AM-10				100	90~100	35~65	10~35	5~22	2~16	0~12	0~9	0~6

开级配沥青碎石混合料矿料级配范围　　表 7.2.3-7

级配类型		通过下列筛孔(mm)的质量百分率(%)													
		53	37.5	31.5	26.5	19	16	13.2	9.5	4.75	2.36	1.18	0.6	0.3	0.15	0.075
特粗式	ATPB-40	100	70~100	65~90	55~85	43~75	32~70	20~65	12~50	0~3	0~3	0~3	0~3	0~3	0~3	0~3
	ATPB-30		100	80~100	70~95	53~85	36~80	26~75	14~60	0~3	0~3	0~3	0~3	0~3	0~3	0~3
粗粒式	ATPB-25			100	80~100	60~100	45~90	30~82	16~70	0~3	0~3	0~3	0~3	0~3	0~3	0~3

3.3　采用马歇尔试验配合比设计方法,沥青混合料技术要求应符合表 7.2.3-8 ~ 7.2.3-11 的规定,并有良好的施工性能。当采用其他方法设计沥青混合料时,应按本规范规定进行马歇尔试验及各项配合比设计检验,并报告不同设计方法各自的试验结果。二级公路宜参照一级公路的技术标准执行。表 7.2.3-8 中气候分区按附录 A 执行。长大坡度的路段按重载交通路段考虑。

密级配沥青混凝土混合料马歇尔试验技术标准

(本表适用于公称最大粒径≤26.5mm 的密级配沥青混凝土混合料)　　表 7.2.3-8

试验指标		单位	高速公路、一级公路				其他等级公路	行人道路
			夏炎热区 (1-1、1-2、1-3、1-4 区)		夏热区及夏凉区 (2-1、2-2、2-3、2-4、3-2 区)			
			中轻交通	重载交通	中轻交通	重载交通		
击实次数(双面)		次	75				50	50
试件尺寸		mm	φ101.6×63.5					
空隙率 VV	深 90mm 以内	%	3~5	4~6	2~4	3~5	3~6	2~4
	深 90mm 以下	%	3~6		2~4	3~6	3~6	—

续上表

试验指标	单位	高速公路、一级公路				其他等级公路	行人道路
		夏炎热区(1-1、1-2、1-3、1-4区)		夏热区及夏凉区(2-1、2-2、2-3、2-4、3-2区)			
		中轻交通	重载交通	中轻交通	重载交通		
稳定度 MS 不小于	kN	8				5	3
流值 FL	mm	2~4	1.5~4	2~4.5	2~4	2~4.5	2~5
矿料间隙率 VMA(%) 不小于	设计空隙率(%)	相应于以下公称最大粒径(mm)的最小 VMA 及 VFA 技术要求(%)					
		26.5	19	16	13.2	9.5	4.75
	2	10	11	11.5	12	13	15
	3	11	12	12.5	13	14	16
	4	12	13	13.5	14	15	17
	5	13	14	14.5	15	16	18
	6	14	15	15.5	16	17	19
沥青饱和度 VFA(%)		55~70	65~75			70~85	

注:1. 对空隙率大于5%的夏炎热区重载交通路段,施工时应至少提高压实度1%。

2. 当设计的空隙率不是整数时,由内插确定要求的 VMA 最小值。

3. 对改性沥青混合料,马歇尔试验的流值可适当放宽。

沥青稳定碎石混合料马歇尔试验配合比设计技术标准　　表 7.2.3-9

试验指标	单位	密级配基层(ATB)	半开级配面层(AM)	排水式开级配磨耗层(OGFC)	排水式开级配基层(ATPB)
公称最大粒径	mm	26.5	大于或等于31.5	小于或等于26.5	小于或等于26.5	所有尺寸
马歇尔试件尺寸	mm	φ101.6×63.5	φ152.4×95.3	φ101.6×63.5	φ101.6×63.5	φ152.4×95.3
击实次数(双面)	次	75	112	50	50	75
空隙率 VV①	%	3~6		6~10	不小于18	不小于18
稳定度 不小于	kN	7.5	15	3.5	3.5	—
流值	mm	1.5~4	实测			
沥青饱和度 VFA	%	55~70		40~70	—	—
密级配基层 ATB 的矿料间隙率 VMA(%) 不小于	设计空隙率(%)	ATB-40	ATB-30		ATB-25
	4	11	11.5		12
	5	12	12.5		13
	6	13	13.5		14

注:①在干旱地区,可将密级配沥青稳定碎石基层的空隙率适当放宽到8%。

SMA 混合料马歇尔试验配合比设计技术要求　　表 7.2.3-10

试验项目	单位	技术要求		试验方法
		不使用改性沥青	使用改性沥青	
马歇尔试件尺寸	mm	φ101.6×63.5		T 0702
马歇尔试件击实次数①		两面击实 50 次		T 0702

续上表

试 验 项 目	单位	技术要求		试验方法
		不使用改性沥青	使用改性沥青	
空隙率 VV②	%	3 ~ 4		T 0705
矿料间隙率 VMA② 不小于	%	17.0		T 0705
粗集料骨架间隙率 VCA_{mix}③ 不大于		VCA_{DRC}		T 0705
沥青饱和度 VFA	%	75 ~ 85		T 0705
稳定度④ 不小于	kN	5.5	6.0	T 0709
流值	mm	2 ~ 5	—	T 0709
谢伦堡沥青析漏试验的结合料损失	%	不大于 0.2	不大于 0.1	T 0732
肯塔堡飞散试验的混合料损失或浸水飞散试验	%	不大于 20	不大于 15	T 0733

注:①对集料坚硬不易击碎,通行重载交通的路段,也可将击实次数增加为双面 75 次。
　②对高温稳定性要求较高的重交通路段或炎热地区,设计空隙率允许放宽到 4.5% ,VMA 允许放宽到 16.5%(SMA-16)或 16%(SMA-19),VFA 允许放宽到70% 。
　③试验粗集料骨架间隙率 VCA 的的关键性筛孔,对 SMA-19、SMA-16 是指 4.75mm,对 SMA-13、SMA-10 是指 2.36mm。
　④稳定度难以达到要求时,容许放宽到 5.0kN(非改性)或 5.5kN(改性),但动稳定度检验必须合格。

OGFC 混合料技术要求　　　　表 7.2.3-11

试 验 项 目	单位	技 术 要 求	试验方法
马歇尔试件尺寸	mm	$\phi 101.6 \times 63.5$	T 0702
马歇尔试件击实次数		两面击实 50 次	T 0702
空隙率	%	18 ~ 25	T 0708
马歇尔稳定度 不小于	kN	3.5	T 0709
析漏损失	%	<0.3	T 0732
肯特堡飞散损失	%	<20	T 0733

3.4　对用于高速公路和一级公路的公称最大粒径小于或等于 19mm 的密级配沥青混合料(AC)及 SMA、OGFC 混合料需在配合比设计的基础上按下列步骤进行各种使用性能检验,不符要求的沥青混合料,必须更换材料或重新进行配合比设计。二级公路参照此要求执行。

3.4.1　必须在规定的试验条件下进行车辙试验,并符合表 7.2.3-12 的要求。

沥青混合料车辙试验动稳定度技术要求　　　　表 7.2.3-12

气候条件与技术指标	相应于下列气候分区所要求的动稳定度(次/mm)									试验方法
7 月平均最高气温(℃)及气候分区	>30				20 ~ 30				<20	
	1. 夏炎热区				2. 夏热区				3.夏凉区	
	1-1	1-2	1-3	1-4	2-1	2-2	2-3	2-4	3-2	
普通沥青混合料　　不小于	800	1 000			600			800	600	T 0719
改性沥青混合料　　不小于	2 400	2 800			2 000			2 400	1 800	

续上表

气候条件与技术指标	相应于下列气候分区所要求的动稳定度(次/mm)									试验方法
7月平均最高气温(℃)及气候分区	>30				20~30				<20	
	1.夏炎热区				2.夏热区				3.夏凉区	
	1-1	1-2	1-3	1-4	2-1	2-2	2-3	2-4	3-2	
SMA混合料 非改性 不小于	1 500									T 0719
SMA混合料 改性 不小于	3 000									
OGFC混合料	1 500(一般交通路段)、3 9000(重交通量路段)									

注:1. 如果其他月份的平均最高气温高于7月时,可使用该月平均最高气温。

2. 在特殊情况下,如钢桥面铺装、重载车特别多或纵坡较大的长距离上坡路段、厂矿专用道路,可酌情提高动稳定度的要求。

3. 对因气候寒冷确需使用针入度很大的沥青(如大于100),动稳定度难以达到要求,或因采用石灰岩等不很坚硬的石料,改性沥青混合料的动稳定度难以达到要求等特殊情况,可酌情降低要求。

4. 为满足炎热地区及重载车要求,在配合比设计时采取减少最佳沥青用量的技术措施时,可适当提高试验温度或增加试验荷载进行试验,同时增加试件的碾压成型密度和施工压实度要求。

5. 车辙试验不得采用二次加热的混合料,试验必须检验其密度是否符合试验规程的要求。

6. 如需要对公称最大粒径等于和大于26.5mm的混合料进行车辙试验,可适当增加试件的厚度,但不宜作为评定合格与否的依据。

3.4.2　必须在规定的试验条件下进行浸水马歇尔试验和冻融劈裂试验检验沥青混合料的水稳定性,并同时符合表7.2.3-13中的两个要求。达不到要求时必须采取抗剥落措施,调整最佳沥青用量后再次试验。

沥青混合料水稳定性检验技术要求　　　　表7.2.3-13

气候条件与技术指标	相应于下列气候分区的技术要求（%）				试验方法
年降雨量(mm)及气候分区	>1 000	500~1 000	250~500	<250	
	1.潮湿区	2.湿润区	3.半干区	4.干旱区	
浸水马歇尔试验残留稳定度(%) 不小于					
普通沥青混合料	80		75		T 0709
改性沥青混合料	85		80		
SMA混合料 普通沥青	75				
SMA混合料 改性沥青	80				
冻融劈裂试验的残留强度比(%) 不小于					
普通沥青混合料	75		70		T 0729
改性沥青混合料	80		75		
SMA混合料 普通沥青	75				
SMA混合料 改性沥青	80				

3.4.3　宜对密级配沥青混合料在温度-10℃、加载速率50mm/min的条件下进行弯曲试验,测定破坏强度、破坏应变、破坏劲度模量,并根据应力应变曲线的形状,综合评价沥青混合料的低温抗裂性能。其中沥青混合料的破坏应变宜不小于表7.2.3-14的要求。

沥青混合料低温弯曲试验破坏应变技术要求   表 7.2.3-14

气候条件与技术指标	相应于下列气候分区所要求的破坏应变（με）									试验方法
年极端最低气温（℃）及气候分区	< -37.0		-37.0 ~ -21.5			-21.5 ~ -9.0		> -9.0		
	1. 冬严寒区		2. 冬寒区			3. 冬冷区		4. 冬温区		
	1-1	2-1	1-2	2-2	3-2	1-3	2-3	1-4	2-4	
普通沥青混合料　不小于	2 600		2 300			2 000				T 0715
改性沥青混合料　不小于	3 000		2 800			2 500				

3.4.4 宜利用轮碾机成型的车辙试验试件，脱模架起进行渗水试验，并符合表 7.2.3-15 的要求。

沥青混合料试件渗水系数技术要求   表 7.2.3-15

级配类型	渗水系数要求（mL/min）	试验方法
密级配沥青混凝土　不大于	120	
SMA 混合料　不大于	80	T 0730
OGFC 混合料　不小于	实测	

3.4.5 对使用钢渣作为集料的沥青混合料，应按现行《公路工程沥青及沥青混合料试验规程》（JTG E20）T 0363 进行活性和膨胀性试验，钢渣沥青混凝土的膨胀量不得超过 1.5%。

3.4.6 对改性沥青混合料的性能检验，应针对改性目的进行。以提高高温抗车辙性能为主要目的时，低温性能可按普通沥青混合料的要求执行；以提高低温抗裂性能为主要目的时，高温稳定性可按普通沥青混合料的要求执行。

3.5 高速公路、一级公路沥青混合料的配合比设计应在调查以往类同材料的配合比设计经验和使用效果的基础上，按以下步骤进行。

3.5.1 目标配合比设计阶段。用工程实际使用的材料按《公路沥青路面施工技术规范》（JTG F40—2004）中附录 B、附录 C、附录 D 的方法，优选矿料级配、确定最佳沥青用量，符合配合比设计技术标准和配合比设计检验要求，以此作为目标配合比，供拌和机确定各冷料仓的供料比例、进料速度及试拌使用。

3.5.2 生产配合比设计阶段。对间歇式拌和机，应按规定方法取样测试各热料仓的材料级配，确定各热料仓的配合比，供拌和机控制室使用。同时选择适宜的筛孔尺寸和安装角度，尽量使各热料仓的供料大体平衡。并取目标配合比设计的最佳沥青用量 OAC、OAC ± 0.3% 三个沥青用量进行马歇尔试验和试拌，通过室内试验及从拌和机取样试验综合确定生产配合比的最佳沥青用量，由此确定的最佳沥青用量与目标配合比设计的结果的差值不宜大于 ±0.2%。对连续式拌和机可省略生产配合比设计步骤。

3.5.3 生产配合比验证阶段。拌和机按生产配合比结果进行试拌、铺筑试验段，并取样进行马歇尔试验，同时从路上钻取芯样观察空隙率的大小，由此确定生产用的标准配合比。标准配合比的矿料合成级配中，至少应包括 0.075mm、2.36mm、4.75mm 及公称最大粒径筛孔的通过率接近优选的工程设计级配范围的中值，并避免在 0.3 ~ 0.6mm 处出现"驼峰"。对确定的标准配合比，宜再次进行车辙试验和水稳定性检验。

3.5.4 确定施工级配允许波动范围。根据标准配合比及质量管理要求中各筛孔的允许波动范围，制订施工用的级配控制范围，用以检查沥青混合料的生产质量。

3.6 经设计确定的标准配合比在施工过程中不得随意变更。但生产过程中应加强跟踪检测,严格控制进场材料的质量,如遇材料发生变化并经检测沥青混合料的矿料级配、马歇尔技术指标不符要求时,应及时调整配合比,使沥青混合料的质量符合要求并保持相对稳定,必要时重新进行配合比设计。

3.7　二级及二级以下其他等级公路热拌沥青混合料的配合比设计可按上述步骤进行。当材料与同类道路完全相同时,也可直接引用成功的经验。

7.2.4　车辙试验

1　目的、依据和适用范围

1.1　本方法适用于测定沥青混合料的高温抗车辙能力,供沥青混合料配合比设计的高温稳定性检验使用。

1.2　车辙试验的试验温度与轮压可根据有关规定和需要选用,非经注明,试验温度为60℃,轮压为0.7MPa。根据需要,如在寒冷地区也可采用45℃,在高温条件下采用70℃等,但应在报告中注明。计算动稳定度的时间原则上为试验开始后45～60min之间。

1.3　本方法适用于按轮碾法用轮碾成型机碾压成型的长300mm、宽300mm、厚50mm的板块状试件,也适用于现场切割制作长300mm、宽150mm、厚50mm板块状试件。根据需要,试件的厚度也可采用40mm。

2　仪器设备

2.1　车辙试验机,主要由下列部分组成。

2.1.1　试件台:可牢固地安装两种宽度(300mm及150mm)规定尺寸试件的试模。

2.1.2　试验轮:橡胶制的实心轮胎,外径200mm,轮宽50mm,橡胶层厚15mm。橡胶硬度(国际标准硬度)20℃时为84±4,60℃时为78±2。试验轮行走距离为230mm±10mm,往返碾压速度为42次/min±1次/min(21次往返/min)。采用曲柄连杆驱动加载轮往返运行方式。

2.1.3　加载装置:通常情况下试验轮与试件的接触压强在60℃时为0.7MPa±0.05MPa,施加的总荷载为780N左右,根据需要可以调整接触压强大小。

2.1.4　试模:钢板制成,由底板及侧板组成,试模内侧尺寸宜采用长为300mm,宽为300mm,厚50～100mm,也可根据需要对厚度进行调整。

2.1.5　试件变形测量装置:自动采集车辙变形并记录曲线的装置,通常用位移传感器LVDT或非接触位移计。移位测量范围0～130mm,精度±0.01mm。

2.1.6　温度检测装置:自动检测并记录试件表面及恒温室内温度的温度传感器,精度±0.5℃。温度应能自动连续记录。

2.2　恒温室:恒温室应具有足够的空间。车辙试验机必须整机安放在恒温室内,装有加热器、气流环装置及装有自动温度控制设备,同时恒温室还应有至少能保温3块试件并进行试验的条件。保持恒温室温度60℃±1℃(试件内部温度60℃±0.5℃),根据需要也可采用其他试验温度。

2.3　台秤:称量15kg,感量不大于5g。

3　试验步骤

3.1　准备工作

3.1.1　试验轮接地压强测定:测定在60℃时进行,在试验台上放置一块50mm厚的钢板,其上铺一张毫米方格纸,上铺一张新的复写纸,以规定的700N荷载后试验轮静压复写纸,即可在方格纸上得出轮压面积,并由此求得接地压强。当压强不符合0.7MPa±0.05MPa,荷载应予适当调整。

3.1.2　按《公路工程沥青及沥青混合料试验规程》(JTG E20—2011)T 0703 用轮碾成型法制作车辙试验试块。在试验室或工地制备成型的车辙试件,其标准尺寸为 300mm×300mm×50mm。也可从路面切割得到需要尺寸的试件。

3.1.3　当直接在拌和厂取拌和好的沥青混合料样品制作试件检验生产配合比设计或混合料生产质量时,必须将混合料装入保温桶中,在温度下降至成型温度之前迅速送达试验室制作试件,如果温度稍有不足,可放在烘箱中稍事加热(时间不超过 30min)后成型,但不得将混合料放冷却后二次加热重塑制作试件。重塑制件的试验结果仅供参考,不得用于评定配合比设计检验是否合格的标准。

3.1.4　如需要,将试件脱模按本规程规定的方法测定密度及空隙率等各项物理指标。如经水浸,应用电扇将其吹干,然后再装回原试模中。

3.1.5　试件成型后,连同试模一起在常温条件下放置的时间不得少于 12h。对聚合物改性沥青混合料,放置的时间以 48h 为宜,使聚合物改性沥青充分固化后方可进行车辙试验,室温放置时间也不得长于一周。

3.2　试验步骤

3.2.1　将试件连同试模一起,置于已达到试验温度 60℃±1℃ 的恒温室中,保温不少于5h,也不得多于 24h。在试件的试验轮不行走的部位上,粘贴一个热电偶温度计(也可在试件制作时预先将热电偶导线埋入试件一角),控制试件温度稳定在 60℃±0.5℃。

3.2.2　将试件连同试模移置于轮辙试验机的试验台上,试验轮在试件的中央部位,其行走方向须与试件碾压或行车方向一致。开动车辙变形自动记录仪,然后启动试验机,使试验轮往返行走,时间约 1h,或最大变形达到 25mm 时为止。试验时,记录仪自动记录变形曲线(图 7.2.4-1)及试件温度。

注:对 300mm 宽且试验时变形较小的试件,也可对一块试件在两侧 1/3 位置上进行两次试验取平均值。

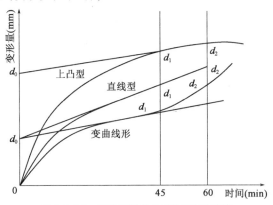

图 7.2.4-1　车辙试验自动记录的变形曲线

4　数据整理

4.1　计算公式

4.1.1　从图 7.2.4-1 上读取 45min(t_1)、60min(t_2)时的车辙变形 d_1、d_2,准确至 0.01mm。

当变形过大,在未到 60min 变形已达 25mm 时,则以达到 25mm(d_2)时的时间为 t_2,将其前15min 为 t_1,此时的变形量为 d_1。

4.1.2　沥青混合料试件的动稳定度按式(7.2.4-1)计算。

$$DS = \frac{(t_2 - t_1) \times N}{d_2 - d_1} \times C_1 \times C_2 \qquad (7.2.4-1)$$

式中:DS——沥青混合料的动稳定度(次/mm);

$\quad d_1$——对应于时间t_1的变形量(mm);

$\quad d_2$——对应于时间t_2的变形量(mm);

$\quad C_1$——试验机类型系数,曲柄连杆驱动加载轮往返运行方式为1.0;

$\quad C_2$——试件系数,试验室制备的宽300mm的试件为1.0;

$\quad N$——试验轮往返碾压速度,通常为42次/min。

4.2　记录表格(表7.2.4-1)

沥青混合车辙试验记录表

表7.2.4-1

工程名称＿＿＿＿＿＿＿＿＿＿　　　　　　　规格型号＿＿＿＿＿＿＿＿＿＿

试件描述＿＿＿＿＿＿＿＿＿＿　　　　　　　试验环境＿＿＿＿＿＿＿＿＿＿

试验日期＿＿＿＿＿＿＿　　试　验　者＿＿＿＿＿＿＿　　复　核　者＿＿＿＿＿＿＿

试件制作时间＿＿＿＿＿＿	沥青混合料类型＿＿＿＿＿＿	试件密度(g/cm³)＿＿＿＿
空隙率(%)＿＿＿＿＿＿	试件制作方法＿＿＿＿＿＿	碾压次数＿＿＿＿＿＿
试验轮接地压强＿＿＿＿＿＿	试验温度＿＿＿＿＿＿	

试样编号	试件系数 C_2	试验机类型修正系数 C_1	时间 t_1、t_2 (min)	变形量 d_1、d_2 (mm)	试件动稳定度测值(次/mm) $DS = \dfrac{(t_2 - t_1) \times N}{d_2 - d_1} \times C_1 \times C_2$	动稳定度(次/mm)

4.3　精密度和允许差

重复性试验动稳定度变异系数不大于20%。

5　报告

(1)同一沥青混合料或同一路段的路面,至少平行试验三个试件,当三个试件动稳定度变异系数小于20%时,取其平均值作为试验结果。变异系数大于20%时应分析原因,并追加试验。如计算动稳定度值大于6 000次/mm,记作">6 000次/mm"。

(2)试验报告应注明试验温度、试验轮接地压强、试件密度、空隙率及试件制作方法等。

7.2.5　冻融劈裂试验

1　目的、依据和适用范围

1.1　本方法适用于在规定条件下对沥青混合料进行冻融循环,测定混合料试件在受到水损害前后劈裂破坏的强度比,以评价沥青混合料的水稳定性。非经注明,试验温度为25℃,加载速率为50mm/min。

1.2 本方法采用马歇尔击实法成型的圆柱体试件,击实次数为双面各50次,集料公称最大粒径不得大于26.5mm。

2 仪器设备

2.1 试验机:能保持规定加载速率的材料试验机,也可采用马歇尔试验仪。试验机负荷应满足最大测定荷载不超过其量程的80%且不小于其量程的20%的要求,宜采用40kN或60kN传感器,读数准确至0.01N。

2.2 恒温冰箱:能保持温度为-18℃,当缺乏专用的恒温冰箱时,可采用家用电冰箱的冷冻室代替,控温准确度为±2℃。

2.3 恒温水槽:用于试件保温,温度范围能满足试验要求,控温准确度为0.5℃。

2.4 压条:上下各一根,试件直径100mm时,压条宽度为12.7mm,内侧曲率半径50.8mm,压条两端均应磨圆。

2.5 劈裂试验夹具:下压条固定在夹具上,压条可上下自由活动。

2.6 其他:塑料袋、卡尺、天平、记录纸、胶皮手套等。

3 试验步骤

3.1 按击实法制作圆柱体试件。用马歇尔击实仪双面击实各50次,试件数目不少于8个。

3.2 测定试件的直径及高度,准确至0.1mm。试件尺寸应符合直径101.6mm±0.25mm、高63.5mm±1.3mm的要求。在试件两侧通过圆心画上对称的十字标记。

3.3 测定试件的密度、空隙率等各项物理指标。

3.4 将试件随机分成两组,每组不少于4个,将第一组试件置于平台上,在室温下保存备用。

3.5 将第二组试件真空饱水,在97.3~98.7kPa(730~740mmHg)真空条件下保持15min,然后打开阀门,恢复常压,试件在水中放置0.5h。

3.6 取出试件放入塑料袋中,加入约10mL的水,扎紧袋口,将试件放入恒温冰箱(或家用冰箱的冷冻室),冷冻温度为-18℃±2℃,保持16h±1h。

3.7 将试件取出后,立即放入已保温为60℃±0.5℃的恒温水槽中,撤去塑料袋,保温24h。

3.8 将第一组与第二组全部试件浸入温度为25℃±0.5℃的恒温水槽中不少于2h,水温高时可适当加入冷水或冰块调节,保温时试件之间的距离不少于10mm。

3.9 取出试件立即按本规定的加载速率进行劈裂试验,得到试验的最大荷载。

4 数据整理

4.1 计算公式

4.1.1 劈裂抗拉强度按式(7.2.5-1)、式(7.2.5-2)计算。

$$R_{\text{Tl}} = \frac{0.006\,287 P_{\text{Tl}}}{h_1} \tag{7.2.5-1}$$

$$R_{T2} = \frac{0.006\,287P_{T2}}{h_2} \tag{7.2.5-2}$$

上述式中：R_{T1}——未进行冻融循环的第一组单个试件的劈裂抗拉强度(MPa)；

　　　　　R_{T2}——经受冻融循环的第二组单个试件的劈裂抗拉强度(MPa)；

　　　　　P_{T1}——第一组试件的试验荷载的最大值(N)；

　　　　　P_{T2}——第二组试件的试验荷载的最大值(N)；

　　　　　h_1——第一组试件的试件高度(mm)；

　　　　　h_2——第二组试件的试件高度(mm)。

4.1.2　冻融劈裂抗拉强度比按式(7.2.5-3)计算。

$$TSR = \frac{\overline{R}_{T2}}{\overline{R}_{T1}} \times 100 \tag{7.2.5-3}$$

式中：TSR——冻融劈裂试验强度比，%；

　　　$\overline{R}_{T2}$——冻融循环后第二组试件的劈裂抗拉强度平均值(MPa)；

　　　$\overline{R}_{T1}$——未冻融循环的第一组试件的劈裂抗拉强度平均值(MPa)。

4.2　记录表格(表7.2.5-1)

沥青混合料劈裂强度试验记录表　　　　　　　　　　　表7.2.5-1

工程名称＿＿＿＿＿＿＿＿＿＿　　　　　　　　　　规格型号＿＿＿＿＿＿＿＿＿＿

样品描述＿＿＿＿＿＿＿＿＿＿　　　　　　　　　　试验环境＿＿＿＿＿＿＿＿＿＿

试验日期＿＿＿＿＿＿＿＿＿＿　　　试　验　者＿＿＿＿＿＿＿＿　　复　核　者＿＿＿＿＿＿＿＿

冻前平均劈裂强度(MPa)					冻后平均劈裂强度(MPa)			冻融劈裂强度比(%)	
序号	试件编号	百分表读数(0.01mm)	试件高度(mm)					换算压力(kN)	劈裂强度(MPa)
			1	2	3	4	平均		

5　报告

(1)每个试验温度下，一组试验的有效试件不得少于三个，取其平均值作为试验结果。当一组测定值中某个数据与平均值之差大于标准差的k倍时，该测定值应予舍弃，并以其余测定值的平均值作为试验结果。当试件数目n为3、4、5、6个时，k值分别为1.15、1.46、1.67、1.82。

(2)试验结果均应注明试件尺寸、成型方法、试验温度、加载速率。

7.2.6 沥青含量

1 目的、依据和适用范围

1.1 本方法适用于燃烧炉法测定沥青混合料中沥青含量,也适用于对燃烧后的沥青混合料进行筛分分析。

1.2 本方法适用于热拌沥青混合料以及从路面取样的沥青混合料在生产、施工过程中的质量控制。

2 仪器设备

2.1 燃烧炉:由燃烧室、称量装置,自动数据采集系统、控制装置、空气循环装置、试样篮及其附件组成。

2.1.1 燃烧室的尺寸应能容纳3 500g以上的沥青混合料试样,并有警示钟和指示灯,当试验质量的变化在连续3min内不超过试验质量的0.01%时,可以发出提示声音。燃烧室的门在试验过程中应该是锁死的。

2.1.2 称量装置,该标准方法的称量装置为内置天平,精度为0.1g,能够称量至少3 500g重的试样(不包括试样篮的质量)。

2.1.3 燃烧炉具有数据自动采集系统,在试验过程中可以实时检测并且显示重量,有一套内置的计算机程序来计算试样篮质量的变化,并且能够输入集料损失的修正系数,进行自动计算、显示试验结果,并可以将试验结果打印出来。

2.1.4 燃烧炉应具有强制通风降低烟雾排放的设施,在试验过程中燃烧炉的烟雾必须排放到室外,不得有明显的烟味进入到试验室里。

2.2 试样篮:可以使试样均匀的摊薄放置在篮里,能够使空气在试样内部及周围流通,如果有2个及2个以上的试样篮可以套放在一起。试样篮由网孔板做成,一般采用打孔的不锈钢或者其他合适的材料做成,通常情况下网孔的尺寸最大为2.36mm,最小为0.6mm。

2.3 托盘:放置于试样篮下方,以接受从试样篮中滴落的沥青和集料。

2.4 烘箱:温度应控制在设定值±5℃。

2.5 天平:满足称量试样篮以及试样的质量,感量不大于0.1g。

2.6 防护装置:防护眼镜、隔热面罩、隔热手套、可以耐高温650℃的隔热罩,试验结束后试样篮应该放在隔热罩内冷却。

2.7 其他:大平底盘(比试样篮稍大),刮刀、盆、钢丝刷等。

3 准备试样

3.1 按《公路工程沥青及沥青混合料试验规程》(JTG E20—2011)T 0701沥青混合料取样方法,在拌和厂从运料卡车采取沥青混合料试样,宜趁热放在金属盘(或搪瓷盘)中适当拌和,待温度下降至100℃以下时,称取混合料试样,准确至0.1g。

3.2 当用钻孔法或切割法从路面上取得的试样时,应用电风扇吹风使其完全干燥,但不得用锤击以防集料破碎,然后置烘箱125℃±5℃加热成松散状态,并至恒重,然后适当拌和后称取试样质量,准确至0.1g。

3.3 当混合料已经结团时不得用刮刀或者铲刀处理,应该将试样置于托盘中放在烘箱125℃±5℃中加热成松散状态取样。

3.4 最小试样质量根据沥青混合料的集料公称最大粒径按表7.2.6-1选用。

最小试样质量要求

表7.2.6-1

公称最大粒径（mm）	试样最小总量（g）	公称最大粒径（mm）	试样最小总量（g）
4.75	1 200	19	2 000
9.5	1 200	26.5	3 000
13.2	1 500	31.5	3 500
16	1 800	37.5	4 000

4 标定

4.1 标定要求

4.1.1 对于每一种沥青混合料都须进行标定，以确定沥青用量的修正系数和筛分级配的修正系数。

4.1.2 当混合料的任何一档料的料源变化或者单档集料配比变化超过5%时均需要重新标定。

4.2 标定步骤

4.2.1 按照沥青混合料配合比设计的步骤，取代表性各档料集料，将各档集料放入105℃±5℃烘箱加热至恒重，冷却后按配合比配出5份集料混合料(含矿粉)。

4.2.2 将其中两份集料混合料进行水洗筛分。取筛分结果平均值为燃烧前的各档筛孔通过百分率 P_{Bi}，其级配需满足被检测沥青混合料的目标级配范围要求。

4.2.3 分别称量三份集料混合料质量 m_{B1}，准确至0.1g。按照配合比设计时成型试件的相同条件拌制沥青混合料，如沥青的加热温度、集料加热温度和拌和温度等。

4.2.4 在拌制两份标定试样前，先将一份沥青混合料进行洗锅，其沥青用量宜比目标沥青用量 P_b 多0.3%~0.5%，目的是使拌和锅的内侧先附着一些沥青和粉料，这样可以防止在拌制标定用的试样过程中拌和锅粘料导致试验误差。

4.2.5 正式分别拌制两份标定试样，其沥青用量为目标沥青用量 P_b。将集料混合料和沥青加热后，先将集料混合料全部放入拌和机，然后称量沥青质量 m_{B2}，准确至0.1g，将沥青放入拌和锅开始拌和，拌和后的试样质量应满足表 T 0735-1 要求。拌和好的沥青混合料应直接放进试样篮中。

4.2.6 预热燃烧炉。将燃烧温度设定538℃±5℃。设定修正系数为0。

4.2.7 称量试验篮和托盘质量 m_{B3}，准确至0.1g。

4.2.8 试样篮放入托盘中，将加热的试样均匀地在试样篮中摊平，尽量避免试样太靠近试样篮边缘。称量试样、试验篮和托盘总质量 m_{B4}，准确至0.1g。计算初始试样总质量 m_{B5}（即 $m_{B4}-m_{B3}$），并将 m_{B5} 输入燃烧炉控制程序中。

4.2.9 将试样篮、托盘和试样放入燃烧炉，关闭燃烧室门，查看燃烧炉控制程序中显示的 m_{B4} 质量是否准确，即试样、试验篮和托盘总质量 m_{B4} 差值不得大于5g，否则需要检查试样盘是否与燃烧室侧壁接触等，调整试样盘的位置。

4.2.10 锁定燃烧室的门，启动燃烧开始按钮，进行燃烧。燃烧至连续3min试样质

401

量每分钟损失率小于0.01%时,燃烧炉会自动发出警示声音或者指示灯亮起警报,并停止燃烧。燃烧炉控制程序自动计算试样燃烧损失质量m_{B6},准确至0.1g。按下停止按钮,燃烧室的门会解锁,并打印试验结果,从燃烧室中取出试样盘。燃烧结束后,罩上保护罩适当冷却。

4.2.11 将冷却后的残留物倒入大盘子中,用钢丝刷清理试样篮确保所有残留物都刷到盘子中待用。

4.2.12 重复以上4.2.6~4.2.11步骤将第二份混合料燃烧。

4.2.13 根据式(7.2.6-1)分别计算两份试样的质量损失系数C_{fi}。

$$C_{fi} = \left(\frac{m_{B6}}{m_{B5}} - \frac{m_{B2}}{m_{B1}}\right) \times 100 \qquad (7.2.6-1)$$

式中:C_{fi}——质量损失系数;

$\quad m_{B1}$——每份集料混合料质量(g);

$\quad m_{B2}$——沥青质量(g);

$\quad m_{B5}$——初始试样总质量(g);

$\quad m_{B6}$——试样燃烧损失质量(g)。

注:1.当两个试样的质量损失系数差值不大于0.15%,则取平均值作为沥青用量的修正系数C_f。

2.当两个试样的质量损失系数差值大于0.15%,则重新准备两个试样按以上步骤进行燃烧试验,这样得到4个质量损失系C_{fi},除去1个最大值和1个最小值,将剩下的2个修正系数取平均值作为沥青用量的修正系数C_f。

4.2.14 当沥青用量的修正系数C_f小于0.5%,则沥青用量的修正系数标定成功,按照本方法4.2.12步骤进行级配筛分修正。

4.2.15 当沥青用量的修正系数C_f大于0.5%,则设定482℃±5℃燃烧温度按照本方法4.2.1~4.2.13步骤重新标定,得到482℃的沥青用量的修正系数C_f。如果482℃与538℃得到的沥青用量的修正系数差值在0.1%以内,则仍以538℃的沥青用量作为最终的修正系数C_f。如果修正系数差值大于0.1%,则以482℃的沥青用量作为最终修正系数C_f。

4.2.16 确保试样在燃烧室得到完全燃烧,如果试样燃烧后仍然有发黑等物质说明没有完全燃烧干净。如果沥青混合料试样的数量超过了设备的试验能力,或者一次试样质量太多燃烧不够彻底时,可将试样分成两等份分别测定,再合并计算沥青含量。不宜人为延长燃烧时间。

4.2.17 级配筛分。用最终沥青用量修正系数C_f所对应的两份试样的残留物,进行水筛分,取筛分平均值为燃烧后沥青混合料各筛孔的通过率P'_{Bi}。燃烧前、后各筛孔通过率差值均符合表7.2.6-2的范围,则取各筛孔的通过百分率率修正系数$C_{Pi}=0$,否则应按下式进行燃烧后混合料级配修正

$$C_{Pi} = P'_{Bi} - P_{Bi} \qquad (7.2.6-2)$$

式中:P'_{Bi}——燃烧后沥青混合料各筛孔的通过率(%);

$\quad P_{Bi}$——燃烧前的各档筛孔通过百分率(%)。

燃烧前后混合料级配差值允许值　　　　　表7.2.6-2

筛孔(mm)	≥2.36	0.15~1.18	0.075
允许差值	±5%	±3%	±0.5%

5　试验方法和步骤

5.1　将燃烧炉预热到设定温度(设定温度与标定温度相同)。将沥青用量的修正系数 C_f 输入到控制程序中,将打印机连接好。

5.2　将试样放在105℃±5℃的烘箱中烘至恒重。

5.3　称量试验篮和托盘质量 m_1,准确至0.1g。

5.4　试样篮放入托盘中,将加热的试样均匀地在试样篮中摊平,尽量避免试样太靠近试样篮边缘。称量试样、试验篮和托盘总质量 m_2,准确至0.1g。计算初始试样总质量 m_3(即 $m_2 - m_1$),将 m_3 作为初始的试样质量输入燃烧炉控制程序中。

5.5　将试样篮、托盘和试样放入燃烧炉,关闭燃烧室门。查看显示质量是否准确,即试样、试验篮和托盘总质量 m_2 不得大于5g,否则需要调整试样盘的位置。

5.6　锁定燃烧室的门,启动燃烧开始按钮进行燃烧。

5.7　按照标定时4.2.10的方法进行燃烧,连续3min试样质量每分钟损失率小于0.01%结束,燃烧炉控制程序自动称量试样燃烧损失质量 m_4,准确至0.1g。

5.8　按照式(7.2.6-3)计算修正后的沥青用量 P,准确至0.01%。此值也可由燃烧炉控制程序自动计算。

$$P = \left(\frac{m_4}{m_3} \times 100 \right) - C_f \tag{7.2.6-3}$$

5.9　燃烧结束后,取出的试验篮罩上保护罩将试样适当冷却后,将试验篮残留物倒入大盘子中,用钢丝刷清理试样篮确保所有残留物都刷到盘子中,进行水筛分,得到燃烧后沥青混合料各筛孔的通过率 P'_i,修正得到混合料级配 P_i(即 $P'_i - C_{Pi}$)。

6　数据整理

6.1　记录表格(表7.2.6-3)

沥青含量试验记录表　　　　　表7.2.6-3

工程名称＿＿＿＿＿＿＿＿＿＿　　　　　　　　　样品名称＿＿＿＿＿＿＿＿＿＿

样品描述＿＿＿＿＿＿＿＿＿＿　　　　　　　　　试验环境＿＿＿＿＿＿＿＿＿＿

试验日期＿＿＿＿＿＿＿＿＿＿　　　试　验　者＿＿＿＿＿＿　　　复　核　者＿＿＿＿＿＿

试验次数	燃烧前质量(g)	燃烧后质量(g)	沥青质量(g)	油石比(%)	平均值(%)

6.2　精密度和允许差

沥青用量的重复性试验的允许误差0.11%,复现性试验的允许差为0.17%。

7　报告

同一沥青混合料试样至少平行测定两次,取平均值作为试验结果。报告内容应包括燃烧炉类型、试验温度、沥青用量的修正系数、试验前后试样质量和测定的沥青用量试验结果,并将标定和测定时的试验结果打印并附到报告中。当需要进一步进行筛分析试验时,还需要包括各筛孔通过率的修正系数和混合料的筛分试验结果。

7.2.7 矿料级配试验

1 目的、依据和适用范围

本方法适用于测定沥青路面施工过程中沥青混合料的矿料级配,供评定沥青路面的施工质量时使用。

本方法参照的标准为《公路工程沥青及沥青混合料试验规程》(JTG E20—2011)。

2 仪器设备

2.1 标准筛:尺寸为 53.0mm、37.5mm、31.5mm、26.5mm、19.0mm、16.0mm、13.2mm、9.5mm、4.75mm、2.36mm、1.18mm、0.6mm、0.3mm、0.15mm、0.075mm 的标准筛系列中,根据沥青混合料级配选用相应的筛号,必须有密封圈、盖和底。

2.2 天平:感量不大于 0.1g。

2.3 摇筛机。

2.4 烘箱:装有温度自动控制器。

2.5 其他:样品盘、毛刷等。

3 试验步骤

3.1 准备工作

3.1.1 按照《公路工程沥青及沥青混合料试验规程》(JTG E20—2011)中 T 0710 沥青混合料取样方法从拌和厂选取代表性样品。

3.1.2 将《公路工程沥青及沥青混合料试验规程》(JTG E20—2011)中 T 0722 等沥青混合料中沥青含量的试验方法抽提沥青后,将全部矿质混合料放入样品盘中置于温度 105℃ ± 5℃烘干,并冷却至室温。

3.1.3 按沥青混合料矿料级配设计要求,选用全部或部分需要筛孔的标准筛,作施工质量检验时,至少应包括 0.075mm、2.36mm、4.75mm 及集料公称最大粒径等 5 个筛孔,按大小顺序排列成套筛。

3.2 试验步骤

3.2.1 将抽提后的全部矿料试样称量,准确至 0.1g。

3.2.2 将标准筛带筛底置于摇筛机上,并将矿质混合料置于筛内,盖妥筛盖后,压紧摇筛机,开动摇筛机筛分 10min。取下套筛后,按筛孔大小顺序,在一清洁的浅盘上,再逐个进行手筛,手筛时可用手轻轻拍击筛框并经常地转动筛子,直到每分钟筛出量不超过筛上试样质量的0.1%时为止,但不允许用手将颗粒塞过筛孔,筛下的颗粒并入下一号筛,并和下一号筛中试样一起过筛。在筛分过程中,针对 0.075mm 筛的料,根据需要可参照《公路工程集料试验规程》(JTG E42—2005)的方法采用水筛法,或者对同一种混合料,适当进行几次干筛和湿筛的对比试验后,对 0.075mm 筛的通过率进行适当的换算或修正。

3.2.3 称量各筛上筛余颗粒的质量,准确至 0.1g。并将沾在滤纸、棉花上的矿粉及抽提液中的矿粉计入矿粉中通过 0.075mm 的矿粉含量中。所有各筛的分计筛余量和底盘中筛余质量的总和和筛分前试样总质量相比,相差不得超过总质量的1%。沥青混合料矿料组成级配曲线如图7.2.7-1所示。

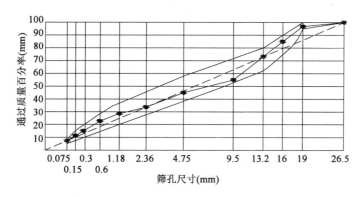

图7.2.7-1　沥青混合料矿料组成级配曲线

4　数据整理

4.1　计算公式

试样的分计筛余量按式(7.2.7-1)计算。

$$P_i = \frac{m_i}{m} \times 100 \qquad (7.2.7\text{-}1)$$

式中:P_i——第i级试样的分计筛余量(%);

$\quad m_i$——第i级筛上颗粒的质量(g);

$\quad m$——试样的质量(g)。

累计筛余百分率:该号筛上的分计筛余百分率与大于该号筛上的分计筛余百分率之和,准确至0.1%

通过筛分百分率:用100减去该号筛上的累计筛余百分率,准确至0.1%。

以筛孔尺寸为横坐标,各个筛孔的通过筛分百分率为纵坐标,绘制矿料组成级配曲线,评定该试样的颗粒组成。

4.2　记录表格(表7.2.7-1)

沥青混合车辙试验记录表

表7.2.7-1

工程名称＿＿＿＿＿＿＿＿＿　　　　　　　规格型号＿＿＿＿＿＿＿＿＿

试件描述＿＿＿＿＿＿＿＿＿　　　　　　　试验环境＿＿＿＿＿＿＿＿＿

试验日期＿＿＿＿＿＿＿＿＿　　试　验　者＿＿＿＿＿＿＿　　复核者＿＿＿＿＿＿＿＿＿

试样筛前质量(g)	第一组:				第二组:				平均通过百分率(%)	设计级配(%)
筛孔尺寸(mm)	筛上质量(g)	分计筛余(%)	累计筛余(%)	通过百分率(%)	筛上质量(g)	分计筛余(%)	累计筛余(%)	通过百分率(%)		
37.5										
31.5										
26.5										

试样筛前质量(g)	第一组:				第二组:				平均通过百分率(%)	设计级配(%)
筛孔尺寸(mm)	筛上质量(g)	分计筛余(%)	累计筛余(%)	通过百分率(%)	筛上质量(g)	分计筛余(%)	累计筛余(%)	通过百分率(%)		
19										
16										
13.2										
9.5										
4.75										
2.36										
1.18										
0.6										
0.3										
0.15										
0.075										
筛底质量(g):	筛分后总质量(g):	损耗(g):	损耗量(%):		筛底质量(g):	筛分后总质量(g):	损耗(g):	损耗量(%):		

5　报告

同一混合料至少取两个试样平行筛分试验两次,取平均值作为每号筛上的筛余量的试验结果,报告矿料级配通过百分率及级配曲线。

7.3　现场试验检测

沥青混凝土面层的平整度和厚度检测是必检项目且为验收项目,平整度的试验操作方法与土基和基层平整度试验操作方法相同,可参考第4.5.3节平整度内容。厚度的试验操作方法与基层厚度试验操作方法相同,可参考第5.3.1节厚度内容。沥青混凝土道面的摩擦系数和道面构造深度的试验操作方法与水泥混凝土道面的摩擦系数和道面构造深度的试验操作方法相同,可参考第6.6.4节道面摩擦系数(摆式仪)、第6.6.5节道面构造深度(铺砂法)内容。

7.3.1　压实度

沥青路面施工技术规范规定,沥青混凝土路面面层压实度的检测方法,是从成型的面层中钻取芯样,按《公路工程沥青及沥青混合料试验规程》(JTJ 052—2000)规定方法测定芯样密度。沥青混合料的标准密度以沥青拌和厂取样试验的马歇尔试件密度为准。路面中取出芯样密度测定方法应与马歇尔试件标准密度测定方法相同,主要有表干法、水中称重法和蜡封法。

(1)按式(7.3.1-1)计算压实度:

$$K = \frac{\rho_s}{\rho_0} \tag{7.3.1-1}$$

式中：ρ_S——沥青混合料试件的毛体积密度(g/cm^3)；

ρ_0——沥青混合料的标准密度(g/cm^3)。

（2）按式(7.3.1-2)击实标准密度：

$$\rho_0 = \rho_t \times \frac{100 - VV}{100}$$ (7.3.1-2)

式中：ρ_t——沥青混合料试件实测最大密度(g/cm^3)；

ρ_0——沥青混合料的标准密度(g/cm^3)；

VV——试样的空隙率(%)。

7.3.2　路面弯沉试验(FWD)

沥青路面弯沉试验详见第6.6.3节路面弯沉试验(FWD)，但是沥青路面以路表平均温度20℃时为准，当路面平均温度在20℃±2℃以内时不可修正，在其他温度测试时，对厚度大于5cm的沥青路面，弯沉值应按下列各式予以修正。

（1）测定时的沥青层平均温度按式(7.3.2-1)计算：

$$T = \frac{T_{25} + T_m + T_e}{3}$$ (7.3.2-1)

式中：T——测定时沥青层平均温度(℃)；

T_{25}——根据T_0决定的路表下25mm处的温度(℃)；

T_m——根据T_0决定的沥青层中间深度的温度(℃)；

T_e——根据T_0决定的沥青层底面处的温度(℃)。

（2）沥青路面回弹弯沉按式(7.3.2-2)计算：

$$L_{20} = L_T \times K$$ (7.3.2-2)

式中：K——温度修正系数；

L_{20}——换算为20℃的沥青路面回弹弯沉值(0.01mm)；

L_T——测定时沥青面层内平均温度为T时的回弹弯沉值(0.01mm)。

（3）按式(7.3.2-3)计算每一个评定路段的代表弯沉：

$$L_r = L + Z_a \times S$$ (7.3.2-3)

式中：L_r——一个评定路段的代表弯沉(0.01mm)；

L——一个评定路段内经各项修正后的各测点弯沉的平均值(0.01mm)；

S——一个评定路段内经各项修正后的全部测点弯沉的标准差(0.01mm)；

Z_a——与保证率有关的系数，采用下列数值：

高速公路、一级公路，$Z_a = 2.0$；

H级公路，$Z_a = 1.645$；

H级以下公路，$Z_a = 1.5$。

7.3.3　渗水系数测试

1　目的、依据和适用范围

本方法适用于在路面现场测定沥青路面的渗水系数。

2 仪器具与材料

2.1 路面渗水仪(图 7.3.3-1)、水筒及大漏斗、秒表。

2.2 密封材料:防水腻子、油灰或橡皮泥。

2.3 其他:水、粉笔、塑料圈、刮刀、扫帚等。

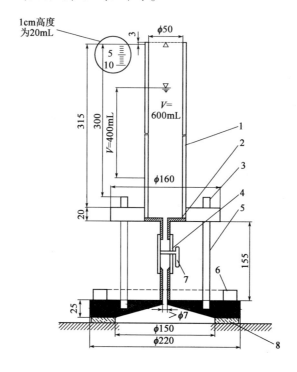

图 7.3.3-1 路面渗水仪示意图

1-透明有机玻璃筒;2-螺纹连接;3-顶板;4-阀;5-立柱支架;6-压重钢圈;7-把手;8-密封材料

3 试验步骤

3.1 准备工作

3.1.1 在测试路段的行车道路面上,按随机取样方法选择测试位置,每一个检测路段应测定 5 个测点,用扫帚扫清表面,并用粉笔画上测试标记。

3.1.2 在洁净的水桶内滴几点红墨水,使水成淡红色。

3.1.3 装妥路面渗水仪。

3.2 开始试验

3.2.1 将清扫后的路面用粉笔按测试仪器底座大小画好圆圈记号。

3.2.2 在路面上沿底座圆圈抹一层密封材料,边涂边用手压紧,使密封材料嵌满缝隙且牢固地黏结在路面上,密封材料圈的内径与底座内径相同,约 150mm,将组合好的渗水试验仪底座用力压在路面密封材料圈上,再加上压重铁圈压住仪器底座,以防压力水从底座与路面间流出。

3.2.3 关闭细管下方的开关,向仪器的上方量筒中注入淡红色的水至满,总量为 600 mL。

3.2.4　迅速将开关全部打开,水开始从细管下部流出,待水面下降100mL时,立即开动秒表,每间隔60s,读记仪器管的刻度一次,至水面下降到500mL时为止。测试过程中,如水从底座与密封材料间渗出,说明底座与路面密封不好,应移至附近干燥路面处重新操作。如水面下降速度很慢,从水面下降至100mL线开始,测得3min的渗水量即可停止。若试验时水面下降至一定程度后基本保持不动,说明路面基本不透水或根本不透水,则在报告中注明。

3.2.5　按以上步骤在同一个检测路段选择5个测点测定渗水系数,取其平均值,作为检测结果。

4　数据整理

沥青路面的渗水系数按式(7.3.3-1)计算,计算时以水面从100mL线下降至500mL线所需的时间为标准,若渗水时间过长,亦可采用3min通过的水量计算:

$$C_{\mathrm{w}} = \frac{V_2 - V_1}{t_2 - t_1} \times 60 \qquad (7.3.3\text{-}1)$$

式中:C_{w}——路面渗水系数(mL/min);

$\quad V_1$——第一次读数时的水量(mL),通常为100mL;

$\quad V_2$——第二次读数时水量(mL),通常为500mL;

$\quad t_1$——第一次读数时的时间(s);

$\quad t_2$——第二次读数时的时间(s)。

5　报告

5.1　记录表格(表7.3.3-1)

沥青路面渗水系数试验记录表

表7.3.3-1

工程名称_____　　　　　　　　　　测区状态_____

试验环境_____　　　　　　　　　　试验日期_____

试　验　者_____　　　　　　　　　复　核　者_____

路面类型		结构层次						
桩号	位置	初始计时时的水量(mL)	渗水读数(mL)			渗水至500mL需要的时间(s)	渗水系数测值(mL/min)	渗水系数测定值(mL/min)
			60s	120s	180s			

5.2　报告

列表逐点报告每个检测路段各个测点的渗水系数,以及5个测点的平均值、标准差、变异系数。若路面不透水,则在报告中注明为0。

第8章 机场岩土工程监测

8.1 一般规定

8.1.1 监测项目

机场地基变形监测和填方边坡监测应符合现行《民用机场勘测规范》(MH/T 5025)的规定,挖方边坡和支护结构监测应符合现行《建筑边坡工程技术规范》(GB 50330)的规定。

机场岩土工程监测内容主要有原地基、填筑体和边坡区监测。包括:原地基的沉降、分层沉降、孔隙水压力、地下水位;填筑体的地下水位、分层沉降、表面沉降;边坡的表面位移、内部位移;支护结构位移和应力。对于软土地基和高填方工程的监测项目如表8.1.1-1、表8.1.1-2所示。

软土地基工程监测项目　　　　　　　　　　表8.1.1-1

监测项目			监测方法	道面区软土地基		软土地基填方边坡	
				$S_1 = 20 \sim 50\text{cm}$	$S_1 > 50\text{cm}$	$H' = 2 \sim 8\text{m}$	$H' > 8\text{m}$
位移	表面位移	垂直位移	沉降标	●	●	●	●
		水平位移	位移观测标		○	●	●
	内部位移	垂直位移	分层沉降标		○		○
		水平位移	测斜管			○	●
压力(应力)	孔隙水压力		孔隙水压力计	○	●	○	○
	土压力		土压力计		○		○
其他	地下水位		水位监测孔	○	○	○	○

注:1. 表中 H 为填方高度,S_1 为计算的地基总沉降量,H' 为边坡高度(坡顶、坡脚高差)。

2. ●为应做项目,○为选做项目。

3. 需要水平位移监测时,位移观测标即为沉降标。

高填方工程监测项目　　　　　　　　　　表8.1.1-2

监测项目			监测方法	道面区高填方地基		高填方边坡	
				$H = 10 \sim 30\text{m}$ $S_1 = 20 \sim 50\text{cm}$	$H > 30\text{m}$ $S_1 > 50\text{cm}$	$H' = 20 \sim 40\text{m}$	$H' > 40\text{m}$
位移	表面位移	垂直位移	沉降标	●	●	●	●
		水平位移	位移观测标		○	●	●

续上表

监测项目			监测方法	道面区高填方地基		高填方边坡	
				$H = 10 \sim 30m$ $S_1 = 20 \sim 50cm$	$H > 30m$ $S_1 > 50cm$	$H' = 20 \sim 40m$	$H' > 40m$
位移	内部位移	垂直位移	分层沉降标	○	●	○	●
		水平位移	测斜管		○	○	●
压力（应力）	孔隙水压力		孔隙水压力计	○	○	○	○
	土压力		土压力计		○		○
其他	地下水位		测斜管	○	○	○	○
	坡脚盲沟出水量		量水池			○	○

注:1. 表中 H 为填方高度, S_1 为计算的地基总沉降量, H' 为边坡高度(坡顶、坡脚高差)。

2. ●为应做项目,○为选做项目。

3. 需要水平位移监测时,位移观测标即为沉降标。

8.1.2　监测等级

机场的监测等级应符合表8.1.2-1的规定。

监测等级及适用范围　　　　　　　　　　　表 8.1.2-2

等级	位移监测点坐标中误差（mm）	沉降监测点测站高差中误差（mm）	适用范围
特等	0.3	0.05	特高精度要求的变形测量
一等	1.0	0.15	地基基础设计为甲级的建筑的变形测量;重要的古建筑、历史建筑的变形测量;重要的城市基础设施的变形测量等
二等	3.0	0.5	地基基础设计为甲、乙级的建筑的变形测量;重要场地的边坡监测;重要的基坑监测;重要管线的变形测量;地下工程施工及运营中的变形测量;重要的城市基础设施的变形测量等
三等	10.0	1.5	地基基础设计为乙、丙级的建筑的变形测量;一般场地的边坡监测;一般的基坑监测;地表、道路及一般管线的变形测量;一般的城市基础设施的变形测量;日照变形测量;风振变形测量等
四等	20.0	3.0	精度要求低的变形测量

8.1.3　监测周期

当无具体要求时应按表8.1.3-1~表8.1.3-4确定监测周期。

软土地基工程监测时间与监测周期　　　　　表 8.1.3-1

监测时间	土石方施工期间	土石方施工完工至道面施工前	道面施工期间至竣工	机场运行期间
监测周期	每填筑一层宜观测一次,如果两次填筑间隔时间较长,每周至少观测一次	每周至少一次	每半个月至少一次	首个半年内每月一次,以后每3个月一次

高填方地基道面区表面沉降监测周期 表8.1.3-2

监测时间	0~3d	3~15d	15~45d	>45d
监测周期	每天一次	每3d一次	每周一次	每半个月一次

高填方地基除道面区表面沉降外的其他应力监测周期 表8.1.3-3

监测时间	土石方施工期间	土石方施工完工后
监测周期	每填筑2~5m宜观测一次,且间隔时间不宜超过一周	一个月内宜每周观测一次,一个月后宜每半个月观测一次

道面施工后的变形监测周期 表8.1.3-4

监测时间	半个月内	一个半月内	一个半月后
监测周期	每3d一次	每10d一次	每月一次

注:当遇降雨、变形异常监测、数据变化较大时,应缩短观测时间间隔;反之,如变形趋于稳定可适当延长监测时间间隔;运行期的监测时间视变形稳定情况而定。

8.2 位移监测

8.2.1 水平位移监测

1 目的、依据和适用范围

操作方法执行标准《工程测量规范》(GB 50026—2007)、《建筑变形测量规范》(JGJ 8—2016)、《国家一、二等水准测量规范》(GB/T 12897—2006)、《国家三、四等水准测量规范》(GB 12898—2009)、《精密工程测量规范》(GB/T 15314—94)。

2 仪器设备

全站仪。

3 监测精度

水平位移的监测等级应该达到《建筑变形测量规范》(JGJ 8—2016)中平面控制网技术要求精度。见表8.2.1-1。

水平位移监测基准网的主要技术要求 表8.2.1-1

等级	测距中误差	边长(m)	一测回水平方向标准差(″)	水平角观测测回数		
				0.5″	1″	2″
一等	≤(1mm+1ppm)	≤300	≤0.5	4	—	—
二等	≤(1mm+2ppm)	≤500	≤1.0	2	4	—
三等	≤(2mm+2ppm)	≤800	≤2.0	1	2	4
四等	≤(2mm+2ppm)	≤1 000	≤2.0	1	1	2

4 监测步骤

4.1 平面控制点布设

平面基准点、工作基点的布设应符合下列规定:

（1）各级别位移观测的基准点（含方位定向点）不应少于3个，工作基点可根据需要设置。

（2）基准点、工作基点应便于检核校验。

平面基准点、工作基点标志的形式及埋设应符合下列规定：

（1）对特级、一级位移观测的平面基准点、工作基点，应建造具有强制对中装置的观测墩或埋设专门观测标石，强制对中装置的对中误差不应超过±0.1mm。

（2）照准标志应具有明显的几何中心或轴线，并应符合图像反差大、图案对称、相位差小和本身不变形等要求。根据点位不同情况，可选用重力平衡球式标、旋入式杆状标、直插式觇牌、屋顶标和墙上标等形式的标志。观测墩及重力平衡球式照准标志的形式，可按《工程测量规范》（GB 50026—2007）附录B的规定执行。

（3）对用作平面基准点的深埋式标志、兼作高程基准的标石和标志以及特殊土地区或有特殊要求的标石、标志及其埋设应另行设计。沉降监测点的布设应位于建（构）筑物体上。高程基准点和工作基点标石、标志的选型及埋设应符合有关规范规定。

4.2　监测点布置

道面区地表水平位移监测点应沿跑道、平行滑行道中心线布置，测点间距一般为50～100m，地基均匀性差、总沉降量大，填方高度大、地面坡度大时取小值；计算沉降量最大处、地层分布异常处应设监测点，填方高度最大处或计算沉降量最大处应设监测点。填挖交界面、地面坡度突变地段应酌情增设观测点；垂直跑道方向应在相应的道肩边线位置设置一定数量的测点。联络道、其他滑行道参考上述原则布置。机坪区域的测点按方格网布置，测点间距一般为50～100m。表面位移监测点，在道面施工完成后，应尽快转移到道面上相应的平面位置继续观测。

边坡地表水平位移监测点，应沿边坡的典型位置布置监测断面。每个监测断面应分别在坡顶、坡脚、坡面上、坡顶内侧及坡脚外侧布置监测点。坡脚外侧监测点（边桩）应结合稳定分析在潜在滑裂面与地面的切面位置布设。高填方边坡地表水平位移监测点应沿垂直坡顶线方向布置监测断面，通过坡脚线最低处断面为主要监测断面。坡面上测点一般设置在马道上，竖向间距可为15～30m。

4.3　水平位移观测

水平位移观测分为：定期对平面控制网进行复测以确定控制网的稳定性，同时对变形监测点进行观测。

基准点应设置在变形区域以外、位置稳定、易于长期保存的地方，并应定期复测。复测周期应视基准点所在位置的稳定情况确定，在建筑施工过程中宜1～2个月复测一次，点位稳定后宜每季度或每半年复测一次。当观测点变形测量成果出现异常，或当测区受到地震、洪水、爆破等外界因素影响时，应及时进行复测，并按《建筑变形测量规范》（JGJ 8—2016）规定对其稳定性进行分析。

有工作基点时，每期变形观测时均应将其与基准点进行联测，然后再对观测点进行观测。

4.4　水平位移观测数据计算

根据《建筑变形测量规范》（JGJ 8—2016）中有关规定"建筑变形测量的首次（即零周期）观测应连续进行两次独立观测，并取观测结果的中数作为变形测量初始值"，对结果进行平差计算并评定精度。统计各点累计变形量并绘出累计变形量随时间变化曲线图。

413

5　结果整理

记录表格见表8.2.1-2。

水平位移监测试验记录表　　　　　　　　　　　表8.2.1-2

工程名称＿＿＿＿＿＿＿＿　　　　　　测区状态＿＿＿＿＿＿＿＿

试验环境＿＿＿＿＿＿＿＿　　　　　　试验日期＿＿＿＿＿＿＿＿

试　验　者＿＿＿＿＿＿＿＿　　　　　　复　核　者＿＿＿＿＿＿＿＿

监测起止日期：　年　月　日至　　年　月　日					
观测次数	观测日期	累计天数(d)	X方向坐标(m)	Y方向坐标(m)	备注

8.2.2　垂直位移监测

(一)地表垂直位移监测

1　目的、依据和适用范围

测定建筑场地地表沉降以及基础和上部结构沉降。操作方法执行标准《工程测量规范》（GB 50026—2007）、《建筑变形测量规范》（JGJ 8—2016）。

2　仪器设备

2.1　水准仪。

2.2　全站仪。

3　监测精度

水准观测的有关技术要求应符合表8.2.2-1的规定。

水准观测的视线长度、前后视距差和视线高　　　表8.2.2-1

沉降观测等级	视线长度(m)	前后视距差(m)	前后视距差累积(m)	视线高度(m)
一等	≥4且≤30	≤1.0	≤3.0	≥0.65
二等	≥3且≤50	≤1.5	≤5.0	≥0.55
三等	≥3且≤75	≤2.0	≤6.0	≥0.45
四等	≥3且≤100	≤3.0	≤10.0	≥0.35

注：1. 在室内作业时，视线高度不受本表的限制。
　　2. 当采用光学水准仪时，观测要求应满足表中各项要求。

水准观测的限差应符合表8.2.2-2的规定。

水准观测的限差(单位:mm)　　　表8.2.2-2

沉降观测等级	两次读数所测高差之限差	往返较差及附和或环线闭合差限差	单程双测站所测高差较差限差	检测已测测段高差之差限差
一等	0.5	≤$0.3\sqrt{n}$	≤$0.2\sqrt{n}$	≤$0.45\sqrt{n}$
二等	0.7	≤$1.0\sqrt{n}$	≤$0.7\sqrt{n}$	≤$1.5\sqrt{n}$

续上表

沉降观测等级	两次读数所测高差之限差	往返较差及附和或环线闭合差限差	单程双测站所测高差较差限差	检测已测测段高差之差限差
三等	3.0	≤$3.0\sqrt{n}$	≤$2.0\sqrt{n}$	≤$4.5\sqrt{n}$
四等	5.0	≤$6.0\sqrt{n}$	≤$4.0\sqrt{n}$	≤$8.5\sqrt{n}$

注:1. 表中 n 为测站数。
　　2. 当采用光学水准仪时,基、辅分划或黑、红面读数较差应满足表中两次读数所测高差之差限差。

机场占地范围大,所进行沉降的监测精度必须能够准确反应土石方工程填筑体处理中存在的实际变形情况,否则所进行的监测工作失去本身的意义。根据中华人民共和国行业标准《建筑变形测量规范》(JGJ 8—2016),建筑变形测量的等级以及精度要求如下表

4　稳定控制标准

当沉降监测中沉降速率小于 0.1mm/d 时可以进行坡降差回归推算,当坡降差小于 1.5‰ 时,并满足工程岩土工程沉降监测设计要求的时候,认为已经处理基层处于稳定状态,可以进行面层施工。

5　监测步骤

5.1　沉降控制点布设

特等、一等沉降观测的基准点数不应少于 4 个;其他等级沉降观测的基准点数不应少于 3 个。基准点之间应形成闭合环。

基准点位置的选择应符合下列规定:

(1)基准点应避开交通干道主路、地下管线、仓库堆栈、水源地、河岸、松软填土、滑坡地段、机器振动区以及其他可能使标石、标志易遭腐蚀和破坏的地方。

(2)密集建筑区内,基准点与待测建筑的距离应大于建筑基础最大深度的 2 倍,二等、三等和四等沉降观测,基准点可选择在满足前款距离要求的其他稳固的建筑上。

(3)基准点、工作基点之间宜便于采用水准测量方法进行联测。当采用三角高程测量方法进行联测时,相关各点周围的环境条件宜相近。当采用连通管式静力水准测量方法进行沉降观测时,工作基点宜与沉降监测点设在同一高程面上,偏差不应超过 10mm。当不能满足这一要求时,应在不同高程面上设置上下位置垂直对应的辅助点传递高程。

基准点和工作基点标石、标志的选型及埋设应符合有关规范规定。

5.2　监测点布置

参考第 8.2.1 节水平位移监测 4.2 监测点布置内容。

5.3　沉降观测

沉降观测分为:定期对高程控制网进行复测以确定控制网的稳定性,同时对沉降观测标进行观测。

基准点应设置在变形区域以外、位置稳定、易于长期保存的地方,并应定期复测。复测周期应视基准点所在位置的稳定情况确定,在建筑施工过程中宜 1~2 个月复测一次,点位稳定后宜每季度或每半年复测一次。当观测点变形测量成果出现异常,或当测区受到地震、洪水、爆破等外界因素影响时,应及时进行复测,并按《建筑变形测量规范》(JGJ 8—2016)规定对其稳定性进行分析。

有工作基点时,每期变形观测时均应将其与基准点进行联测,然后再对观测点进行观测。

沉降观测标的精度、观测仪器、观测方式均应达到相应等级的水准测量规范要求,沉降观测标必须位于水准观测线路中,不得使用碎步点方式对沉降观测标进行测量。

5.4 沉降观测数据计算

控制网水准、沉降观测标测量数据均进行平差计算,并给出计算过程表、精度评定表;控制网水准、沉降观测标测量数据进行平差计算合格后,均需使用 Excel 软件对平差后数据进行整理并计算相邻两次观测值之差值,得出相对沉降量、累计沉降量、相对沉降速率、累计沉降速率。

6 结果整理

记录表格见表8.2.2-3。

沉降监测试验记录表　　　　　　　　　　　　　　表8.2.2-3

工程名称＿＿＿＿＿＿＿＿＿　　　　　　　　　　测区状态＿＿＿＿＿＿＿＿＿

试验环境＿＿＿＿＿＿＿＿＿　　　　　　　　　　试验日期＿＿＿＿＿＿＿＿＿

试　验　者＿＿＿＿＿＿＿＿＿　　　　　　　　　复　核　者＿＿＿＿＿＿＿＿＿

测点埋设日期		测点点位		临近基准点高程(mm)	
观测日期	水准尺读数(m)		高差(mm)	高程(mm)	备注
	后视	前视			

(二)深层沉降监测

1 目的、依据和适用范围

观测土层深层沉降量,操作方法依据《岩土工程监测规范》(YS 5229—96)。

2 仪器设备

2.1 精密水准仪。

2.2 沉降标杆。

3 监测精度

深层沉降观测应按分层沉降观测点相对于临近工作基点或基准点的高程中误差不大于 ±1.0mm 的要求设计确定。

4 监测步骤

4.1 监测点布置

道面区软土地基内部位移监测点,应根据工程的具体情况选 1~2 个典型断面布置,一般沿跑道中心线布置一个典型断面。每个典型断面,宜布置 3~5 个(孔)监测点,测点(孔)应布置在有代表性钻孔附近。每个测点(孔)的分层沉降标(环)沿垂直方向均匀布置,埋设间距不宜大于 5m,总数不少于 4 个,代表性地层和原地基表面应埋设沉降标(环)。道面区高填方地基内部位移监测点,应根据工程的具体情况选 1~2 个典型填方段布置。每个典型填方段,宜沿跑道道肩边线填方高的一侧布置 2~3 个(孔)监测点。每个测点(孔)的分层沉降标(环)沿垂直方向均匀布置,埋设间距不宜大于 10m,总数不少于 4 个,原地基表面应埋设沉降标(环)。地面坡度大或原地基条件复杂时,在跑道道肩边线的另一侧相对位置应增设一个测点(孔)。

边坡软土地基内部位移监测点(测斜管),应根据工程需要在表面位移监测断面上布置,埋设于地基土体水平位移最大的平面位置。每个监测断面宜分别在坡顶、坡面上和坡脚外侧布置监测点。边坡高填方边内部位移监测点,应根据工程的具体情况选 1~2 个典型填方边坡布置。每个典型填方段,宜沿表面位移监测断面布置 1~2 个内部位移监测断面。每个监测断面应分别在坡顶、坡面上和坡顶内侧布置监测点,坡面上测点一般设置在马道上,竖向间距可为 25~40m。内部位移监测点附近应有表面位移监测点。

沉降板尺寸一般为 1.2m×1.2m×10mm。为保护沉降标杆,应采取反开挖方式接标,即在每施工层施工完成,下层回填后接上层标杆,确保沉降标杆位于压实施工层底面以下。并且在施工过程中设置沉降标杆标志。

每次接标时应进行精确定位,尽量减少反开挖范围,在施工层厚及其他条件满足时,可采用工程钻机钻孔法接标。

待每次测量值与前次测值相减即为该测点的沉降量。

4.2 沉降观测

参考第 8.2.1 节水平位移监测 4.2 监测点布置内容。

4.3 数据计算

每个点埋入后,应测出稳定的初始值,一般测 2~3 次,取得稳定的初值。以后每次测试值与初值之差即为该点的沉降值 Δh。

$$\Delta h = h_{测} - h_{初}$$

根据 Δh 值与时间 t 值,可绘出沉降量随时间的变化曲线。

5 结果整理

记录表格见表 8.2.2-4。

深层沉降监测试验记录表 表 8.2.2-4

工程名称＿＿＿＿＿＿＿＿＿＿ 测区状态＿＿＿＿＿＿＿＿＿＿

试验环境＿＿＿＿＿＿＿＿＿＿ 试验日期＿＿＿＿＿＿＿＿＿＿

试 验 者＿＿＿＿＿＿＿＿＿＿ 复 核 者＿＿＿＿＿＿＿＿＿＿

测点编号	标尺读数(mm)			测点高程(mm)	初始测点高程(mm)	前次测点高程(mm)	本次沉降(mm)	累计沉降(mm)
	1	2	平均					

8.2.3 测斜监测

1 目的、依据和适用范围

测斜一般指对围护墙或者土体的不同深度进行水平位移的测量。操作方法执行标准《岩土工程监测规范》(YS 5229—96)、《建筑变形测量规范》(JGJ 8—2016)。

2 仪器设备

测斜仪,见图 8.2.3-1。

3 监测步骤

3.1 监测点布置

参考第 8.2.2 节垂直位移监测(二)深层沉降监测中 4.1 所述内容。

3.2 安装测斜管

测斜管内纵向的十字导槽应润滑顺直,管端接口密合。测斜管埋设时应采用钻机导孔,导孔要求垂直,偏差率不大于 1.5%。测斜管埋设时,管内的十字导槽应对准主要监测方向。目前常用的有 PVC 测斜管,以其为例说明测斜管安装流程如下:

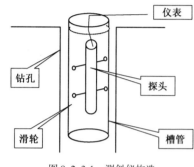

图 8.2.3-1 测斜仪构造

(1)根据测斜管直径确定钻孔直径,垂直向下钻孔,垂直度≤2%。

(2)PVC 测斜管接头处,用自攻螺栓牢固上紧,孔底部必须用盖子盖好,上 4 个螺栓,孔口也需上保护盖。

(3)PVC 测斜管有 4 个内槽,每个内槽相隔 90°。安装时将其中 1 个内槽对准需要监测的位移方向。

(4)PVC 测斜管与钻孔间隙部位用中砂加清水慢慢回填,慢慢加砂的同时,倒入适量的清水。注意一定要用中砂将间隙部位回填密实,否则,影响测试数据。

(5)PVC 测斜管在下沉的过程中,可向管内倒入清水,以减少浮力,更容易安装到底。

(6)PVC 测斜管孔口一般露出地面 20~50cm,并用砖及水泥做一个方形保护台。

3.3 仪器测试

(1)每次测试前应检查仪器是否工作正常。判定方法是:将仪器与探头插头连接好后,打开电源开关,将探头稳定一分钟后直立,靠住一个固定不动的物体上,观察仪器最后一位显示数据是否稳定,一般在 0 ~ ±2 之间跳动,此时,仪器周围不能有振动物体干扰和汽车、火车、电机振动等。如果仪器最后一位是在 0 ~ ±2 之间跳动,说明仪器稳定正常。然后,将探头沿滑轮某一方向倾斜,观察仪器数据是否变化。如果此时数据是向增加方向变化,则将探头向滑轮相反方向倾斜,此时数据应向减少方向变化,而且增加、减少变化量很大,说明仪器灵敏度正常。

(2)检查仪器重复性的方法:将探头放入测斜管内 1m 处,稳定后读一个数,然后将探头取出后再用同样的方法严格放入原来测斜管内 1m 处,深度误差 0.5mm。此时,读数如果与第一次一样,或相差小于 0.2mm,说明仪器重复性正常。

以上稳定性、灵敏度、重复性三项是检查仪器最严格最有效的方法,以上三种检查方法都是正常时,说明仪器完全工作正常,可进行下一步测试。

首先设定基准点,方法如下。

方法一:以孔底为基准点,从下往上每间距0.5m测一个点(条件是,槽管落在孔底,底部点应为稳定点,水平位移不会影响到该点)。

方法二:以孔口为基准点,用测量仪器每次测量孔口坐标,从上往下每间距0.5m测一个点。

电缆上记号间隙0.5m,每次都应以记号一边作为标准点,绝不允许今天以记号这边为起点,明天以记号另一边为起点。这样深度将产生很大的误差。测试时,深度误差应控制在0.5mm之内。

将探头沿滑轮倾斜时,数据增大的方向作为正方向,正方向对准基坑方向,在探头正方向一边作一个记号,每次测试时都应按照同一个方向先测正方向,再转180°测反方向。

探头放入待测深度后,一定要稳定一会儿,等待显示数据稳定后(一般最后一位在0～±1之间跳动,个别情况是在1～±3之间跳动)方可读数,不能放到深度后立即读数。因为探头的滑轮与PVC管内槽有个接触稳定过程,当这个过程还没有稳定时,读到的数据可能不真实。

4 数据整理

绘制水平位移量随深度H变化曲线。该曲线反映了地基、边坡随时间变化的绝对位移趋势及数值。根据绝对位移值,结合监测规程及地层情况,决定是否提出报警值,以指导施工部门采取加固处理措施。

记录表格见表8.2.3-1。

测斜监测试验记录表 表8.2.3-1

工程名称＿＿＿＿＿＿＿＿　　　　　测区状态＿＿＿＿＿＿＿＿

试验环境＿＿＿＿＿＿＿＿　　　　　试验日期＿＿＿＿＿＿＿＿

试 验 者＿＿＿＿＿＿＿＿　　　　　复 核 者＿＿＿＿＿＿＿＿

测孔编号				孔口坐标	$X =$		$Y =$
埋设日期				倾斜系数			
深度(m)	测值 U_1	测值 U_2	倾斜值(mm)	初始倾斜值(mm)	上次倾斜值(mm)	本次位移值(mm)	累计位移值(mm)

8.3 应力监测

8.3.1 孔隙水压力监测

1 目的、依据和适用范围

本试验适用于挡土结构、建筑物基础、填土场地等项目孔隙水压力的监测。操作方法执行标准《岩土工程监测规范》(YS 5229—96)。

2 仪器设备

2.1 孔隙水压力传感器、数显仪。

2.2 孔隙水压力传感器应有足够强度,有良好的抗腐蚀性和耐久性;传感器体积要小,外形平整光滑;传感器读数稳定;孔隙水压力计满量程应大于设计最大压力的 1.2 倍,仪器灵敏度不应大于 1Hz。

2.3 相关连接导线。

3 监测步骤

3.1 监测点布置

孔隙水压力监测点,应根据工程需要和具体情况布置,在平面上应埋设在内部位移监测点附近。孔隙水压力测点沿深度布设应根据需要确定,一般每种土层均应有测点,土层较厚时一般每隔 3~5m 设一个测点,埋置深度宜至压缩层底。软土边坡中孔隙水压力监测点宜设置在潜在滑裂面附近。高填方地基中应根据工程需要和具体情况选 1~2 个典型填方段布置孔隙水压力监测点。

3.2 传感器的埋设

3.2.1 传感器埋设前,按仪器说明书对标定系数 k 和零点压力下频率值 f_0 进行重新测定。将传感器放入专门设备中分级加压,加压减压反复三次,测定电阻或频率值,整理后给出压力—频率(或压力—电阻)曲线,并用回归方法计算压力标定系数,提供不同压力的标定曲线。

3.2.2 传感器埋设可采用压入法和钻孔埋设法:

压入法:在软土地区可将传感器缓缓压入埋设深度;当深度较大时可先成孔至埋设深度以上 1m 处,再将传感器压入土中,上部用黏土球封孔。黏土球宜采用塑性指数 I_p 大于 17 的膨润性黏土制作,直径为 1~2cm。

钻孔埋设法:在埋设处用钻机成孔,钻孔直径宜 110~130mm,成孔时严禁采用泥浆护壁工艺。当必须采用泥浆护壁成孔时,成孔后应清孔。钻孔达到埋设深度后,在孔内填入少许干净砂,将传感器送入预定位置,再填入干净砂不应少于 10cm,上部用黏土球封孔。

3.2.3 同一钻孔埋设多个传感器时,传感器间隔不得小于 1m,间隔之间封孔应密实,并将传感器连续接电缆由下至上编号,同时注意电缆松紧适度。

3.2.4 在埋设传感器时应将连接电缆用导管引出,并做好保护工作。

3.2.5 应根据施工的实际状况,合理安排监测时间和监测次数,及时记录孔隙水压力的上升和消散。

4 结果整理

4.1 数据计算。

根据传感器观测数据,按照仪器说明书的参数换算孔隙水压力值:

$$P = K(F_0^2 - F_i^2) \qquad (8.3.1-1)$$

式中:P——实测静水压力(kN);

　　K——率定系数;

　　F_0——传感器频率初值(现场标定初值);

F_i——传感器第 i 次观测值。

$$H = \frac{P}{0.105} \qquad (8.3.1-2)$$

式中：H——水头高度(m)。

4.2 绘制孔隙水压力与荷载关系曲线。

4.3 绘制孔隙水压力与时间关系曲线、孔隙水压力等值线图。

4.4 记录表格见表8.3.1-1。

孔隙水压力监测试验记录表 表8.3.1-1

工程名称＿＿＿＿＿＿＿＿ 测区状态＿＿＿＿＿＿＿＿

试验环境＿＿＿＿＿＿＿＿ 试验日期＿＿＿＿＿＿＿＿

试 验 者＿＿＿＿＿＿＿＿ 复 核 者＿＿＿＿＿＿＿＿

编号		传感器号		埋置深度(m)	
埋设稳定后初值			标定系数(MPa/F²)		
观测日期	施工过程	观测频率(F)	孔隙水压力(kPa)	地下水位(m)	备注

8.3.2 土压力监测

1 目的、依据和适用范围

本试验适用于挡土结构、建筑物基础、填土场地等项目的承受有效应力的监测。操作方法执行标准《岩土工程监测规范》(YS 5229—96)。

2 仪器设备

2.1 土压力计、数显仪。

2.2 土压力计满量程应大于设计最大压力的1.2倍,传感器精度应小于满量程的0.5%;传感器必须具有足够强度,抗腐蚀性和耐久性,并具有抗震和耐冲击性能;传感器能够灵敏反应土压力变化,在加压和减压时线性良好。

2.3 相关连接导线。

3 监测步骤

3.1 监测点布置

土压力监测点,应根据工程需要和具体情况布置,在平面上应埋设在内部位移监测点附近。对于高填方工程应根据工程需要和具体情况选1~2个典型填方段布置。传感器埋设前对土压力计装置进行检验,同时根据现场情况和监测点布置要求选择合适的监测点。

3.2 传感器埋设

3.2.1 准备工作

（1）密封性检验：将传感器放入 300kPa 水压力的压力罐中，进行 8h 检验，传感器工作性能应保持稳定。

（2）压力标定：将传感器放入专门设备中分级加压，加压减压反复三次，测定电阻或频率值，整理后给出压力—频率（或压力—电阻）曲线，并用回归方法计算压力标定系数，提供不同压力的标定曲线。

（3）温度标定：将传感器浸入不同温度的恒温水中，测定电阻和频率值，经三次测定，给出电阻—频率曲线，并计算出电阻修正系数。

（4）确定初始值：在埋设前和埋放后受力前，进行多次初始值读数，读数较差不大于 2kPa，取连续稳定值的平均值为压力计的初始值。

3.2.2 传感器埋设的回填土性状与周围土体保持一致，传感器承压面与建（构）筑物表面接触紧密，并保持与应力方向垂直。

3.2.3 传感器周边应设置柔性缓冲保护。

3.2.4 连接电缆按一定线路集中于观测站，并分别编号。

3.2.5 传感器埋设后，宜进行检验性观测 5～10 次，其中应有 3～5 次连续较差在 2kPa以下的稳定值。

3.2.6 根据施工进程进行定时观测，观测时分别将电缆与接收器接通，记录电阻和频率观测数据，同时还应记录施工进度相关数据。

4 结果整理

4.1 根据观测数据（电阻值或频率值），按照传感器确定的参数换算土压力值：

$$P = K(F_i^2 - F_0^2) \tag{8.3.2-1}$$

式中：P——实测土压力（kN）；

  K——率定系数；

  F_0——传感器频率初值（现场标定初值）；

  F_i——传感器第 i 次观测值。

4.2 根据开挖深度、回填高度或荷重变化和土压力值绘制土压力分布曲线图。

4.3 根据土压力值和观测日期绘制土压力变化过程曲线图。

4.4 记录表格见表 8.3.2-1。

土压力监测试验记录表

表 8.3.2-1

工程名称_____　　　　　　　　测区状态_____

试验环境_____　　　　　　　　试验日期_____

试 验 者_____　　　　　　　　复 核 者_____

编号		传感器号		埋置深度（m）	
埋设稳定后初值			标定系数（MPa/F²）		
序号	观测日期	施工过程	观测频率（F）	土压力（kPa）	备注

8.3.3 拉应力监测

1 目的、依据和适用范围

本试验参照标准《岩土工程监测规范》(YS 5229—96)。本方法适用于挡土结构、建筑物承受有效应力的监测。

2 仪器设备

2.1 应力计、数显仪。

2.2 应力计满量程应大于设计最大应力的1.2倍,传感器精度应小于满量程的0.5%;传感器必须具有足够强度,抗腐蚀性和耐久性,并具有抗震和耐冲击性能;传感器能够灵敏反应应力变化,在加压和减压时线性良好。

2.3 相关连接导线。

3 试验步骤

3.1 传感器埋设前对应力计装置进行检验,同时根据现场情况和监测点布置要求选择合适的监测点。

3.1.1 应力标定:将传感器放入专门设备中分级加压,加压减压反复三次,测定电阻或频率值,整理后给出应力—频率(或应力—电阻)曲线,并用回归方法计算应力标定系数,提供不同应力的标定曲线。

3.1.2 温度标定:将传感器浸入不同温度的恒温水中,测定电阻和频率值,经三次测定,给出电阻—频率曲线,并计算出电阻修正系数。

3.1.3 确定初始值:在埋设前和埋放后受力前,进行多次初始值读数,读数较差不大于2kPa,取连续稳定值的平均值为应力计的初始值。

3.2 传感器埋设时的承压面与建(构)筑物表面接触紧密,并保持与应力方向垂直。

3.3 传感器周边应设置柔性缓冲保护。

3.4 连接电缆按一定线路集中于观测站,并分别编号。

3.5 传感器埋设后,宜进行检验性观测5～10次,其中应有3～5次连续较差在2kPa以下的稳定值。

3.6 根据施工进程进行定时观测,观测时分别将电缆与接收器接通,记录电阻和频率观测数据,同时还应记录施工进度相关数据。

4 结果处理

4.1 根据观测数据(电阻值或频率值),按照传感器确定的参数换算应力值:

$$P = K(F_i^2 - F_0^2) \tag{8.3.3-1}$$

式中:P——实测应力(MPa);

K——率定系数;

F_0——传感器频率初值(现场标定初值);

F_i——传感器第i次观测值。

4.2 根据荷重变化和应力值绘制应力分布曲线图。

4.3 根据应力值和观测日期绘制应力变化过程曲线图。

4.4 记录表格(表8.3.3-1)

拉应力监测试验记录表 表8.3.3-1

工程名称＿＿＿＿＿＿＿＿ 测区状态＿＿＿＿＿＿＿＿

试验环境＿＿＿＿＿＿＿＿ 试验日期＿＿＿＿＿＿＿＿

试 验 者＿＿＿＿＿＿＿＿ 复 核 者＿＿＿＿＿＿＿＿

编号		传感器号		埋置深度(m)	
埋设稳定后初值			标定系数(kN/Hz)		
序号	观测日期	加载荷载	观测频率(Hz)	钢筋拉力(kN)	备注

8.3.4 动应力监测

1 目的、依据和适用范围

机场土基进行强夯处理、爆夯处理或机场附近有爆破施工时均需进行机场及周围建筑物的动应力监测。动应力监测可以确定强夯效果,确定安全施工距离。机场运行阶段飞机起、降落时的动应力监测对机场的安全性评价也有重要的作用。监测操作参考《爆破安全规程》(GB 6722—2011)。

2 仪器设备

振动监测仪:振动监测仪灵敏度高、可靠性高、易用性、功能强大。

3 监测步骤

3.1 监测点的布置。以夯点为振源,跑道纵向、横向各布置一条测线。纵向根据跑道长度布置测点,横向根据跑到宽度进行布置测点。例纵向测线上距夯点5m、10m、20m、30m、50m、70m、100m、150m、200m分别进行质点三向合振速的监测,横向线上距夯点5m、10m、20m、40m分别进行质点三向合振速进行监测。重点保护的建筑物或桩、承台等应设置监测点。

3.2 《爆破安全规程》(GB 6722—2011)给出了不同构筑物允许的振动速度(表8.3.4-1)。

振动速度允许标准 表8.3.4-1

序号	保护对象类别	安全允许质点振动速度 v(cm/s)		
		$f \leq 10Hz$	$10Hz < f \leq 50Hz$	$f > 50Hz$
1	土窑洞、土坯房、毛石房屋	0.15 ~ 0.45	0.45 ~ 0.9	0.9 ~ 1.5
2	一般民用建筑物	1.5 ~ 2.0	2.0 ~ 2.5	2.5 ~ 3.0
3	工业和商业建筑物	2.5 ~ 3.5	3.5 ~ 4.5	4.2 ~ 5.0
4	一般古建筑与古迹	0.1 ~ 0.2	0.2 ~ 0.3	0.3 ~ 0.5
5	运行中的水电站及发电厂中心控制室设备	0.5 ~ 0.6	0.6 ~ 0.7	0.7 ~ 0.9
6	水工隧洞	7 ~ 8	8 ~ 10	10 ~ 15

续上表

序号	保护对象类别	安全允许质点振动速度 v(cm/s)		
		$f \leq 10\text{Hz}$	$10\text{Hz} < f \leq 50\text{Hz}$	$f > 50\text{Hz}$
7	交通隧道	10 ~ 12	12 ~ 15	15 ~ 20
8	矿山巷道	15 ~ 18	18 ~ 25	20 ~ 30
9	永久性岩石高边坡	5 ~ 9	8 ~ 12	10 ~ 15
10	新浇大体积混凝土(C20)： 龄期:初凝 ~ 3d 龄期:3 ~ 7d 龄期:7 ~ 28d	1.5 ~ 2.0 3.0 ~ 4.0 7.0 ~ 8.0	2.0 ~ 2.5 4.0 ~ 5.0 8.0 ~ 10.0	2.5 ~ 3.0 5.0 ~ 7.0 10.0 ~ 12

注：1. 表中质点振动速度为三分量中的最大值；振动频率为主振频率。
　　2. 频率范围根据现场实测波形确定或按如下数据选取：
　　　　硐室爆破 $f < 20\text{Hz}$；露天深孔爆破 $f = 10 ~ 60\text{Hz}$；露天浅孔爆破 $f = 40 ~ 100\text{Hz}$；地下深孔爆破 $f = 30 ~ 100\text{Hz}$；地下浅
　　　　孔爆破 $f = 60 ~ 300\text{Hz}$。
　　3. 爆破振动监测应同时测定质点振动相互垂直的三个分量。

3.3　开始监测

4　结果整理

从设备采集的数据中得到各测点不同时刻的速度和加速度,绘制距离与振动速度、距离与振动加速度的关系曲线,通过该曲线确认工作安全距离,如图8.3.4-1、图8.3.4-2所示。也可

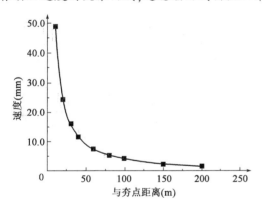

图 8.3.4-1　距离与振动速度曲线　　　　　图 8.3.4-2　距离与振动速度加曲线

以通过动应力监测,评价机场跑道的安全性。

4.1　记录表格

监测设备自动采集数据。

4.2　监测报告

(1)安全距离；

(2)监测构筑物的安全性。

参 考 文 献

[1] 中国民用航空局.中国民航统计年鉴[M].北京:中国民航出版社,1985—2016.

[2] 中国民用航空局.中国民用航空发展第十二个五年规划[R].2011.

[3] 中华人民共和国行业标准.MH/T 5025—2011　民用机场勘测规范[S].北京:中国民航出版社,2011.

[4] 中华人民共和国行业标准.MH/T 5027—2013　机场飞行区岩土工程设计规范[S].北京:中国民航出版社,2013.

[5] 中华人民共和国行业标准.MH/T 5035—2017　民用机场高填方工程技术规范[S].北京:中国民航出版社,2017.

[6] 孙忠义,王建华.公路工程试验工程师手册[M].3版.北京:人民交通出版社,2009.

[7] 交通运输部工程质量监督局.公路工程工地试验室标准化指南[M].北京:人民交通出版社,2013.

[8] 刘志强.公路工程试验检测技术与标准规范应用实务手册[M].长春:吉林音像版社,2010.

[9] 何光武,周虎鑫.机场工程特殊土地基处理技术[M].北京:人民交通出版社,2003.

[10] 中华人民共和国行业标准.MH 5001—2013　民用机场飞行区技术标准[S].北京:中国民航出版社,2013.

[11] 中华人民共和国行业标准.MH/T 5004—2010　民用航空运输机场水泥混凝土道面设计规范[S].北京:中国民航出版社,2010.

[12] 中华人民共和国行业标准.MH 5014—2002　民用机场飞行区土(石)方与道面基础施工技术规范[S].北京:中国民航出版社,2002.

[13] 中华人民共和国行业标准.MH 5007—2017　民用机场飞行区场道工程质量检验评定标准[S].北京:中国民航出版社,2017.

[14] 中华人民共和国行业标准.GJB 1278A—2009　军用机场水泥混凝土道面设计规范[S].中国人民解放军总后勤部,2009.

[15] 中华人民共和国行业标准.GJB 1112A—2004　军用机场场道工程施工及验收规范[S].中国人民解放军总后勤部,2004.

[16] 中华人民共和国行业标准.JTG E40—2007　公路土工试验规程[S].北京:人民交通出版社,2007.

[17] 中华人民共和国国家标准.GB/T 50123—1999　土工试验方法标准[S].北京:中国标准出版社,1999.

[18] 中华人民共和国行业标准.JTG E41—2005　公路工程岩石试验规程[S].北京:人民交通出版社,2005.

[19] 中华人民共和国国家标准.GB/T 50266—2013　工程岩体试验方法标准[S].北京:中国标准出版社,2013.

[20] 中华人民共和国行业标准.JTG E60—2008　公路路基路面现场测试规程[S].北京:人民交通出版社,2008.

［21］中华人民共和国行业标准.JGJ/T 143—2004　多道瞬态面波勘察技术规程［S］.北京:中国建筑工业出版社,2004.

［22］中华人民共和国行业标准.TB/T 100013—2010　铁路工程物理勘察规范［S］.北京:中国铁道出版社,2010.

［23］中华人民共和国国家标准.GB 50021—2001　岩土工程勘察规范(2009年版)［S］.北京:中国建筑工业出版社,2009.

［24］中华人民共和国行业标准.JGJ 340—2015　建筑地基检测技术规范［S］.北京:中国建筑工业出版社,2015.

［25］《工程地质手册》编写委员会.工程地质手册［M］.4版.北京:中国建筑工业出版社,2007.

［26］中华人民共和国国家标准.GB 50007—2011　建筑地基基础设计规范［S］.北京:中国建筑工业出版社,2011.

［27］中华人民共和国行业标准.JGJ 79—2012　建筑地基处理技术规范［S］.北京:中国建筑工业出版社,2012.

［28］中华人民共和国行业标准.JTG D30—2015　公路路基设计规范［S］.北京:人民交通出版社股份有限公司,2015.

［29］中华人民共和国行业标准.TB 10001—2016　铁路路基设计规范［S］.北京:中国铁道出版社,2016.

［30］中华人民共和国行业标准.JTG E51—2009　公路工程无机结合料稳定材料试验规程［S］.北京:人民交通出版社,2009.

［31］中华人民共和国行业标准.JTG E30—2005　公路工程水泥及水泥混凝土试验规程［S］.北京:人民交通出版社,2005.

［32］中华人民共和国国家标准.GB/T 176—2008　水泥化学分析方法［S］.北京:中国标准出版社,2008.

［33］中华人民共和国国家标准.GB/T 2419—2005　水泥胶砂流动度测定方法［S］.北京:中国标准出版社,2005.

［34］中华人民共和国国家标准.GB/T 1346—2011　水泥标准稠度用水量、凝结时间、安定性检验方法［S］.北京:中国标准出版社,2011.

［35］中华人民共和国行业标准.JTG E42—2005　公路工程集料试验规程［S］.北京:人民交通出版社,2005.

［36］中华人民共和国行业标准.JGJ 52—2006　普通混凝土用砂、石质量及检验方法标准［S］.北京:中国建筑工业出版社,2006.

［37］中华人民共和国行业标准.TB/T 2328—2008　铁路碎石道砟试验方法［S］.北京:中国铁道出版社,2008.

［38］中华人民共和国国家标准.GB/T 8077—2012　混凝土外加剂匀质性试验方法［S］.北京:中国标准出版社,2012.

［39］中华人民共和国行业标准.JTJ 056—1984　公路工程水质分析操作规程［S］.北京:人民交通出版社,1984.

［40］中华人民共和国国家标准.GB/T 50082—2009　普通混凝土长期性能耐久性能试验方法标准［S］.北京:中国标准出版社,2009.

［41］中华人民共和国国家标准.GB/T 50081—2002　普通混凝土力学性能试验方法标准［S］.北京:中国标准出版社,2002.

［42］中华人民共和国国家标准.GB/T 50080—2016　普通混凝土拌合物性能试验方法标准［S］.北京:中国标准出版社,2016.

［43］中华人民共和国行业标准.MH/T 5110—2015　民用机场道面现场测试规程［S］.北京:中国民航出版社,2015.

［44］中华人民共和国行业标准.JTG E20—2011　公路工程沥青及沥青混合料试验规程［S］.北京:人民交通出版社,2011.

［45］中华人民共和国国家标准.GB 50026—2007　工程测量规范［S］.北京:中国计划出版社,2007.

［46］中华人民共和国行业标准.JGJ 8—2016　建筑变形测量规范［S］.北京:中国建筑工业出版社,2016.

［47］中华人民共和国行业标准.YS 5229—1996　岩土工程监测规范［S］.北京:冶金工业工业出版社,1996.

［48］中华人民共和国国家标准.GB/T 12897—2006　国家一、二等水准测量规范［S］.北京:中国计划出版社,2006.

［49］中华人民共和国国家标准.GB/T 12898—2009　国家三、四等水准测量规范［S］.北京:中国计划出版社,2009.

［50］中华人民共和国国家标准.GB/T 128314—2009　全球定位系统(GPS)测量规范［S］.北京:中国计划出版社,2009.

［51］中华人民共和国国家标准.GB/T 17942—2000　国家三角测量规范［S］.北京:中国计划出版社,2000.

［52］中华人民共和国国家标准.GB 50497—2009　建筑基坑工程监测技术规范［S］.北京:中国建筑工业出版社,2009.

［53］周虎鑫.高填方机场勘测设计试验检测与监测技术［J］.机场工程,2011(01):16-19.

［54］黄晓波,周立新,邓长平.碎石桩加强夯处理饱和软弱地基试验研究［J］.工程地质学报,2006,14(增刊):375-380.

［55］米素婷,刘丽,黄晓波,等.瑞雷波在湿陷性黄土地基处理效果评价中的应用［J］.工程勘察,2017,(03):74-78.

［56］周立新,黄晓波,周虎鑫,等.机场高填方工程中填料试验研究［J］.施工技术,2008,37(10):81-83.

［57］周立新,黄晓波,周虎鑫.高填方工程中复杂填料压实特性研究［J］.路基工程,2009(5):54-55.

［58］周立新,周虎鑫,黄晓波.高填方填筑体处理效果评价研究［J］.施工术,2012,41(1):61-63.

［59］周虎鑫,容建堂.高填方机场工程沉降变形监测探讨［J］.机场工程,2011(4):31-33.

［60］周虎鑫.高填方机场土石方工程试验检测研究［J］.机场工程,2011(3):14-16.